机械制造现场实用经验丛书

数控加工技术经验

贾师强　陈文婷　刘双进　编著

中国铁道出版社

2015年·北京

内 容 简 介

本书以图文并茂的形式和简明的文字，紧密结合生产实际，系统地总结了数控车削、数控铣削和数控磨削等数控加工实用技术经验百余条。可供数控加工技术人员参考、借鉴和运用，也可供机械制造专业技术人员和师生参考。

图书在版编目(CIP)数据

数控加工技术经验/贾师强，陈文婷，刘双进编著．—北京：中国铁道出版社，2015.10

(机械制造现场实用经验丛书)

ISBN 978-7-113-20910-0

Ⅰ.①数…　Ⅱ.①贾…②陈…③刘…　Ⅲ.①数控机床—加工　Ⅳ.①TG659

中国版本图书馆 CIP 数据核字(2015)第 206189 号

书　　名：机械制造现场实用经验丛书
　　　　　数控加工技术经验

作　　者：贾师强　陈文婷　刘双进

责任编辑：王　健　　**编辑部电话**：010-51873065

封面设计：崔　欣

责任校对：王　杰

责任印制：郭向伟

出版发行：中国铁道出版社(100054，北京市西城区右安门西街 8 号)

网　　址：http://www.tdpress.com

印　　刷：北京鑫正大印刷有限公司

版　　次：2015 年 10 月第 1 版　　2015 年 10 月第 1 次印刷

开　　本：850 mm×1168 mm　1/32　印张：13.875　字数：370 千

书　　号：ISBN 978-7-113-20910-0

定　　价：37.00 元

前　言

数控加工技术是先进制造技术的基础和核心，它的普及将使现代制造技术产生巨大变革，它的产生也推动现代制造逐渐向自动化、柔性化、集成化发展。数控加工技术是提高制造业的产品质量和劳动生产率必不可少的手段，更是一个国家制造业现代化水平的重要标志，因此它的发展直接影响到国民经济各部门制造技术水平的提高。

“经验是实践得来的知识或技能”。技术经验是运用技术理论的结晶，技术经验是实践运用技术理论进行总结的才华，技术经验是解决生产技术难题的捷径。一个人要想为国家和企业做出更大的贡献，实现人生最大价值和理想，除努力学习和实践外，还要学习、借鉴和运用他人的技术经验，来提高在生产实践中的应变能力，促进技术进步和生产发展。

此书是编者在机械加工方面的技术经验和收集社会技术经验而成。内容包括数控车削工艺、数控铣削工艺和数控磨削工艺，共三章 24 节。具体编写情况如下：贾师强编写第一章第三节、第一章第四节、第一章第七节；陈文婷编写第二章第三节、第二章第四节、第二章第六节；刘双进编写第二章第七节、第二章第九节、第二章第十节；柳洋、李军编写第一章第一节、第一章第二节；胡志强、邵磊编写第一章第五节、第二章第五节；路春泽、刘争编写第一章第六节、第二章第八节；落海伟、赵洪杰编写第二章第一节、第二章第二节；孙亮、陈金奇、王佐友编写第三章。

在编写的过程中，得到了郑文虎老师和宋重生老师的技术指导，也得到了曲振海、李红永、白彦津、李永健、赵珊珊、杨战捷、张金国、胡建新、刘涛、王维宣、胡学尧、刘萃伦、付文、何正洪、赵桂庆、张亮、杨洋、邵明堃、李佑杰、张嵩、李志新、张彦明、李磊、刘菲、靳立冬、解占平、李小霞、王立君、赵立国、陈建新、李迎春、袁鹰、王志坚、邵明堃、陈艳青、于亮、由文超等相关人员的大力支持，同时也参考了相关作者的资料，在此一并表示衷心地感谢！由于编者水平所限，书中难免有错误之处，恳请读者指正。

编者

2015年5月

目　录

第一章　数控车削工艺

第一节　常用数控车削设备及特点

1. 数控机床定义

数控机床是数字控制机床(Computer numerical control machinetools)的简称，是一种装有程序控制系统的自动化机床。该控制系统能够逻辑地处理具有控制编码或其他符号指令规定的程序，并将其译码，用代码化的数字表示，通过信息载体输入数控装置。经运算处理由数控装置发出各种控制信号，控制机床的动作，按图纸要求的形状和尺寸，自动地将零件加工出来。数控机床较好地解决了复杂、精密、小批量、多品种的零件加工问题，是一种柔性的、高效能的自动化机床，代表了现代机床控制技术的发展方向，是一种典型的机电一体化产品。

它有如下特点：

(1)对加工对象的适应性强，适应模具等产品单件生产的特点，为模具的制造提供了合适的加工方法；

(2)加工精度高，具有稳定的加工质量；

(3)可进行多坐标的联动，能加工形状复杂的零件；

(4)加工零件改变时，一般只需要更改数控程序，可节省生产准备时间；

(5)机床本身的精度高、刚性大，可选择有利的加工用量，生产率高(一般为普通机床的3～5倍)；

(6)机床自动化程度高，可以减轻劳动强度；

(7)有利于生产管理的现代化。数控机床使用数字信息与标准代码处理、传递信息，使用了计算机控制方法，为计算机辅助设计、制造及管理一体化奠定了基础；

(8)对操作人员的素质要求较高，对维修人员的技术要求更高；

(9)可靠性高。

数控机床与传统机床相比，具有以下一些特点：

(1)具有高度柔性

在数控机床上加工零件，主要取决于加工程序，它与普通机床不同，不必制造、更换许多模具、夹具，不需要经常重新调整机床。因此，数控机床适用于所加工的零件频繁更换的场合，亦即适合单件、小批量产品的生产及新产品的开发，从而缩短了生产准备周期，节省了大量工艺装备的费用。

(2)加工精度高

数控机床的加工精度一般可达 0.05～0.1 mm，数控机床是按数字信号形式控制的，数控装置每输出一脉冲信号，则机床移动部件移动一具脉冲当量(一般为 0.001 mm)，而且机床进给传动链的反向间隙与丝杆螺距平均误差可由数控装置进行曲补偿，因此，数控机床定位精度比较高。

(3)加工质量稳定、可靠

加工同一批零件，在同一机床，在相同加工条件下，使用相同刀具和加工程序，刀具的走刀轨迹完全相同，零件的一致性好，质量稳定。

(4)生产率高

数控机床可有效地减少零件的加工时间和辅助时间，数控机床的主轴声速和进给量的范围大，允许机床进行大切削量的强力切削。数控机床正进入高速加工时代，数控机床移动部件的快速移动和定位及高速切削加工，极大地提高了生产率。另外，与加工中心的刀库配合使用，可实现在一台机床上进行多道工序的连续加工，减少了半成品的工序间周转时间，提高了生产率。

(5)改善劳动条件

数控机床加工前是经调整好后，输入程序并启动，机床就能有自动连续地进行加工，直至加工结束。操作者要做的只是程序的输入、编辑、零件装卸、刀具准备、加工状态的观测、零件的检验等工作，劳动强度大大降低，机床操作者的劳动趋于智力型工作。

(6)利用生产管理现代化

数控机床的加工，可预先精确估计加工时间，对所使用的刀具、夹具可进行规范化，现代化管理，易于实现加工信息的标准化，已与计算机辅助设计与制造(CAD/CAM)有机地结合起来，是现代化集成制造技术的基础。

2. 数控加工设备的基本组成

数控加工设备的基本组成包括加工程序载体、数控装置、伺服驱动装置、机床主体和其他辅助装置。下面分别对各组成部分的基本工作原理进行概要说明。

加工程序载体:

数控机床工作时，不需要工人直接去操作机床，要对数控机床进行控制，必须编制加工程序。零件加工程序中，包括机床上刀具和工件的相对运动轨迹、工艺参数(进给量主轴转速等)和辅助运动等。将零件加工程序用一定的格式和代码，存储在一种程序载体上，如穿孔纸带、盒式磁带、软磁盘等，通过数控机床的输入装置，将程序信息输入到CNC单元。

数控装置:

数控装置是数控机床的核心。现代数控装置均采用CNC(Computer Numerical Control)形式，这种CNC装置一般使用多个微处理器，以程序化的软件形式实现数控功能，因此又称软件数控(Software NC)。CNC系统是一种位置控制系统，它是根据输入数据插补出理想的运动轨迹，然后输出到执行部件加工出所需要的零件。因此，数控装置主要由输入、处理和输出三个基本部分构成。而所有这些工作都由计算机的系统程序进行合理地组织，使整个系统协调地进行工作。

(1)输入装置:将数控指令输入给数控装置，根据程序载体的不同，相应有不同的输入装置。主要有键盘输入、磁盘输入、CAD/CAM系统直接通信方式输入和连接上级计算机的DNC(直接数控)输入，现仍有不少系统还保留有光电阅读机的纸带输入形式。

1)纸带输入方式。可用纸带光电阅读机读入零件程序，直接控制机床运动，也可以将纸带内容读入存储器，用存储器中储存的零件程序控制机床运动。

2)MDI手动数据输入方式。操作者可利用操作面板上的键盘输入加工程序的指令，它适用于比较短的程序。

在控制装置编辑状态(EDIT)下，用软件输入加工程序，并存入控制装置的存储器中，这种输入方法可重复使用程序。一般手工编程均采用这种方法。

在具有会话编程功能的数控装置上，可按照显示器上提示的问题，选择不同的菜单，用人机对话的方法，输入有关的尺寸数字，就可自动生成加工程序。

3)采用DNC直接数控输入方式。把零件程序保存在上级计算机中，CNC系统一边加工一边接收来自计算机的后续程序段。DNC方式多用于采用CAD/CAM软件设计的复杂工件并直接生成零件程序的情况。

(2)信息处理：输入装置将加工信息传给CNC单元，编译成计算机能识别的信息，由信息处理部分按照控制程序的规定，逐步存储并进行处理后，通过输出单元发出位置和速度指令给伺服系统和主运动控制部分。CNC系统的输入数据包括：零件的轮廓信息(起点、终点、直线、圆弧等)、加工速度及其他辅助加工信息(如换刀、变速、冷却液开关等)，数据处理的目的是完成插补运算前的准备工作。数据处理程序还包括刀具半径补偿、速度计算及辅助功能的处理等。

(3)输出装置：输出装置与伺服机构相联。输出装置根据控制器的命令接受运算器的输出脉冲，并把它送到各坐标的伺服控制系统，经过功率放大，驱动伺服系统，从而控制机床按规定要求运动。

伺服与测量反馈系统：

伺服系统是数控机床的重要组成部分，用于实现数控机床的进给伺服控制和主轴伺服控制。伺服系统的作用是把接受来自数控装置的指令信息，经功率放大、整形处理后，转换成机床执行部件的直线位移或角位移运动。由于伺服系统是数控机床的最后环节，其性能将直接影响数控机床的精度和速度等技术指标，因此，对数控机床的伺服驱动装置，要求具有良好的快速反应性能，准确而灵敏地跟踪数控装置发出的数字指令信号，并能忠实地执行来自数控装置的指令，提高系统的动态跟随特性和静态跟踪精度。

伺服系统包括驱动装置和执行机构两大部分。驱动装置由主轴驱动单元、进给驱动单元和主轴伺服电动机、进给伺服电动机组成。步进电动机、直流伺服电动机和交流伺服电动机是常用的驱动装置。

测量元件将数控机床各坐标轴的实际位移值检测出来并经反馈系统输入到机床的数控装置中，数控装置对反馈回来的实际位移值与指令值进行比较，并向伺服系统输出达到设定值所需的位移量指令。

机床主体：

机床主机是数控机床的主体。它包括床身、底座、立柱、横梁、滑座、工作台、主轴箱、进给机构、刀架及自动换刀装置等机械部件。它是在数控机床上自动地完成各种切削加工的机械部分。与传统的机床相比，数控机床主体具有如下结构特点：

(1)采用具有高刚度、高抗振性及较小热变形的机床新结构。通常用提高结构系统的静刚度、增加阻尼、调整结构件质量和固有频率等方法来提高机床主机的刚度和抗振性，使机床主体能适应数控机床连续自动地进行切削加工的需要。采取改善机床结构布局、减少发热、控制温升及采用热位移补偿等措施，可减少热变形对机床主机的影响。

(2)广泛采用高性能的主轴伺服驱动和进给伺服驱动装置，使数控机床的传动链缩短，简化了机床机械传动系统的结构。

(3)采用高传动效率、高精度、无间隙的传动装置和运动部件，如滚珠丝杠螺母副、塑料滑动导轨、直线滚动导轨、静压导轨等。

数控机床辅助装置：

辅助装置是保证充分发挥数控机床功能所必需的配套装置，常用的辅助装置包括：气动、液压装置，排屑装置，冷却、润滑装置，回转工作台和数控分度头，防护，照明等各种辅助装置。

数控加工设备主要包括数控车床和数控铣床，下面主要介绍数控车床和数控铣床。

3. 数控车削设备结构类型

数控车床又称为CNC车床，即计算机数字控制车床，是目前国内使用量最大、覆盖面最广的一种数控机床，约占数控机床总数的25%。数控机床是集机械、电气、液压、气动、微电子和信息等多项技术为一体的机电一体化产品，是机械制造设备中具有高精度、高效率、高自动化和高柔性化等优点的工作母机。自从1952年美国麻省理工学院研制出世界上第一台数控机床以来，数控机床在制造工业，特别是在汽车、航空航天以及军事工业中被广泛地应用，数控技术无论在硬件和软件方面，都有飞速发展。

数控机床的技术水平高低及其在金属切削加工机床产量和总拥有量的百分比是衡量一个国家国民经济发展和工业制造整体水平的重要标志之一。数控车床是数控机床的主要品种之一，它在数控机床中占有非常重要的位置，几十年来一直受到世界各国的普遍重视并得到了迅速的发展。

数控车床、车削中心，是一种高精度、高效率的自动化机床。它具有广泛的加工性能，可加工直线圆柱、斜线圆柱、圆弧和各种螺纹。具有直线插补、圆弧插补各种补偿功能，并在复杂零件的批量生产中发挥了良好的经济效果。

数控车床分为立式数控车床和卧式数控车床两种类型。立式数控车床用于回转直径较大的盘类零件车削加工。卧式数控车床用于轴向尺寸较长或小型盘类零件的车削加工。卧式数控车床按功能可进一步分为经济型数控车床、普通数控车床和车削加工中心。

(1)经济型数控车床:采用步进电动机和单片机对普通车床的车削进给系统进行改造后形成的简易型数控车床。成本较低,自动化程度和功能都比较差,车削加工精度也不高,适用于要求不高的回转类零件的车削加工。

(2)普通数控车床:根据车削加工要求在结构上进行专门设计,配备通用数控系统而形成的数控车床。数控系统功能强,自动化程度和加工精度也比较高,适用于一般回转类零件的车削加工。这种数控车床可同时控制两个坐标轴,即 X 轴和 Z 轴。

(3)车削加工中心:在普通数控车床的基础上,增加了 C 轴和动力头,更高级的机床还带有刀库,可控制 X、Z 和 C 三个坐标轴,联动控制轴可以是(X、Z)、(X、C)或(Z、C)。由于增加了 C 轴和铣削动力头,这种数控车床的加工功能大大增强,除可以进行一般车削外,还可以进行径向和轴向铣削、曲面铣削、中心线不在零件回转中心的孔和径向孔的钻削等加工。

下面具体介绍一下数控车床的主要组成部分,如主机、数控装置、驱动装置、辅助装置等。

(1)主机

数控机床的主体,包括机床身、立柱、主轴、进给机构等机械部件。他是用于完成各种切削加工的机械部件。

(2)数控装置

数控机床的核心,包括硬件(印刷电路板、CRT 显示器、键盒、纸带阅读机等)以及相应的软件,用于输入数字化的零件程序,并完成输入信息的存储、数据的变换、插补运算以及实现各种控制功能。

(3)驱动装置

数控机床执行机构的驱动部件,包括主轴驱动单元、进给单元、主轴电机及进给电机等。他在数控装置的控制下通过电气或电液伺服系统实现主轴和进给驱动。当几个进给联动时,可以完成定位、直线、平面曲线和空间曲线的加工。

(4)辅助装置

指数控机床的一些必要的配套部件,用以保证数控机床的运行,如冷却、排屑、润滑、照明、监测等。它包括液压和气动装置、排屑装置、交换工作台、数控转台和数控分度头,还包括刀具及监控检测装置等。

(5)液压卡盘和液压尾架

液压卡盘是数控车削加工时夹紧工件的重要附件,对一般回转类零件可采用普通液压卡盘;对零件被夹持部位不是圆柱形的零件,则需要采用专用卡盘;用棒料直接加工零件时需要采用弹簧卡盘。

对轴向尺寸和径向尺寸的比值较大的零件,需要采用安装在液压尾架上的活顶尖对零件尾端进行支撑,才能保证对零件进行正确的加工。尾架有普通液压尾架和可编程液压尾架。

(6)数控车床的刀架

数控车床可以配备两种刀架:

1)专用刀架由车床生产厂商自己开发,所使用的刀柄也是专用的。这种刀架的优点是制造成本低,但缺乏通用性。

2)通用刀架根据一定的通用标准(如 VDI,德国工程师协会)而生产的刀架,数控车床生产厂商可以根据数控车床的功能要求进行选择配置。

(7)铣削动力头

数控车床刀架上安装铣削动力头后可以大大扩展数控车床的加工能力。如:利用铣削动力头进行轴向钻孔和铣削轴向槽。

(8)数控车床的刀具

在数控车床或车削加工中心上车削零件时,应根据车床的刀架结构和可以安装刀具的数量,合理、科学地安排刀具在刀架上的位置,并注意避免刀具在静止和工作时,刀具与机床、刀具与工件以及刀具相互之间的干涉现象。

(9)编程及其他附属设备

可用来在机外进行零件的程序编制、存储等。

常见车床包括:卧式车床,立式车床,数控车床。

1)立式车床(图 1-1)

立式车床的主轴立式布置,工件装夹在水平的回转工作台上,刀架在横梁或立柱上移动。分单柱和双柱两大类。通常用于加工较大、较重、难于在普通车床上安装的工件。国内主要生产厂家有齐齐哈尔第一机床厂、武汉重型机床厂。

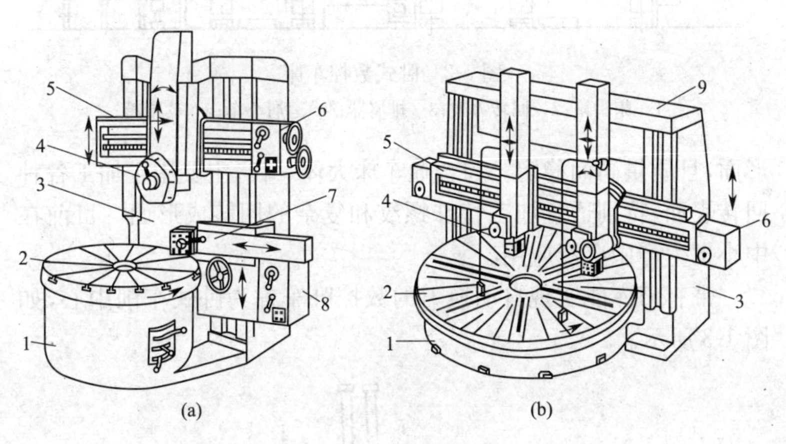

图 1-1 立式车床

1—底座;2—工件台;3—立柱;4—垂直刀架;5—横梁;6—垂直刀架进给箱;7—侧刀架;8—侧刀架进给箱;9—顶梁

主要用途:用于加工各种轴、套和盘类零件上的回转表面。此外还可以车削端面、沟槽、切断及车削各种回转的成形表面如螺纹等,适用于单件、小批生产和修配车间。

2)数控卧车(图 1-2)

卧式车床主轴的旋转为主运动,刀架的直线或曲线移动为进给运动。

数控卧车具有实现自动控制的数控系统;适应性强,加工对象改变时只需改变输入的程序指令即可;可精确加工复杂的回转成

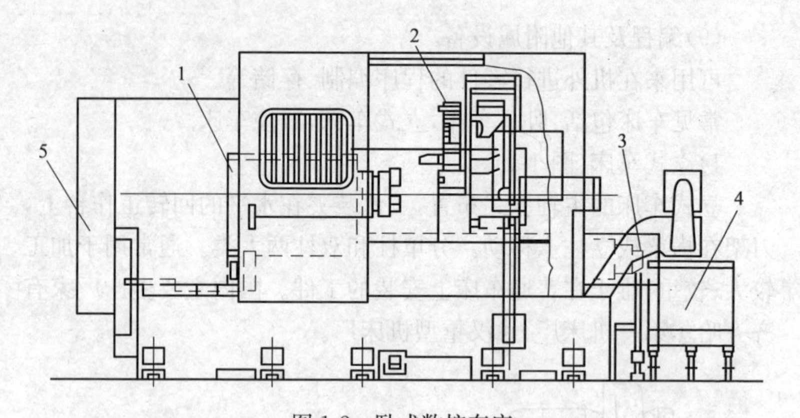

图 1-2　卧式数控车床

1—床头箱；2—回转刀架；3—排屑器；4—运屑小车；5—读带箱

形面，且质量高而稳定。与普通车床大体一样，主要用于加工各种回转表面，特别适宜加工特殊螺纹和复杂的回转成形面。目前在中小批生产中广泛应用。

带有刀库能实现自动换刀的数控卧车称为卧式车削中心，如图 1-3 所示。

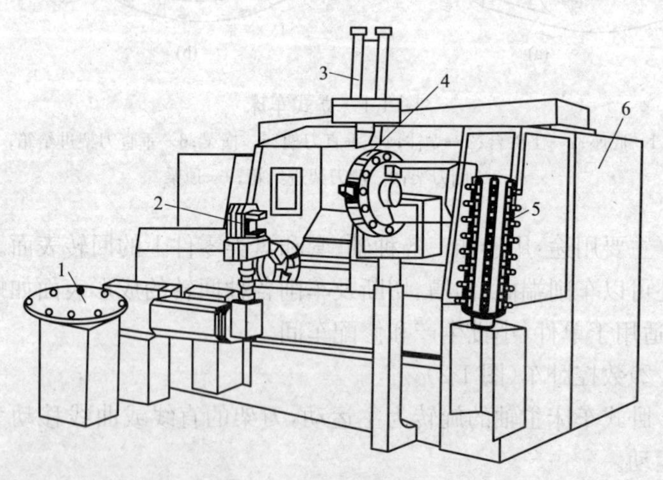

图 1-3　卧式车削中心

1—载料器；2—装卸机械手；3—自动换刀装置；4—刀架；5—刀库；6—主机

4. 数控车削设备主要参数

数控车床加工的三要素:主切削速度、进给量、背吃刀量。选用原则:确定三要素的基本原则:根据切削要求先确定背吃刀量 ap,再查表得到进给量,然后再经过查表通过公式计算出主切削速度 v。

实践证明合理切削用量的选择与机床、刀具、工件及工艺等多种因素有关。合理选择加工用量的方法如下:

粗加工时,主要保证较高的生产效率,故应选择较大的背吃刀量 ap,较大的进给量,切削速度 v 选择中低速度。精加工时,主要保证零件的尺寸和表面精度的要求,故选择较小的背吃刀量 ap,较小的进给量,切削速度 v 选择较高速度。

粗加工时,一般要充分发挥机床潜力和刀具的切削能力。数控车床半精加工和精加工时,应重点考虑如何保证加工质量,并在此基础上尽量提高生产率。数控车床厂在选择切削用量时应保证刀具能加工完成一个零件或保证刀具的耐用度不低于一个工作班,最少也不低于半个工作班的工作时间。数控车床具体加工参数应根据机床说明书中的规定、刀具耐用度及实践经验选取。

(1)背吃刀量的选择。背吃刀量的选择要根据机床、夹具、工装和工件的刚度以及机床的功率来确定。在工艺系统允许的情况下,尽可能选取较大的背吃刀量。除留给以后工序的余量外,其余的粗加工余量尽可能一次切除,以使走刀次数最少。

通常在中等功率机床上,粗加工的背吃刀量为 8~10 mm(单边)。数控车床半精加工背吃刀量为 0.5~5 mm;精加工时背吃刀量为 0.2~1.5 mm。

(2)进给量的确定。确定进给速度的原则是:当工件的质量要求能够保证时,为提高生产率,可选择较高的进给速度。数控车床厂切断、车削深孔或精车时,宜选择较低的进给速度。进给速度应与主轴转速和背吃刀量相适应。粗加工时,进给量的选择受最大切削力的限制。

根据设备参数和使用需求，合理选用安装数控车床，应遵循如下原则：

(1)前期准备

确定典型零件的工艺要求、加工工件的批量，拟定数控车床应具有的功能，合理选用数控车床的前提条件是满足典型零件的工艺要求。

典型零件的工艺要求主要是零件的结构尺寸、加工范围和精度要求。根据精度要求，即工件的尺寸精度、定位精度和表面粗糙度的要求来选择数控车床的控制精度。根据可靠性来选择，可靠性是提高产品质量和生产效率的保证。数控机床的可靠性是指机床在规定条件下执行其功能时，长时间稳定运行而不出故障，即平均无故障时间长，即使出了故障，短时间内能恢复，重新投入使用。选择结构合理、制造精良，并已批量生产的机床。一般，用户越多，数控系统的可靠性越高。

(2)机床附件及刀具选购

机床随机附件、备件及其供应能力、刀具，对已投产数控车床、车削中心来说是十分重要的。选择机床，需仔细考虑刀具和附件的配套性。

1)注重控制系统的同一性

生产厂家一般选择同一厂商的产品，至少应选购同一厂商的控制系统，这给维修工作带来极大的便利。教学单位，由于需要学生见多识广，选用不同的系统，配备各种仿真软件是明智的选择。

2)根据性能价格比来选择

做到功能、精度不闲置、不浪费，不要选择和自己需要无关的功能。

3)机床的防护

需要时，机床可配备全封闭或半封闭的防护装置、自动排屑装置。

(3)机床位置环境要求

机床的位置应远离振源、应避免阳光直接照射和热辐射的影响，避免潮湿和气流的影响。如机床附近有振源，则机床四周应设置防振沟。否则将直接影响机床的加工精度及稳定性，将使电子元件接触不良，发生故障，影响机床的可靠性。数控车床的环境温度低于 30 ℃，相对温度小于 80％。一般来说，数控电控箱内部设有排风扇或冷风机，以保持电子元件，特别是中央处理器工作温度恒定或温度差变化很小。过高的温度和湿度将导致控制系统元件寿命降低，并导致故障增多。温度和湿度的增高，灰尘的增多会在集成电路板产生黏结，并导致短路。

（4）电源要求

一般数控车床安装在机加工车间，不仅环境温度变化大，使用条件差，而且各种机电设备多，致使电网波动大。因此，安装数控车床的位置，需要电源电压有严格控制。电源电压波动必须在允许范围内，并且保持相对稳定。否则会影响数控系统的正常工作。

用户在使用机床时，不允许随意改变控制系统内制造厂设定的参数。这些参数的设定直接关系到机床各部件动态特征。只有间隙补偿参数数值可根据实际情况予以调整。用户不能随意更换机床附件，如使用超出说明书规定的液压卡盘。制造厂在设置附件时，应充分考虑各项环节参数的匹配。盲目更换会造成各项环节参数的不匹配，甚至造成估计不到的事故。使用液压卡盘、液压刀架、液压尾座、液压油缸的压力，都应在许用应力范围内，不允许任意提高。

5. 数控车削设备适合加工的零件类型

在五金加工中凡是能在普通车床上装夹的回转体零件都能在数控车床上加工。然而数控车床具有加工精度高、能做直线和圆弧插补以及在五金加工过程中能自动变速的特点，其工艺范围较普通机床宽得多。

数控车床刚性好，制造和对刀精度高，能方便和精确地进入人工补偿和自动补偿，所以，能加工尺寸精度要求较高的零件。此外数控车削的刀具运动是通过高精度插补运动和伺服驱动来实现的，再加上机床的刚性好和制造精度高，所以，它能加工对母线直线度、圆度、圆柱度等形状精度要求高的零件。对于圆弧以及其他曲线轮廓，加工出的形状和图纸上所要求的几何形状的接近程度比用仿形车床要高得多。

数控车床有恒线速切削功能，所以可以选用最佳线速度来切削锥面和端面，使车削后的表面粗糙度值既小又一致，加工出表面粗糙度值小而均匀的零件。数控车床不但能车削任何等导程的直、锥和端面螺纹，而且能车变导程与变导程之间平滑过渡的螺纹。数控车床车削螺纹时主轴转向不必像普通车床那样交替变换，它可以一刀又一刀不停顿地循环，直到完成，所以数控车床螺纹的效率很高。

第二节　常用数控车削系统及特点

数控系统是数字控制系统的简称，英文名称为（Numerical Control System），根据计算机存储器中存储的控制程序，执行部分或全部数值控制功能，并配有接口电路和伺服驱动装置的专用计算机系统。通过利用数字、文字和符号组成的数字指令来实现一台或多台机械设备动作控制，它所控制的通常是位置、角度、速度等机械量和开关量。

数字控制系统（CNC 系统）根据计算机存储器中存储的控制程序，执行部分或全部数值控制功能，并配有接口电路和伺服驱动装置，用于控制自动化加工设备的专用计算机系统。

CNC 系统由数控程序存储装置（从早期的纸带到磁环，到磁带、磁盘，到计算机通用的硬盘）、计算机控制主机（从专用计算机进化到 PC 体系结构的计算机）、可编程逻辑控制器（PLC）、主轴驱动装置和进给（伺服）驱动装置（包括检测装置）等组成。

由于逐步使用通用计算机，数控系统日趋具有软件为主的色彩，又用 PLC 代替了传统的机床电器逻辑控制装置，使系统更小巧，其灵活性、通用性、可靠性更好，易于实现复杂的数控功能，使用、维护也方便，并具有与网络连接及进行远程通信的功能。

1. 数控车削系统种类

世界上的数控系统种类繁多,形式各异,组成结构上都有各自的特点。这些结构特点来源于系统初始设计的基本要求和硬件、软件的工程设计思路。对于不同的生产厂家来说,基于历史发展因素以及各自因地而异的复杂因素的影响,在设计思想上也可能各有千秋。例如,在 20 世纪 90 年代,美国 Dynapath 系统采用小板结构,热变形小,便于板子更换和灵活结合,而日本 FANUC 系统则趋向大板结构,减少板间插接件,使之有利于系统工作的可靠性。然而无论哪种系统,它们的基本原理和构成是十分相似的。一般整个数控系统由三大部分组成,即控制系统、伺服系统和位置测量系统。控制系统硬件是一个具有输入输出功能的专用计算机系统,按加工工件程序进行插补运算,发出控制指令到伺服驱动系统;测量系统检测机械的直线和回转运动位置、速度,并反馈到控制系统和伺服驱动系统,来修正控制指令;伺服驱动系统将来自控制系统的控制指令和测量系统的反馈信息进行比较和控制调节,控制 PWM 电流驱动伺服电机,由伺服电机驱动机械按要求运动。这三部分有机结合,组成完整的闭环控制的数控系统。

控制系统硬件是具有人际交互功能,具有包括现场总线接口输入输出能力的专用计算机。伺服驱动系统主要包括伺服驱动装置和电机。位置测量系统主要是采用长光栅或圆光栅的增量式位移编码器。

从硬件结构上的角度,数控系统到目前为止可分为两个阶段共六代,第一阶段为数值逻辑控制阶段,其特征是不具有 CPU,依靠数值逻辑实现数控所需的数值计算和逻辑控制,包括第一代是电子管数控系统,第二代是晶体管数控系统,第三代是集成电路数控系统;第二个阶段为计算机控制阶段,其特征是直接引入计算机控制,依靠软件计算完成数控的主要功能,包括第四代是小型计算机数控系统,第五代是微型计算机数控系统,第六代是 PC 数控系统。

由于20世纪90年代开始，PC结构的计算机应用的普及推广，PC构架下计算机CPU及外围存储、显示、通信技术的高速进步，制造成本的大幅降低，导致PC构架数控系统日趋成为主流的数控系统结构体系。PC数控系统的发展，形成了“NC+PC”过渡型结构，既保留传统NC硬件结构，仅将PC作为HMI。代表性的产品包括FANUC的160i，180i，310i，840D等。还有一类即将数控功能集中以运动控制卡的形式实现，通过增扩NC控制板卡（如基于DSP的运动控制卡等）来发展PC数控系统。典型代表有美国DELTATAU公司用PMAC多轴运动控制卡构造的PMAC-NC系统。另一种更加革命性的结构是全部采用PC平台的软硬件资源，仅增加与伺服驱动及I/O设备通信所必需的现场总线接口，从而实现非常简洁硬件体系结构。

(1)按运动轨迹分，数控系统包括：

1)点位控制数控系统

控制工具相对工件从某一加工点移到另一个加工点之间的精确坐标位置，而对于点与点之间移动的轨迹不进行控制，且移动过程中不作任何加工。这一类系统的设备有数控钻床、数控坐标镗床和数控冲床等。

2)直线控制数控系统

不仅要控制点与点的精确位置，还要控制两点之间的工具移动轨迹是一条直线，且在移动中工具能以给定的进给速度进行加工，其辅助功能要求也比点位控制数控系统多，如它可能被要求具有主轴转数控制、进给速度控制和刀具自动交换等功能。此类控制方式的设备主要有简易数控车床、数控镗铣床等。

3)轮廓控制数控系统

这类系统能够对两个或两个以上坐标方向进行严格控制，即不仅控制每个坐标的行程位置，同时还控制每个坐标的运动速度。各坐标的运动按规定的比例关系相互配合，精确地协调起来连续进行加工，以形成所需要的直线、斜线或曲线、曲面。采用此类控制方式的设备有数控车床、铣床、加工中心、电加工机床和特种加工机床等。

(2)按加工工艺分,数控系统包括:

1)车削、铣削类数控系统

针对数控车床控制的数控系统和针对加工中心控制数控系统。这一类数控系统属于最常见的数控系统。FANUC用T、M来区别这两大类型号。西门子则是在统一的数控内核上配置不同的编程工具:Shopmill、shopturn来区别。两者最大的区别在于:车削系统要求能够随时反映刀尖点相对于车床轴线的距离,以表达当前加工工件的半径,或乘以2表达为直径;车削系统有各种车削螺纹的固定循环;车削系统支持主轴与C轴的切换,支持端面直角坐标系或回转体圆柱面坐标系编程,而数控系统要变换为极坐标进行控制;而对于铣削数控系统更多地要求复杂曲线、曲面的编程加工能力,包括五轴和斜面的加工等。随着车铣复合化工艺的日益普及,要求数控系统兼具车削、铣削功能,例如大连光洋公司的GNC60/61系列数控系统。

2)磨削数控系统

针对磨床控制的专用数控系统,FANUC用G代号区别,西门子须配置功能。与其他数控系统的区别主要在于要支持工件在线量仪的接入,量仪主要监测尺寸是否到位,并通知数控系统退出磨削循环。磨削数控系统还要支持砂轮修整,并将修正后的砂轮数据作为刀具数据计入数控系统。此外,磨削数控系统的PLC还要具有较强的温度监测和控制回路,还要求具有与振动监测、超声砂轮切入监测仪器接入,协同工作的能力。对于非圆磨削,数控系统及伺服驱动在进给轴上需要更高的动态性能。有些非圆加工(例如凸轮)由于被加工表面的高精度和高光洁度要求,数控系统对曲线平滑技术方面也要有特殊处理。

3)面向特种加工数控系统

这类系统为了适应特种加工往往需要有特殊的运动控制处理和加工作动器控制。例如,并联机床控制需要在常规数控运动控制算法加入相应并联结构解耦算法;线切割加工中需要支持沿路径回退；冲裁切割类机床控制需要 C 轴保持冲裁头处于运动轨迹切线姿态；齿轮加工则要求数控系统能够实现符合齿轮范成规律的电子齿轮速比关系或表达式关系；激光加工则要保证激光头与板材距离恒定；电加工则要数控系统控制放电电源；激光加工则需要数控系统控制激光能量。

(3)按伺服系统分，数控系统包括：

1)开环控制数控系统

这类数控系统不带检测装置，也无反馈电路，以步进电动机为驱动元件。CNC 装置输出的进给指令(多为脉冲接口)经驱动电路进行功率放大，转换为控制步进电动机各定子绕组依此通电/断电的电流脉冲信号，驱动步进电动机转动，再经机床传动机构(齿轮箱，丝杠等)带动工作台移动。这种方式控制简单，价格比较低廉，从 20 世纪 70 年代开始，被广泛应用于经济型数控机床中。

2)半闭环控制数控系统

位置检测元件被安装在电动机轴端或丝杠轴端，通过角位移的测量间接计算出机床工作台的实际运行位置(直线位移)，由于闭环的环路内不包括丝杠、螺母副及机床工作台这些大惯性环节，由这些环节造成的误差不能由环路所矫正，其控制精度不如全闭环控制数控系统，但其调试方便，成本适中，可以获得比较稳定的控制特性，因此在实际应用中，这种方式被广泛采用。

3)全闭环控制数控系统

位置检测装置安装在机床工作台上，用以检测机床工作台的实际运行位置(直线位移)，并将其与 CNC 装置计算出的指令位置(或位移)相比较，用差值进行调节控制。这类控制方式的位置控制精度很高，但由于它将丝杠、螺母副及机床工作台这些连接环节放在闭环内，导致整个系统连接刚度变差，因此调试时，其系统较难达到高增益，即容易产生振荡。

(4)按功能水平分，数控系统包括：

1)经济型数控系统

又称简易数控系统，通常采用步进电机或脉冲串接口的伺服驱动，不具有位置反馈或位置反馈不参与位置控制；仅能满足一般精度要求的加工，能加工形状较简单的直线、斜线、圆弧及带螺纹类的零件，采用的微机系统为单板机或单片机系统；通常不具有用户可编程的 PLC 功能。通常装备的机床定位精度在 0.02 mm 以上。

2)普及型数控系统

介于简式型数控系统和高性能型数控系统之间的数控系统，其特点是联动轴数 4 轴以下(含 4 轴)，闭环控制(伺服电机反馈信息参与控制)，具有螺距误差补偿和刀具管理功能，支持用户开发 PLC 功能。

3)高档型数控系统

一般是指具有多通道(两个及以上)数控设备控制能力，具有双驱控制、5 轴及以上的插补联动功能、斜面加工、样条插补、双向螺距误差补偿、直线度和垂直度误差补偿、刀具管理及刀具长度和半径补偿功能、高静态精度(分辨率 0.001 μm 即最小分辨率为 1 nm)和高动态精度(随动误差 0.01 mm 以内)、高速度及完备的 PLC 控制功能数控系统。

2. 数控车削系统的特点

这里以 FANUC 系统为例，介绍此类数控系统的特点及典型指令。

(1)刚性攻丝

主轴控制回路为位置闭环控制，主轴电机的旋转与攻丝轴(Z 轴)进给完全同步，从而实现高速高精度攻丝。

(2)复合加工循环

复合加工循环可用简单指令生成一系列的切削路径。比如定义了工件的最终轮廓，可以自动生成多次粗车的刀具路径，简化了车床编程。

(3)圆柱插补

适用于切削圆柱上的槽，能够按照圆柱表面的展开图进行编程。

(4)直接尺寸编程

可直接指定诸如直线的倾角、倒角值、转角半径值等尺寸，这些尺寸在零件图上指定，这样能简化部件加工程序的编程。

(5)记忆型螺距误差补偿可对丝杠螺距误差等机械系统中的误差进行补偿，补偿数据以参数的形式存储在 CNC 的存储器中。

(6)CNC 内装 PMC 编程功能。

PMC 对机床和外部设备进行程序控制。

(7)随机存储模块

MTB(机床厂)可在 CNC 上直接改变 PMC 程序和宏执行器程序。由于使用的是闪存芯片，故无需专用的 RAM 写入器或 PMC 的调试 RAM。

3. 数控车削系统的典型指令

典型指令：

G00　定位(快速移动)

G01　直线切削

G02　顺时针切圆弧(CW，顺时钟)

G03　逆时针切圆弧(CCW，逆时钟)

G04　暂停(Dwell)

G09　停于精确的位置

G20　英制输入

G21　公制输入

G22　内部行程限位有效

G23　内部行程限位无效

G27　检查参考点返回

G28　参考点返回

G29　从参考点返回
G30　回到第二参考点
G32　切螺纹
G40　取消刀尖半径偏置
G41　刀尖半径偏置(左侧)
G42　刀尖半径偏置(右侧)
G50　修改工件坐标;设置主轴最大的 RPM
G52　设置局部坐标系
G53　选择机床坐标系
G70　精加工循环
G71　内外径粗切循环
G72　台阶粗切循环
G73　成形重复循环
G74　Z 向步进钻削
G75　X 向切槽
G76　切螺纹循环
G80　取消固定循环
G83　钻孔循环
G84　攻丝循环
G85　正面镗孔循环
G87　侧面钻孔循环
G88　侧面攻丝循环
G89　侧面镗孔循环
G90　(内外直径)切削循环
G92　切螺纹循环
G94　(台阶)切削循环
G9612　恒线速度控制
G97　恒线速度控制取消
G98　每分钟进给率
G99　每转进给率

第三节 常用难车削材料特点及方法

1. 常见的难车削材料种类及特点

(1)按材料种类分,如高强度钢和超高强度钢,高锰钢,淬硬钢,冷硬和合金耐磨铸铁,不锈钢,高温合金,钛合金,喷涂材料,稀有难熔金属,纯金属,工程塑料,工程陶瓷,复合材料和其他金属材料。

(2)按材料的物理、力学性能分:

高硬度、脆性大的材料,如淬硬钢、冷硬钢、合金耐磨铸铁工程陶瓷、复合材料、工业搪瓷、石材等材料。

高塑性材料(伸长率>50%),如纯铁、纯镍、纯铝、纯铜等材料。

高强度材料,如高强度、超高强度钢。

加工硬化严重的材料,如不锈钢、高锰钢、高温合金、钛合金。

化学活性大的材料,如钛合金,镍合金,锆合金等。

导热性差的合金不锈钢、高温合金、钛合金。

高熔点材料,如钨,钼等。

难加工材料的切削特点为:刀具耐用度低,切削力大,切削温度高,加工表面粗糙,切屑难以处理。

2. 淬火钢的切削特点及方法

过去加工淬火钢都是采用磨削方法,这一方法加工淬火钢,生产效率低,加工费用高,并因为磨削力大,致使表面往往被烧伤或产生微裂纹。随着硬质合金工业的发展,传统落后的磨削工艺被先进的车削所代替,从而产生效率成十几倍乃至几十倍的提高。

(1)淬火钢的切削特点

硬度高,导热性差:淬火钢的组织为回火马氏体。硬度可达HRC60以上,强度可达260 kg/mm^2。并且它的导热性能差,有的淬火钢的导热系数可小到0.017 Cal/(cm·s·℃)(未淬火的

45＃钢 λ=0.162 Cal/(cm·s·℃)，所以，切削淬火钢时，单位切削力大，可达450 kg/mm^2，切削温度高，且切削热集中在刀尖处。按照被加工材料切削加工性分级表规定，淬火钢的硬度、强度均属9a，属于最难切削加工材料的范畴。切削力大，而且径向切削力接近主切削力，甚至更大。这是为了增加刀尖强度，加大散热面积，选择较小的主偏角所引起的。在机床-夹具-工件系统刚性差时，则会由于切削力大，易引起振动，造成打刀现象。刀屑接触长度短，这就意味着切削和由于切削力大而引起的大量切削热集中于刀刃附近，如果刀具材料强度不高，易使切削刃造成崩碎和破损。

(2)刀具材料的选择

在淬火钢的低速和断续切削时，一般用加TaC、NbC和适量TiC的M类合金，因为这种合金具有较好的综合性能，切削条件为变速的端面切削和间断切削时，也宜采用这类合金。因为用TiC含量过多的合金，即使其硬度好，但由于韧性和强度不够，易使刀具产生崩刃和崩脱磨损。所以就选择强度高、韧性好、耐热和耐磨性能好的超细颗粒合金，经过实用证明，效果较好的是YS8。如用YS8，采用 V=14.3 m/min，f=0.3 mm/r，a_p=2 mm切削HRC=60的T11工具钢，效果很好，用普通硬质合金在同样条件下，效果相当差，甚至无法切削。用YS2切削W18Cr4V白钢刀方条，其硬度HRC=63～65，切削用量为：V=10 m/min，f=0.25 mm/r，a_p=1.2 mm，使用效果相当好，在同样的条件下，我们用其他牌号合金试验，效果都不佳。

在较高速度下连续切削淬火钢时，宜采用碳化钛含量较高，高温硬度优良的P类合金。因为P类合金发生黏结磨损，而M、K类合金在600 ℃时就开始发生黏结磨损，900 ℃就开始发生扩散磨损。尤其是合金中加入适量的TaC和NbC后，其高温性能明显提高。切削速度在50 m/min以下时，建议选用：TY05，YC12。

如采用YT05切削速度再进一步提高，或者是大工件，高精度产品加工，陶瓷刀片和立方氮化硼就显示出其独特的优越性。如华山机械厂采用陶瓷刀片 AT6 切削 HRC＝60 的 T8 碳素工具钢，在 $f=0.15$ mm/r，$ap=0.15$ mm 的条件下，切削速度可达 100 m/min，并且刀具寿命高，工件质量好。特别是立方氮化硼，由于其硬度，热稳定性好，在加工淬硬钢时，其耐用度和切削效率都比陶瓷刀片高，并且加工出来的工件尺寸精度高，表面光洁度好。

(3)刀具几何角度的选择

在金属切削加工中，刀具几何角度非常重要，在难加工材料中，这一点就显得特别突出，淬火钢在切削加工中，切削力很大，因此常易出现打刀崩刃现象，这在很大程度上取决于刀具角度的选择合理与否，选得不适当，高强度刀具材料也会出现打刀现象，刀具角度合理，脆性大的刀具材料也能进行断续切削。如陶瓷合金，是一种极脆的刀具材料，但试验证明，只要角度合理，它可以断续切削淬硬钢。

在实践中，我们认为几何角度的选择原则是：因为淬火钢硬度、强度高，在切削过程中表现出极大的切削力，因此我们在选择几何角度时，重点从保护刀尖出发，选用 0 度前角或负前角，小后角。但考虑淬火钢绝大多数是精加工，余量小，切屑薄，因此后角的选择原则是在保证刀尖强度的情况下，后角可稍大一些。刃倾角一般取负值。

(4)切削用量的选择

切削用量一般包括切削速度，吃刀深度和进给量。在切削加工中它和刀具几何角度一样重要，也是影响切削加工的一个重要因素。

切削速度：在生产实践中，切削速度直接影响工作效率，因此都希望采用高速切削，但随着切削速度的提高，切削温度成直线上升。而切削温度较高，必然会影响刀具的耐用度，这样，适当的切削速度必须根据刀具材料的热稳定温度而定。

吃刀深度：吃刀深度对切削力的影响很大，一般的来说，吃刀深度要根据被加工材料的硬度和刀具材料的强度而定，但对淬火件的切削来说，一般切削余量小，应尽量做到一次车出，这样可减少刀具磨损,提高工作效率。

走刀量:淬火件的切削加工多属精加工,因此,选择走刀量的基本原则是保证工件的尺寸精度和表面光洁度,所以,其走刀量趋向于选得小。通过实践摸索,推荐以下数据。

V=10~50 m/min;a_p=0.05~1 mm;f=0.05~0.25 mm/r。

陶瓷刀片切削用量:

V=80~150 m/min;a_p=0.1~0.5 mm;f=0.05~0.3 mm/r。

3. 不锈钢的切削特点及方法

不锈钢作为一种耐腐耐蚀材料,目前广泛地用于许多工业部门和日常生活中,并随着工业的发展其用量会越来越大,因此了解其性能,掌握它的切削加工方法也越来越重要。

不锈钢的种类多样,性能各异,但根据金相组织特点,可将其分为以下几类:马氏体不锈钢、铁素体不锈钢:它的合金成分主要是Cr,其含量为8%~12%。常见的有1Cr13、2Cr13、3Cr13、4Cr13、9Cr18、30Cr13Mo等,这类不锈钢经淬火回火后,具有适当的硬度、强度以及良好的抗氧化性能。在切削加工时,切屑容易擦伤和磨损刀具。但碳含量增大到0.4%~0.5%时,马氏体不锈钢的切削加工性变好。铁素体不锈钢的主要合金成分也是Cr,其含量与马氏体不锈钢相近,在切削加工中,其性能与马氏体都相近,只不过是其硬度较低,韧性增大而已。总之这两种不锈钢在切削过程中只要选择刀具材料得当,配合合适的几何角度,切削加工难度还是不大。

奥氏体不锈钢和奥氏体加铁素体不锈钢:这两种不锈钢的成份不但含有铬,而且还含有相当高的镍(一般为7%~20%),由于这类钢含有较多的镍或锰,故其组织结构稳定,热处理难以使它强化。这类钢材在切削加工中切屑连绵不断,折断困难,同时易产生加工硬化。奥氏体—铁素体不锈钢仅在组织中含有一定量的铁素体,还存在一定量硬度很高的金属间化合物,其余的性能都与奥氏体钢相似,因此在切削加工中,这两种材料的加工难度较大。奥氏体不锈钢的牌号有 1Cr18N9Ti、00Cr18Ni10、O0Cr18Ni14M02Cu2、0Cr18Ni12M02Ti、2Cr13Mn9Ni4 等。常见的奥氏体加铁素体不锈钢有 0Cr21N95Ti、1Cr18Mn10Ni5、1Cr18Ni11Si4A1Ti 等。

不锈钢的加工难度从易到难顺序是铁素→马氏体型→奥氏体型→奥氏体加铁素体型→沉淀硬化型。现将不锈钢的切削加工特点叙述如下：

加工硬化趋势严重。不锈钢的加工都存在加工硬化倾向，尤其是奥氏体型和奥氏体加铁素体型不锈钢表现得尤为突出。硬化层的硬度可达 HV560，比原材料硬度提高两倍以上，硬化层的深度可达切削深度的 1/3 或更大。造成硬化的原因是不锈钢的塑性好（§＞35%），如 0Cr18Ni9、1Cr18Ni9Ti、2Cr18Ni19、Cr18Mn10Ni5M03 延伸率均大于 40%，是 40Cr 的 210%～240%，是 45# 钢的 150%以上，因此在塑性变形时晶格畸变严重，强化系数大。

导热系数小。不锈钢的导热系数小，即热的传导能力差，如奥氏体不锈钢仅是一般钢材的 28%左右，因此在切削过程中的切削不能及时通过工件，切屑传导出去，而造成大量的切削热集中在刀刃附近，使切削温度大大的升高，如 18-8 型不锈钢的切削温度高达 1 000 ℃～1 100 ℃。45 号钢的切削温度只有 700 ℃～750 ℃。

切削力大。不锈钢的高温强度、硬度高，如以奥氏体不锈钢为例，其温度高达 700 ℃时，它的综合机械性能仍高于一般结构钢，再加之它的塑性、韧性好，所以在切削加工中消耗的能量多，使切削力增加，如车削 1Cr18Ni19Ti 的单位切削力比 45 号钢的单位切削力高 25%。

切屑不易折断，易产生积屑瘤。由于不锈钢的韧性、塑性均大，故在车削加工时，切屑连绵不断，这样不仅影响操作的顺利进行，造成安全事故，而且还会挤伤已加工表面。不锈钢含有 Cr、Ni、Ti、Mo 等元素，这些元素与其他金属的新和性强，易产生黏附现象，并形成积屑瘤。

在不锈钢的切削过程中，切削温度高，切削力大，再加之合金元素 Cr、Ni、Ti 等元素与其他金属的新和性好，致使刀具极易产生黏结，扩散磨损，因此容易在前刀面形成月牙洼。造成刃部强度降低，并产生微小的剥落和缺口；再由于不锈钢中的碳化物硬质点使刀具产生剧烈的磨料磨损，所以在不锈钢的切削过程中，刀具磨损特别严重。

（1）刀具材料的选择

不锈钢是经过高熔点、高激活能元素强化的合金，尤其是其组元复杂，合金元素含量高。这样导致材料塑性大、韧性好，导热系数低。切削加工时，被切层变形阻力大，加工表面的硬化深度和硬化程度均增加，与此同时，其变形温度升高，切屑黏附倾向增大。根据这些特点，在选择硬质合金刀具材料时，主要考虑其高温强度、高温硬度并重点保证足够的韧性。因此在不锈钢切削加工中，原则上选用 K 类合金，或者说，尽可能采用不含碳化钛或含碳化钛较少，添加碳化钽（铌）及其他难熔合金元素的硬质合金。其主要原因是 K 类合金具有较高的抗弯强度，能保证刀具采用较大前角和锋利的刃口。其次是 K 类合金导热性能好，可以避免切削热集中在切削刃，使切削温度降低。

根据这一观点，在一般不锈钢的切削中我们推荐如下几种合金：YG6A、YG8N、YW1、YW2。最近几年，材料的性能和工件的精度都提高较快，因此对刀具材料的要求也相应提高，为了获得更好的效果，我们建议采用：YW4、YS2T、YD15 等新牌号合金。

对于不锈钢切削用硬质合金的选择，其观点也不完全一致，如有人提出切削不锈钢宜采用 P 类合金，并作了不少试验，证明 P 类合金好。根据这种理论，我们用 YS25 作为不锈钢的铣削试验，证明确实有上佳的表现。经过认真分析，这两种观点都有一定道理，但都不全面。我们认为，在低速断续切削时，可采用 K 类合金，而高速切削时，一定要采用 P 合金。

（2）刀具几何角度的选择

前角：不锈钢的硬度、强度虽不很高，但其塑性好，韧性大，热强性高，切削时切屑不易被切离，其主要原则是在保证不崩刃的前提下，尽量采用较大的前角。这样做的主要原因是：在25°以下范围增加前角，能使单位切削力减少，节省能耗；减少切屑与刀具的黏结，改善前刀面摩擦；降低切削温度，减少刀片的扩散磨损。因此，在车削不锈钢时，前角的大致范围是15°～30°。粗加工时取较小的值，精加工时取较大值；未经调质处理，或已经调质处理，但硬度较低的不锈钢，可取较大值；工件直径较小或薄壁件，也宜取较大值。精加工奥氏体不锈钢时，前角可选20°～25°，粗加工时，可取较大前角加－30°倒棱角和(0.5～1)进给量的倒棱宽度，这样做既加强了刀尖强度，又不增加很多切削力。

后角：在金属切削加工中，后角也是一个很重要的角度，它的选择合理与否，对切削加工有明显影响。一般说来，后角的选择主要取决于两个方面：一方面是切削层厚度，其值越小，后角应越大；另一方面是根据刀具材料的强度而定，强度高，后角较大，反之，后角较小。在不锈钢的切削加工中，硬质合金刀具后角值大多采用：粗加工为4°～6°，精加工时略大于6°。

(3)切削用量的选择

切削不锈钢时，其切削用量一般是：进给量不得小于0.1 mm/r，避免微量进给，以免在加工硬化区进行切削；切削深度选择原则是避开冷硬层，但有时还要根据工件的加工余量而定。切削速度的选择一般根据刀具材料而定，热稳定性好的刀具材料，其切削速度可高一些。但还应注意是，在选择切削速度时应避开振动区域，这是由于后刀面摩擦和切屑形成时所引起的振动在某一切削速度下表现得特别剧烈，因此我们要避开这一振动区速度，防止切削刃微崩，提高刀具耐用度。

近年来，对切削不锈钢进行了大量的研究工作，对其切削理论也有更深的认识。如有人提出，切削不锈钢宜在低温下进行，通过切削奥氏体不锈钢的试验，证明其在800 ℃左右切削时最为适宜。其主要原因是：在奥氏体切削过程中，黏结和扩散磨损是影响刀具耐用度的重要原因，而在800 ℃左右这个温度区间，能明显减少刀具—工件，刀具—切屑之间的黏结，同时扩散磨损又没有明显增加。并且在这个温度下，有利于被切件的塑性变形，使切削力明显降低，切削过程轻快。根据这种观点，切削不锈钢宜采用较高的切削速度，为了使切削温度达到 800 ℃左右，相应的切削速度是 80～15 m/min，并配以适当的切削深度和进给量，并推荐使用金属陶瓷刀片。

4. 高温合金的切削特点及方法

(1)高温合金的切削特点

高温合金金相组织复杂，合金组元多，有的合金元素高达 20 种以上，如镍基合金大都是六组元、八组元、十组元以上的合金。它强化效果好，合金性能高，因此，其切削性能很差。以切削 45 号钢的加工性为 100%，而高温合金的相对加工性仅为它的 20%左右。根据各种高温合金的性能，其切削加工性由易到难的排例顺序是：

变形高温合金→铸造高温合金。

变形高温合金的顺序是：GH34→GH2036→GH2132→GH2135→GH1140→GH30→GH4033→GH37→GH4049→GH33A。

铸造高温合金的顺序是：K11→ K214→ K1→ K6→ K10。

表 1-1 列出几种高温合金的物理和机械性能。

表 1-1　高温合金的物理和机械性能

牌号			使用状态	拉伸强度 σ_b (kg/mm²)	5 倍试样伸长率 σ_5(%)	冲击值 a_k (kgm/cm²)	布氏硬度 HB	导热系数 [Cal/(cm·s·℃)]
铁基	变形	GH34	淬火、回火 淬火时效	92	13	4	285	0.096
		GH2036		94	16	3.5～5	275～310	0.041
		GH2132		100	20.4	10.2	255～320	0.032
铁镍基	变形	GH2135	淬火、回火、	109～110	16～24	3.4～5.2	285～320	0.026
		GH1140	时效淬火	67	40			0.036
	铸造	GH2136	淬火、时效	95	12	3.2	270～340	0.023
		K214		110～120	2.0～3.0	0.7～2.0		

续上表

牌号			使用状态	拉伸强度 σ_b (kg/mm²)	5倍试样伸长率 σ_5(%)	冲击值 a_k (kgm/cm²)	布氏硬度 HB	导热系数 [Cal/(cm·s·℃)]
镍基	变形	GH4033	淬火、时效	95～110	15～20	4～10	255～310	0.033
		GH33A		123～125	24～26	5.5～12.7	329～368	
	铸造	K1	淬火	95	2.0	1～1.5	302～370	0.024
		2	铸态	75～86	5			0.033
钴基	铸造	10	铸态	70	8	2～3	255～302	

高温合金难切削的原因主要表现在以下几个方面：

切削力大。各种高温合金，大多数都具有一定的塑性，其中有些合金的塑性很好。如 GH140 的室温延伸率高达 40%。高温合金中大多元素是 Cr、Co、Mo、W、V、Nb、Ta、Hf，这些元素熔点高，激活能大，原子能大，原子结合十分稳定，要使其脱离平衡位，需要很大的能量，因而变形抗力很大。再加上合金元素 Ti、A1、C 与基体金属构成化合物弥散分布于基体，不仅增大合金塑性变形抗力，而且使变形区的日格严重畸变，故而使其强度、硬度大大提高，使切削力大幅度升高，比一般钢材的大 2～3 倍。

切削温度高。由于高温合金在切削时产生巨大的塑性变形，刀具与工件，切屑时产生强烈的磨擦，因此产生大量的切削热。同时高温合金导热系数低，传热困难，致切削热高度集中于切削刃附近，使切削温度高达 1 000 ℃左右，如车削 GH1131，切削温度超过 900 ℃，而在相同条件下，45 号钢的切削温度仅为 640 ℃左右。这样的温度不但使刀具材料软件化，而且明显地加剧刀具的扩散、黏结磨损，使刀具寿命大幅度降低。

加工硬化现象严重。由于高温合金的切削温度高，合金中的强化相从固溶体中分离出来，并呈极细的弥散质点均匀分布于基体，使合金的强化能力进一步增加，提高了硬度，如切削高温合金时，其已加工表面硬度高 50%～100%。另外，各高温合金中都含有碳化物、氮化物、硼化物等硬质相，使刀具受到强烈磨损。与此同时，刀具还会出现塑性变形及崩刃等现象，这样使切削加工难度进一步加大。由于加工高温合金时硬化现象严重，故刀具除产生正常磨损外，还会出现边界磨损和沟纹磨损。

(2)刀具材料的选择

高温合金具有极好的高温综合性能，并且导热系数低，故切削加工时，要求硬质合金刀具具备较高的高温强度、高温硬度和足够的韧性。原来切削高温合金均采用 YG8N、YG6A、YW1、YW2 等合金作为刀具材料，这些合金尽管能进行切削，但其切削效率低，刀具寿命极短，同时加工出来的产品表面质量差。最近几年，由于硬质合金工业的发展，对高温合金的切削加工也有所进展。特别是由于此类合金切削难度大引起人们重视后，对刀具材质的选择进行了认真的研究。经过研究分析，切削高温合金尽可能采用不含碳化钛或含碳化钛很少，添加碳化钽(铌)及其他合金元素的硬质合金。因为这类合金高温性能好，导热性能优良，在切削过程中，收到明显的效果。实践证明：在低速下粗车毛坯，断续切削镍基高温和铸造高温合金，推荐用 YS2T(YG10HT)；连续切削时，建议采用 YS8、YS10。

5. 钛合金的切削特点及方法

(1)钛合金的性能及切削特点

概括起来，钛合金具有以下性能：

比强度高，特别是钛合金具有强度高、比重小的优点，决定了它是一种良好的航天、航空材料。热强性高、抗蚀性好。钛合金是一种热稳定性好的材料，它能在 3 500 ℃，甚至 5 000 ℃范围内长期工作，如超音速收音机的蒙皮就是钛合金制成。钛合金的抗蚀性也很好，如在潮湿的大气和海水介质中工作，其抗蚀性远优于不锈钢；抗酸、碱腐蚀性能也很好。但对铬盐介质的抗蚀性较差。导热性能差。纯钛的导热系数 $\lambda=0.036\ 4$ Cal/(cm·s·℃)，约为纯镍的 1/4，铝的 1/14，而钛合金的导热系数更低，如 TC-4 的 $\lambda=0.019$，TC-9 的 $\lambda=0.017$。

由于钛合金具有如此多的优越性能和在地球中的丰富含量，

现在已被广泛地用于航天、航空、航海、石油、化工、医药等部门，因此研究钛合金的切削性能具有极其重要的意义。

也是由于它具有优越的使用性能，致使它给切削加工带来很大的困难，以致钛合金成为最难切削加工的材料之一。现将其难切削原因归结如下：

切削温度高。在切削钛合金的过程中，其切削温度较其他几种难加工材料的切削温度高。造成如此高的切削温度的主要原因是钛合金的导热系数小。前面讲过，TC-9 的导热系数仅为0.017 Cal/(cm·s·℃)。这样差的导热性能切削热很难通过工件和切屑传导出去，而集中到刀具上，使切削温度明显升高；另则是切削钛合金时的变形系数小，切屑不收缩，在前刀面上流动时，磨擦长度增加，也使切削温度上升。再者是切削钛合金时刀屑接触面积很小，切削热高度集中于切削刃附近的小面积内，这几个原因加在一起，使钛合金的切削温度升高。从下表也可以看出，几种难加工材料中，钛合金的切削温度最高，几乎比切削 45 号钢的温度高出一半。

单位切削力大。切削钛合金时，总的切削力不大，但由于刀屑接触面积小，切削压力集中于切削刃附近极小范围内，故使切削刃的单位切削力大大上升。这样造成刀屑接触处的磨擦系数加大，加剧刀具前刀面的磨损。

易产生表面变质层。钛的化学活泼性很大，易与气体杂质产生强烈的化学反应。如 O、N、H、C 等在钛合金中是间隙固溶强化元素，侵入钛中，形成间隙型固溶体，使表面层晶格严重弯扭，塑性下降。这样导致切削变形的滑移条件恶化，合金表层硬度及脆性上升。Ti 与 N、C 作用，还能形成硬度极高的 TiN、TiC 存在于表面；当切削温度达到 650 ℃，特别是超过钛的同素异型转变温度 882 ℃时，氧的扩散速度加剧，使表面硬化，这几种因素造成的污垢层厚度可达 0.155 mm，在切削过程中严重损伤刀具。

钛和其他金属元素的亲和性强。又由于它的切削温度高，单位切削力大，因此，在切削过程中，易与刀具材料咬合，熔焊在一起，严重的粘刀现象，形成刀屑瘤，在切屑被强迫流动排出时，会使部分刀具材料带走，造成刀具前刀面迅速的磨损，降低刀具寿命。

弹性后效严重。由于钛合金的弹性模量小，约为钢的 1/2，故刚性差，易变形。在切削过程中，工件易产生让刀现象，这样使工件的尺寸精度和形状精度很难保证。同时，工件被切削之后，加工表面回弹性大，造成后刀面剧烈磨擦，这样不但使黏结等磨损增加，而且还会由于工件和刀具的相对运动造成刀具撕裂等现象。

(2)刀具材料的选择

根据合金的性能和切削特点，在选择硬质合金刀片牌号时，一定要从降低切削温度的观点来考虑。要做到这一点，一定要使硬质合金刀片材质具备磨擦系数小，亲和性差、导热性高、耐磨性好等特点。因此，我们选用 K 类合金作刀具材料较为合适。特别是加入钽铌等稀有金属元素，细晶粒新牌号咸质合金，效果尤为可佳。因为这类合金导热性好，热稳定温度高，因此在高温状态下能保持良好的综合性能。在实践中发现，采用 YD15(YGRM)、(YS2T(YG10HT)、YG6A 切削钛合金时，使用效果好。

但值得注意的是，切削合金时，切忌采用碳化钛基合金以及含 TiC 高的 P 类合金，因为它们属同种金属元素，其亲和性好，严重加剧刀具的扩散、黏结等磨损。表面光洁度和尺寸精度要求高的零件，往往采用金刚石作为刀具材料。由于金刚石硬度高，导热性能好，不易被切材料黏结，因此它不但能提高工件表面质量，而且能大幅度提高切削效率。

为了降低切削温度，提高切削效率，在切削过程中往往采用加切削液的办法。由于水比油的导热系数、比热、汽化热都大，故用水溶性切削热较为合适。

(3)几何角度的选择

钛合金塑性小，在切削过程中，刀屑接触面积小，根据这一特点，应选择较小的前角，以增加刀屑接触长度，使切削力和切削热分散均匀，同时还有利于增加刀头强度，减少刀片崩刃。

切削钛合金时，应选取较大的后角，这样做主要是为了避免由于弹性后效对后刀面造成巨大磨擦，以及由它引起的黏附、黏结、撕扯等现象。根据一般的规律，后角选 15°左右较为合适。

选择主偏角时，往往从改善热条件和减少单位切削力出发，选取较小的主偏角，通常是 45°或更小。同时，采用大刃倾角，一般取 100°左右，这样既能减小切屑对前刀面的磨擦力，又能使刀尖保持锋利。

第四节　各种类型工件的车削工艺方法

1. 密封槽二次车削加工方法

问题概述：筒段在铸造过程中由于夹渣、气泡等缺陷，造成在其成品后端面出现凹坑、麻点等现象。这样一方面会造成外观质量差，给交付带来一定的困难；另一方面是有的缺陷位置分布在密封槽边缘处，可能会扎伤密封圈，从而对筒段的密封性能造成一定的影响。对于深度较浅的缺陷，一般通过测量已加工尺寸，确定去除余量，保证筒段最小极限尺寸为原则进行车削加工，但是由于密封槽公差小于筒段高度方向公差，端面缺陷去除后常常会导致密封槽深度超差，所以还需对密封槽进行再次加工。

解决方法：(1)测量自由状态下筒段平面度和圆度；(2)装夹零件，通过调整压板减小筒段形位公差；(3)测量筒段高度、密封槽深度确定车削余量；(4)车端面，保证筒段高度不小于最小极限尺寸，同时保证端框也不小于最小极限尺寸；(5)根据圆度确定密封槽切削宽度，根据筒段高度计算密封槽车削深度；(6)车密封槽，保证密封槽尺寸；(7)将密封槽中未车削部分由钳工刮掉；(8)清洗。

取得效果：通过二次车削，不但保证了筒段的外观质量，还保证了筒段的相关尺寸，保证了筒段顺利交付，但是此方法本方法只适用于铸造缺陷深度较浅的筒段。如果铸造缺陷深度较大，只能采用其他方法解决。

2. 切向小孔的方法

在某些小轴类零件的切向小孔生产加工过程中，尤其是批量生产加工过程中，刀具的合理使用、批量尺寸稳定性、流量稳定性、生产效率的提高，是核心要求。

(1)刀具使用批生产中，刀具使用要做好：刀具磨损的耐用度随时记录，每把刀具的磨损都会对零件造成某些影响，也要做好记录。在生产过程中，零件尺寸有变化，就可以判断哪把刀磨损了，及时更换，节省了每次需要分析的时间。

(2)生产效率。提高加工过程中切线孔的毛刺的传统方法是由车工、钳工，反复钻铰 3～6 次来完成，有效提高效率的方法是加一把反镗刀，在加工过程中镗一次，钻一次反复 3 次就能完成，节省了钳工、车工两个工序的几次反复装夹。

3. 氟塑料垫圈车削方法

材料：聚四氟乙烯棒料 $\phi15$。

设备：适于加工批量的小零件。

编程方法：一次性加工完成多个完整工件，避免二次装夹。

刀具：常用机夹刀片。

针对垫圈的特点，加工时不应一次只加工一个零件。垫圈 $L=1.5$ 比较薄，选用 2 个的切刀，每件活需要的长度 $L=3.5$。

根据材料所能承受的强度，每次可连续加工 6 件产品。L $(L=3.5)\times 6=21$。由此可知，棒料伸出夹头的长度为 21＋14(切刀离开夹盘的最小距离)＝35。

在编程过程中车外圆的钻孔仅一次就可以完成 6 个工件的长度。大大减少了加工的时间。

选用普通的切刀片加工工件切段时会留下一圈的毛刺，把切刀片磨得大约 15°，切断时毛刺会很小，用手就可以去掉。

4. 典型轴类零件数控车削基准及装夹方式

零件示意图如图 1-4 所示。

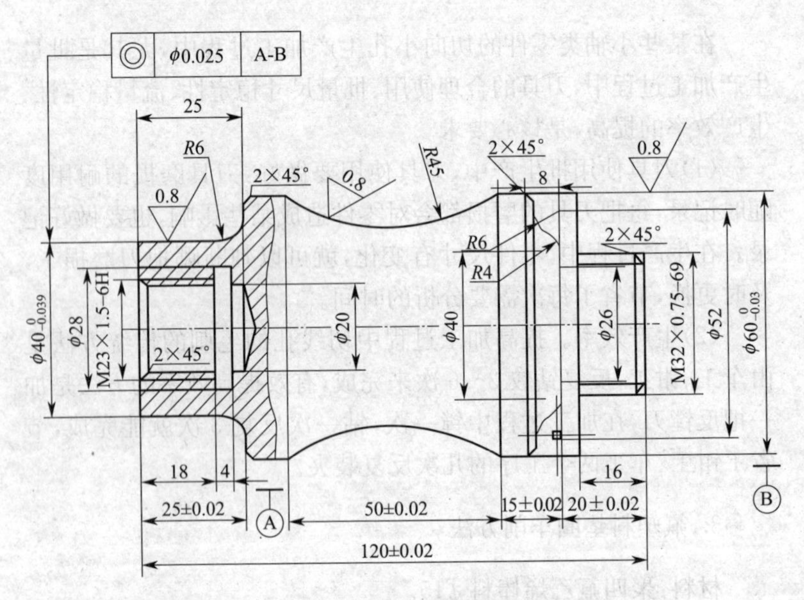

图 1-4　车削零件图

(1)零件图分析

该零件表面由圆柱、逆圆弧、槽、螺纹、内孔、内槽、内螺纹等表面组成,尺寸标注完整,选用毛坯为 45 号钢,ϕ65 mm×125 mm,无热处理和硬度要求。

(2)确定加工方法

加工方法的选择原则是保证加工表面的精度和表面粗糙度的要求,由于获得同一级精度及表面粗糙度的加工方法一般有许多,因而在实际选择时,要结合零件的形状、尺寸大小和形位公差等要求全面考虑。

图 1-4 上几个精度较高的尺寸,因其公差值较小,所以编程时优先取平均值,而不取其基本尺寸。

通过以上数据分析，考虑加工的效率和加工的经济性，最理想的加工方式为车削，考虑该零件为大量加工，股加工设备采用数控车床。

根据加工零件的外形和材料等条件，选用 cjk6032 数控机床。

(3)确定加工方案

零件上比较精密表面加工，常常是通过粗加工、半精加工和精加工逐步达到的。对这些表面仅仅根据质量要求选择相应的最终加工方法是不够的，还应正确的确定毛坯到最终成形的加工方案。

毛坯先夹持右端车右端轮廓 95 mm 处，先用中心钻打中心孔，再用 $\phi 8$ 的钻头钻 25 mm 的孔，再用 $\phi 20$ 的钻头扩孔，再用镗刀镗 $\phi 22.5$ mm 的孔，再用内槽刀镗 $\phi 28$ 的槽，再用内螺纹刀车 M24×1.5 的螺纹。然后再车 $\phi 40$ mm、$R6$ 的圆弧、$\phi 60$ mm 和 $R45$ 的圆弧。调头加工 $\phi 32$ mm、$R4$、$R6$ 的圆弧、$\phi 60$ mm 的外轮廓，在切退刀槽，最后车 M32×0.75 的螺纹。

该典型轴加工顺序为：

预备加工—车端面—钻孔—镗孔—切内螺纹退刀槽—车内螺纹—粗车左端面轮廓—精车左端面轮廓—调头—车端面—粗车轮廓—精车轮廓—退刀槽—粗车螺纹—精车螺纹。

(4)定位基准的选择

在制定零件加工的工艺规程时，正确的选择工件的定位基准有着十分重要的意义。定位基准选择的好坏，不仅影响零件加工的位置精度，而且对零件表面的加工顺序也有很大的影响。合理的选择定位基准是保证零件加工精度的前提，还能简化加工工序，提高加工效率。

定位基准选择的原则：

1)基准重合原则。为了避免基准不重合误差，方便编程，应选用工序基准作为定位基准，尽量使用工序基准，定位基准、编程原点三者统一。

2)便于装夹的原则。所选的定位基准应能保证定位准确、可靠，定位夹紧简单、易操作，敞开性好，能够加工尽可能多的表面。

3)便于对刀的原则。批量加工时在工件坐标系已经确定的情况下,保证对刀的可能性和方便性。

(5)确定零件的定位基准

以左右端大端面为定位基准。

(6)装夹方式的选择

为了工件不至于在切削力的作用下发生位移,使其在加工过程始终保持正确的位置,需将工件压紧压牢。合理的选择加紧方式十分重要,工件的装夹不仅影响加工质量,而且对生产率、加工成本及操作安全都有直接影响。

数控车床常用装夹方式:

1)在三爪自定心卡盘上装夹。三爪自定心卡盘的三个爪是同步运动的,能自动定心,一般不需要找正。该卡盘装夹工件方便、省时,但夹紧力小,适用于装夹外形规则的中、小型工件。

2)在两顶尖之间装夹。对于尺寸较大或加工工序较多的轴类工件,为了保证每次装夹时的装夹精度,可用两顶尖。该装夹方式适用于多序加工或精加工。

3)用卡盘和顶尖装夹。当车削质量较大的工件时要一端用卡盘夹住,另一端用后顶尖支撑。这种方式比较安全,能承受较大的切削力,安装刚性好,轴向定位基准,应用较广泛。

4)用心轴装夹。当装夹面为螺纹时再做个与之配合的螺纹进行装夹,叫心轴装夹。这种方式比较安全,能承受较大的切削力,安装刚性好,轴向定位基准。

(7)确定合理的装夹方式

装夹方法:先用三爪自定心卡盘夹住右端,加工左端达到工件精度要求;再工件调头,用三爪自定心卡盘夹住工件右端,在加工到工件精度要求。

5. 典型轴类零件加工的工艺分析

(1)技术要求。轴类零件的技术要求主要是支承轴颈的径向尺寸精度和形位精度,轴向一般要求不高。轴颈的直径公差的等级通常为IT6～IT8,几何形状精度主要是圆度和圆柱度,一般要求是限制在直径公差范围之内。相互位置精度主要是同轴度和圆跳动;保证配合轴颈对于支承轴颈的同轴度,是轴类零件位置精度的普遍要求之一。图为特殊零件,径向和轴向公差和表面粗糙度要求较高。

(2)毛坯选择。轴类零件除光滑轴和直径相差不大的阶梯轴热轧或冷拉圆棒料外,一般采用锻件;发动机曲轴等一类轴件采用球墨铸铁铸件比较多。如典型轴类直径相差不大,采用直径为65 mm,材料为45钢在锯床上按130 mm长度下料。

(3)定位基准的选择。轴类零件外圆表面、内孔、螺纹等表面的同轴度,以及端面对轴中心线的垂直度是其相互位置精度的主要项目,而这些表面设计的设计基准一般都是轴中心线。用两中心孔定位符合基准重合原则,并且能够最大限度地在一次装夹中加工出多个外圆表面和端面,因此常用中心孔作为轴加工的定位基准。

当不能采用中心孔作为定位基准或粗加工基准较差时,可采用轴的外圆表面作定位基准,或是以外圆表面和中心孔共同作为定位基准,能承受较大的切削力,但重复定位精度并不太高。

数控车削时,为了能用同一程序重复加工和工件调头加工轴向尺寸的精确性,或为了端面余量均匀,工件轴向需要定位。采用中心孔定位时,中心孔尺寸及两端中心孔间的距离要保持一致。以外圆定位时,则应采用三爪自定心卡盘反爪装夹或采用限未支承,以工件端面或台阶面或台阶面儿作为轴向定位基准。

(4)轴类零件预备加工车削之前常需要根据情况安排预备加工,内容通常有:直——毛坯出厂时或在运输、保管过程中,或热处理时常会发生弯曲变形。过量弯曲变形会造成加工余量不足或装夹不可靠。因此在车削前需增加校直工序。

切断——用棒料切得所需长度的坯料。切断可在弓形锯床、圆盘锯床和带锯上进行,也可以在普通车床上切断或在冲床上用冲模冲切。

(5)热处理工序。铸、锻件毛坯在粗车前应根据材质和技术要求正火或退火处理，以消除应力，改善组织和切削性能。性能要求较高的毛坯在粗加工后、精加工前应安排调质处理，提高零件的综合机械性能；对于硬度和耐磨性要求不高的零件，调质也常作为最终热处理。相对运动的表面需在精加工前或后进行表面淬火处理或进行化学热处理，以提高耐磨性。

(6)加工工序划分一般可按下类方法进行：

1)刀具集中分序法就是按所用刀具划分工序，用同一把刀具加工完零件上所有可以完成部位。再用第二把刀、第三把刀完成他们可以完成的其他部位。这样可以减少换刀次数，压缩空程时间，减少不必要的定位误差。

2)加工部位分序法。对于加工内容很多的零件，可按其结构特点将加工部分分成几个部分，如内形、外形、曲面或平面等。一般先加工平面、定位面，后加工孔；先加工简单几何形状，再加工复杂的几何形状；先加工精度较低的部位，再加工精度较高的部位。

3)以粗、精加工分序法。对于易发生加工变形的零件，由于粗加工后可能发生的变形而需要进行校形，故一般来说凡要进行粗、精加工的都要将工序分开。综上所述，在划分工序时，一定要视零件的结构和工艺性，机床的功能，零件数控加工内容的多少，安装次数及本单位生产组织状况灵活掌握。另建议无论采用工序集中的原则还是采用工序分散的原则，要根据实际情况来确定，但一定力求合理。

(7)在加工时，加工顺序的安排应根据零件的结构和毛坯状况，以及定位夹紧的需要来考虑，重点是零件的刚性不被破坏。顺序一般应按下列原则进行：

1)上道工序的加工不能影响下道工序的定位与夹紧，中间穿插有通用机床加工工序的也要综合考虑。

2)先进行内形、内腔加工工序，后进行外形加工工序。

3)以相同定位、夹紧方式或同一把刀加工的工序最好连接进行，以减少重复定位次数、换刀次数与挪动压板次数。

4)在同一次安装中进行的多道工序,应先安排对工件刚性破坏小的工序。

在数控床上粗车、半精车分别用一个加工程序控制。工件调头装夹由程序中的 M00 或 M01 指令控制程序暂停,装夹后按“循环启动”继续加工。

(8)走刀路线和对刀点的选择。走刀路线包括切削加工轨迹,刀具运动切削起始点,刀具切入、切出并返回切削起始点或对刀点等非切削空行程轨迹。由于半精加工和精加工的走刀路线是沿其零件轮廓顺序进行的,所以确定走刀路线主要在于规划好粗加工及空行程的走刀路线。合理的确定对刀点,对刀点可以设在被加工零件上,但注意对刀点必须是基准位或已加工精加工过的部位,有时在第一道工序后对刀点被加工损坏,会导致第二道工序和之后的对刀点无从查找,因此在第一道工序对刀时注意要在与定位基准有相对固定尺寸关系的地方设立一个相对对刀位置,这样可以根据他们之间的相对位置关系找回原对刀点。这个相对对刀位置通常设在机床工作台或夹具上。

6. 典型轴类零件加工顺序原则

(1)确定加工顺序及进给路线

加工顺序按由粗到精、由远到近(由左到右)的原则确定。工件左端加工:即从左到右进行外轮廓粗车(留 0.5 mm 余量精车),然后左到右进行外轮廓精车,然后钻孔,镗内退刀槽,镗内螺纹。工件调头,工件右端加工:粗车外轮廓,精车外轮廓,切退刀槽,最后螺纹粗加工,螺纹精加工。

(2)选择刀具

1)车端面:选用硬质合金 45°车刀,粗、精车一把刀完成。

2)粗、精车外圆:(因为程序选用 G71 循环,所以粗、精选用同一把刀)硬质合金 90°方型车刀,$Kr=90°$,$Kr'=60°$;$E=30°$,(因为有圆弧轮廓)以防于零件轮廓发生干涉,如果有必要就用图形来检验。

3)钻孔:选用 ϕ16 的硬质合金钻头。

4)镗孔:选用 90°硬质合金镗刀。

5)内槽刀:硬质合金内槽刀。

6)内螺纹刀:选用 60°硬质合金镗刀。

7)槽刀:选用硬质合金车槽刀(刀长 12 mm,刀宽 4 mm)。

8)螺纹刀:选用 60°硬质合金外螺纹车刀。

(3)选择切削用量(表 1-2)

表 1-2 切削用量选择

	主轴转速 S (r/min)	进给量 F (mm/r)	吃刀量 F (mm/r)	背吃刀量 ap (mm)
粗车外圆	800	100	1	1.5
精车外圆	900	100	0.05	0.2
钻孔	350	100	0.1	0
粗镗孔	800	100	1	1.5
精镗孔	900	100	0.05	0.2
内退刀槽	350	25	0.04	0
粗车内螺纹	100	0.75	0.1	0.4
精车内螺纹	150	0.75	0.05	0.1
外退刀槽	350	25	0.04	0
粗车外螺纹	100	0.75	0.1	0.4
精车外螺纹	150	0.75	0.05	0.1

7. 高精度十字轴加工方法

问题概述:

如图 1-5 所示十字轴。由于该类产品位置公差较为严格,且产品需要反复加工,增加了零件的加工难度,对机床本身,工装夹具要求较高,在精加工时,产品经过淬火,使产品材料更加难加工。对刀具的选择,各种刀头的倾角的选择比较困难,需经过反复实践操作后,才能做出合适的技术参数。

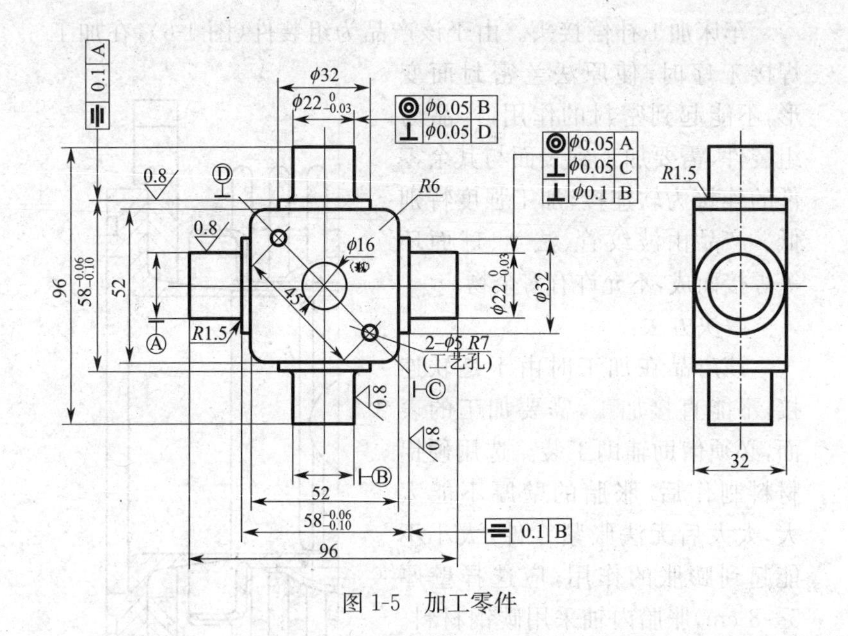

图 1-5　加工零件

解决方法：

该产品在粗加工时，必须使用专用工装夹具，在安装夹具时，必须清理干净车床轴孔，不能有任何多余物，如果不干净会影响工件两端的垂直度要求，在加工过程中，由于材料为四方形的半成品，采用低速、较小的走刀，如果转速高，车刀的耐用度会降低，如果用较大的走刀量，由于工件与夹具连接方式为螺钉和压板的方式，强度低，容易引起产品形位公差发生变化，不能满足图纸要求。粗加工时，刀具前角应选择 2°～6°，后角 2°～10°，刃倾角 −2°～10°，这样能有效保证刀具的使用寿命。在精加工时，需要清理压板与零件表面的接触面，不允许有多余物，以保证零件的表面粗糙度。精加工刀具选择为刀具前角 8°～15°，后角 4°～10°，刃倾角 2°～10°。

8. 软连接组装件密封面的加工方法

问题概述：

车床加工补偿接头。由于该产品为组装件(图 1-6),在加工焊接工序时,使原法兰密封面变形,不能起到密封的作用,产品为组装件,需要加工到表面与其余零件的连接为软连接,加工强度特别低。产品由波纹管、法兰、球面环等焊接而成,不允许有多余物。

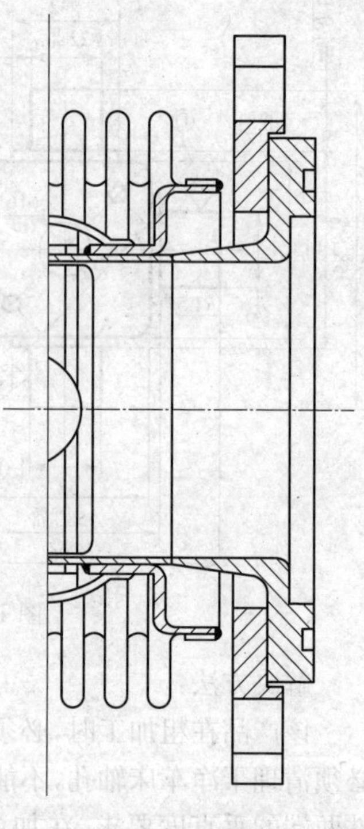

图 1-6　组装件

解决方法:

该产品在加工时由于是软连接,不能直接加工,需要加工的表面,必须借助辅助工装。选用硬铝材料制作后,胀胎的壁厚不能太大,太大后无法胀紧零件,太小不能起到膨胀的作用,应选择壁厚 5～8 cm,胀胎内轴采用碳钢材料。后端制成 60°的锥角。铝制工装 60°锥角与钢制工装配合,起到胀紧的作用。在加工时,用橡胶皮密封,其余不加工面,使多余物不能进入内部。刀具选择为 YD15 的车刀。因加工零件为高温合金材料,提高刀具耐用度。转速方面为 125 r/min。走刀为 0.05 cm,保证加工粗糙度。

9. 提高筒段类零件外形下陷表面质量的方法

问题概述:

在加工筒段类零件外形下限时,由于机床、刀具、让刀等多种问题,下陷表面质量不合格。

解决方法:

加工中在最后到刀长前留 0.3～0.5 mm 的余量,光一刀,下陷表面质量 100%合格。

10. 螺纹尺寸精度控制方法

车制一些有螺纹的零件时,经常会遇到螺纹程序走完了,而螺纹塞规下不去的情况。解决办法是,根据要求在可控范围内调整一下程序里的螺纹直径尺寸,使之保证螺纹合格。

11. 长轴类螺纹振纹解决方法

问题概述:在加工长轴类螺纹零件时,工件表面会产生振纹。

解决方法:

(1)先车削螺纹部分,使强度加大,从而控制了振纹的产生。

(2)先车光杆,再上胎车螺纹,使工件伸出长度大大缩短,从而控制了振纹的产生。

(3)在加工细长轴零件时,要采取小切身,多分刀的加工方法,以免车削抗力太大使工件在车削中从根部折断。

(4)在加工薄壁零件时,应先看一下(孔,轴)哪个尺寸精度要求高。精度要求高的后加工,以免先加工后,在加工别的尺寸时,发生微量形变或改变。

12. 高精度复杂球头型面尺寸控制方法

问题概述:如图 1-7 所示典型零件产品右侧型面复杂,尺寸精度高,加工中型面尺寸不可测量。

解决方法:装夹左侧 ϕ11.6 外圆面,数控车外形面。通过机床精度、数控程序、车刀几何尺寸及可测量的特征尺寸控制零件型面尺寸精度。如图 1-8 所示。原点设于零件轴心及右端面;黑色粗实线为零件理论型面轮廓线;细实线为程序刀轨。

车刀:刀尖 R0.3,30°角如图 1-9 所示。

对刀:用车刀外缘在工件右端面(即 Z 向)对刀,设 Z 向原点;用车刀外缘在工件外圆(即 X 向)对刀,测量外径,设轴线为 X 原点。

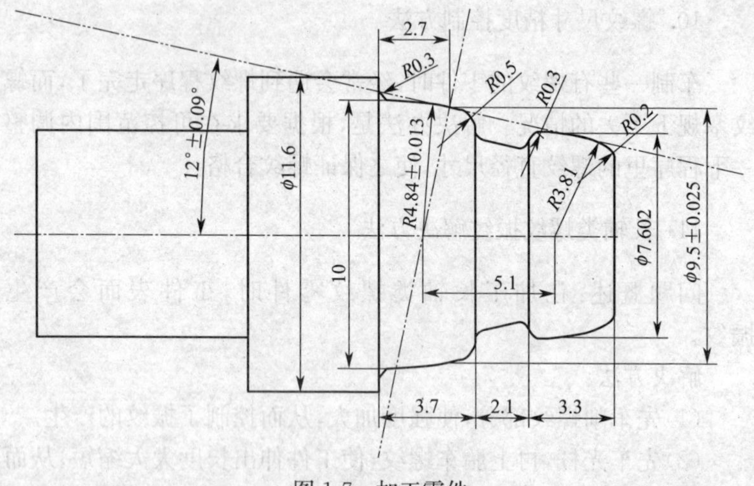

图 1-7　加工零件

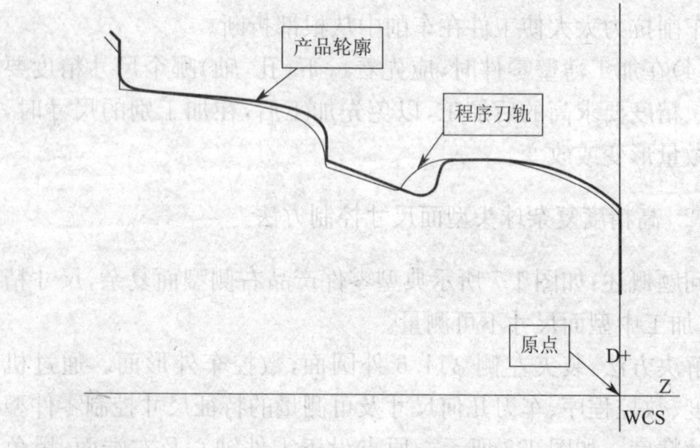

图 1-8　程序轨迹图

型面精度控制方法：

用机床精度、数控程序、车刀圆角 $R0.3$ 及特征尺寸 $\phi7.602\pm0.013$ 保证型面精度 $12°\pm0.09°$、2.7、5.1、$R4.84\pm0.013$、$\phi9.5\pm0.025$。即加工中 X 向加工偏差由尺寸 $\phi7.602\pm0.013$ 控

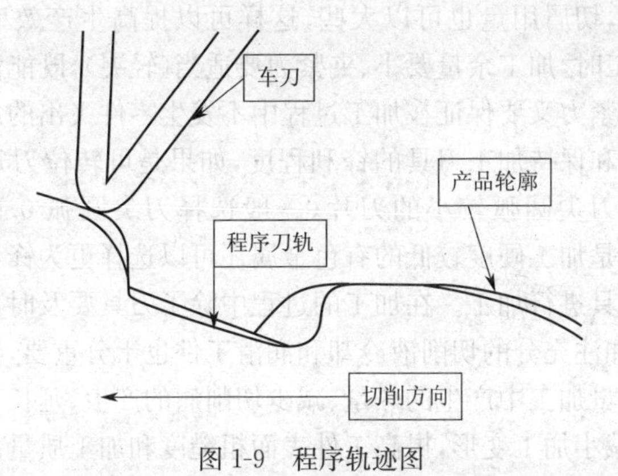

图 1-9 程序轨迹图

制；Z 向尺寸 3.7、2.1、3.3 由 Z 向原点设置及数控程序控制。

在机床精度符合要求，数控加工程序正确的情况下，通过控制特征尺寸及刀具几何形状，可实现高精度复杂型面精度控制。

产生废品的原因与防止方法：

数控机床插补精度差将导致角度及一系列尺寸超差；车刀圆角 R 的精度及其磨损将改变球头型面；测量的特征尺寸 ϕ7.602 超差。

13. 薄壁工件的变形控制方法

在数控车床上加工薄壁工件时，由于零件的刚性差所以在加工中易产生变形和振动现象，通常有以下几种原因：

薄壁工件的壁薄，在夹紧力的作用下容易产生变形，影响工件的加工精度。在车削的过程中容易热变形，工件的尺寸不容易控制。在切削力的作用下特别是径向切削力，容易产生振动和变形(产品切槽和加工螺纹时)从而影响工件的加工精度和表面粗糙度。加工过程中的残余内应力等使工件产生变形。因此我们在加工中应尽量防止和减小工件的变形，根据以上产生变形的几种原因的分析，减小变形可以采取以下几种方法：

对于加工余量较大的工件应安排粗、精加工，粗加工时夹紧力可以大些，切屑用量也可以大些，这样可以提高生产效率降低成本；精加工时，加工余量要小、夹紧力要适当(轻夹)，既能保证车削所需的夹紧力又要保证在加工过程中不发生零件飞出的危险。

提高和保持加工刀具的锋利程度，如果是可转位刀片应选择刃口锋利刀尖圆弧较小的刀片(一般选择刀尖圆弧 0.2 mm 左右)；如果是加工硬度较低的有色金属还可以选择更为锋利的高速钢手磨刀具进行加工。在加工的过程中除了刀具要及时更换保持锋利外，加注充分的切削液冷却和润滑工件也十分重要，切削液可以带走大量加工中产生的热量、减少切削瘤的产生、延长刀具的锋利程度，减小加工变形，提高工件表面粗糙度和加工质量。

对于有些薄壁套的加工，为了防止加工变形可以采用增大装夹接触面的方法来减小变形，常用的方法是在车床上镗制一副软三爪。在制作软三爪时条件允许的情况下应尽量增大三爪的定位接触面，镗制时定位尺寸略大于装夹尺寸，在加工前把夹紧力调到合适的力度(在满足安全的条件下，夹紧力略大于车削力最好)。

对于内孔尺寸较大的薄壁件的加工，为了防止加工中的振动和变形可以采取增加工艺支撑和工艺肋的方法来减小变形和振动，工艺支撑可以设置在夹紧点处来增加夹紧力，还可以设置在对应的加工区域来增加加工刚性，通过工艺支撑的正确设置可以降低加工难度减小变形和振动。

对于有些在专用工夹具上加工的薄壁零件，还可以采用在加工过程中二次调整夹紧力的方法来减小变形，由于夹具采用工艺圆定位内外压板装夹，因此可以将尺寸精度要求不高的集中加工出来，对精度要求特别高的地方可以留出小许余量来调整夹紧力后二次加工。

14. 三爪卡盘装夹工装加工零件的方法

在数控加工实践中，我们经常会碰到用三爪卡盘来装夹工装加工零件的情况，由于目前大多中、高档数控车床都没有配四爪卡盘，因此专用工装就只能在三爪上装夹找正，这在一定程度上增加了加工难度，有时跳动量相差0.01～0.02 mm时普通校调方法根本无法满足要求。

工件的定位是靠工件上某些表面和夹具中的定位原件(或装置)相互接触来实现的，工件的定位必须使一批工件逐次放入夹具中都能占有同一位置，因此工件的定位十分重要。对于在加工中起定位作用的工装夹具找正就更为重要了，因为工装安装好后，其自身的形位公差必须高于工件的形位公差，大多情况下要求圆跳动量小于0.01 mm，一般校正时都采用直接垫铜皮的方法，但铜皮有延展性在校调时易变形稳定性差，对于相差0.02 mm以下的校调很难实现。为了解决这一难题，可以采用以下方法来校调找正：首先准备好三块与三爪接触面差不多高的厚约2 mm的铁片，在校调工装时将三块铁片垫在工装与爪子之间，用较大的夹紧力夹紧工装准备开始校调，校调时一般按先校调端面再校调内外圆的方法实施，若初校时跳动量大于0.2 mm，可以在相应的地方垫上厚度适当的铜片(铜片应垫在铁片与工装之间)，当跳动量变为0.05 mm左右时若没有恰当厚度的铜片时可以用厚度为0.02～0.03 mm的普通纸张来进行微调，采用垫纸张的方法对最后的微调找正是十分有帮助的。

一般工装的圆跳动量都要求小于0.01 mm，然而上述的方法有时却无论怎么校调都无法满足要求，这时只有一种方法最为直接有效，那就是在当工装的端面满足校调要求后，圆跳动离要求还差0.01～0.015 mm时用铜棒轻敲对应的爪子的方法来轻松获得，当达到要求后还必须对端面和圆进行2～3次的复校调，实践证明此方法不会对数控车床的三爪造成危害，而且校正后的工装安全牢固状态稳定，对于极小误差的微调是一种安全可靠的方法。

15. 车削筒段类零件环向薄槽对刀找正方法

(1)问题概述

图1-10是柱段薄槽的示意图，最中间一根槽的中心与内形处环筋的距离，较难检测，需要送计量检测。经检测，多数工件尺寸

不合格，要求为 11 的尺寸，检测值大多在 10.65～10.75 左右，检测合格的工件较少。经过对问题的总结，认为对刀方法存在问题。

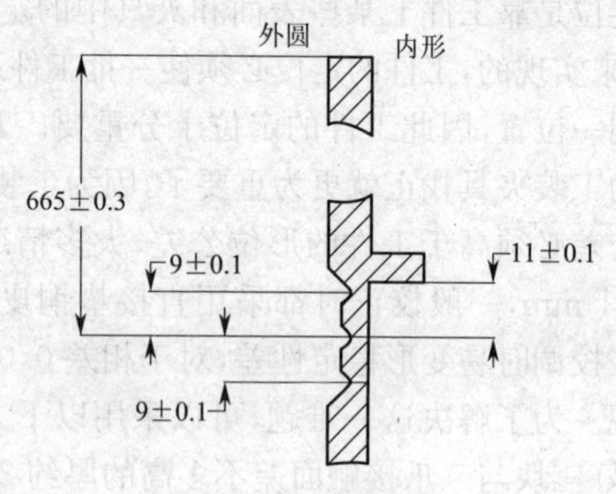

图 1-10　柱段薄槽

(2)解决方法

车床的刀具圆角影响加工尺寸。车刀有圆角，加工工件的柱段时对尺寸没有影响，但是加工锥段时，还是有影响的。车刀形状如图 1-11 所示。

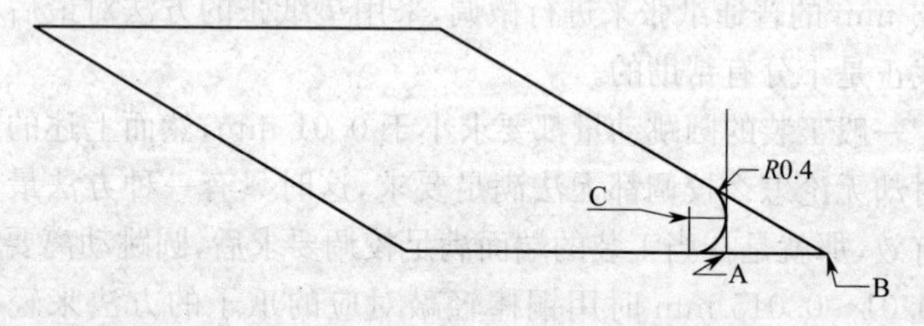

图 1-11　车刀形状图

如果用的程序是尖刀程序，也就是 R0.2-0 的尖刀，需要在加工后用新的尖刀光一下才能合格。若用 R0.4 的刀片车到底，不再光一下，这个 R0.4 将会影响尺寸 11±0.1。原程序点如图 1-12 所示。

观察 MASTERCAM 偏差，由于车刀存在一定角度，车薄槽和上下两个锥面时，车刀接触零件的部位是不同的，不是 R0.4 象限点。绿线为实际型面，蓝线为对刀点(A 点)的轨迹。观察第一个程序，若用 A 点对刀，用正常轨迹程序，实际形成的刀轨就会往

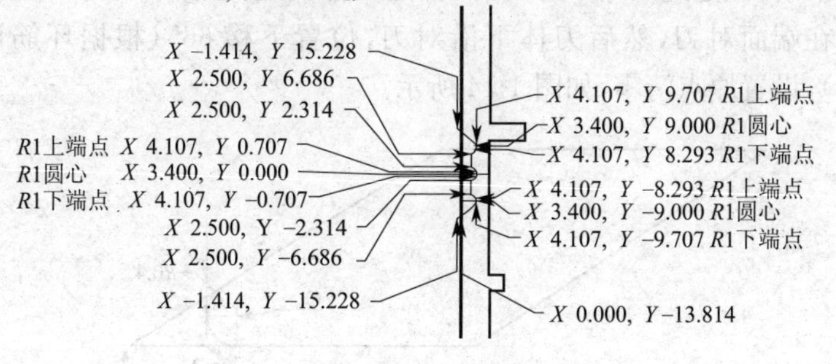

图 1-12　编程图

上移动,所以测量 11±0.1 尺寸时,就出现了规律性偏小的现象。那在 MASTERCAM 考虑刀偏,第一个程序考虑 0.4 的刀片(parameters 的 computer),生成的粗线线轨迹,正好车出细线截面,实测值满足要求,轨迹对比如图 1-13 所示。

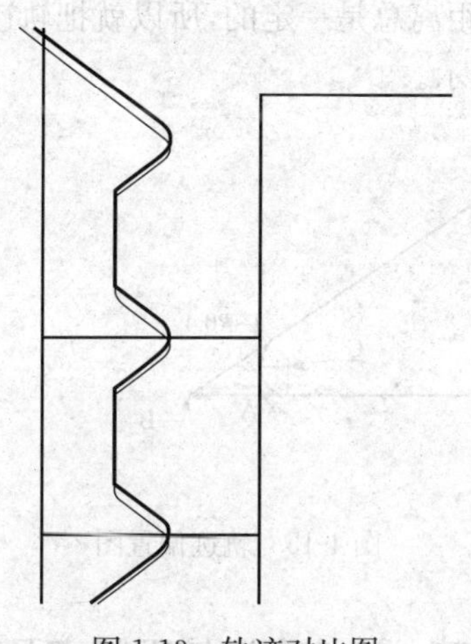

图 1-13　轨迹对比图

消除这个误差有以下三种方法:

1)理论尖点坐标,应该用理论尖刀加工。

2)用 $R0.4$ 的车刀,以刀具的 A 点对刀。用新生成的程序

R04JCAO,(*R*0.4 车刀,固化)加工。即在操作时,11 的基准为环筋下沿,但是此尺寸不好对刀,都是反推到端面,保证尺寸 11 的。先在端面对刀,然后刀体下沿对刀,位置下移 665(根据环筋调整),设置原点清零,如图 1-14 所示。

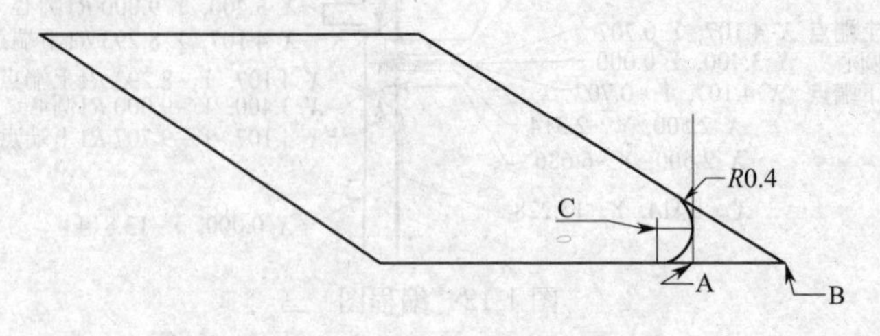

图 1-14 对刀示意图

常用方法:用 *R*0.4 的车刀,以刀具的 C 点对刀,即要换算成刀具的球心处,设置原点清零。用偏置出来 0.4 的轨迹出程序,才能消除这个误差。精度较高时必须考虑车刀圆角。不管刀具接触面在哪里,与圆心距离总是一定的,所以就把轨迹偏置一个半径就可以,如图 1-15 所示。

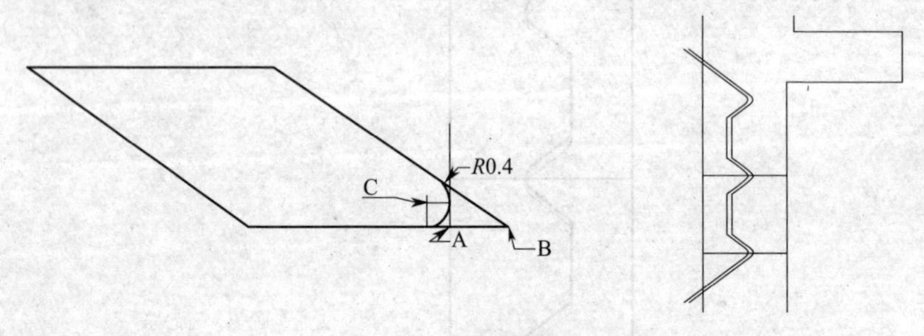

图 1-15 轨迹偏置图

第五节 数控车削编程特点及方法

1. FANUC 系统代码

G 代码解释见表 1-3。

表 1-3　CAK-D 系列数控机床 G 代码含义

G 代码	功能	G 代码	功能
* G00	定位(快速移动)	G56	选择工件坐标系 3
G01	直线切削	G57	选择工件坐标系 4
G02	圆弧插补(CW,顺时针)	G58	选择工件坐标系 5
G03	圆弧插补(CCW,逆时针)	G59	选择工件坐标系 6
G04	暂停	G70	精加工循环
G18	*ZX* 平面选择	G71	内外圆粗车循环
G20	英制输入	G72	台阶粗车循环
G21	公制输入	G73	成形重复循环
G27	参考点返回检查	G74	*Z* 向端面钻孔循环
G28	参考点返回	G75	*X* 向外圆/内孔切槽循环
G30	回到第二参考点	G76	螺纹切削复合循环
G32	螺纹切削	G90	内外圆固定切削循环
* G40	刀尖半径补偿取消	G92	螺纹固定切削循环
G41	刀尖半径左补偿	G94	端面固定切削循环
G42	刀尖半径右补偿	G96	恒线速度控制
G50	坐标系设定/恒线速最高转速设定	* G97	恒线速度控制取消
* G54	选择工件坐标系 1	G98	每分钟进给
G55	选择工件坐标系 2	* G99	每转进给

(1)G00 快移定位

格式:G00X_ Z_;

这个指令把刀具从当前位置移动到指令指定的位置(在绝对坐标方式下),或者移动到某个距离处(在增量坐标方式下)。

非直线切削形式的定位:

我们的定义是:采用独立的快速移动速率来决定每一个轴的位置。刀具路径不是直线,根据到达的顺序,机器轴依次停止在指令指定的位置。

直线定位：

刀具路径类似直线切削(G01)那样，以最短的时间(不超过每一个轴快速移动速率)定位于要求的位置。

举例：N10G00X-100. Z-65.

(2)G01 直线插补

格式：G01X(U)_Z(W)_F_；

直线插补以直线方式和指令给定的移动速率，从当前位置移动到指令位置。

X、*Z*：要求移动到的位置的绝对坐标值。

U、*W*：要求移动到的位置的增量坐标值。

举例：

刀具移动路径 A—B—C；如图 1-16 所示。

绝对坐标程序：

N10G01X50. Z75. F0. 2；A—B

N20X100. ；B—C

增量坐标程序：

N10G01U0. 0W-75. F0. 2；A—B

N20U50. ；B—C

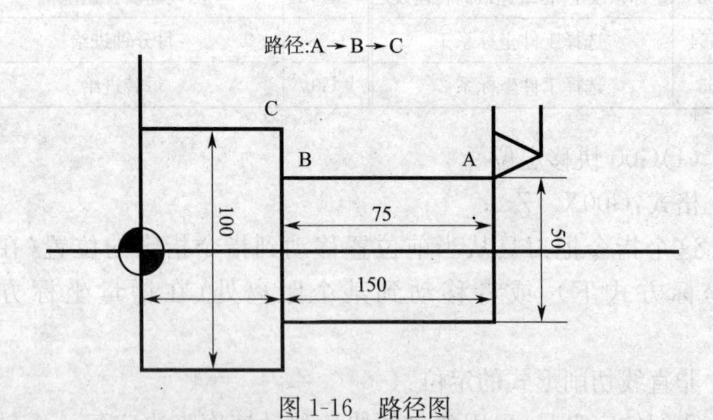

图 1-16　路径图

(3)G02/G03 圆弧插补

刀具进行圆弧插补时，必须规定所在的平面，然后再确定回转方向。顺时针 G02；逆时针 G03。如图 1-17 所示。

格式：G02（G03）X（U）_Z（W）_I_K_F_

G02（G03）X（U）_Z（W）_R_F_

X、Z——指定的终点；

U、W——起点与终点之间的距离；

I——圆弧起点到圆心之 X 轴的距离；

K——圆弧起点到圆心之 Z 轴的距离；

R——圆弧半径（最大 180°）。

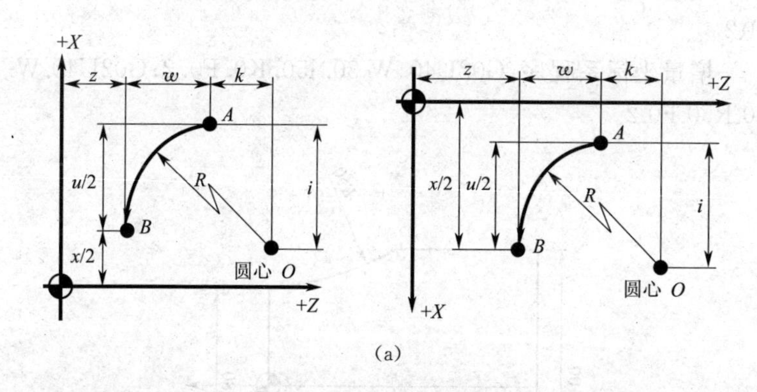

(a)

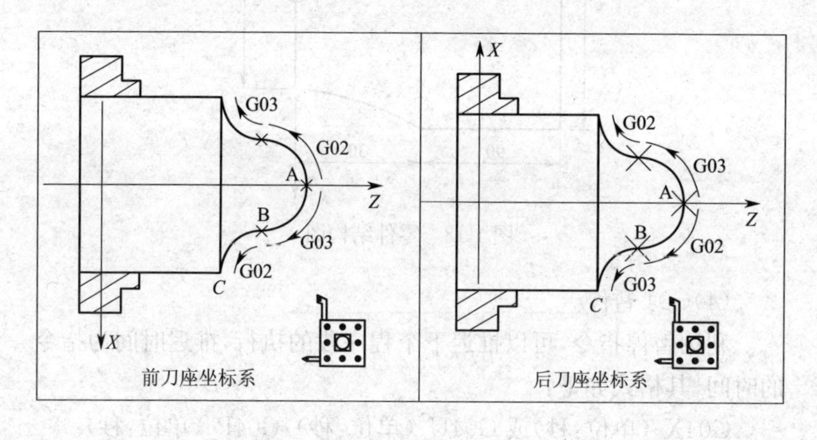

(b)

图 1-17　圆弧插补图

圆弧方向根据坐标系不同而改变,判断方法见表 1-4。

表 1-4　圆弧方向判断方法

前置刀架	后置刀架
顺圆 G03(CW)	顺圆 G02(CW)
逆圆 G02(CCW)	逆圆 G03(CCW)

举例:零件结构如图 1-18 所示。

绝对坐标系程序:G02X100. Z90. I50. K0. F0. 2;或 G02X100.Z90.R50. F0.2。

增量坐标系程序:G02U40. W-30. I50. K0. F0. 2;G02U40.W-30.R50.F0.2。

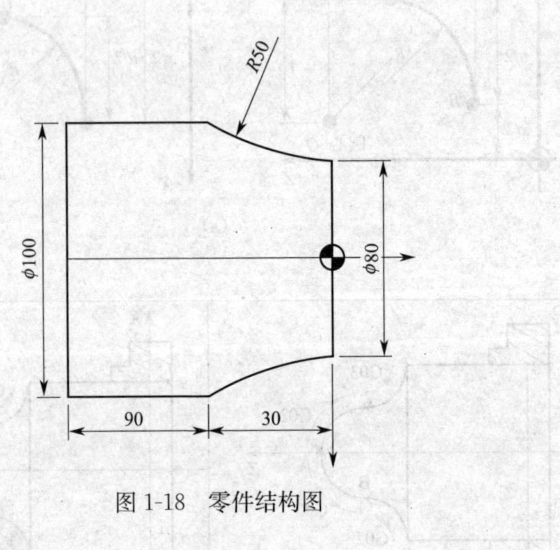

图 1-18　零件结构图

(4)G04 暂停

利用暂停指令,可以推迟下个程序段的执行,推迟时间为指令的时间,其格式如下:

G04X_(单位:秒)或 G04U_(单位:秒);G04P_(单位:秒)。

指令范围从 0.001～99999.99 秒。

用法举例:G04X1.0(暂停 1 秒);G04U1.0(暂停 1 秒);

G04P1000(暂停 1 秒)。可用于切槽、台阶端面等需要刀具在加工表面作短暂停留的场合。

(5)G32 切螺纹

格式:G32X(U)_Z(W)_F(E)_;

F——公制螺纹导程;

E——英制螺纹导程;

$X(U)$、$Z(W)$——螺纹切削的终点坐标值;起点和终点的 X 坐标值相同(不输入 X 或 U)时,进行直螺纹切削;X 省略时为圆柱螺纹切削,Z 省略时为端面螺纹切削。X、Z 均不省略时为锥螺纹切削。

在编制切螺纹程序时应当带主轴脉冲编码器,因为螺纹切削开始是从检测出主轴上的位置,在置编码器一转信号后才开始的,因此即使进行多次螺纹切削,零件圆周上的切削点仍然相同,工件上的螺纹轨迹也是相同的。从粗车到精车,用同一轨迹要进行多次螺纹切削,主轴的转速必须是一定的。当主轴转速变化时,有时螺纹会或多或少产生偏差。在螺纹切削方式下移动速率控制和主轴速率控制功能将被忽略。而且在进给保持按钮起作用时,其移动过程在完成一个切削循环后就停止了。

螺纹加工应注意的事项:

1)主轴转速:不应过高,尤其是大导程螺纹,过高的转速使进给速度太快而引起不正常,一些资料推荐的最高转速为:

主轴转速(r/min)≤1 200/导程−80

2)切入、切出的空刀量,为了能在伺服电机正常运转的情况下切削螺纹,应在 Z 轴方向有足够的空切削长度,一些资料推荐的数据如下:切入空刀量≥2 倍导程,切出空刀量≥0.5 倍导程。

螺纹切削应注意在两端设置足够的升速进刀段 δ_1 和降速退刀段 δ_2。

例:试编写图 1-19 所示螺纹的加工程序(螺纹导程 4 mm,升速进刀段 $\delta_1=3$ mm,降速退刀段 $\delta_2=1.5$ mm,螺纹深度2.165 mm)。

……

G00U-62

G32W-74.5F4

G00U62

W74.5

G32W-74.5

G00U64

W74.5

……

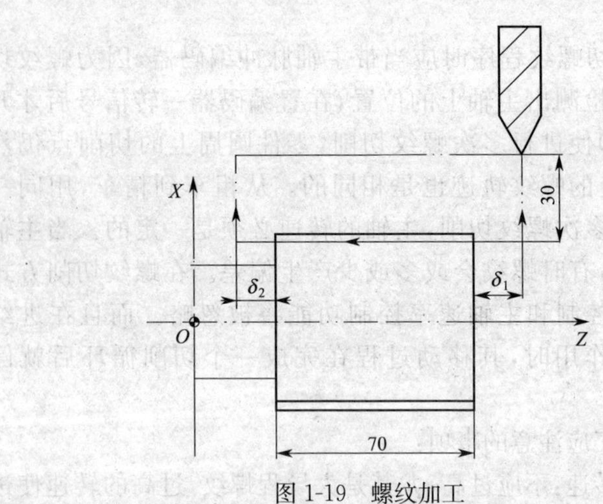

图 1-19　螺纹加工

例:试编写图 1-20 所示圆锥螺纹的加工程序(螺纹螺距:4 mm,δ_1=3.5 mm,δ_2=3.5 mm,总切深 1 mm(单边),分两次切入)。

G00X28. Z3.;第一次切入 0.5 mm

G32X51. W-77. F4.0;锥螺纹第一次切削

G00X55;刀具退出

W77.;Z 向回起点

X27.;第二次再进刀 0.5 mm

G32X50. W-77. F4. 0;锥螺纹第二次切削

G00X55.;刀具退出

W77.;Z 向回起点

……

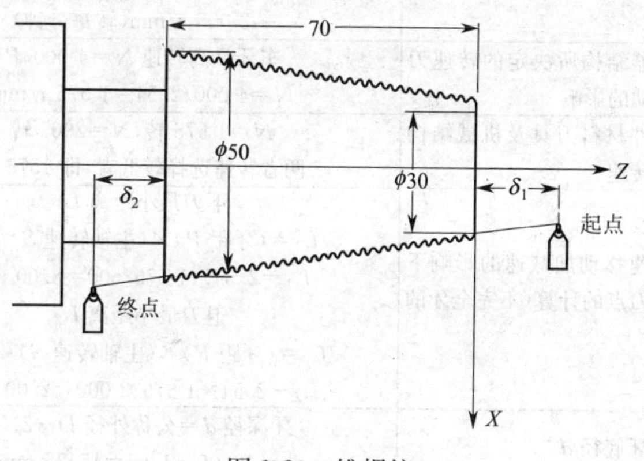

图 1-20　锥螺纹

车螺纹的计算见表 1-5,计算示例见表 1-6。

表 1-5　车螺纹的计算

考虑条件	计算公式
公制螺纹与英制螺纹的转换	每英寸螺纹数 n=25.4/牙距 P 牙距 P=25.4 每英寸螺纹数 n
因为工件材料及刀具所决定的转速	转速 N=(1 000 周速 V)/(圆周率 π×直径 D)
因为机械结构所决定的转速刀座快速移动的影响	车牙最高转速 N=4 000/牙距 P
刀座快速移动加减速的影响下刀点与退刀点的计算(不完全螺纹的计算)	下刀最小距离 L_1 L_1=(牙距 P)×(主轴转速 S)/500 退刀最小距离 L_2 L_2=(牙距 P)×(主轴转速 S)/2 000
牙深及牙底径 d	牙深 h=0.649 5×P 牙深径 d=公称外径 D−2×h

表 1-6　计算示例(车制外牙 3/4″-10UNC20 mm 长)

公制牙与英制牙的转换	牙距 P=25.4/(英寸螺纹数 n) P=25.4/10=2.54 mm
因为工件材料及刀具所决定的转速	外径 D=3/4 英寸=25.4×(3/4)=19.05 mm 转速 N=(1 000 周速 V)(圆周率 π×直径 D) N=1 000V/πD=1 000×120(3.141 6×19.05) =2 005 r/min(转每分钟)
因为机器结构所决定的转速刀座快速移动的影响	车牙最高转速 N=4 000/P N=4 000/2.54=1 575 r/min
综合工件材料刀具及机械结构所决定的转速	N=1 575 转,N=2005 转 两者转速选择较低者,即 1575 转
刀座快速移动加减速的影响下刀点与退刀点的计算(不完全牙的计算)	下刀最小距离 L_1 L_1=(牙距 P)×(主轴转速 S)/500 L_1=2.54×1 575/500=8.00 mm 退刀最小距离 L_2 L_2=(牙距 P)×(主轴转速 S)/2 000 L_2-2.54×1 575/2 000=2.00 mm
牙深及牙底径 d	牙深径 d=公称外径 D-2×h =19.05-1.65=15.75 mm

(6)G40/G41/G42 刀尖半径补偿功能

编程时,通常都将车刀刀尖作为一点来考虑,但实际上刀尖处存在圆角,如图 1-21 所示。当用按理论刀尖点编出的程序进行端面、外径、内径等与轴线平等或垂直的表面加工时,是不会产生误差的,但在进行倒角、锥面及圆弧切削时,则会产生少切或过切的

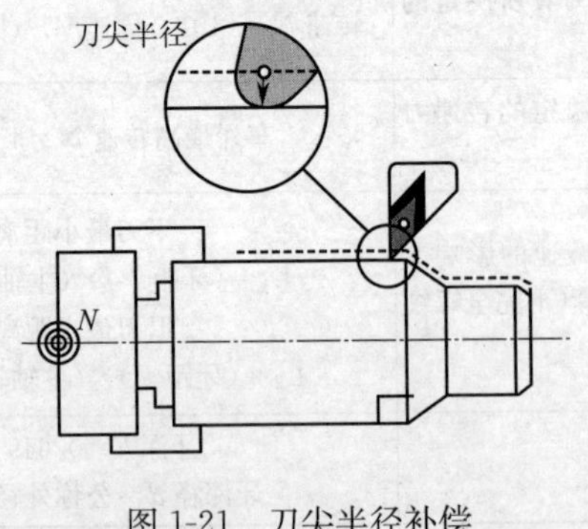

图 1-21　刀尖半径补偿

现象。

格式：

G40X_Z_；

G41X_Z_；

G42X_Z_；

当刀刃是假想刀尖时，切削进程按照程序指定的形状执行不会发生问题。不过，真实的刀刃是同圆弧构成的（刀尖半径），就像图 1-21 所示，在圆弧插补的情况下刀尖路径会带来误差。

补偿方向：从刀具沿工件表面切削运行方向看，刀具在工件的左边还是右边，会因坐标系变化而不同，具体见表 1-7。补偿刀轨如图 1-22 所示。

表 1-7　指令说明

命令	后刀台	前刀台
G40	取消补偿	取消补偿
G41	左补偿（内圆时）	右补偿（内圆时）
G42	右补偿（外圆时）	左补偿（外圆时）

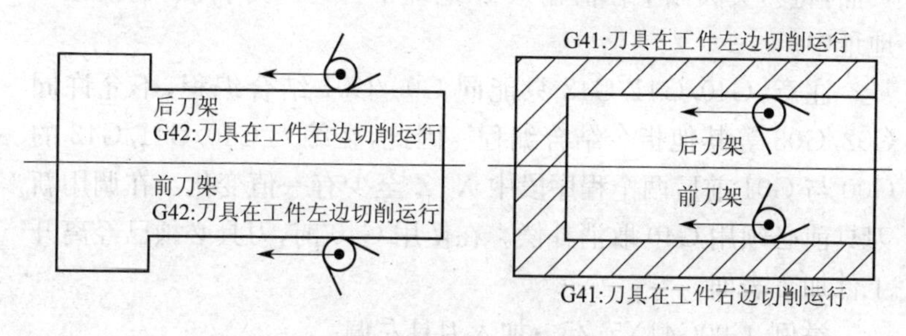

图 1-22　补偿刀轨

补偿的原则取决于刀尖圆弧中心的动向，它总是与切削表面法向里的半径矢量不重合。因此，补偿的基准点是刀尖中心。通常，刀具长度和刀尖半径的补偿是按一个假想的刀刃为基准，因此为测量带来一些困难。

把这个原则用于刀具补偿，应当分别以 X 和 Z 的基准点来测量刀具长度刀尖半径 R，以及用于假想刀尖半径补偿所需的刀尖形式号 0～8。

刀尖方向代码如图 1-23 所示。

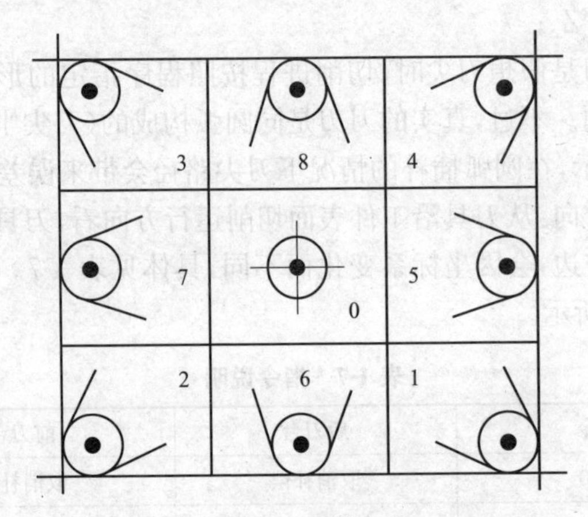

图 1-23　刀补方向

这些内容应当在加工前输入进刀具偏置表中，进入刀具偏置页面，将刀尖圆弧半径值输入 R 地址中，刀尖方向代码输入在 T 地址中。

注意：G40/G41/G42 只能同 G00/G01 结合编程，不允许同 G02/G03 等其他指令结合编程。因此，在编入 G40/G41/G42 的 G00 与 G01 前后两个程序段中 X、Z 至少有一值变化。在调用新刀具前必须用 G40 取消补偿。在使用 G40 前，刀具必须已经离开工件加工表面。

举例：G00G41X5. Z5. ；加入刀具左偏

G02X25. Z25. R25；

G00G40X10. Z10. ；撤销刀偏

(7)G54～G59 工件坐标系选择，如图 1-24 所示。

格式：G54(G55～G59)X_Z_；

功能：通过使用 G54～G59 命令，最多可设置六个工件坐标系

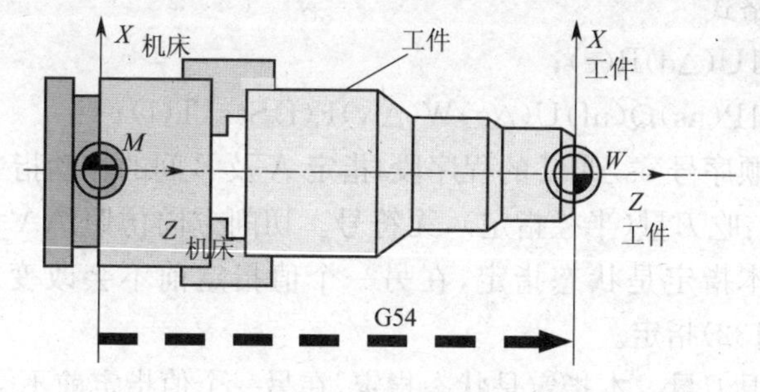

图 1-24　坐标系

(1～6)。在接通电源和完成了原点返回后，系统自动选择工件坐标第 1(G54)。在有“模态”命令对这些坐标做出改变之前，它们将保持其有效性。

(8)G70 精加工循环

格式：G70P(ns)Q(nf)。

ns：精加工形状程序的第一个段号。

nf：精加工形状程序的最后一个段号。

ns～nf 程序段中的 F、S 或 T 功能有效。

功能：用 G71、G72 或 G73 粗车削后，G70 精车削。

(9)G71 外圆粗车固定循环(图 1-25)

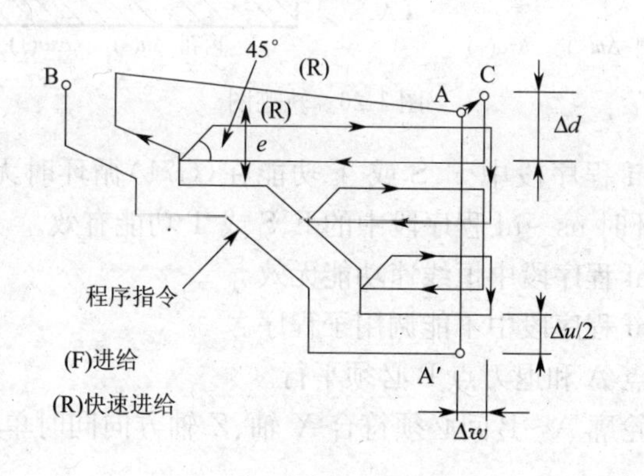

图 1-25　外圆粗车固定循环

1)格式

G71U(Δd)R(e);

G71P(ns)Q(nf)U(Δu)W(Δw)F(f)S(s)T(t);

从顺序号 ns 到 nf 的程序段,指定 A 及 B 间的移动指令。

Δd:吃刀量(半径指定),无符号。切削方向仿照 AA′的方向决定。本指定是状态指定,在另一个值指定前不会改变。参数(NO. 5132)指定。

e:退刀量。本指定是状态指定,在另一个值指定前不会改变。参数(NO. 5133)指定。

ns:精加工形状程序的第一个段号。

nf:精加工形状程序的最后一个段号。

Δu:X 方向精加工余量的距离及方向(直径/半径)。

Δw:Z 方向精加工余量的距离及方向。

注意:Δu、Δw 精加工余量的正负判断,如图 1-26 所示。

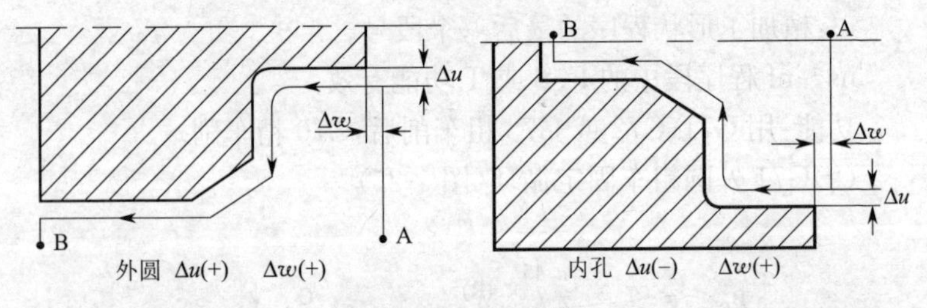

图 1-26 轨迹图

ns~nf 程序段中 F、S 或 T 功能在(G71)循环时无效,而在(G70)循环时 ns~nf 程序段中的 F、S 或 T 功能有效。

ns~nf 程序段中恒线速功能无效。

ns~nf 程序段中不能调用子程序。

起刀点 A 和退刀点 B 必须平行。

零件轮廓 A~B 间必须符合 X 轴、Z 轴方向同时单向增大或单向减少。

ns 程序段中可含有 G00、G01 指令,不许含有轴运动指令。

2)功能:G71 指令的粗车是以多次 Z 轴方向走刀以切除工件余量,为精车提供一个良好的条件,适用于毛坯是圆钢的工件。

3)例:按图 1-27 所示尺寸编写外圆粗切循环加工程序。

N10T0101M03S450

N20G00G42X121. Z10. M08;起刀位置

N30G71U2. R0. 5;外圆粗车固定循环

N40G71P50Q110U2. W2. F0. 2//ns;第一段,此段不允许有 Z 方向的定位

N50G00X40.

N60G01Z-30.

N70X60. Z-60.

N80Z-80.

N90X100. Z-90.

N100Z-100.

N110X120. Z-130.

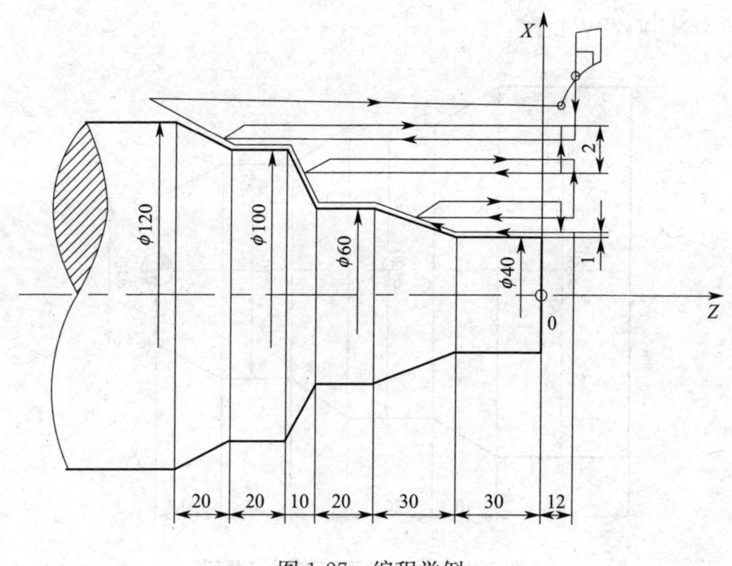

图 1-27 编程举例

N120G00G40X200. Z140. M09//nf;最后一段

N130M05;主轴停

N140M30

(10)G72 端面车削固定循环

1)格式

G72W(Δd)R(e);

G72P(ns)Q(nf)U(Δu)W(△w)F(f)S(s)T(t);

Δd、e、ns、nf、Δu、Δw、f、s 及 t 的含义与 G71 相同。

ns 程序段中可含有 G00、G01 指令,不许含有 X 轴运动指令。

2)功能:除了是平行于 X 轴外,本循环与 G71 相同。但粗车是以多次 X 轴方向走刀来切除工件余量,适用于毛坯是圆钢、各台阶面直径差较大的工件。

3)例:按图 1-28 所示尺寸编写端面粗切循加工程序。

N10T0101

N20M03S600

N30G00G41X165. Z2. M08

N40G72W4. R1

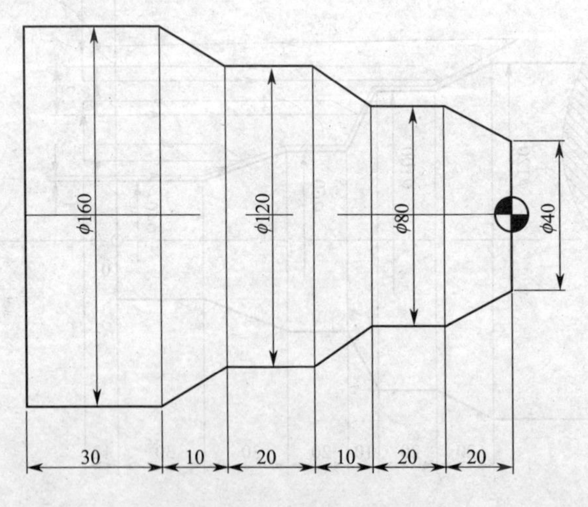

图 1-28　G72 端面车削固定循环

N50G72P60Q130U1. W1. F0. 2

N60G00Z-110. //ns;此段不允许有 X 方向的定位。

N70G01X160. F0. 15

N80Z-80.

N90X120. Z-70. ;

N100Z-50.

N110X80. Z-40. ;

N120Z-20. ;

N130X40. Z0//nf

N140G00G40X200. Z200. M09

N150M05

N160M30

(11)G73 成型加工复式循环(图 1-29)

1)格式:

G73U(Δi)W(Δk)R(d);

G73P(ns)Q(nf)U(Δu)W(Δw)F(f)S(s)T(t);

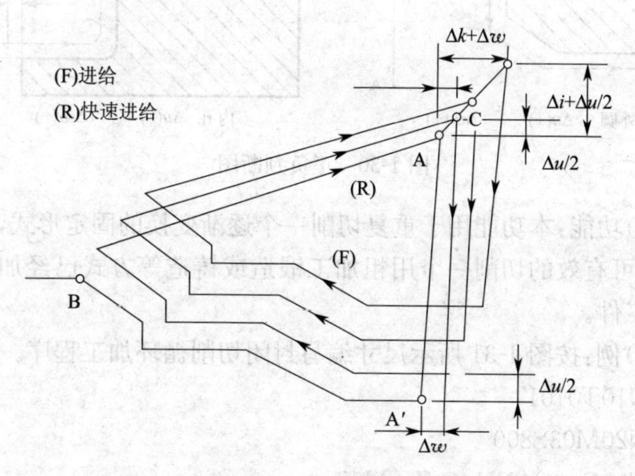

图 1-29　G73 成型加工复式循环

A 和 B 间的运动指令指定在顺序号 ns 到 nf 的程序段中。

Δi:X 轴方向退刀距离(毛坯余量,半径指定),参数(NO. 5135)指定。

d:分割次数,这个值与粗加工重复次数相同,参数(N0. 5137)指定。

ns:精加工形状程序的第一个段号。

nf:精加工形状程序的最后一个段号。

Δu:X 方向精加工余量的距离及方向。

Δw:Z 方向精加工余量的距离及方向。

◎ns~nf 程序段中的 F、S 或 T 功能在循环时无效,而在 G70 时,程序段中的 F、S 或 T 功能有效。

◎加工余量的计算:(毛坯 ϕ - 工件最小 ϕ)/2-1(减 1 是为了少走一空刀)。

◎Δu、Δw 精加工余量的正负判断,如图 1-30 所示。

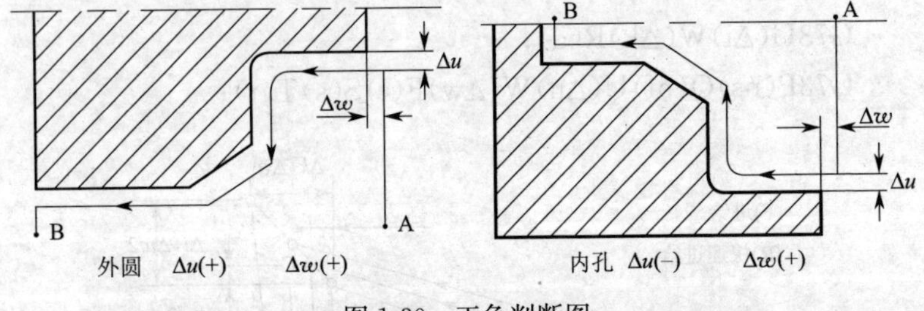

图 1-30 正负判断图

2)功能:本功能用于重复切削一个逐渐变换的固定形式,用本循环,可有效的切削一个用粗加工锻造或铸造等方式已经加工成型的工件。

3)例:按图 1-31 所示尺寸编写封闭切削循环加工程序。

N10T0101

N20M03S800

N30G00G42X140. Z5. M08

N50G73U9. 5W9. 5R3;X/Z 向退刀量 9.5 mm,循环 3 次

N60G73P70Q130U1. W0. 5F0. 3;精加加工余量,X 向余

1 mm,*Z* 向余 0.5 mm

```
N70G00X20.Z0//ns
N80G01Z-20.F0.15
N90X40.Z-30
N100Z-50.
N110G02X80.Z-70.R20
N120G01X100.Z-80
N130X105.//nf
N140G00G40X200.Z200.
N150M30
```

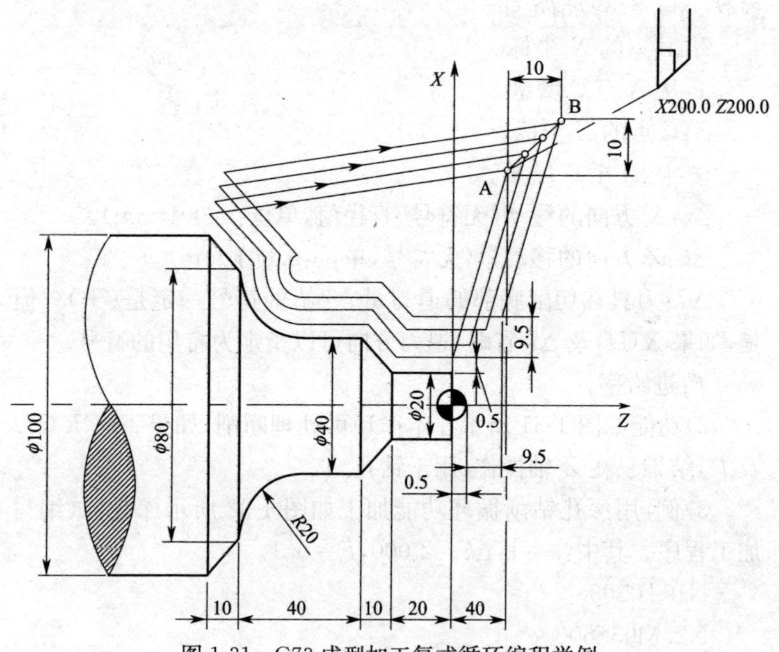

图 1-31　G73 成型加工复式循环编程举例

(12)G74 端面啄式钻孔、*Z* 向切槽循环

径向(*X* 轴)进刀循环复合轴向断续切削循环:从起点轴向(*Z* 轴)进给、回退、再进给……直至切削到与切削终点 *Z* 轴坐标相同

的位置，然后径向退刀、轴向回退至与起点 Z 轴坐标相同的位置，完成一次轴向切削循环；径向再次进刀后，进行下一次轴向切削循环；切削到切削终点后，返回起点（G74 的起点和终点相同），轴向切槽复合循环完成。G74 的径向进刀和轴向进刀方向由切削终点 $X(U)$、$Z(W)$ 与起点的相对位置决定，此指令用于在工件端面加工环形槽或中心深孔，轴向断续切削起到断屑、及时排屑的作用。

1）格式

G74R(e)

G74X(u)Z(w)P(Δi)Q(Δk)R(Δd)F(f)

e：退刀量，本指定是状态指定，在另一个值指定前不肢改变。参数（NO. 5139）指定。

X：B 点的 X 坐标。

u：从 A 至 C 增量。

Z：C 点的 Z 坐标。

w：从 A 至 C 增量。

Δi：X 方向的移动（无符号，直径值，单位：0. 001 mm）。

Δk：Z 方向的移动量（无符号，单位：0. 001 mm）。

Δd：刀具在切削底部的退刀量。Δd 的符号一定是（＋）。但是，如果 $X(U)$ 及 ΔI 省略，退刀方向可以指定为希望的符号。

f：进给率。

2）功能如图 1-31 所示在本循环可处理断削，如果省略 $X(U)$ 及 P，结果只在 Z 轴操作，用于钻孔。

3）例：用深孔钻削循环功能加工如图 1-32 所示深孔，试编写加工程序。其中：$e=1$，$\Delta k=2\ 000$，$F=0.1$。

N10T0303

N20M03S600

N30G00X0Z1.

N40G74R1；退刀量 1 mm

N50G74Z-80. Q2000F0. 1；每刀吃 2 mm

N60G00Z100.

N70M30；

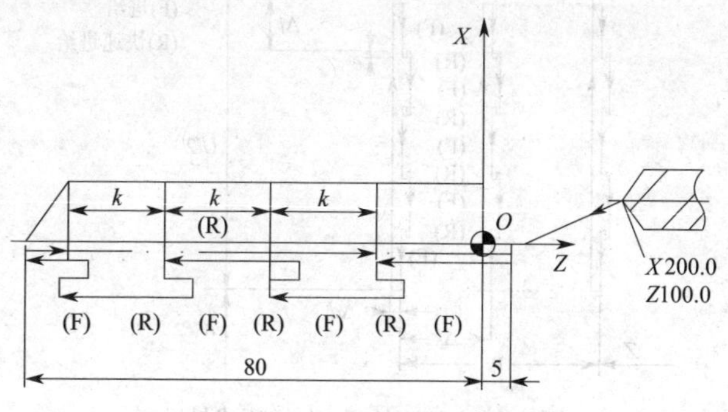

图 1-32　G74 端面啄式钻孔

(13)G75 外径/内径啄式钻孔、X 向切槽循环

轴向(Z 轴)进刀循环复合径向断续切削循环，从起点径向(X 轴)进给、回退、再进给……。

直至切削到与切削终点 X 轴坐标相同的位置，然后轴向退刀、径向回退至与起点 X 轴坐标相同的位置，完成一次径向切削循环；轴向再次进刀后，进行下一次径向切削循环；切削终点后，返回起点(G75 的起点和终点相同)，径向切槽复合循环完成。G75 的轴向进刀和径向进刀方向由切削终点 $X(U)Z(W)$ 与起点的相对位置决定，此指令用于加工径向环形槽柱面，径向断续切削起到断屑、及时排屑的作用。

1)格式

G75R(e)；

G75X(u)Z(w)P(Δi)Q(Δk)R(Δd)F(f)

2)功能：指令操作如图 1-33 所示，除 X 用 Z 代替外与 G74 相同，在本循环可处理断削，可在 X 轴切槽及 X 轴啄式钻孔。

3)例：试编写如图 1-34 所示零件切断加工的程序。

N10T0101

N20M03S650

N30G00X32. Z-13.

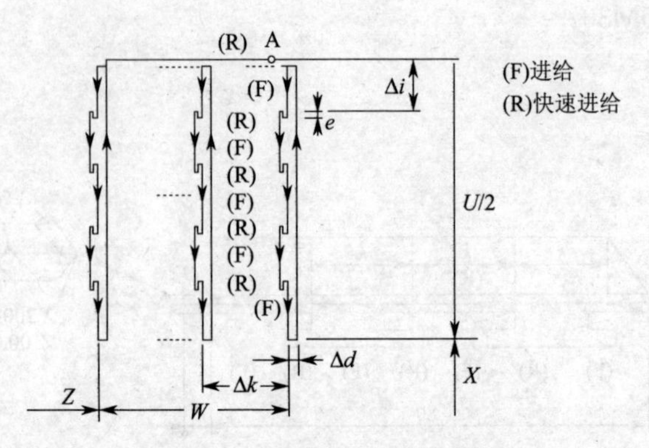

图 1-33　G75 外径/内径啄式钻孔

N40G75R1.

N50G75X20. Z-40. P5000Q9000F0. 5

N60G00X50.

N70Z100.

N80M05

N90M30

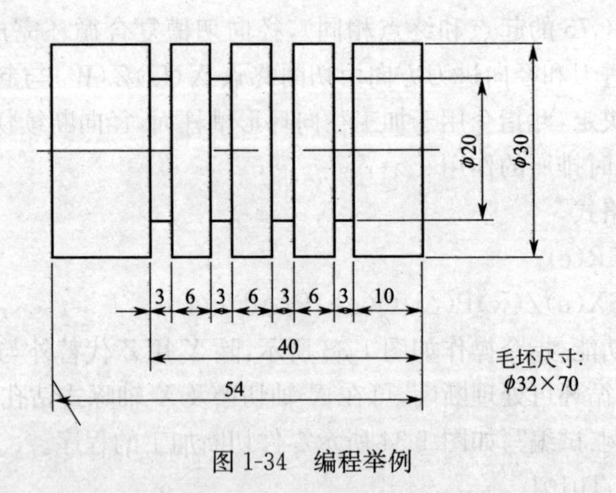

图 1-34　编程举例

(14)G76 螺纹切削循环(图 1-35)

1)格式

G76P(m)(r)(a)Q(Δdmin)R(d);

G76X(u)Z(w)R(i)P(k)Q(Δd)F(L);

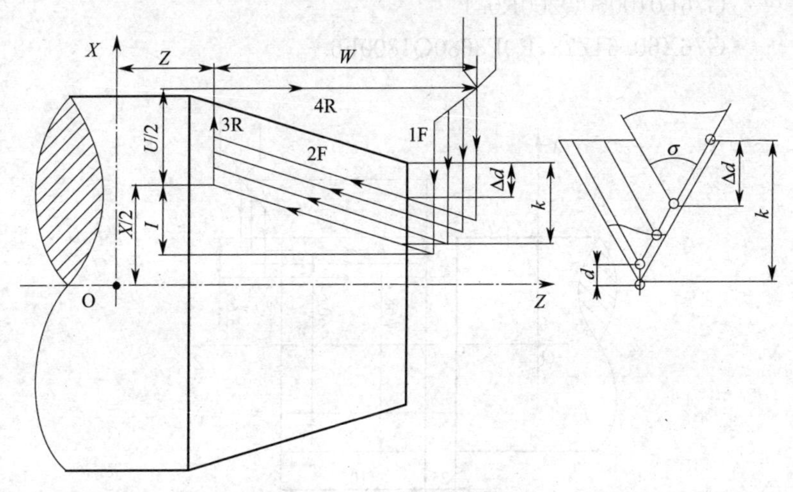

图 1-35　G76 螺纹切削循环

m:精加工重复次数(1～99),本指定是状态指定,在另一个值指定前不会改变。参数(N0. 5142)指定。

r:倒角量,本指定是状态指定,在另一个值指定前不会改变。参数(N0. 5130)指定。

a:刀尖角度:可选择 80°、60°、55°、30°、29°、0°,用 2 位数指定。本指定是状态指定,在另一个值指定前不会改变。参数(N50. 5143)指定。

Δdmin:最小切削深度(半径值,单位:0. 001 mm)。本指定是状态指定,在另一个指定前不会改变。参数(N0. 5140)指定。

d:精加工余量。本指定是状态指定,在另一个值指定前不会改变。参数(NO. 5141)指定。

i:螺纹部分的半径差,含义及方向与 G92 的 R 相同,如果 i=0,可作一般直线螺纹切削。

k:螺纹高度,(半径值,单位:0. 001 mm)。

Δ*d*:第一次的切削深度(半径值,单位:0. 001 mm)。

L:螺纹导程(同 G32)。

2)例:试编写如图 1-36 所示圆柱螺纹的加工程序,螺距为 6 mm。

G76P010060Q200R0.1

G76X60.64Z23,R0P3680Q1800F6.

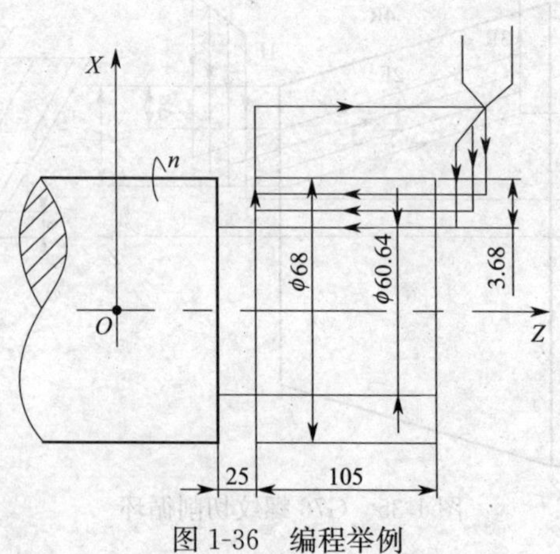

图 1-36　编程举例

(15)G90 内外直径的切削循环

1)格式:

直线切削循环:G90X(U)_Z(W)_F_;

$X(U)$、$Z(W)$:圆柱面切削的终点坐标值;刀具如图 1-37 所

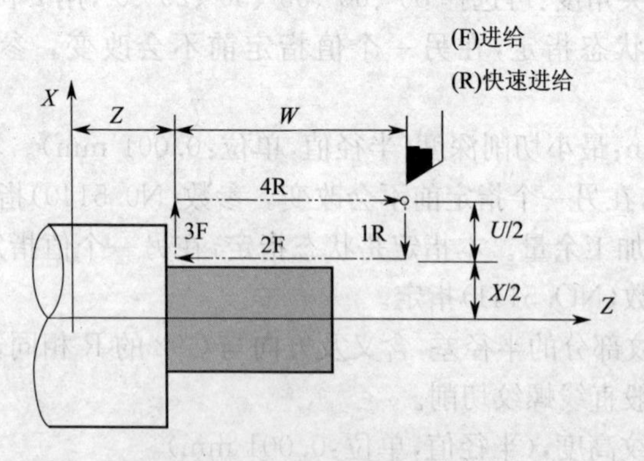

图 1-37　循环操作路径

示 1→2→3→4 路径的循环操作。*U* 和 *W* 的正负号(+/-)在增量坐标程序里是根据 1 和 2 的方向改变的。

2)例:应用圆柱面切削循环功能加工如图 1-38 所示零件。

N10T0101

N20M03S1000

N30G00X55. Z2. ;起刀位置

N40G90X45. Z-25. F0. 2;切削循环

N50X40. ;第二刀

N60X35. ;切削到尺寸

N70G00X200. Z100.

N80M05

N90M30

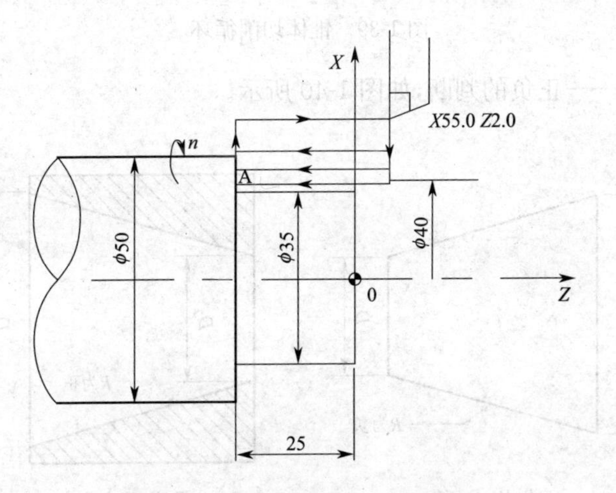

图 1-38　G90 内外直径的切削循环

(16)锥体切削循环(图 1-39)

1)格式:

G90X(U)_Z(W)_R_F_;

X(*U*)、*Z*(*W*):圆锥面切削的终点坐标值;

◎*R*——切削起点与切削终点的直径值除以 2;

◎必须指定锥体的“R“值；

◎切削功能的用法与直线切削循环类似。

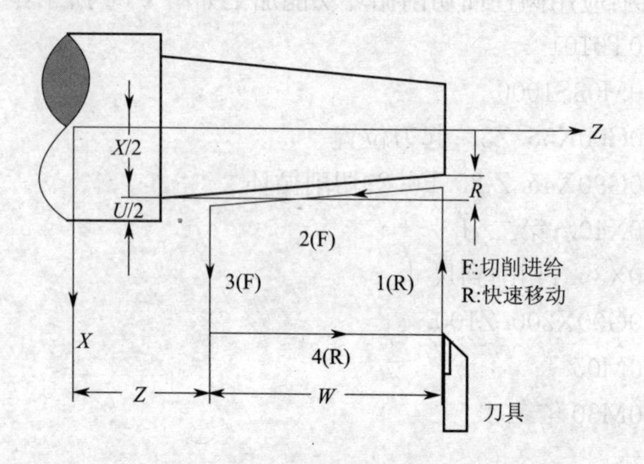

图 1-39　锥体切削循环

R——正负的判断，如图 1-40 所示。

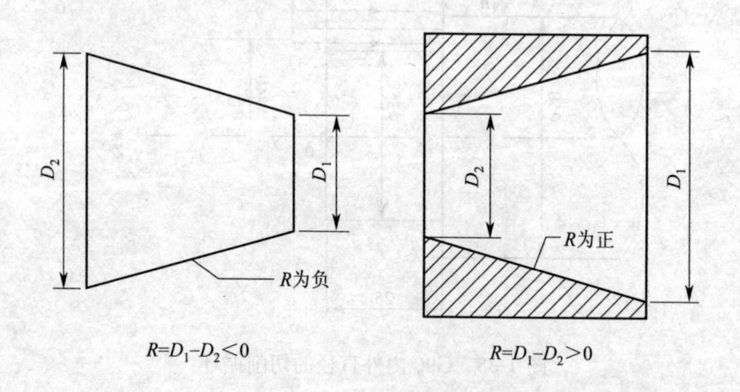

$R=D_1-D_2<0$　　$R=D_1-D_2>0$

图 1-40　正负判断图

如果切削起点的 X 向坐标小于终点的 X 向坐标，R 值为负，反之为正。

关系式见表 1-8。

表 1-8　关系式

一般车床锥度与三角函数的关系
锥度比 T=(大径 D－小径 d)/(长度 L) $\tan\theta$=(大径 D－小径 d)/(2×长度 L) $D=d+2\times L\times\tan\theta$ $d=D-2\times L\times\tan\theta$ $\theta=\tan^{-1}((D-d)/2L)$

2)例:圆锥切削循环功能加工如图 1-41 所示零件。

……

G00X70. Z5. ;起刀位置

G90X65. Z-35. R-5. F0. 3;切削循环

X60. ;第二刀

X55. ;第三刀

X50. ;切削到尺寸

G00X100. Z100. ;回换刀点

……

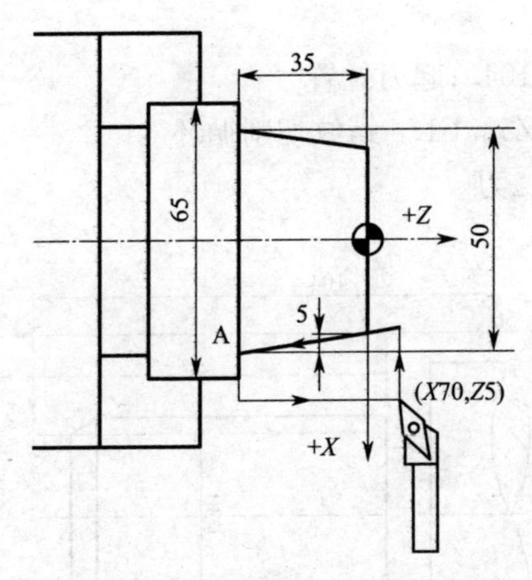

图 1-41　锥体切削循环编程举例

(17)G92 切削螺纹循环

螺纹切削循环指令把"快速进刀—螺纹切削—快速退刀—返

回起点"四个动作作为一个循环。还能在螺纹车削结束时,按要求有规则退出(称为螺纹退尾倒角),因此可在没有退刀槽的情况下车削螺纹。

1)格式:

直螺纹切削循环:G92X(U)_Z(W)_F_;

X(*U*)、*Z*(*W*)——螺纹终点坐标值;

F——螺纹导程。

螺纹范围和主轴 RPM 稳定控制(G97)类似于 G32(切螺纹)。在这个螺纹切削循环里,切螺纹的退刀有可能如图 1-42 所示操作;倒角长度根据所指派的参数在 0.1*L*～12.7*L* 的范围里设置为 0.1*L* 个单位。

在使用 G92 前,只须把刀具定位到一个合适的起点位置(*X* 方向处于退刀位置),执行 G92 时系统会自动把刀具定位到所需的切深位置。而 G32 则不行,起点位置的 *X* 方向必须处于切入位置。

2)例:试编写如图 1-42 所示圆柱螺纹的加工程序。

……

G00X35. Z104. ;起刀位置

G92X29. 2Z53. F1. 5 螺纹切削循环

X28. 6;第二刀

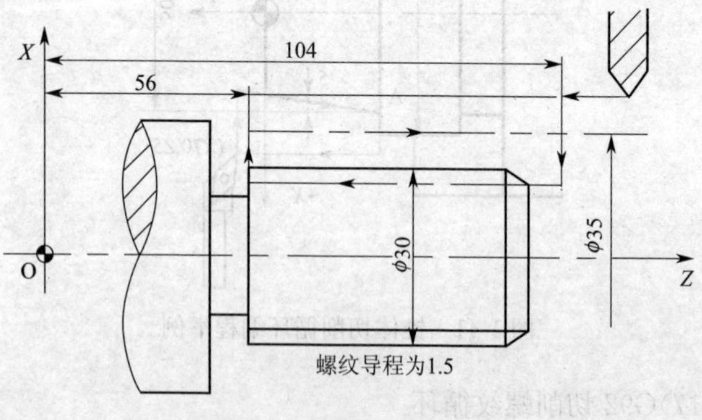

图 1-42 直螺纹切削循环

X28.2;第三刀

X28.04;切削到尺寸

G00X200.Z200. 回换刀点

……

(18)锥螺纹切削循环(图 1-43)

1)格式:

G92X(U)_Z(W)_R_F_;

◎R——螺纹部分半径之差,即螺纹切削起始点与切削终点的半径差。

◎加工圆锥螺纹时,当 X 向切削起始点坐标小于切削终点坐标时,R 为负,反之为正,判断方向同 G90。

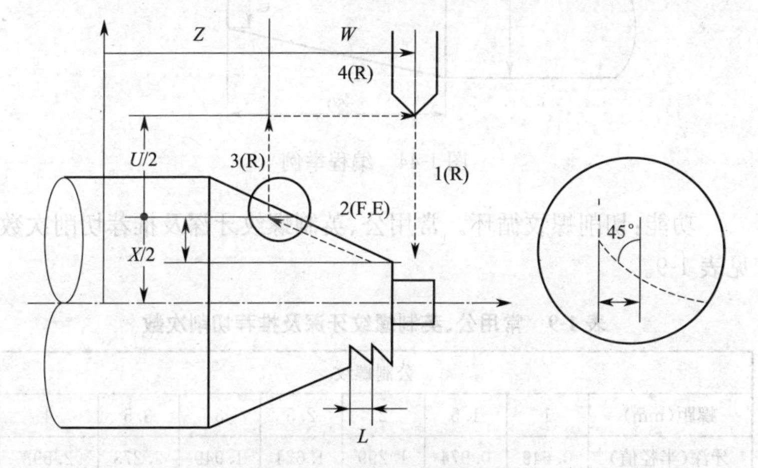

图 1-43 锥螺纹切削循环

2)例:试编写如图 1-44 所示圆锥螺纹的加工程序。

……

G00X80.Z62.;起刀位置

G92X49.2Z12R-20.F1.5;螺纹切削循环

X48.6;第二刀

X48.2;第三刀

X47.04;切削到尺寸

G00X200.Z200.

……

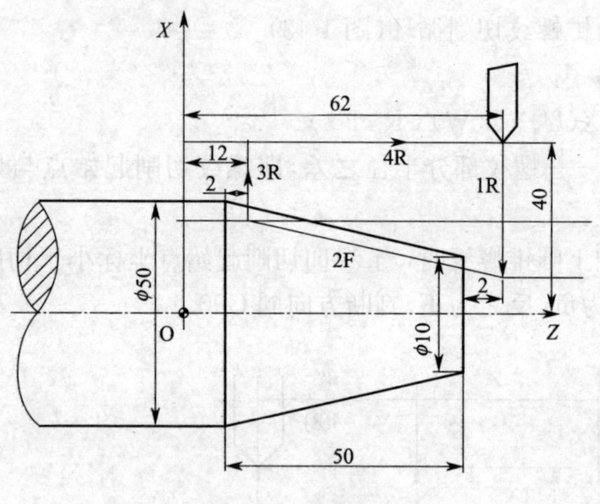

图 1-44　编程举例

功能：切削螺纹循环。常用公、英制螺纹牙深及推荐切削次数见表 1-9。

表 1-9　常用公、英制螺纹牙深及推荐切削次数

公制螺纹								
螺距(mm)		1	1.5	2	2.5	3	3.5	4
牙深(半径值)		0.649	0.974	1.299	1.624	1.949	2.273	2.598
切削次数及吃刀量(直径值)	第一刀	0.7	0.8	0.9	1.0	1.2	1.5	1.5
	第二刀	0.4	0.6	0.6	0.7	0.7	0.7	0.8
	第三刀	0.2	0.4	0.6	0.6	0.6	0.6	0.6
	第四刀		0.16	0.4	0.4	0.4	0.6	0.6
	第五刀			0.1	0.4	0.4	0.4	0.4
	第六刀				0.15	0.4	0.4	0.4
	第七刀					0.2	0.2	0.4

续上表

公制螺纹								
	第八刀						0.15	0.3
	第九刀							0.2
英制螺纹								
牙(m)		24	18	16	14	12	10	8
牙深(半径值)		0.678	0.904	1.016	1.162	1.355	1.626	2.033
切削次数及吃刀量(直径值)	第一刀	0.8	0.8	0.8	0.8	0.9	1.0	1.2
	第二刀	0.4	0.6	0.6	0.6	0.6	0.7	0.7
	第三刀	0.16	0.3	0.5	0.5	0.6	0.6	0.6
	第四刀		0.11	0.14	0.3	0.4	0.4	0.5
	第五刀				0.13	0.21	0.4	0.5
	第六刀						0.16	0.4
	第七刀							0.17

(19)G94 台阶切削循环

1)格式

平台阶切削循环:G94X(U)_Z(W)_F_;

X(*U*)、*Z*(*W*)——端面切削的终点坐标值。

2)例:应用端面切削循环功能加工如图 1-45 所示零件。

```
……
G00X85. Z5.
G94X30. Z-5. F0. 2
Z-10.
Z-15.
……
```

(20)锥台阶切削循环

1)格式:G94X(U)_Z(W)_R_F_;

◎*R*——端面切削的起点相对于终点在轴方向的坐标分量。当起点 *Z* 向坐标小于终点 *Z* 向坐标时 *R* 为负,反之为正。

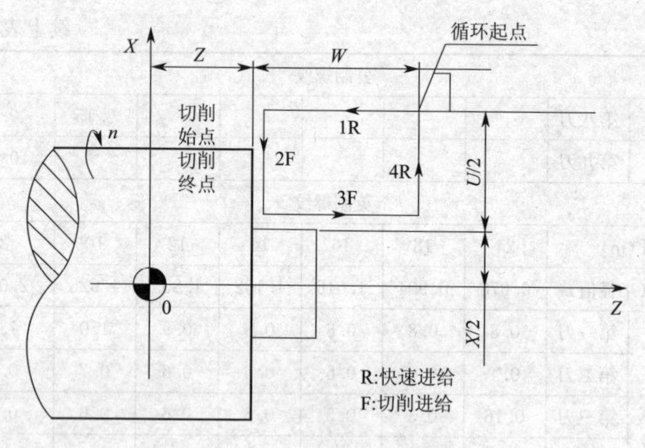

图 1-45 G94 台阶切削循环

2)例:应用端面切削循环功能加工如图 1-46 所示零件。

……

G94X20. Z0R-5. F0. 2

Z-5.

Z-10.

……

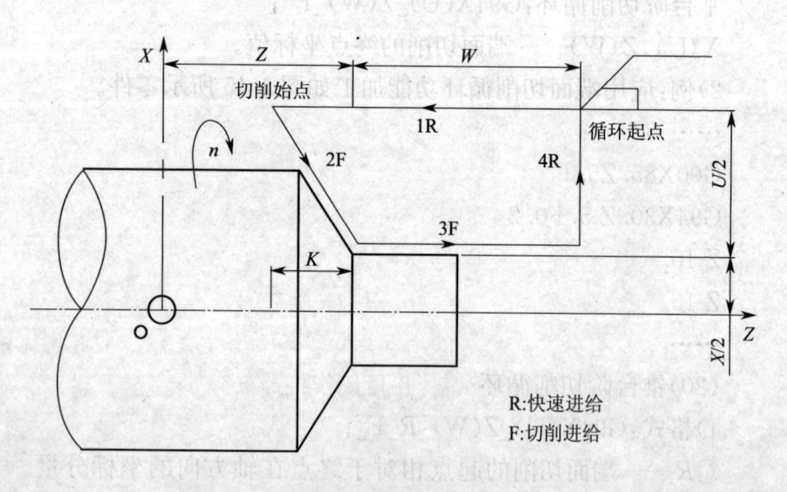

图 1-46 锥台阶切削循环

(21)G96/G96/G50 恒线速度控制和高转速限制

数控车床主轴分成低速和高速区；在每一个区内的速率可以自由改变。若零件要求锥面或端面的粗糙度一致，则必须用恒线速来进行切削。

1)G96 恒线速度控制，并且只通过改变转速来控制相应的工件直径变化时维持稳定的恒定的切削速率，和 G50 指令配合使用。

格式：G96S～；

S 后面的数字表示的是恒定的线速度：m/min。

例：G96S150 表示切削点线速度控制在 150 m/min。

对图 1-47 所示的零件，为保持 A、B、C 各点的线速度在 150 m/min，则各点在加工时的主轴转速分别为：

A：$n=1\ 000\times150\div(\pi\times40)=1\ 193$ r/min

B：$n=1\ 000\times150\div(\pi\times60)=795$ r/min

C：$n=1\ 000\times150\div(\pi\times70)=682$ r/min

图 1-47　恒线速度控制示例图

2)G97 取消恒线速度控制：并且仅仅控制转速的稳定。

格式 G97S～；

S 后面的数字表示恒线速度控制取消后的主轴转速，如 S 未指定，将保留 G96 的最终值。

例:G97S3000 表示恒线速控制取消后主轴转速 3 000 r/min。

3)最高转速限制:当主轴转速高于 G50 后指定速度,则被限制在最高速度,不再升高。

格式 G50S~;

S 后面的数字表示的是最高转速:r/min。

例:G50S2000(限制最高转速为 2 000 r/min);

G96S150(恒线速开始,指定切削速度为 150 m/min);

G01X10;

G97S200(取消恒线速,指定转速为 200 r/min)。

注意:

◎G96 指定的线速度在 G97 时也记忆,再执行 G96 时,若不指定线速度,则执行前次的的线速度;

◎G97 指定的线速度在 G96 时也记忆。

(22)G98/G99 切削进给速度

每分钟进给率/每转进给率设置(G98/G99)

切削进给速度可用 G98 代码来指令每分钟的移动(mm/min),或者用 G99 代码来指令每转移动(mm/r)。G99 的每转进给率主要用于数控车床加工。进给方式如图 1-48 所示。

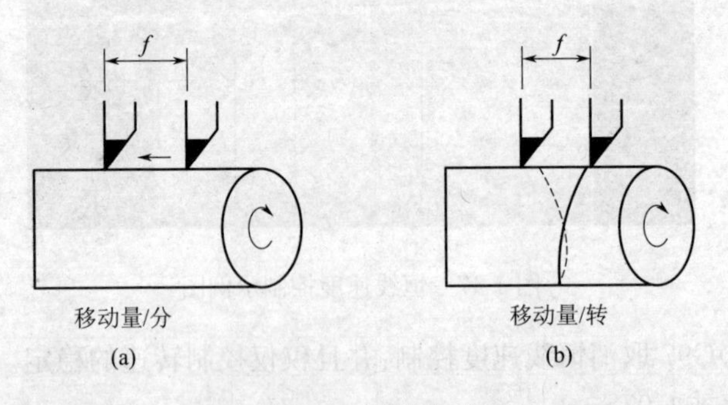

图 1-48 进给方式

切削速度及进给量计算见表 1-10。

表 1-10　每分钟的移动速度(mm/min)、每转位移速率(mm/r)

切削速度计算	
$V_c=\dfrac{\pi\times D_m\times n}{1\,000}$(m/min) n——主轴转速(r/min); D_m——工件直径(mm); V_c——切削速度(mm/min)	例:主轴转速 700 r/min,工件直径 ϕ50,求切削速度。 解:$\pi=3.14$、$D_m=50$、$n=700$ 代入公式: $V_c=(\pi\times D_m\times n)\div 1\,000$ $=(3.14\times 50\times 700)\div 1\,000$ $=110$(m/min) 切削速度为 110 m/min
进给量计算	
$F=\dfrac{l}{n}$(mm/r) l——每分钟切削长度(mm/min) n——主轴转速(r/min) f——每转进给量(mm/r)	例:主轴转速 500 r/min、每分钟切削长度 120 mm/min,求每转进给量。 解:$n=500$、$l=120$ 代入公式: $F=l\div n$ $=120\div 500$ $=0.24$(mm/r) 每转进给量为 0.24 mm/r

(22)T 功能

T 功能指令用于选择加工所用刀具。编程格式 T～T 后面通常用四位数字,前两位是刀具号,后两位是刀具补偿号,又是刀尖圆弧半径补偿号。

例:T0303 表示选用 3 号刀及 3 号刀具长度补偿值和刀尖圆弧半径补偿值。T0300 表示取消刀具补偿数。

(23)辅助功能(M 功能)(表 1-11)

表 1-11　CAK-D 系列数控机床 M 代码含义

代　码	功　能	代　码	功　能
M00	程序停止	M10	液压卡盘放松
M01	选择性程序停止	M11	液压卡盘卡紧
M02	程序结束	M40	主轴空档
M30	程序结束复位	M41	主轴 1 档
M03	主轴正转	M42	主轴 2 档
M04	主轴反转	M43	主轴 3 档
M05	主轴停	M44	主轴 4 档
M08	切削液启动	M98	子程序调用
M09	切削液停	M99	子程序结束

2. SIEMENS 系统代码(表 1-12)

表 1-12 SINUMERIK820SBASELINE 指令表

代 码	含 义	代 码	含 义
G0	快速移动	G56	第三可设定零点偏置
G1	直线插补	G57	第四可设定零点偏置
G2	顺时针圆弧插补	G53	按程序段方式取消可设定零点偏置
G3	逆时针圆弧插补	G60	准确定位
G5	中间点圆弧插补	G64	连续路径方式
G33	恒螺距的螺纹切削	G9	准确定位、单程序段有
G4	暂停时间	G601	G60、G9 方式下精准确定位
G74	回参考点	G602	G60、G9 方式下粗准确定位
G75	回固定点	G70	英制尺寸
G158	可编程的偏置	G71	公制尺寸
G25	主轴转速下限	G90	绝对尺寸
G26	主轴转速上限	G91	增量尺寸
G17	(在加工中心孔时要求)	G94	进给率 *F*、单位:mm/min
G18	Z/X 平面	G95	主轴进给率 *F*、单位:mm/r
G40	刀尖半径补偿方式取消	G96	恒定切削速度(*F* 单位:mm/r,*S* 单位:m/min)
G41	调用刀尖半径补偿、刀具在轮廓左侧移动	G97	删除恒定切削速度
G42	调用刀尖半径补偿、刀具在轮廓右侧移动	G450	圆弧过渡
G500	取消可设定零点偏置	G451	等距线的交点、刀具在工件转角处不切削
G54	第一可设定零点偏置	G22	半径尺寸
G55	第二可设定零点偏置	G23	直径尺寸

FANUC 和 SIEEIMENS 的编程方式有很多类似和不同的地方,本节对 SIEMEN 特有的编程方式进行介绍。

(1)绝对和增量位置数据:G90,G91

功能:G90 和 G91 指令分别对应着绝对位置数据输入和增量

位置数据输入。其中 G90 表示坐标系中目标点的坐标尺寸，G91 表示待运行的位移量。G90/G91 适用于所有坐标轴。

这两个指令不决定到达终点位置的轨迹，轨迹由 G 功能组中的其他 G 功能指令决定(G0,G1,G2,G3,…)。如图 1-49 所示。

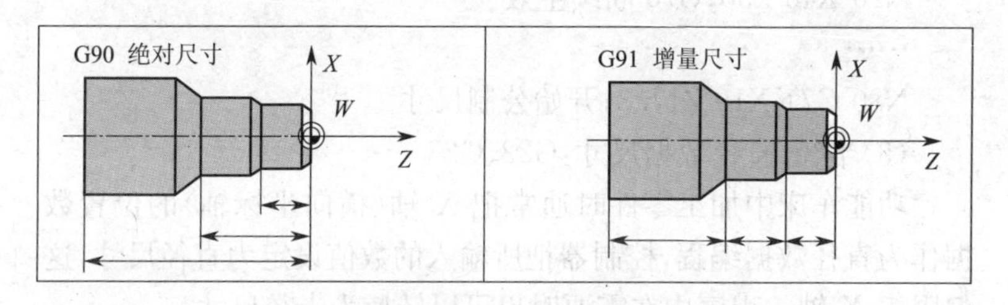

图 1-49 绝对和增量示意图

绝对位置数据输入 G90：在绝对位置数据输入中尺寸取决于当前坐标系(工件坐标系或机床坐标系)的零点位置。零点偏置有以下几种情况：可编程零点偏置，可设定零点偏置或者没有零点偏置。程序启动后 G90 适用于所有坐标轴，并且一直有效，直到在后面的程序段中由 G91(增量位置数据输入)替代为止(模态有效)。

增量位置数据输入 G91：在增量位置数据输入中，尺寸表示待运行的轴位移。移动的方向由符号决定。G91 适用于所有坐标轴，并且可以在后面的程序段中由 G90(绝对位置数据输入)替换。

G90 和 G91 编程举例：

N10G90X20Z90；绝对尺寸

N20X75Z-32；仍然是绝对尺寸

……

N180G91 X40 Z20；转换为增量尺寸

N190X-12 Z17；仍然是增量尺寸

(2)公制尺寸/英制尺寸：G71，G70

功能工件所标注尺寸的尺寸系统可能不同于系统设定的尺寸系统(英制或公制)，但是这些尺寸直接输入到程序中，系统会完成尺寸的转换工件。

编程 G70;英制尺寸。

G71;公制尺寸。

编程举例:N10 G70 X10 Z30;英制尺寸

N20 X40 Z50;G70 断续生效

……

N80 G71 X19 Z17.3;开始公制尺寸

(3)半径/直径数据尺寸:G22、G23

功能车床中加工零件时通常把 X 轴(横向坐标轴)的位置数据作为直径数据编程,控制器把所输入的数值设定为直径尺寸,这仅限于 X 轴。程序中在需要时也可以转换为半径尺寸。

编程举例:

N10G23X44Z30;X 轴直径数据尺寸

N20X48Z25;G23 继续生效

N30G22X22Z30;X 轴开始转换为半径数据方式

(4)可编程的零点偏置:G158

功能。如果工件上在不同的位置有重复出现的形状或结构;或者选用了一个新的参考点,在这种情况下就需要使用可编程零点偏置。由此就产生一个当前工件坐标系,新输入的尺寸均是在该坐标系中数据尺寸。可以在所有坐标轴中进行零点偏移。

G158 指令要求一个独立的程序段。可编程的零点偏置如图 1-50 所示。

(5)零点偏移:G158

用 G158 指令可以对所有坐标轴编程零点偏移。后面的 G158 指令取代先前的可编程零点偏移指令。

取消偏移:

在程序段中仅输入 G158 指令而后面不跟坐标轴名称时,表示取消当前的可编程零点偏移。

编程举例:

N10…

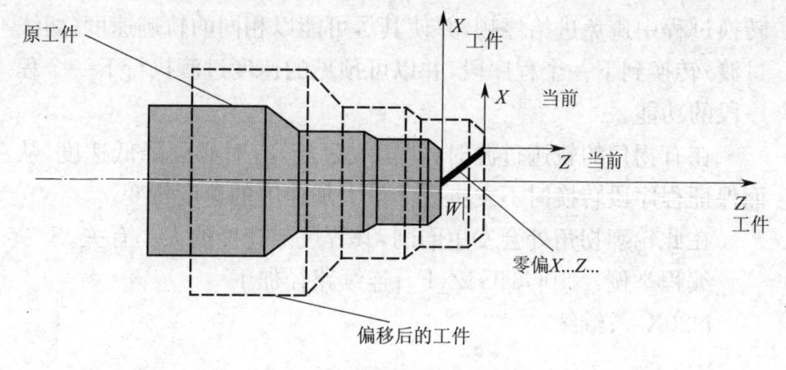

图 1-50　可编程的零点偏置

N20G158X3Z5;可编程零点偏移

N30L10;子程序调用,其中包含待偏移的几何量

…

N70G158;取消偏移

…

(6)连续路径加工 G64(图 1-51)

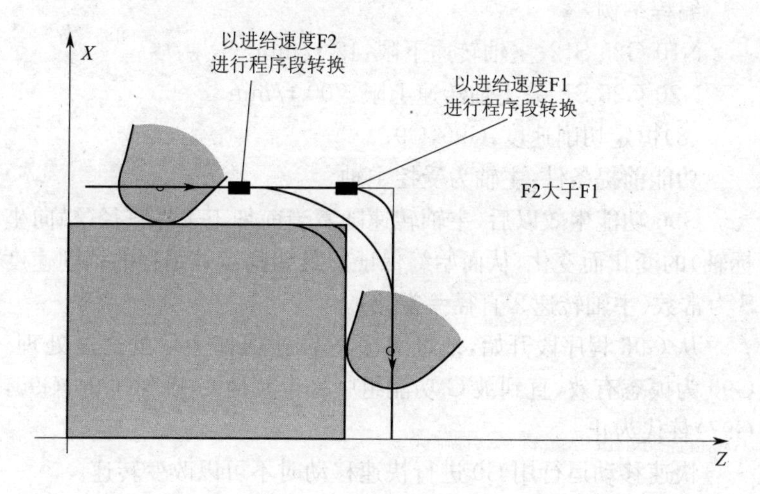

图 1-51　连续路径加工 G64

连续路径加工方式的目的就是在一个程序段到下一个程序段转换过程中避免进给停顿，并使其尽可能以相同的轨迹速度（切线过渡）转换到下一个程序段，并以可预见的速度过渡执行下一个程序段的功能。

在有拐角的轨迹过渡时（非切线过渡）有时必须降低速度，从而保证程序段转换时不发生大于最大加速度的速度特变。

在此轮廓拐角处会发生磨削，其程度与速度的大小有关。

编程举例：N10G64G1Z_F_；连续路径加工

N20X..；继续

…

N180G60…；转换到准确定位

(7)主轴转速极限：G25、G26

功能通过在程序中写入 G25 或 G26 指令和地址 S 下的转速，可以限制特定情况下主轴的极限值范围。与此同时原来设定数据中的数据被覆盖。G25 或 G26 指令均要求一独立的程序段、原先编程的转速 S 保持存储状态。在车床中，对于 G96 功能一恒定切削速度还可以附加编程一个转速最高极限。

编程举例：

N10 G25 S12；主轴转速下限：12 r/min

N20 G26 S700；主轴转速上限：700 r/min

(8)恒定切削速度：G96，G97

功能前提条件：主轴为受控主轴。

G96 功能生效以后，主轴转速随着当前加工工件直径（横向坐标轴）的变化而变化，从而始终保证刀具切削点处编程的切削速度 S 为常数（主轴转速×直径＝常数）。

从 G96 程序段开始，地址 S 下的转速值作为切削速度处理。G96 为模态有效，直到被 G 功能组中一个其他 G 指令（G94，G95，G97）替代为止。

快速移动运行用 G0 进行快速移动时不可以改变转速。

例外：如果以快速运行回轮廓，并且下一个程序段中含有插补方式指令 G1 或 G2,G3,G5(轮廓程序段),则在用 G0 快速移动的同时已经调整用于下面进行轮廓插补的主轴转速。

转速上限 LIMS=当工件从大直径加工到小直径时,主轴转速可能提高得非常多,因而在此建议给定一主轴转速极限值 LIMS=….,LIMS 值只对 G96 功能生效。

编程极限值 LIMS=…. 后,设定数据中的数值被覆盖,但不允许超出 G26 编程的或机床数据中设定的上限值。

取消恒定切削速度 G97,用 G97 指令取消“恒定切削速度”功能。如果 G97 生效,则地址 S 下的数值又恢复为初始值,单位为 r/min。

如果没有重新写地址,则主轴以原先 G96 功能生效时的转速旋转。

编程举例:

N10…M3;主轴旋转方向

N20 G96 S120 LIMS=2500;恒定切削速度生效,120 m/min 转速上限 2 500 r/min。

N30 G00 X150;没有转速变化,因为程序段 N31 执行 G0 功能

N31 Z50…;没有转速变化,因为程序段 N32 执行 G0 功能

N32 X40;回轮廓,按照执行程序段 N40 的要求自动调节新的转速

N40 G1 F0.2 X32 Z…;进给 0.2 mm/r

…

N180 G97 X… Z…;取消恒定切削

N190 S…;新定义的主轴转速,r/min

说明 G96 功能也可以用 G94 或 G95 指令(同一个 G 功能组)取消,在这种情况下,如果没有写入新的地址 S,则主轴按在此之前最后编程的主轴转速 S 旋转。

(9)拐角特性:G450,G451

功能在 G41/G42 有效的情况下,一段轮廓到另一段轮廓以不

连续的拐角过渡时可通过 G450 和 G451 功能调节拐角特性。

控制器自动识别内角和外角。对于内角必须要固到轨迹等距线交点。外角、内角拐角特性如图 1-52、图 1-53 所示。

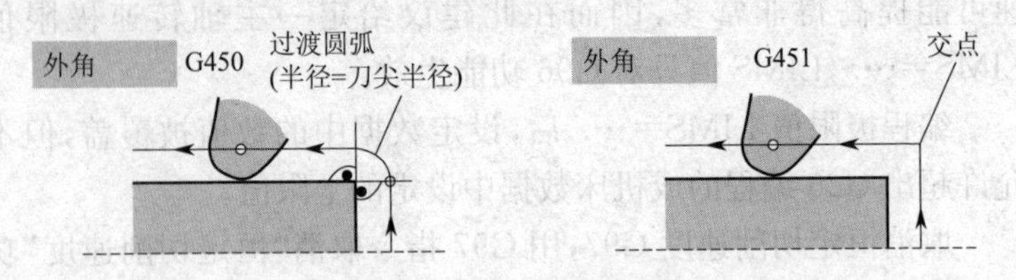

图 1-52　外角拐角特性

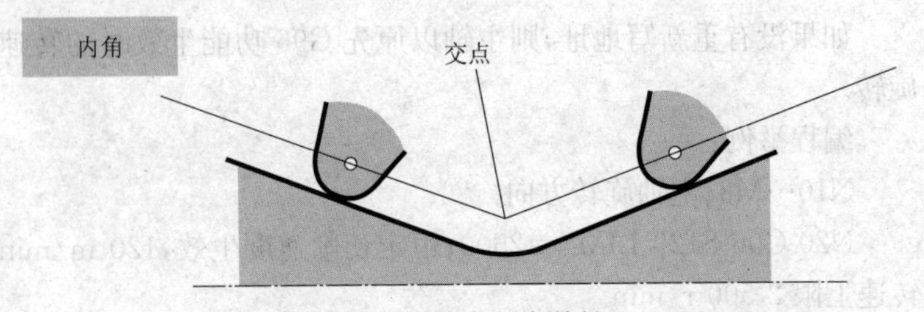

图 1-53　内角拐角特性

圆弧过渡 G450

刀具中心轨迹为一个圆弧，其起点为前一曲线的终点，终点为后一曲线的起点，半径等于刀具半径。

圆弧过渡在运行下一个带运行指令的程序段时才有效，比如有关进给值。

交点 G451：

回刀具中心轨迹交点——以刀具半径为距离的等距线交点。

(10)计算参数 R

功能：

要使一个 NC 程序不仅仅适用于特定数值下的一次加工，或者必须要计算出数值，这两种情况均可以使用计算参数，你可以在程序运行时由控制器计算或设定所需要的数值；也可以通过操作面板设定参数数值。如果参数已经赋值，则它们可以在程序中对由变量确定的地址进行赋值。

说明：

R 参数可供使用的共有 250 个；

R0～R99——可以自由使用；

R100～R249——加工循环传递参数；

R250～R299——加工循环的内部计算参数。

(11)固定循环

循环是指用于特定加工过程的工艺子程序，比如用于钻削、坯料切削或螺纹切削等。循环在用于各种具体加工过程时只要改变参数就可以。系统中装有车削所用到的几个标准循环。

1)钻削，深孔加工—LCYC82(图 1-54)

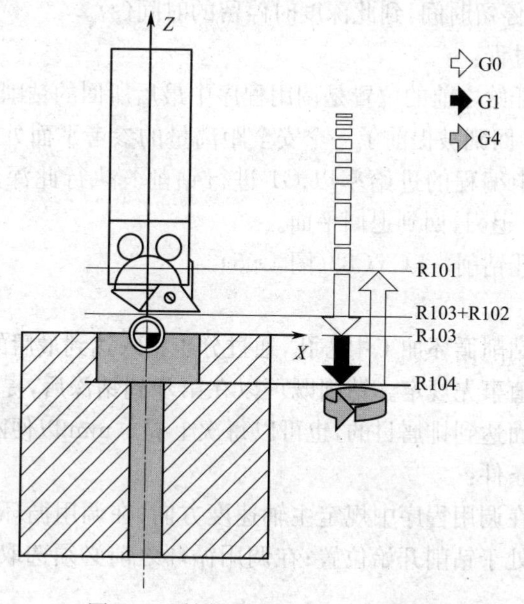

图 1-54　钻削，深孔加工—LCYC82

功能：

刀具以编程的主轴速度和进给速度钻孔，直至到达给定的最终钻削深度。在到达最终钻削深度时可以编程一个停留时间。退刀时以快速移动速度进行。

前提条件：

必须在调用程序中给定主轴速度值和方向以及进给轴进给率。在调用循环之前必须在调用程序中回钻位置；在调用循环之前必须选择带刀具补偿的相应的刀具。必须处于 G17 有效状态。

参数说明：

R101 退回平面：确定了循环结束之后钻削加工轴的位置。

R102 安全距离：只对参考平面而言，由于有安全距离，参考平面被提前了一个安全距离量，循环可以自动确定安全距离的方向。

R103 参考平面：为图中所标明的钻削起始点。

R104 最后钻深：此参数确定钻削深度，它取取决于工件零点。

R105 停留时间：到此深度时停留的时间(s)。

时序过程：

循环开始之前的位置是调用程序中最后所回的钻削位置。

用 G0 回到被提前了一个安全距离量的参考平面处。按照调用程序段中编程的进给率以 G1 进行钻削。执行此深度停留时间。以 G0 退刀，回到退回平面。

2)深孔钻削—LCYC83(图 1-55)

功能：

深孔钻削循环加工中心孔，通过分步钻入达到最后的钻深，钻深的最在值事先规定。钻削既可以在第步到钻深后，提出钻头到其参考平面达到排屑目的，也可以每次上提 1 mm 以便断屑。

前提条件：

必须在调用程序中规定主轴速度方向；在调用循环之前钻头必须已经处于钻削开始位置；在调用循环之前必须选取钻头的刀具补偿值。

参数说明：

R101 退回平面：确定了循环结束之后钻削加轴的位置，循环以位于参考平面之前的退回平面为出发点，因此从退回平面到钻深的距离也较大。

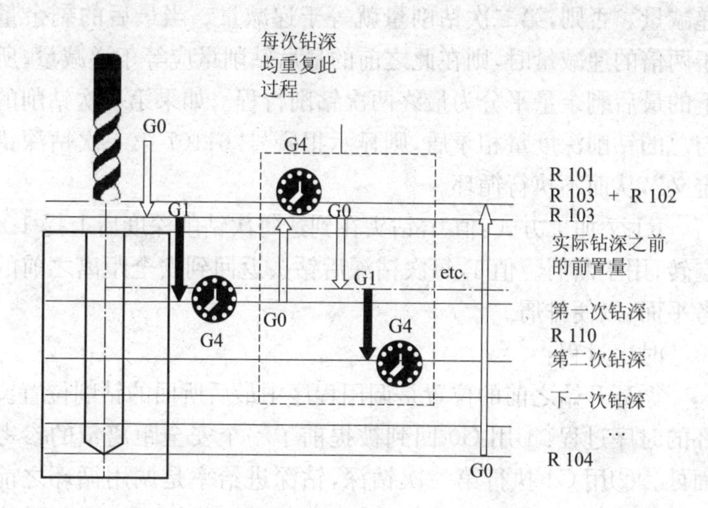

注释:
图中只画出了第一次钻深所留出的、实际钻深之前的前置量距离,
但实际上每次钻深之前都留有一个前置量.

图 1-55 深孔钻削—LCYC83

R102 安全距离:只对参考平面而言,由于有安全距离,参考平面被提前了一个安全距离量。循环可以自动确定安全距离的方向。

R103 参考平面:图纸中所标明的钻削起始点。

R104 最后钻深:以绝对值编程,与循环调用之前的状态 G90 或 G91 无关。

R105 停留时间:此深度处停留的时间(s)。

R107 钻削进给:钻削全过程中的钻削进给率。

R108 首钻进给:开始第一次钻削的进给率。

R109 起始点和排屑时停留时间:只有在“排屑”方式下才执行在起始点处的停留时间。

R110 首钻深度:第一次钻削行程的深度。

R111 递减量:确定递减量的大小。用于第二次钻削的量如果大于所编程的递减量,则第二次钻削量应等于第一次钻削量减去递减量。否则,第二次钻削量就等于递减量。当最后的剩余量大于两倍的递减量时,则在此之前的最后钻削量应等于递减量,所剩下的最后剩余量平分为最终两次钻削行程。如果第一次钻削的值与总的钻削深度量相矛盾,则显示报警号"61107 第一次钻深错误定义",从而不执行循环。

R127 加工方式:值 0,钻头在到达每次钻削深度后上提 1 mm 空转,用于断屑。值 1,每次钻深后钻头返回到安全距离之前的参考平面,以便排屑。

时序过程:

循环开始之前的位置是调用程序中最后所回的钻削位置。循环的时序过程:①用 G0 回到被提前了一个安全距离量的参考平面处。②用 G1 执行第一次钻深,钻深进给率是调用循环之前所编程的进给率与 R109 中所进行的设定(进给率系数)进行计算之后产生,钻削深度时执行深度停留时间(参数 R105)。

在断屑时:

用 G1 按调用程序中所编程的进给率从当前钻深上提 1 mm,以便断屑。

在排屑时:

用 G0 返回到安全距离量之前的参考平面,以便排屑。执行起始点停留时间(参数 R109),然后用 G0 返回上次钻深,但留出一个前置量(此量的大小由循环内部计算所得)。

用 G1 按所编程的进给率执行下一次钻深切削,该过程一直进行下去,直至到达最终钻削深度。用 G0 返回到退回平面。

3)带补偿夹具内螺切削-LCYC840(图 1-56)

功能:

刀具按照编程的主轴转速和方向加工螺纹,钻削轴的进给可以从主轴转速计算出来。该循环可以用于带补偿夹具和主轴实际值编码器的内螺纹切削。循环中可以自动转换旋转方向,退回时可以以另外一个速度进行。循环结束之后执行 M5(主轴停止)。

前提条件:

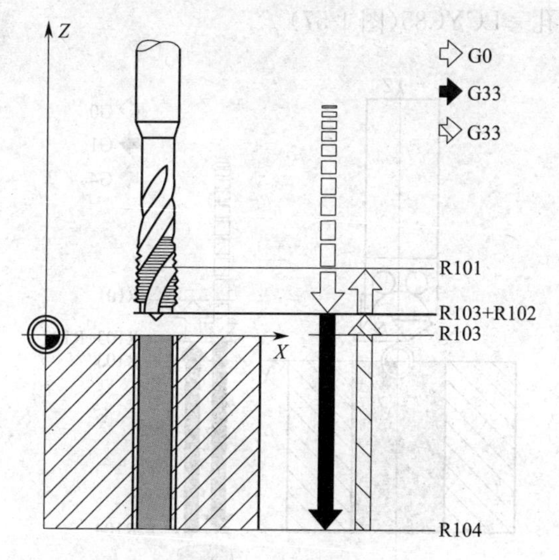

图 1-56　带补偿夹具内螺切削-LCYC840

主轴转速可以调节，带位移测量系统，但循环本身不检查主轴是否带实际值编码器。必须在调用程序中规定主轴转速和方向；在循环调用之前必须在调用程序中回到钻削位置；在调用循环之前必须选择相应的带刀具补偿的刀具。G17 必须处于有效状态。

参数说明：

R101～R104：参见 LCYC83。

R106：螺纹导程值。

R126：主轴旋转方向：规定主轴旋转方向，在循环中旋转方向会自动转换。

时序过程：循环开始之前的位置是调用程序中最后所回的钻削位置。

循环的时序过程：

用 G0 回到被提前了一个安全距离的参考平面处。

用 G33 切内螺纹，直至到达最终钻削深度。

用 G33 退刀，回到被提前了一个安全距离量的参考平面处。

用 G0 返回到退回平面。

4)镗孔—LCYC85(图 1-57)

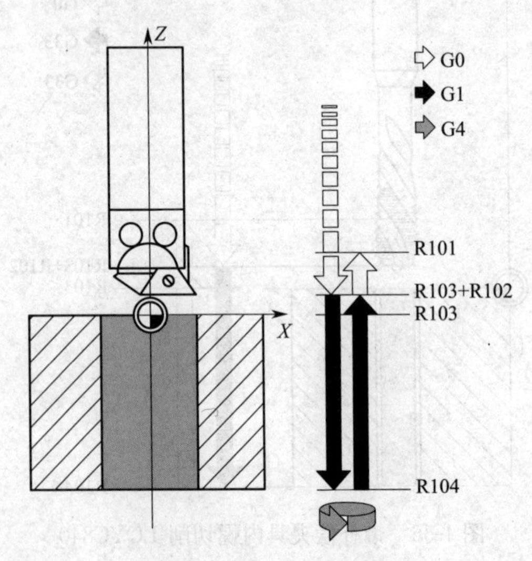

图 1-57　镗孔—LCYC85

功能：

刀具以给定的主轴速度和进给速度钻削，直至最终削深度。如果到达最终深度，可以编程一个停留时间，进刀及退刀运行分别按照相应参数下编程的进给率速度进行。

前提条件：

必须在调用程序中规定主轴速度和方向；在循环调用之前必须在调用程序中回到钻削位置；在调用循环之前必须选择相应的带刀具补偿的刀具。

参数说明：

R101～R105：参见 LCYC82。

R107：钻削进给率。

R108：退刀时进给率。

时序过程：

循环开始之前的位置是调用程序中最后所回的钻削位置。

用 G0 回到被提前了一个安全距离量的参考平面处。用 G1

以 R107 参数编程的进给率加工到最终钻削深度。执行最终钻削深度的停留时间，用 G1 以 R108 参数编程的退刀进给率返回到被提前了一个安全距离量的参考平面处。

5)切槽循环—LCYC93(图 1-58)

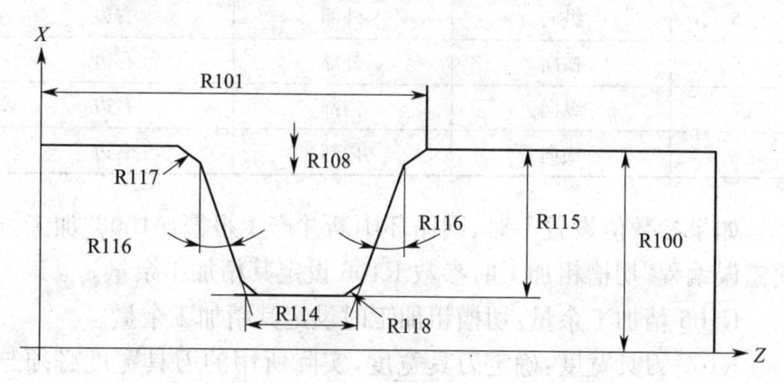

图 1-58　切槽循环—LCYC93

功能：

在圆柱形工件上，不管是进行纵向加工还是进行横向加工均可以利用切槽循环对称加工出切槽，包括外部切槽和内部切槽。

前提条件：

直径编程 G23 指令必须有效。

在调用切槽循环之前必须已经激活用于进行加工的刀具补偿参数，刀具宽度用 R107 编程。刀尖零点对着机床零点。

参数说明：

R100 横向坐标轴起始点：规定 X 向切槽起始点直径。

R101 纵向坐标轴起始点：规定 Z 轴方向切槽起始点。

R105 加工类型：见表 1-13。

表 1-13　加工类型表

数值	纵向/横向	外部/内部	起始点位置
1	纵向	外部	左边
2	横向	外部	左边

续上表

数值	纵向/横向	外部/内部	起始点位置
3	纵向	内部	左边
4	横向	内部	左边
5	纵向	外部	右边
6	横向	外部	右边
7	纵向	内部	右边
8	横向	内部	右边

如果参数值设置不对,则循环中断并产生报警:61002“加工方式错误编程”切槽粗加工时参数 R106 设定其精加工余量。

R106 精加工余量:切槽粗加工时设定其精加工余量。

R107 刀具宽度:确定刀具宽度,实际所用的刀具宽度必须与此参数相符。如果实际所用刀具宽度大于 R107 的值,则会使实际所加工的切槽大于编程的切槽而导致轮廓损伤,这种损伤是循环所不能监控的。如果实际所用刀具宽度大于 R107 的值,则会使实际所加工的切槽大于编程的切槽而导致轮廓损伤,这种损伤是手环所不能监控的。如果编程的刀具宽度大于槽底的切槽宽度,则循环中断并产生报警:G1602“刀具宽度错误定义”。

R108 切入深度:通过在 R108 中编程进刀深度可以把切槽加工分成许多个切深进给,在每次切深之后刀具上提 1 mm,以便断屑。

切槽形状参数 R114…R118 确定切槽的形状,循环在进行其参数计算时总是以 R100,R101 中编程的起始点为依据。

R114 槽宽:此处的切槽宽度是指槽底(不考虑倒角)的宽度值。

R115 槽深:确定切槽的深度。

R116 角:确定切槽齿面的斜度,值为 0 时表明加工一个与轴平行的切槽(矩形形状)。

R117 槽沿倒角。

R118 槽底倒角。

R119 槽底停留时间：设定合适的槽底停留时间，其最小值至少为主轴旋转一转所用时间，编程停留时间与 F 一致。

时序过程：

循环开始之前所到达的位置任意，但须保证每次回该位置进行切槽加工时不发生刀具碰撞。用 G0 回到循环内部所计算的起始点。

切深进给：在坐标轴平行方向进行粗加工直至槽底，同时要注意精加工余量；每次切深之后要空运行，以便断屑。

切宽进给：每次用 G0 进行切宽进给，方向垂直于切深进给，其后将重复切深加工的粗加工过程。深度方向和宽度方向的进刀量以最大值均匀地进行划分。

在有要求的情况下，齿面的粗加工将沿着切槽宽度方向分多次进刀。用调用循环之前所编程的进给值从两边精加工整个轮廓，直至槽底中心。

6)退刀槽切削循环—LCYC94(图 1-59)

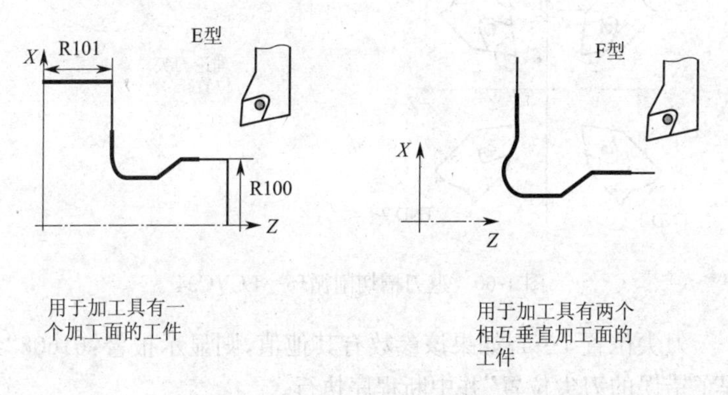

图 1-59　退刀槽切削循环形状

功能。用此循环可以按照 DIN509 标准进行形状为 E 和 F 的退刀槽切削，但要求成品直径大于 3 mm。在调用循环之前必须要激活刀具补偿参数。

前提条件:直径编程 G23 指令必须有效。

参数说明:

R100 横向坐标轴起始点:设定退刀槽切削后的成品直径,如果根据 R100 编程的值所生成的成品直径小于或等于 3 mm,则循环中断并产生报警:61601“成品直径太小”。

R101 纵向坐标轴起始点:确定成品在纵向坐轴方向的尺寸。

R105 形状定义:确定 DIN509 标准所规定的形状 E 和 F,如果该参数的值不是 55 或 56,则循环会中断产生报警:61609“形状错误定义”。

R107 刀具的刀尖位置定义:确定了刀具的刀尖位置,从而也就确定了退刀槽切削加工位置,该参数值必须与循环调用之前所选刀具的刀尖位置相一致。如图 1-60 所示。

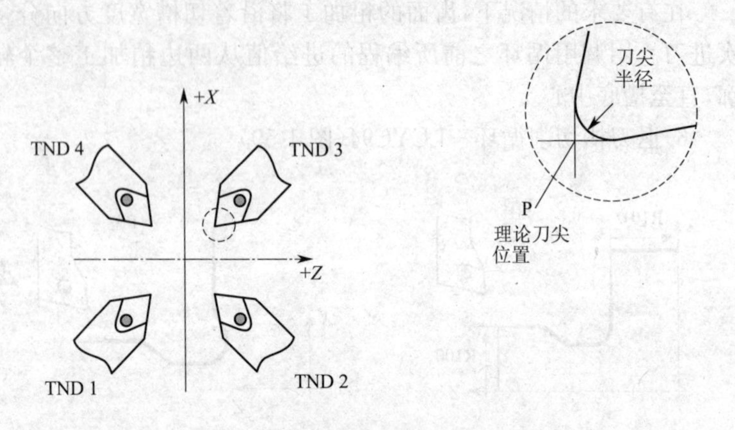

图 1-60　退刀槽切削循环—LCYC94

刀尖位置 1…4,如果该参数有其他值,则显示报警:61608“编程了错误的刀尖位置”并中断程序执行。

时序过程:

循环开始之前所用到达的位置任意,但须保证每次回该位置开始退刀槽加工时不发生刀具碰撞,该循环具有如下时序过程:

用 G0 回到循环内部所计算的起始点。

根据当前的刀尖位置选择刀尖半径补偿，并按循环调用之前所编程的进给率里的退刀槽轮廓的加工，直至最后用 G0 回到起始点，并用 G40 指令取消刀尖半径补偿。

7)毛坯切削循环—LCYC95(图 1-61)

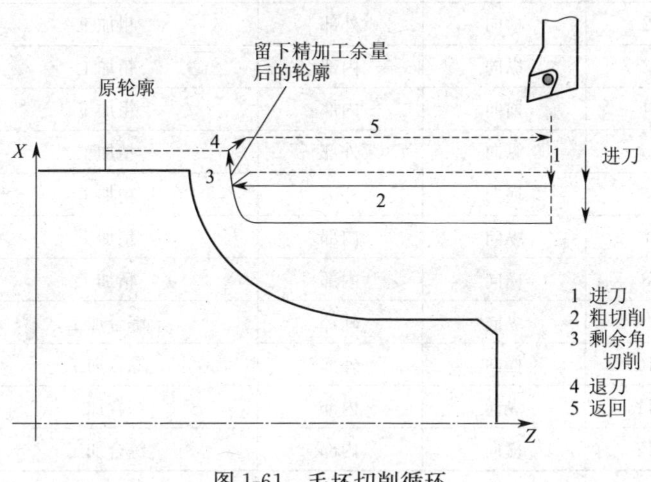

图 1-61　毛坯切削循环

功能：

用此循环可以在坐标轴平行方向加工由子程序编程的轮廓，可以进行纵向和横向加工，也可以进行内外轮廓的加工。可以选择不同的切削工艺方式：粗加工、精加工或者综合加工，只要刀具不会发生碰撞可以在任意位置调用此循环。调用循环之前，必须在所调用的程序中已经激活刀具补偿参数。

前提条件：

直径编程 G23 指令必须有效。

系统中必须已经装入文件 SGUD. DEF(“循环”磁盘中提供)。

程序嵌套中至多可以从第三级程序界面中调用此循环(两级嵌套)。

R105 加工类型：

在纵向加工时进刀总是在横向坐标轴方向进行，在横向加工时进刀则在纵向坐标轴方向。切削加工方式见表1-14。

表1-14　切削加工方式

数值	纵向/横向	外部/内部	粗加工/精加工/综合加工
1	纵向	外部	粗加工
2	横向	外部	粗加工
3	纵向	内部	粗加工
4	横向	内部	粗加工
5	纵向	外部	精加工
6	横向	外部	精加工
7	纵向	内部	精加工
8	横向	内部	精加工
9	纵向	外部	综合加工
10	横向	外部	综合加工
11	纵向	内部	综合加工
12	横向	内部	综合加工

如果该参数编程了其他值,则循环中断并给出报警:61002“加工方式错误编程”。

R106 精加工余量:在精加工余量之前的加工均为粗加工,当每个坐标轴平行方向的粗加工过程结束之后,其所产生的余角按与轮廓平行的方向立即精加工去除,如果没有编程精加工余量,则一直进行粗加工,直至最终轮廓。

R108 切入深度:在参数108之下设定粗加工最大可能的进刀深度,但当前粗加工中所用的进刀深度则由循环自动计算出来。

R109 粗加工切入角:粗加工时按此角度进行,但当进行端面加工时,不可以成一角度进给,该值必须设为零。

R110 粗加工时的退刀量:坐标轴平行方向的每次粗加工之后均须从轮廓退刀,然后用G0返回到起始点,由R110确定退刀量的大小。

R111 粗切进给率:确定粗加工切削进给率的大小,加工方式为精加工时该参数无效。

R112 精切进给率：确定精加工切削进给率的大小，加工方式为精加工时该参数无效。

轮廓定义：

在一个子程序中编程待加工的工件轮廓，循环通过变量_CNAME 名下的子程序名调用子程序。

轮廓由直线或圆弧组成，并可以插入圆角和倒角，编程的圆弧段最大可以为四分之一圆。

轮廓中不允许含退刀槽切削，若轮廓中包含退刀槽切削，则循环停止运行并发出报警：61605"轮廓定义出错"。轮廓的编程方向必须与精加工时所选择的加工方向相一致。

时序过程：

循环开始之前所到达的位置任意，但须保证从该位置回轮廓起始点时不发生刀具碰撞，该循环具有如下时序过程。

粗切削：

用 G0 在两个坐标轴方向同时回循环加工起始点（内部计算）；

按照参数 R109 下编程的角度进行深度进给；

在坐标轴平行方向用 G01 和参数 R111 下的进给率回粗切削交点；

用 G1/G2/G3 按参数 R111 设定的进给率进行粗加工，直至沿着"轮廓＋精加工余量"加工到最后一点；

在每个坐标轴方向按参数 R110 中所编程的退刀量（mm）退刀并用 G0 返回；

重复以上过程，直至加工到最后深度。

精加工：

用 G0 按不同的坐标轴分别回循环加工起始点；

用 G0 在两个坐标轴方向同时回轮廓起始点；

用 G1/G2/G3 按参数 R112 设定的进给率沿着轮廓进行粗加工；

用 G0 在两个坐标轴方向回循环加工起始点；

在精加工时，循环内部自动激活刀尖半径补偿。

起始点：

循环自动地计算加工起始点，在精加工时两个坐标轴同时起始点，在精加工时则按不同的坐标轴分别回起始点，首先运行的是进刀坐标轴。“综合加工”加工方式中在最后一次粗加工之后，不再回到内部计算的起始点。

8)螺纹切削—LCYC97(图 1-62)

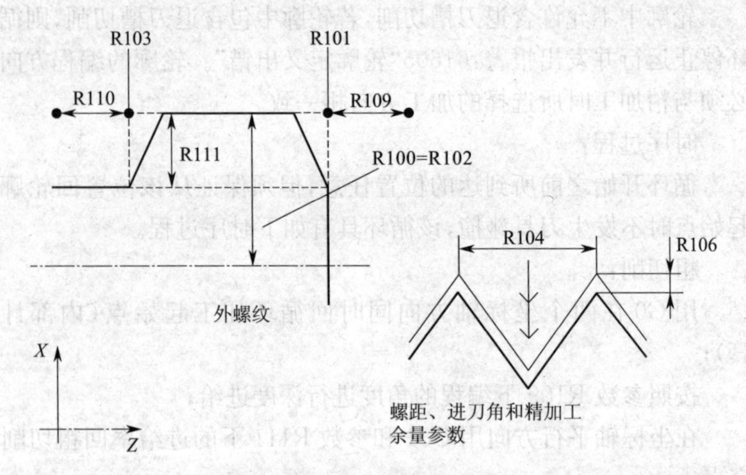

图 1-62　螺纹切削—LCYC97

功能：

用螺纹切削循环可以按纵向或横向加工形状为圆柱体或圆锥体的外螺纹或内螺纹，并且既能加工单头螺纹也能加工多头螺纹，切削进刀深度可自动设定。左旋螺纹/右旋螺纹由主轴的旋转方向确定，它必须在调用循环之前的程序中编入，在螺纹加工期间，进给修调开关和主轴修调形状均无效。

R100 螺纹起始点直径：确定螺纹在 X 轴上的起始点。

R101 纵向轴螺纹起始点：确定 Z 轴方向上的起始点。

R102 螺纹终点直径：确定螺纹在 X 轴上的终点。

R103 纵向轴螺纹终点：确定 Z 轴方向上的终点。

R104 螺纹导程值：坐标轴平行方向的数值。

R105 加工类型：确定加工外螺纹或者内螺纹，R105＝1 为外螺纹，R105＝2 为内螺纹。若该参数编程了其他数值，则循环中断，并给出报警：61002“加工方式错误编程”。

R106 精加工余量：螺纹深度减去参数 R106 设定的精加工余量后剩下的尺寸划分为几次粗切削进给。精加工余量是指粗加工之后的切削进给量。

R109 空刀导入量：循环中编程起始点提前一个空刀导入量。

R110 空刀退出量：编程终点延长一个空刀退出量。

R111 螺纹深度。

R112 起始点偏移：在该参数下编程一个角度值，由该角度确定车削件圆周上第一个螺纹线的切削切入点位置，也就是说确定真正的加工起始点。如果没有说明起始点的偏移量，则第一条螺纹线自动地从 0°位置开始加工。

R113 粗切削次数：确定螺纹加工中粗切削次数，循环根据参数 R105 和 R111 自动地计算出每次切削的进刀深度。

R114 螺纹头数：该参数确定螺纹头数。螺纹头数应该对称地分布在车削件的圆周上。

纵向螺纹和横向螺纹的判别：

循环自动地判别纵向螺纹加工或横向螺纹加工，如果圆锥角小于或等于 45°，则按纵向螺纹加工，否则按横向螺纹加工。

时序过程：

调用循环之间所到达的位置。

位置任意，但须保证刀具可以没有碰撞地回到所编程的螺纹起始点＋导入空刀量。

该循环有如下的时序过程：

用 G0 回第一条螺纹线空导量的起始处(在循环内部计算)；

按照参数 R105 确定的加工方式进行粗加工进刀；

根据编程的粗切削次数重复螺纹切削；

用 G33 切削精加工余量；

对于其他的螺纹线重复整个过程。

3. 基于 UG 自动编程的外圆及外螺纹数控加工实例

(1)工艺分析

图 1-63 是某轴的零件图，工件材料为 45 钢，毛坯尺寸为 ϕ50 mm×115 mm 的棒料。该零件包含车外圆、切槽、车螺纹等操作，该零件的加工基本上体现了 UG 数控车模块的功能。其加工工艺简述如下：

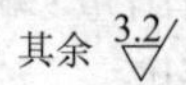

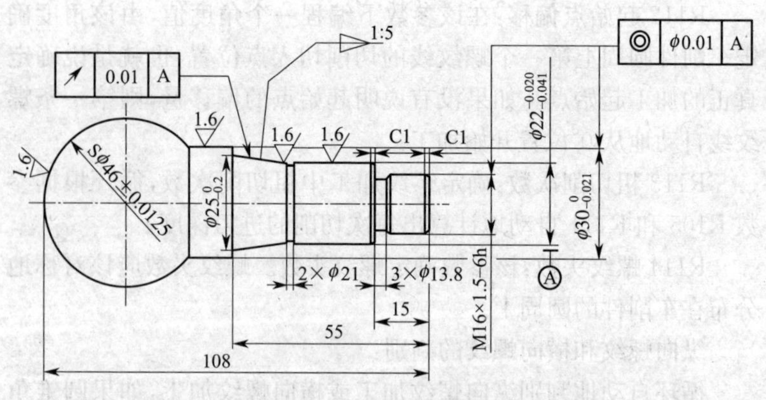

图 1-63 轴的零件图

1)工序 1：采用手动车削，两端面保证 108 mm 的长度。

2)工序 2：夹左端车右端外形。

工步 1：粗车螺纹 M18×2 段的外圆、$\phi\ 22_{-0.041}^{-0.020}$ 轴段、圆锥段、$\phi\ 30_{-0.011}^{\ 0}$ 轴段及球 $S\phi46_{\pm0.125}$ 的右半部分。

工步 2：精车螺纹 M18×2 段的外圆、$\phi\ 22_{-0.041}^{-0.020}$ 轴段、圆锥段、$\phi\ 30_{-0.011}^{\ 0}$ 轴段及球 $S\phi46_{\pm0.125}$ 的右半部分。

工步 3：切槽 2×ϕ21 和 3×ϕ15.8，切刀宽 2 mm。

工步 4：车螺纹 M16×1.5。

3）工序 3：夹右端车球 $S\phi 46_{\pm 0.125}$ 的左半部分。

工步 1：粗车球 $S\phi 46_{\pm 0.125}$ 的左半部分。

工步 2：精车球 $S\phi 46_{\pm 0.125}$ 的左半部分。

（2）建立三维模型 1

1）首先，在分析完图纸后，打开 UGNX6，进入初始界面，如图 1-64 所示。在工具条中单击“新建”按钮，弹出“新部件文件”对话框，如图 1-65 所示。注意：在“文件名”文本框中所输入的新建文件名必须为英文，否则无法打开。

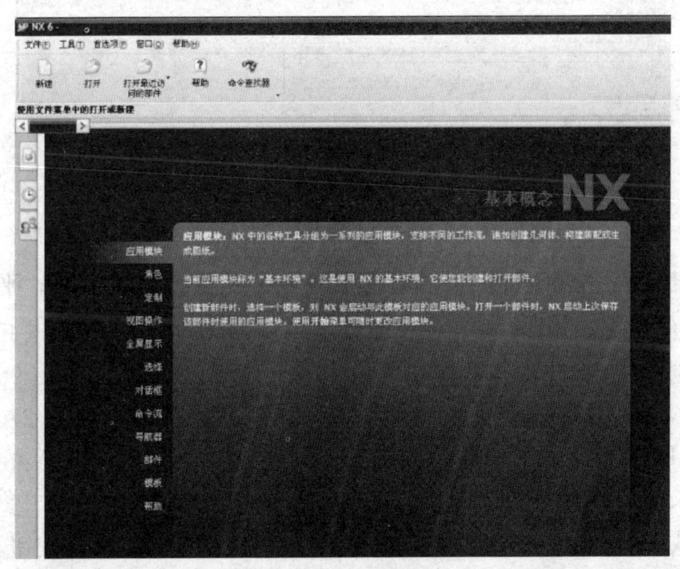

图 1-64　初始界面

2）在“文件名”文本框中输入新建文件名 part01，然后单击 OK 按钮进入 UGNX6 基本界面，如图 1-65 所示。注意：在“文件名”文本框中所输入的新建文件名必须为英文，否则无法打开。

3）在基本界面中，直接单击“建模”按钮，出现三维建模界面。再单击草绘按钮，接着选择“xc-yc 平面”按钮和确定按

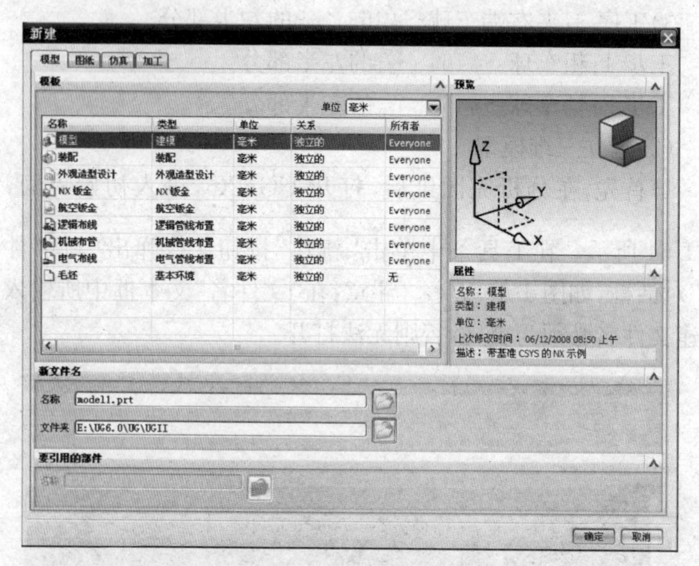

图 1-65　创建文件名

钮，出现二维草图模组界面，然后绘制草图，在草绘的 *X*-*Y* 平面中，使用直线功能，单击草图曲线中按钮绘制。选择原点开始绘制直线，单击“参数模式”输入长度和角度依次为(9,90)、(12,180)、(1.1,270)、(3,180)、(3.1,90)、(30,180)、(0.5,270)、(2,180)、(0.5,90)、(7.5,168.5)、(2.5,90)、(25,180)(注意：在输入长度后，使用 Tab 键切换输入角度)。再选择原点，单击“参数模式”输入长度和角度为(108,80)。使用圆功能，单击按钮，单击“参数模式”输入直径为 46，选择距离原点左端为 85 的点做为圆心创建圆。然后运用“快速修剪”功能修剪掉多余的直线和曲线(说明：如果有多余曲线或者重复曲线未被修剪，将无法完成拉伸、回转等功能)。最后二维草图如图 1-66 所示。

4)最后单击按钮，返回三维建模界面。

5)又单击拉伸按钮，弹出回转对话框，然后根据图 1-67 所示 1~6 操作。然后单击确定。

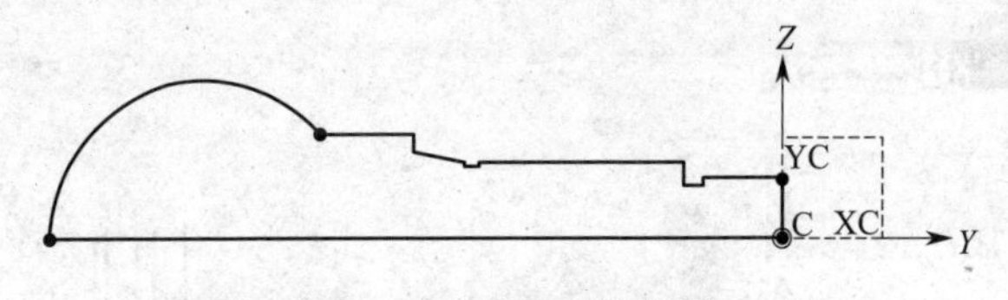

图 1-66　创建二维草图

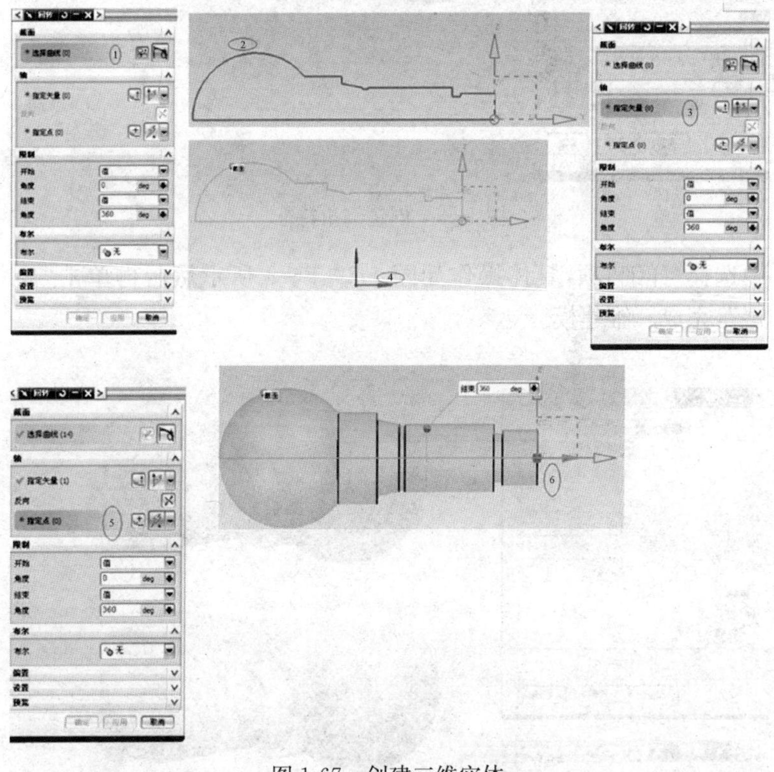

图 1-67　创建三维实体

6)用“倒斜角”功能对 M18×2 段的外圆、ϕ 22$^{-0.020}_{-0.041}$轴段进行倒角。单击 倒斜角 按钮，弹出回转对话框，选择三条边，输入“距离”为 1，具体根据图 1-68 所示 1～5 操作，再单击确定。

7)用“螺纹”功能创建螺纹特征，单击 螺纹 按钮，在弹出对话框

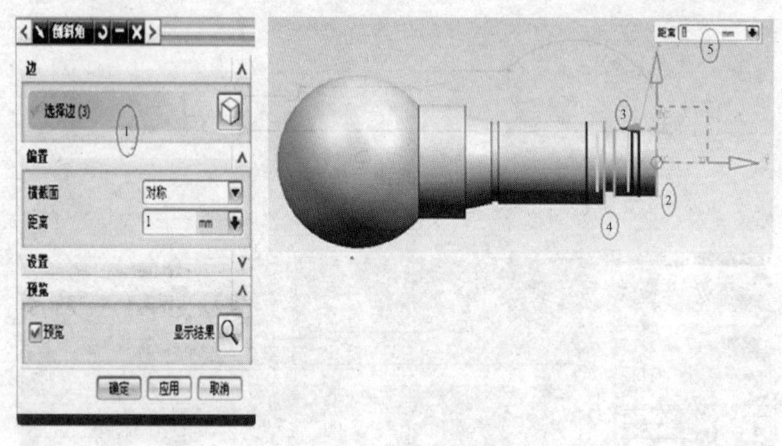

图 1-68　创建倒角特征

中选择“详细”项，具体操作如图 1-69 1～4 所示然后再单击“确定”，完成三维建模。

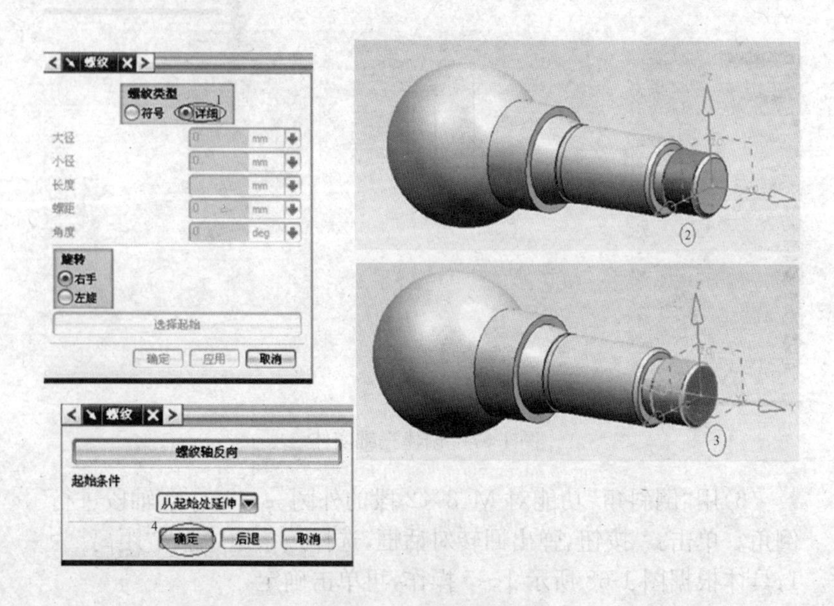

图 1-69　创建螺纹特征

(3)创建加工工序 2

选择三维模型 1,点击“开始”,选择“加工模块”,进入创建加工界面。

1)创建程序

单击工具条[icon]打开创建程序对话框,在下拉菜单中选择类型为 turning,输入名称为 GONGBU01(粗车),单击“确定”,为工序 2 的工步 1 创建一个程序名为 GONGBU1。操作步骤如图 1-70 所示。同样为工序 2 的其他工步创建程序名,它们分别为 GONGBU02(精车)、GONGBU03(切槽)、GONGBU04(车螺纹)。

图 1-70　创建程序

2)创建刀具

单击[icon],在弹出对话框中从刀具子类型中选择“OD_55_R”外圆刀,为工序 2 的每个工步分别依次创建刀具,其名称为 OD_75_R_GONGBU01(75°菱形刀片机夹车刀,用于粗车)、OD_ 55_R_ GONGBU02(55°菱形刀片机夹车刀,用于精车)、OD_GROOVE_ L_ GONGBU03 (刀宽为 2 mm 的切断刀,用于切槽)、OD_THREAD_L_GONGBU04(螺纹车刀)。单击确定后,对于工步 1 的刀具设置为:选择 ISO 刀片形状为“E 菱形 75”,在“尺寸”栏中设置“刀尖半径”为 0,“方向角度”为 273,“刀具号”设置为 1,其余保持默认;切换到“夹持器”视图,在“使用车刀夹持器”处打钩,选择“样式”为“J 样式”,“视图”为“右视图”,“夹持器角度”设置为“270”,其余保持默认,单击“确定”。具体操作如图 1-71 所示。注意:实际车削该轴床为前置刀架,在创建刀具时,通过调整“刀具视图”为右视图,“旋转角度”为 270°来设置模拟刀具为前置。在设置刀具半径的时候,建议设置为 0,这样最后出来的 NC 程序中的坐标点才符合尺寸要求,否则 UG 将会自动在程序中进行刀尖半径补偿,利用刀具的跟踪点来确定刀轨输出位置。

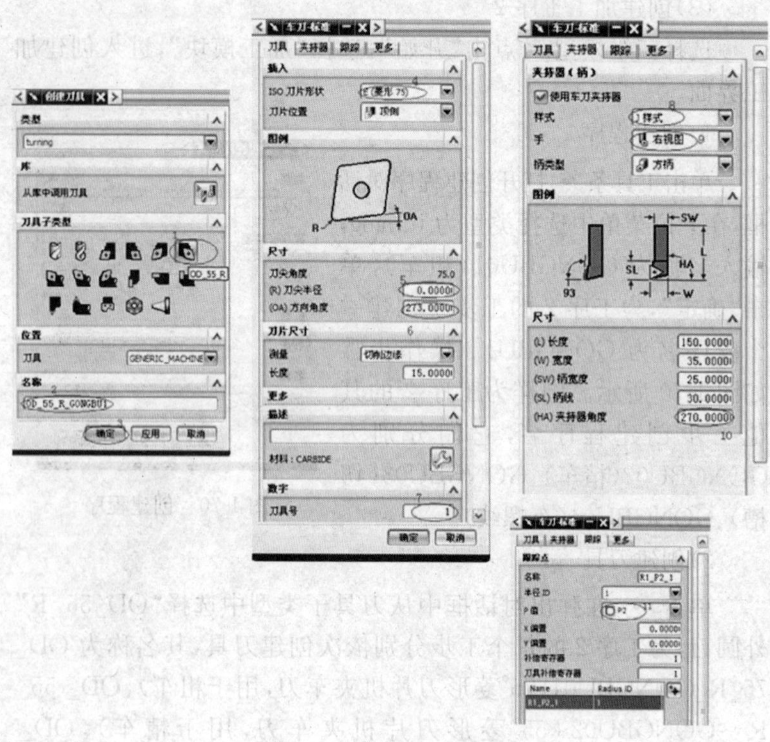

图 1-71　创建外圆粗刀

同理,可以设置第二把精车刀具,可以按照图 1-72 参数设置即可。

切槽刀具的具体设置如图 1-73 所示。

螺纹刀的具体设置如图 1-74 所示。

3)创建几何体

①创建加工坐标系

(根据实际机床操作,对刀点为零件前端面,故将工件坐标系 MCS_SPINDLE 设置到模拟毛坯前端面)单击“操作导航器”按钮,切换到“几何视图”,双击 MCS_SPINDLE 按钮,在弹出窗口中单击,再弹出对话框中设置“类型”为

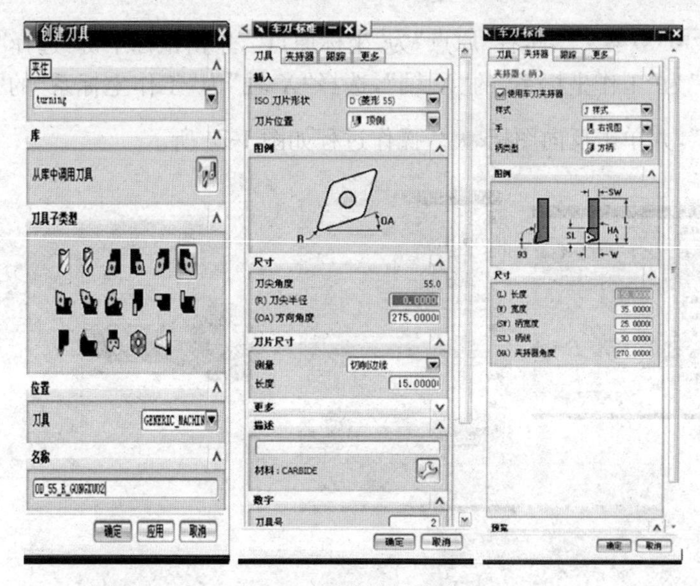

图 1-72　创建外圆精车刀

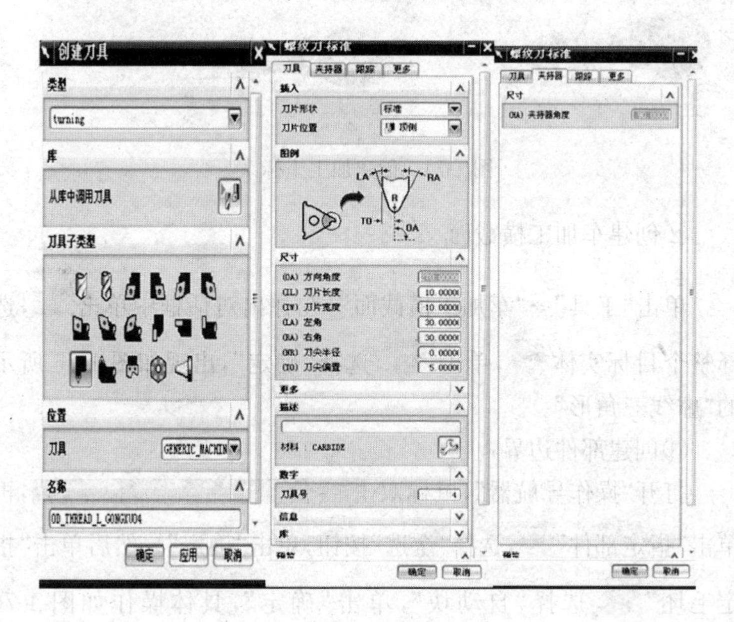

图 1-73　创建螺纹刀

Z轴，X轴，原点，选择“原点”为“坐标原点”，单击鼠标中键，选择“Z 轴”为“工作坐标系”的“X 轴”，选择“X 轴”为“工作坐标系”的“Y 轴”，并单击反向图标。操作过程如图 1-74 所示。

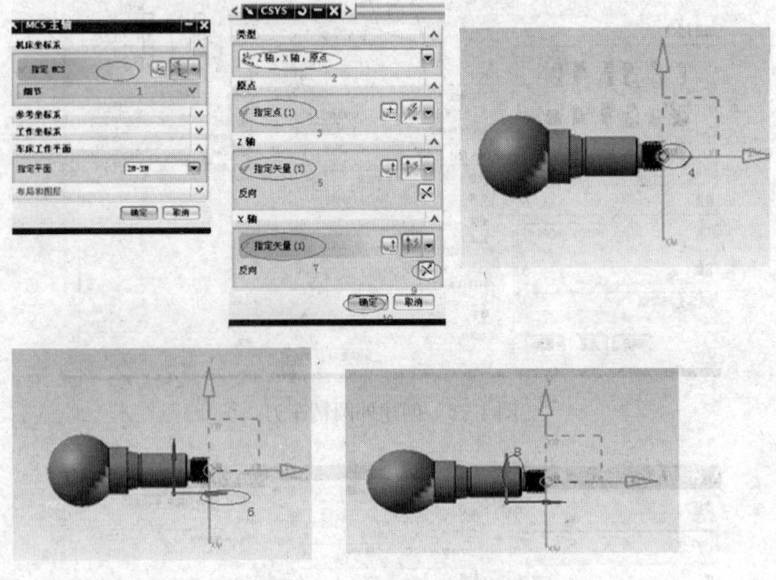

图 1-74　创建加工坐标系

②创建车加工横截面

单击“工具”→“车加工横截面”，在弹出对话框中单击，选择整个目标实体，单击，选择“确定”，出现如图 1-75 所示的“虚线三角形”。

③创建部件边界

打开“操作导航器”，鼠标双击 WORKPIECE，再单击“指定部件”，选择“全选”按钮，单击“确定”。然后单击“指定毛坯”，选择“自动块”，单击“确定”，具体操作如图 1-76 所示。

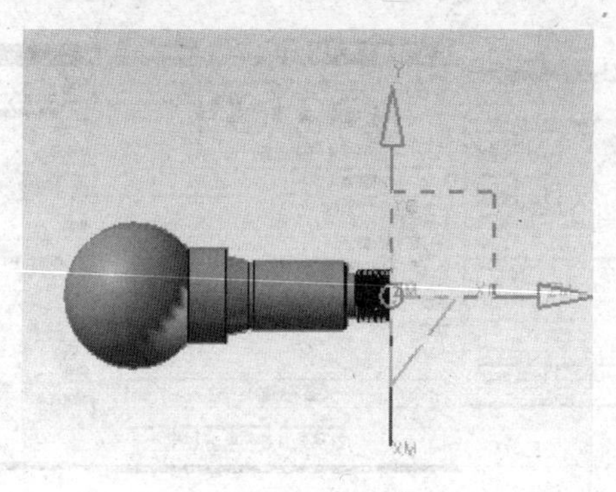

图 1-75　加工横截面

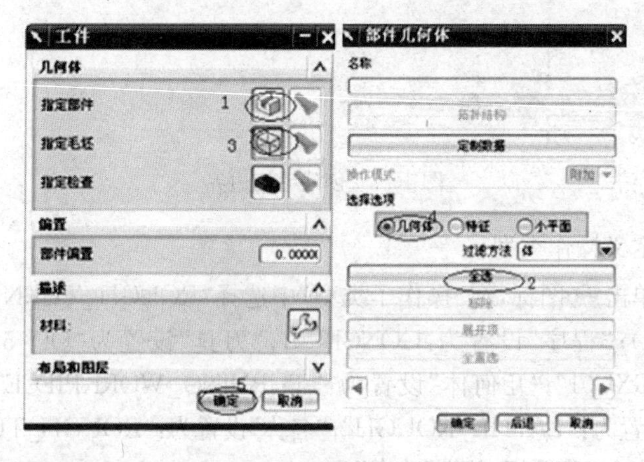

图 1-76　创建部件边界

④创建毛坯边界

双击 TURNING_WORKPIECE 图标，单击“指定毛坯边界”按钮，单击“杆材”图标，单击“安装位置”中的“选择”，用鼠标选中零件最左边的点，单击“确定”。在“长度”和“直径”处输入 108 和 50，单击“确定”。具体操作如图 1-77 所示。

4）创建操作

①工步 1 的创建

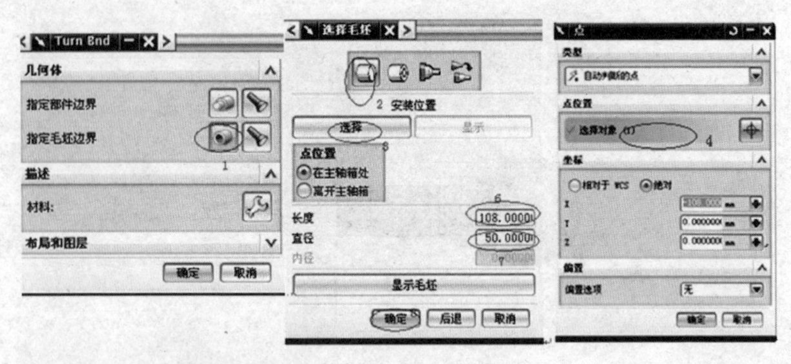

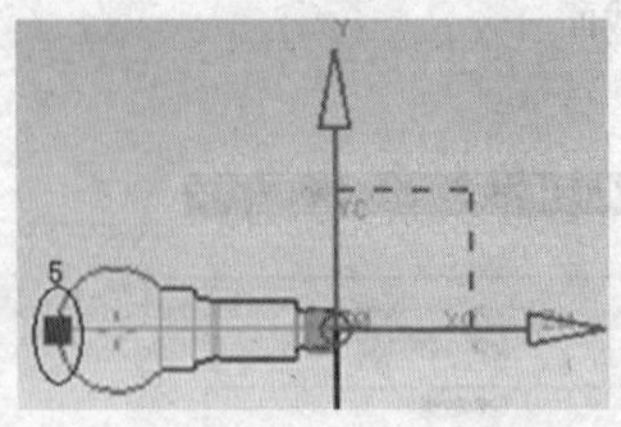

图 1-77　创建毛坯边界

定义操作类型:

单击图标,在“操作子类型”中选择“ROUGH_TURN_OD”(粗车);“程序”设置为:GONGBU01;“刀具”设置为“OD_55_R_GONGXU01”;“几何体”设置为:“TURNING_WORKPIECE”;“方法”设置为:“LATHE_ROUGH”;“名称”设置为:“ROUGH_TURN_OD_GONGXU01”,单击“确定”。

定义切削区域:

单击“切削区域”的图标,在弹出对话框中单击“轴向修剪平面 1”的图标,设置轴向修剪点,选择在圆心偏左 1 mm 处,即在坐标 X 中输入-86,单击“确定”即可,具体操作如图 1-78 所示。单击“切削区域”中的图标显示切削区域,如图 1-79 所示。

刀轨设置:

在“层角度”输入为 180,“方向”为“前进”,“步距”处设置“切

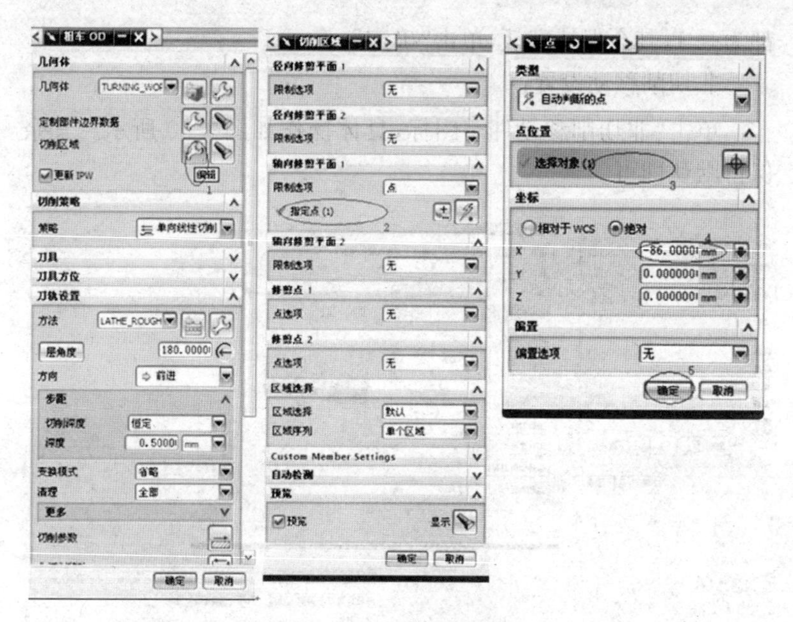

图 1-78　定义切削区域

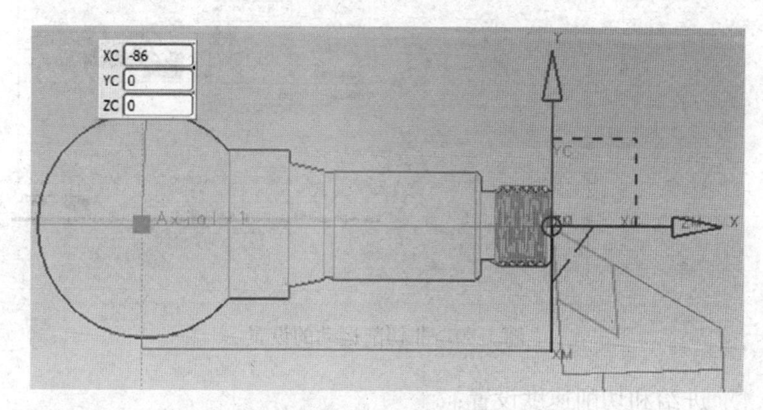

图 1-79　显示切削区域

削深度”为“恒定”,“深度”为 0.5 mm。

切削参数设置:

单击“切削参数”图标,设置“余量”选项中的“面”和“径向”

都为 0.1，其余保持默认，单击“确定”。

非切削移动设置：

单击“非切削移动”图标，具体操作如图 1-80 所示。其余保持默认即可。

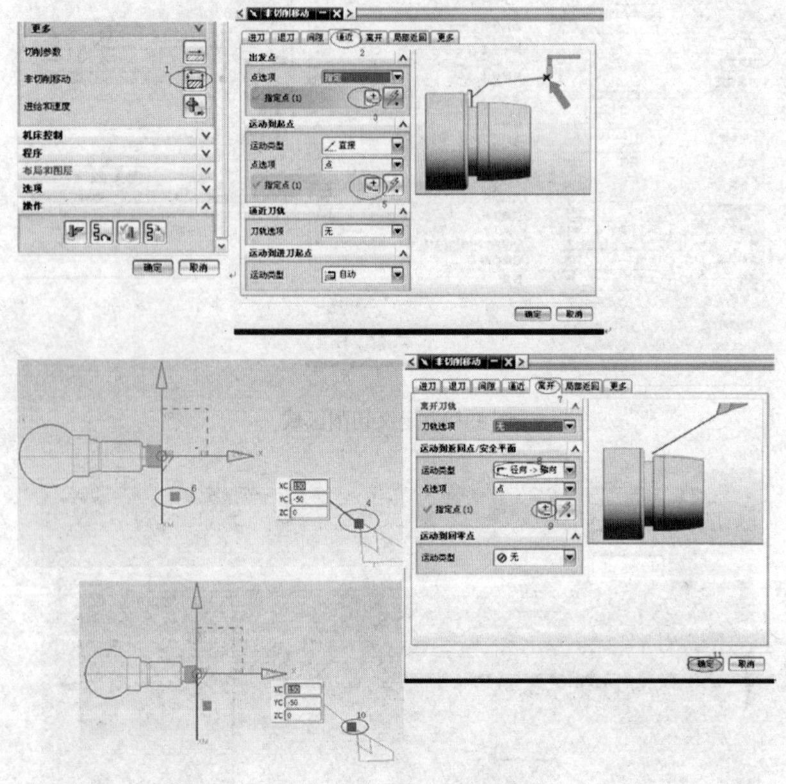

图 1-80　非切削运动的设置

进给和切削速度设置：

单击“进给和切削速度”图标，“主轴速度”中“输出模式”为 RPM，“主轴速度”设为 600。“方向”为“顺时针”；“进给率”中“切削”设为 80 mmpm，其他“更多”选项中各参数分别依次设为 1 500、1 000、800、800、1 200、1 300、1 500、50、80、80，单位均为

mmpm。其余保持默认，单击“确定”。

打开“机床控制”页面，设置“运动输出”为：“圆形”。打开“选项”页面，单击图标，设置“刀具显示”为 2D。

完成创建 GONGBU1 的操作及运动仿真：

打开“操作”页面，单击图标，完成 GONGBU1 操作的创建。单击图标，弹出模拟界面，切换到“3D 动态”，“动画速度”调整为 2，单击按钮，如图 1-81 所示。最终仿真如图 1-82 所示。

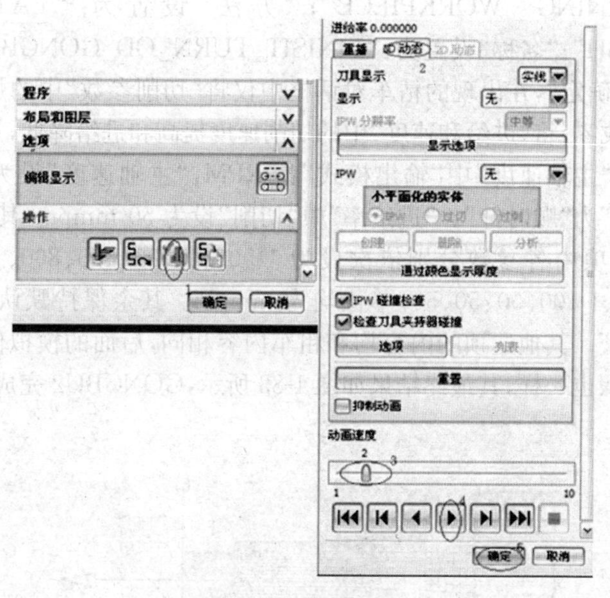

图 1-81 动画仿真

由于工件坐标系和毛胚已经定义，并且刀具也已创建好，所以后面的三个工序只需要直接创建操作和模拟仿真即可。

②工步 2 的创建

操作步骤相同，单击图标，在“操作子类型”中选择

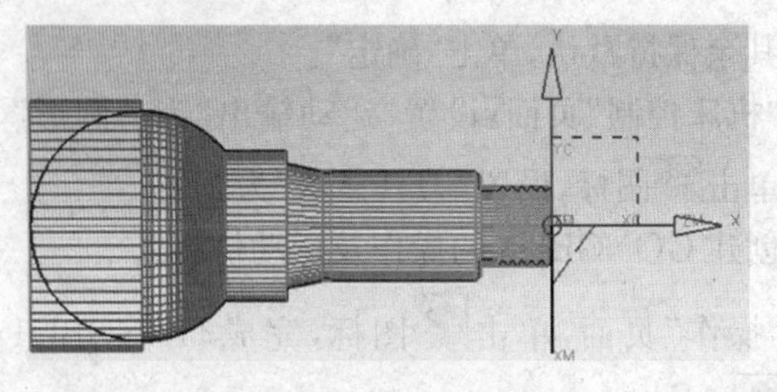

图 1-82　模拟仿真

“FINISH_TURN_OD”(精车);“程序”设置为:GONGBU02;“刀具”设置为“OD _ 55 _ R _ GONGBU02”;“几何体”设置为“TURNING _ WORKPIECE”;“方法”设置为:“LATHE _ FINISH”;“名称”设置为:“FINISH_TURN_OD_GONGBU02”。单击“确定”,在出现的精车对话框中仅将“切削参数”中的加工余量改成零,将“进给和速度”中的切削速度提高和进给降低,具体设置如:“主轴速度”中“输出模式”为 RPM,“主轴速度”设为 800。“方向”为“顺时针”。“进给率”中“切削”设为 50 mmpm,其他“更多”选项中各参数分别依次设为 1 500、1 000、800、800、1 200、1 300、1 500、50、50、50,单位均为 mmpm。其余保持默认,单击“确定”。其他选项的内容均和粗车内容相同,后面的模拟仿真操作步骤也一样,其最终结果如图 1-83 所示,GONGBU2 完成。

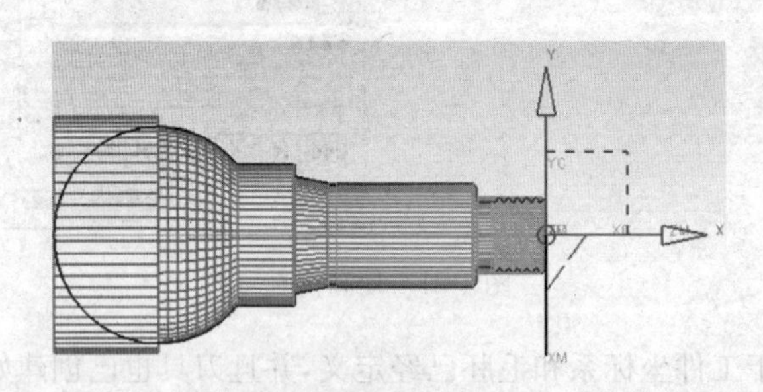

图 1-83　模拟仿真

③工步 3 的创建

操作步骤相同,单击图标,在“操作子类型”中选择

“GROOVE_ OD_ GONGXU03”（切槽）；“程序”设置为：GONGXU03；“刀具”设置为“GROOVE_ OD_ L_ GONGXU03”；“几何体”设置为“TURNING_ WORKPIECE”；“方法”设置为：“LATHE_ GROOVE”；“名称”设置为：“GROOVE_ OD”，单击“确定”。设置“切削区域”，用同样的方法选取“轴向切削平面”，选择点如图 1-84 中方块点，设置“非切削移动”中的“逼近”选项，如图 1-85 所示，其中浅灰点为“运动到起点”；深灰点为“出发点”。“离开”选项选择图中深灰点。“离开类型”还是选择“径向→轴向”。单击“进给和速度”图标，“主轴速度”中“输出模式”为 RPM，“主轴速度”设为 300。“方向”为“顺时针”。“进给率”中“切削”设为 50 mmpm，其他“更多”选项中各参数分别依次设为 1 500、1 000、800、800、1 200、1 300、1 500、50、30、30，单位均为 mmpm。其余保持默认，单击“确定”。

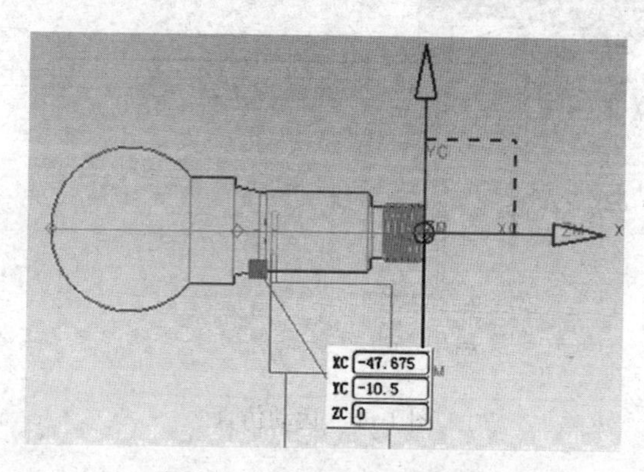

图 1-84　设置非切削参数 1

单击图标，出现图 1-86 所示。其他均为默认设置。GONGBU3 完成。

④工步 4 的创建

操作步骤相同，单击图标，在“操作子类型”中选择“THREAD_OD”（车螺纹）；“程序”设置为：GONGXU04；“刀具”设置为“OD_ THREAD_ L_ GONGXU04”；“几何体”设置为

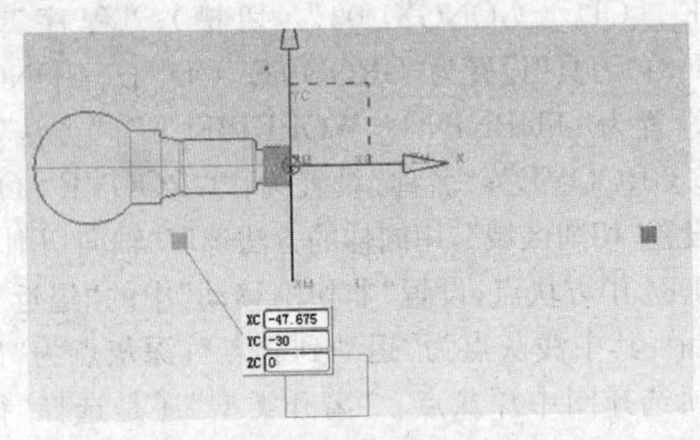

图 1-85　设置非切削参数 2

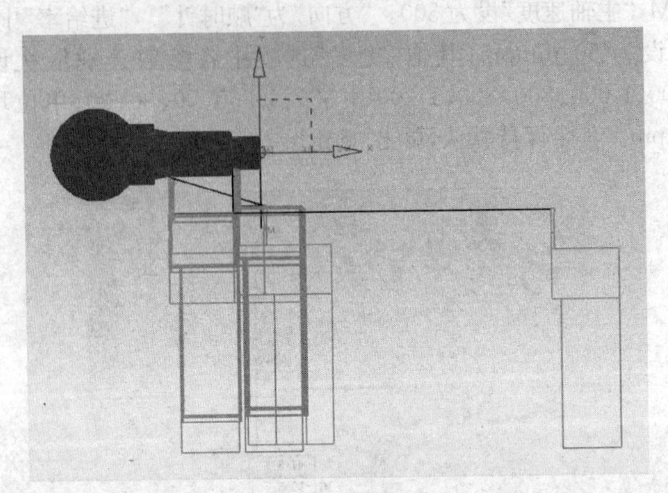

图 1-86　运动仿真

“TURNING _ WORKPIECE”；“方法”设置为：“LATHE _ THREAD”；“名称”设置为：“THREAD_OD”。单击“确定”，弹出螺纹对话框，如图 1-87 所示。

单击 选择根线 (1) ，选择如图 1-88 所示的“顶线”（长黄线）；

单击 Select Crest Line (1) ，选择如图 1-89 所示的“根线”（短黄线）；

单击 Select End Line (1) ，选择如图 1-90 所示的“终止线”(斜黄线)。

“刀轨设置”选项中，“切削深度”为恒定，“深度”为 0.2 mm，“螺纹头数”为 1；“切削参数”中“螺距”设置为 2.0。设置“非切削移动”中的“逼近”选项，如图 1-91 所示，其中浅灰点为“运动到起点”；深灰点为“出发点”。“离开”选项选择图中深灰点。

单击图标，“进给和速度”设置为：“主轴速度”中“输出模式”为 RPM，“主轴速度”设为 300，“方向”为“顺时针”，“进给率”中“切削”设为 50 mmpm。其他“更多”选项中各参数分别依次设为 1 500、1 000、800、800、1 200、1 300、1 500、50、30、30，单位均为 mmpm。其余保持默认，单击“确定”。

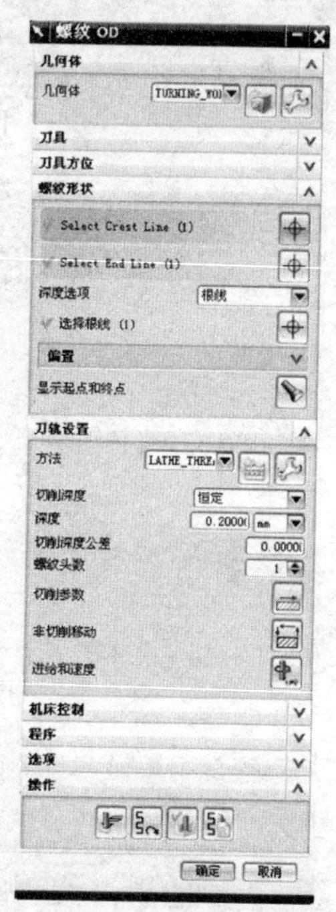

图 1-87　螺纹

其他设置默认即可，单击“确定”，单击“生成”图标，GONGBU04 完成。刀轨生成轨迹如图 1-92 所示。

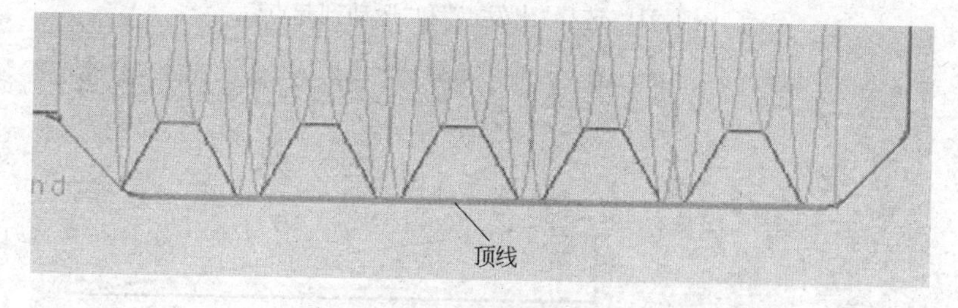

图 1-88　选择螺纹顶线

到此，零件 1 的前半部分 PART01“生成刀轨迹”完成。

图 1-89　选择螺纹根线

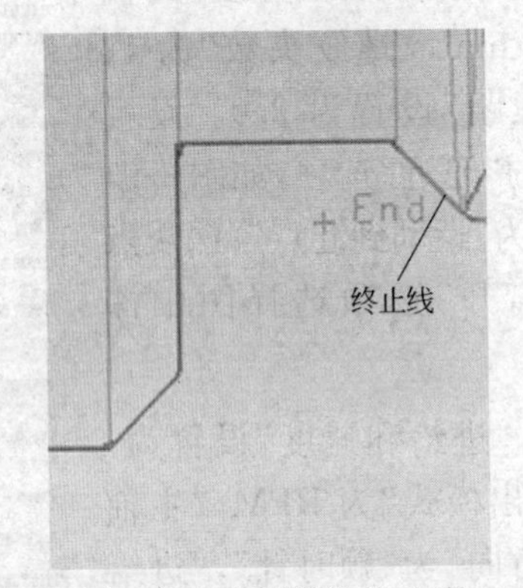

图 1-90　选择螺纹终止线

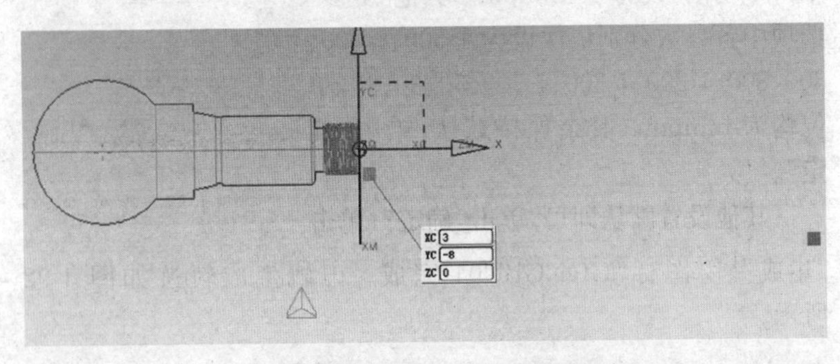

图 1-91　选择“出发点”和“运动到起点”

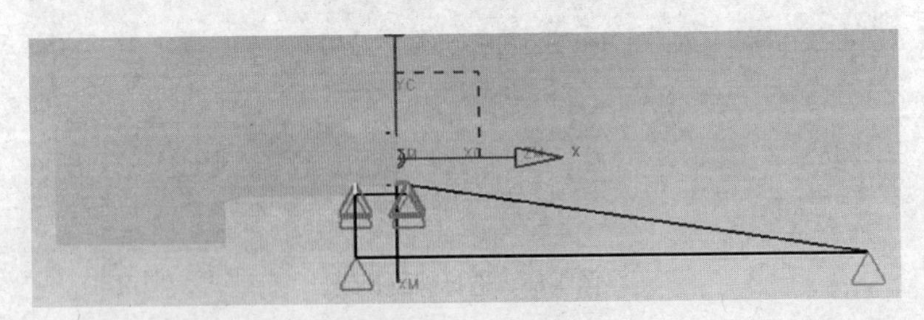

图 1-92　运动仿真

(4)创建加工工序 3

1)零件 1 的后半部分 PART02

将零件 PART01 保存后，另存为到另外一个文件夹并命名为 PART02，打开零件 PART02，进入到“建模”模块，利用“镜像体”特征讲 PART01 镜像一个实体，选择目标实体，单击鼠标中键，选择“镜像平面”为 *YZ* 平面。具体操作如图 1-93 所示。单击“确定”，现在实体如图 1-94 所示。在左边的实体处单击鼠标右键，选择“隐藏”操作。

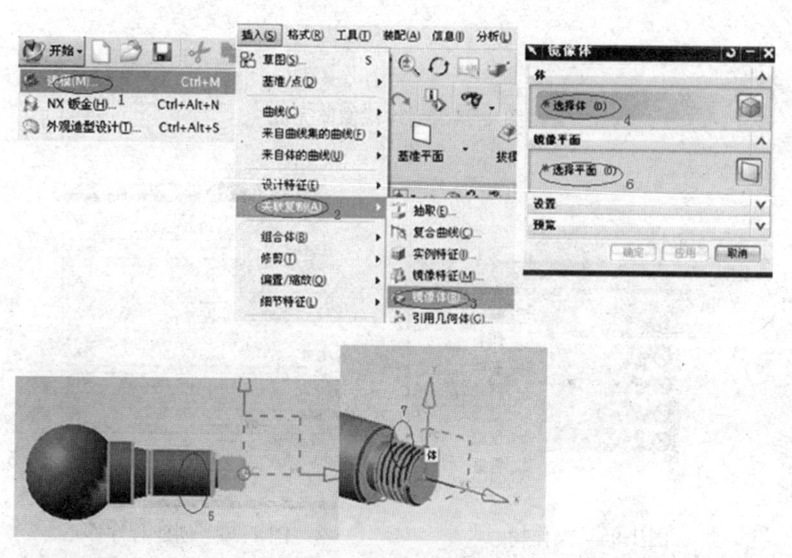

图 1-93　创建镜像体

保存 PART02 并进入加工模块，在创建工序以前，要先删除 PART01 的所有操作，如图 1-95 所示。

2)创建程序

单击工具条 打开创建程序对话，在下拉菜单中选择类型为 turning，输入名称为 GONGBU01(粗车)，单击“确定”，为工序 2 的工步 1 创建一个程序名为 GONGBU1。操作步骤如图 1-96 所示。同样为工序 2 的其他工步创建程序名，它们分别为 GONGBU02(精车)。

图 1-94　创建镜像体完成

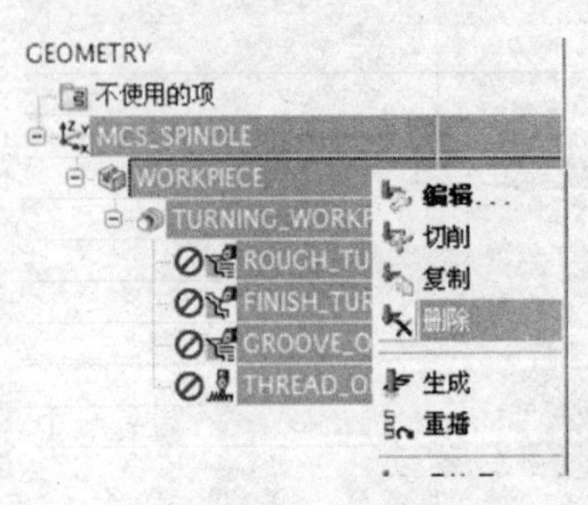

图 1-95　操作树

图 1-96　创建程序

3)创建刀具

(根据实际机床为前置刀架,故通过调整“刀具视图”为右视图,“旋转角度”为 270°来设置模拟刀具为前置。注:刀具位置均可通过此两选项进行调整)单击,在弹出对话框中从刀具子类型中选择“OD_55_R”外圆刀,为工序 2 的每个工步分别依次创建刀具,其名称为 OD_75_R_GONGBU01(75°菱形刀片机夹车刀,用于粗车)、OD_55_R_GONGBU02(55°菱形刀片机夹车刀,用于精车)。

4)创建几何体

创建加工坐标系：

(根据实际机床操作,对刀点为零件前端面,故将工件坐标系 MCS_SPINDLE 设置到模拟毛坯前端面)单击图标,选择“类型”为 turning,“子类型”为 MCS_SPINDLE,具体操作如图 1-97 所示。接着再单击“确定”。

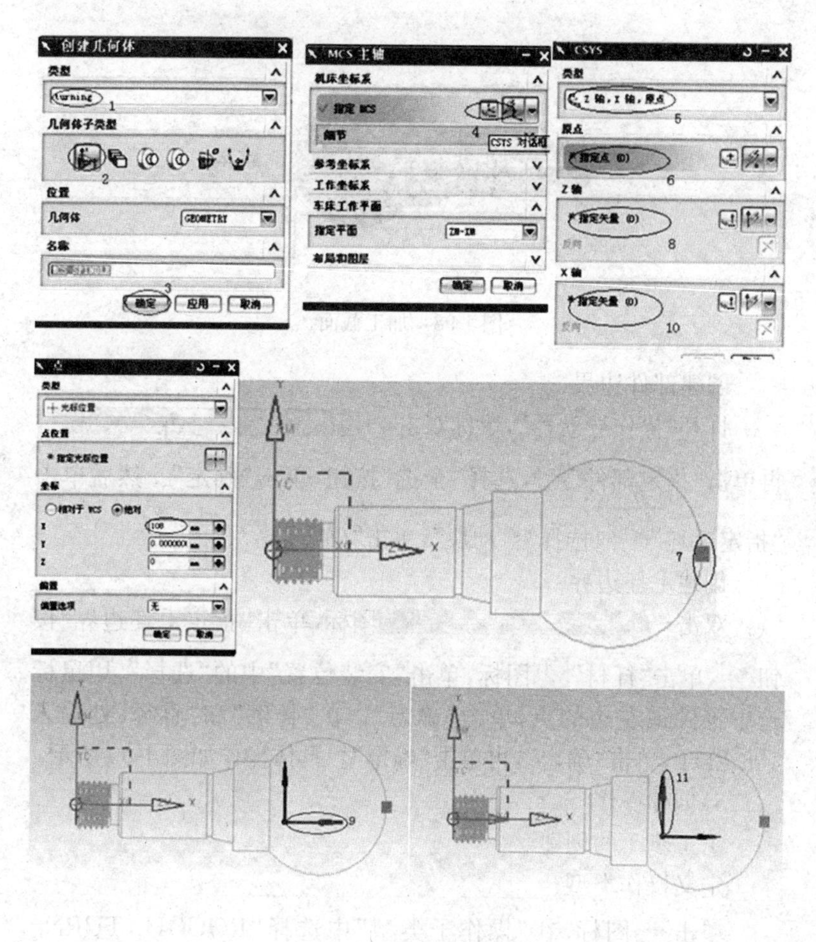

图 1-97　创建加工坐标系

创建车加工横截面：

单击“工具”→“车加工横截面”，如图 1-98 所示。单击“工具”→“车加工横截面”，在弹出对话框中单击，选择整个目标实体，单击，选择“确定”，出现如图 1-98 所示的“虚线三角形”。

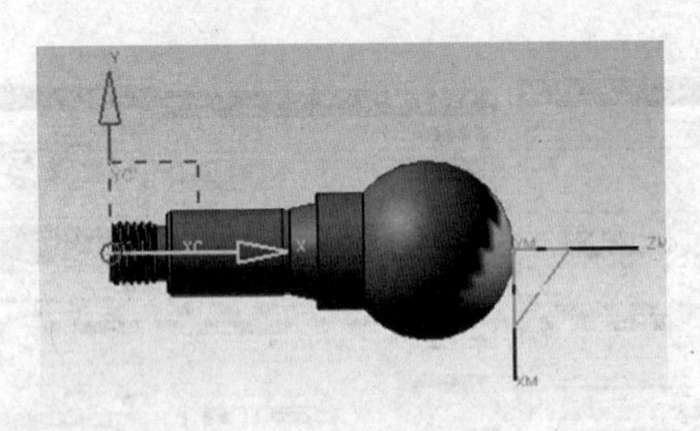

图 1-98　加工截面

创建部件边界：

打开“操作导航器”，鼠标双击 WORKPIECE，再单击“指定部件”，选择“全选”按钮，单击“确定”。然后单击“指定毛坯”，选择“自动块”，单击“确定”。

创建毛坯边界：

双击 TURNING_WORKPIECE 图标，单击“指定毛坯边界”按钮，单击“杆材”图标，单击“安装位置”中的“选择”，用鼠标选中零件最左边的点，单击“确定”。在“长度”和“直径”处输入 108 和 50，单击“确定”，再单击“确定”。具体操作如图 1-99 所示。

5)创建操作

①工步 1 的创建

定义操作类型：

单击图标，在“操作子类型”中选择“ROUGH_TURN_OD”(粗车)；“程序”设置为：GONGBU01；“刀具”设置为“OD_55_

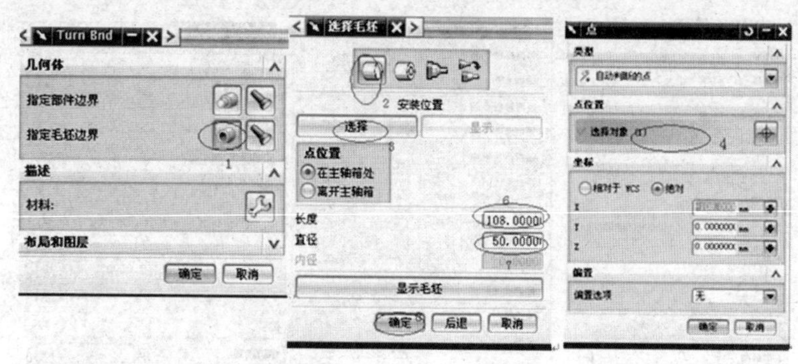

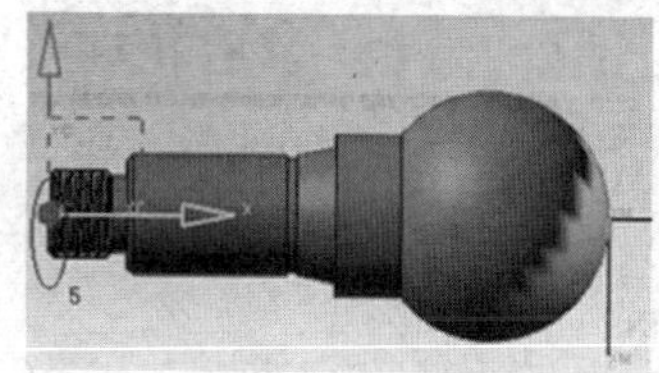

图 1-99　设定毛坯边界

R _ GONGXU01”；“几何体”设置为：“TURNING _ WORKPIECE”；“方法”设置为：“LATHE_ROUGH”；“名称”设置为：“ROUGH_TURN_OD_GONGXU01”，单击“确定”。

定义切削区域：

单击“切削区域”的图标，在弹出对话框中单击“轴向修剪平面 1”的图标，设置轴向修剪点，选择在圆心偏左 1 mm 处，即在坐标 X 中输入 84，单击“确定”即可，具体操作如图 1-100 所示。单击“切削区域”中的图标显示切削区域，如图 1-101 所示。

刀轨设置：

在“层角度”输入为 180，“方向”为“前进”，“步距”处设置“切削深度”为“恒定”，“深度”为 0.5 mm。

切削参数设置：

单击“切削参数”图标，设置“余量”选项中的“面”和“径向”都为 0.1，其余保持默认，单击“确定”。

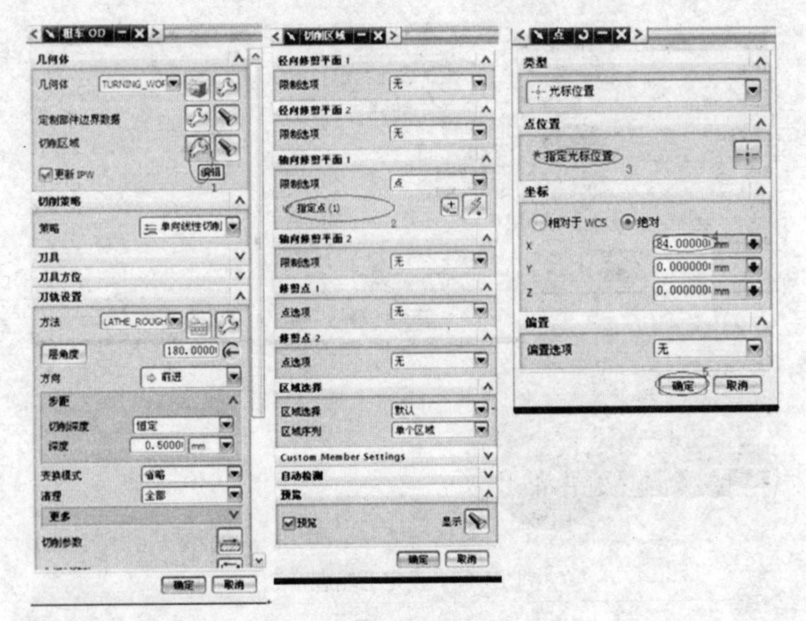

图 1-100　定义切削区域

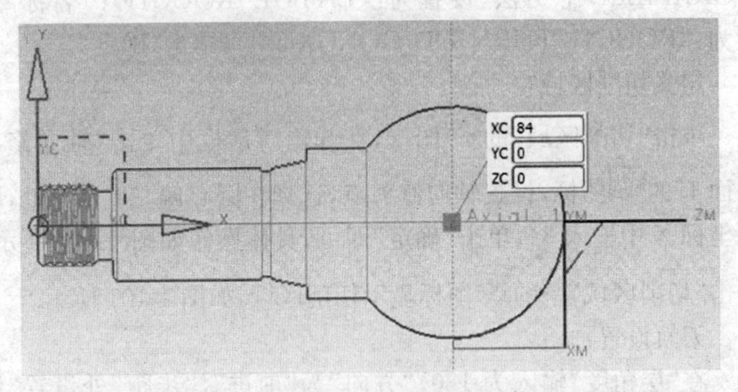

图 1-101　切削区域

非切削移动设置：

单击"非切削移动"图标，具体操作如图 1-102 所示。其余保持默认即可。

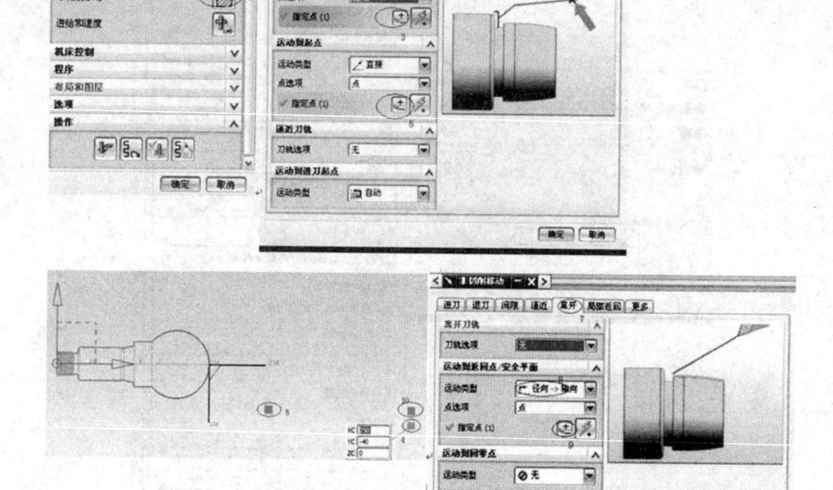

图 1-102　非切削参数设置

进给和切削速度设置：

单击“进给和切削速度”图标，“主轴速度”中“输出模式”为 RPM，“主轴速度”设为 600。“方向”为“顺时针”；“进给率”中“切削”设为 80 mmpm，其他“更多”选项中各参数分别依次设为 1 500、1 000、800、800、1 200、1 300、1 500、50、80、80，单位均为 mmpm。其余保持默认，单击“确定”。

打开“机床控制”页面，设置“运动输出”为“圆形”。打开“选项”页面，单击图标，设置“刀具显示”为 2D。

完成创建 GONGBU1 的操作及运动仿真：

打开“操作”页面，单击图标，完成 GONGBU1 操作的创建。

单击图标，弹出模拟界面，切换到“3D动态”，“动画速度”调整为2，单击按钮，如图1-103所示。最终仿真如图1-104所示。

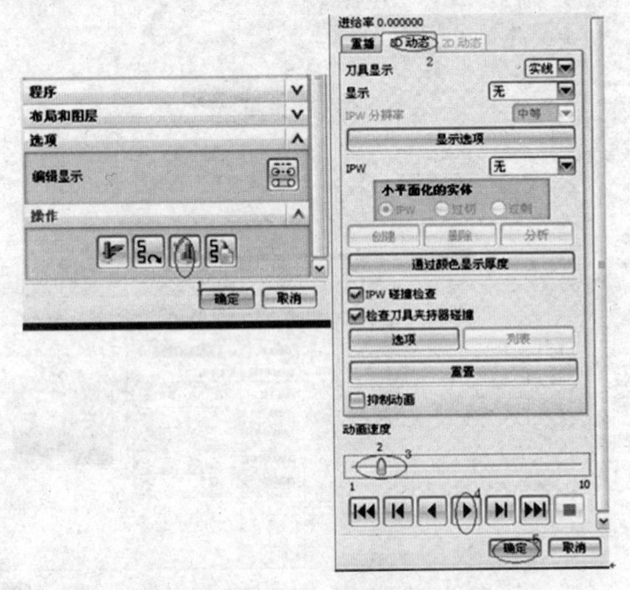

图1-103　运动仿真

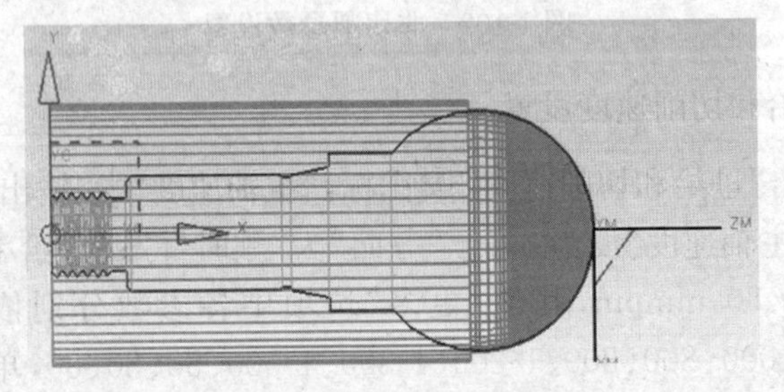

图1-104　仿真图

由于工件坐标系和毛胚已经定义，并且刀具也创建好，所以后面的三个工序只需要直接创建操作和模拟仿真即可。

②工步2的创建

操作步骤相同，单击图标，在“操作子类型”中选择

“FINISH_ TURN_ OD”(精车);“程序”设置为:GONGBU02;“刀具”设置为“OD_ 55_ R_GONGBU02”;“几何体”设置为“TURNING_WORKPIECE”;“方法”设置为:“LATHE_FINISH”;“名称”设置为:“FINISH_ TURN_ OD_ GONGBU02”。单击“确定”,在出现的精车对话框中仅将“切削参数”中的加工余量改成零,将“进给和速度”中的切削速度提高和进给降低,具体设置如:“主轴速度”中“输出模式”为 RPM,“主轴速度”设为 800。“方向”为“顺时针”。“进给率”中“切削”设为 50 mmpm,其他“更多”选项中各参数分别依次设为 1 500、1 000、800、800、1 200、1 300、1 500、50、50、50,单位均为 mmpm。其余保持默认,单击“确定”。其他选项的内容均和粗车内容相同,后面的模拟仿真操作步骤也一样,其最终结果如图 1-105 所示。

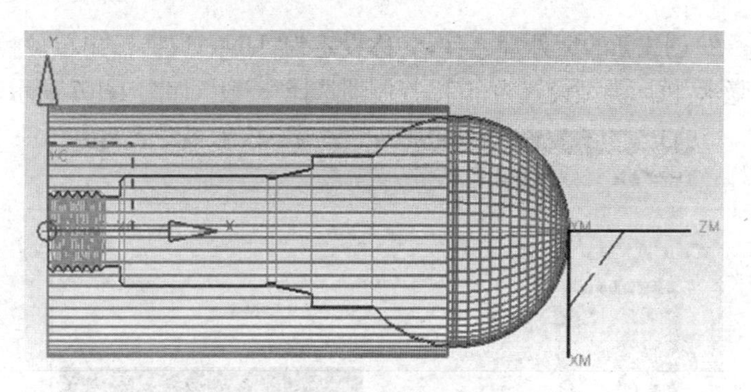

图 1-105　最终结果

到此,零件 1 的后半部分 PART02 完成。该零件由两部分构成:PART01、PART02。

(5)创建后置处理器

在完成以上的工作后,就可以通过上面所产生的刀具轨迹文件生成机床能够识别的 NC 程序。但是由于机床类型很多,差异较大,在生成程序之前,要根据不同型号的机床编制与之对应的后处理器。在 UG 中,后处理器是通过后置处理构造器来进行编制和修改的。在相应的位置进行修改,使之适应对应机床的 NC 代码格式。下面以华中 HNC21T 为例,生成相应的 NC 程序。

1)新建 HNC21T 后置处理器

启动 UG/PostBuilder 程序,选择“开始”、“程序”、“UGNX6.0”、“加工工具”、“后处理构造器”启动 UG/PostBuilder,开始创建后处理程序,如图 1-106 所示。

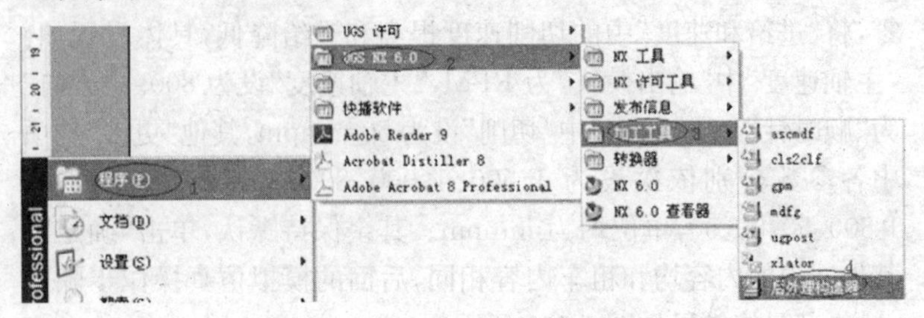

图 1-106 后处理程序创建流程图

2)创建新的后处理文件,名称设定为“HNC21T”,输出单位控制为毫米,机床类型设置为车床,控制器选择“一般”,如图 1-107 所示。

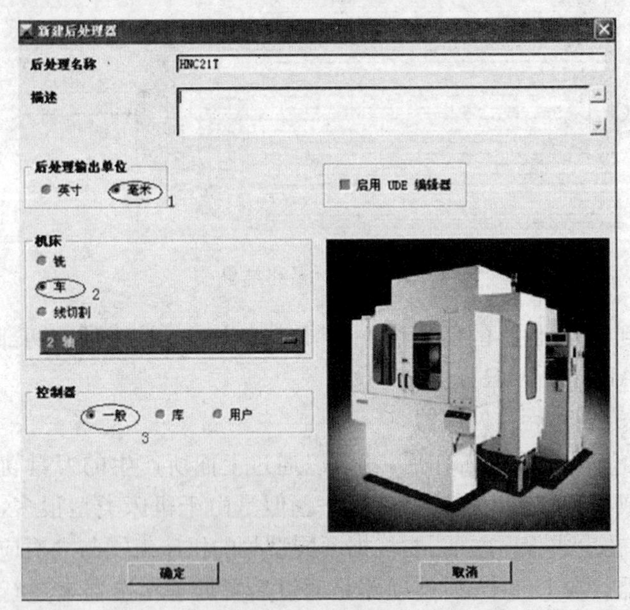

图 1-107 创建后置处理器

3)在“机床”选项中设置机床基本参数，将“轴参数”设置为“直径编程”，其他选项保持默认。如图 1-108 所示。

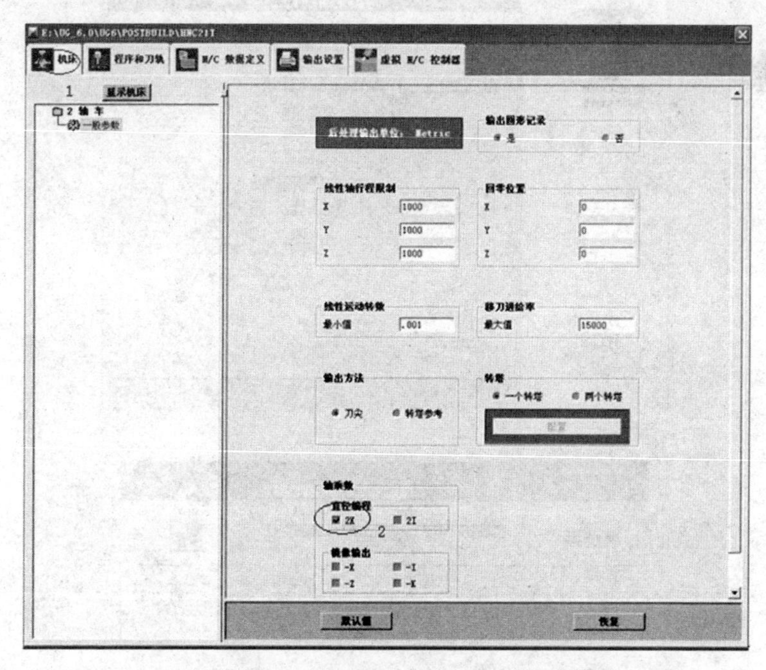

图 1-108　机床基本参数设置界面

4)在“程序和刀轨”选项中设置“程序起始序列”下的“程序开始”，修改 G94 G90 G71 如图 1-109 所示。

继续在“程序和刀轨”选项中设置“操作起始序列”下的“自动换刀”，删除 G92 X Z 如图 1-110 所示。

并且修改 T H01 M06 ，删除“H01M06”。

在“刀轨”选项下的“运动”中将“车螺纹”改成“G32XZF”，如图 1-111 所示。在“程序结束序列”中将“M02”改为“M30”，如图 1-112 所示。其他均保持默认。

5)先将上面建立的后置处理文件保存。将编制好的后处理文件“HNC21T”保存到“E:\UG_6.0\UG6\MACH\resource\post-

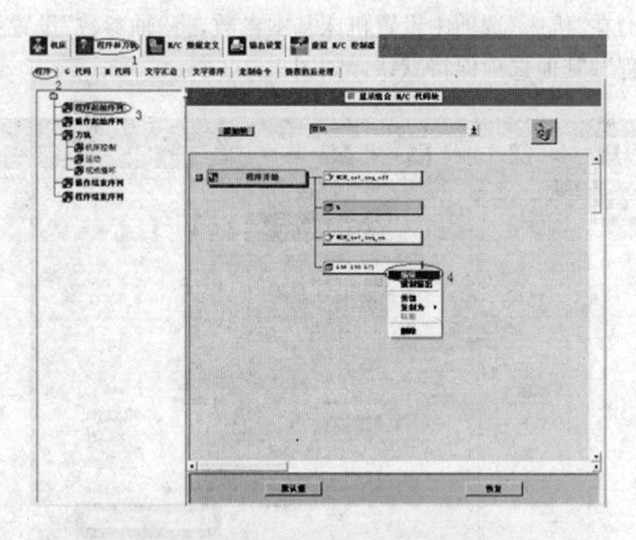

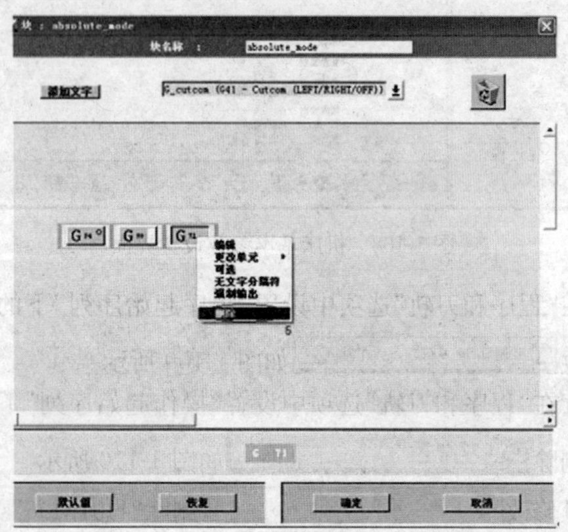

图 1-109　程序和刀轨设置界面一

processor”路径下。

6)修改后处理模板文件，修改“template_post. dat”文件，在此文件中加入新建的后置处理程序，添加新的一行，

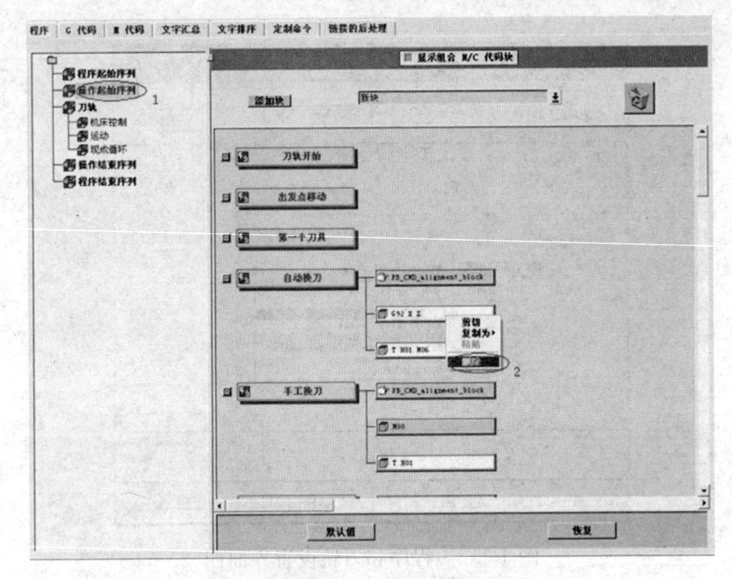

图 1-110　程序和刀轨设置界面二

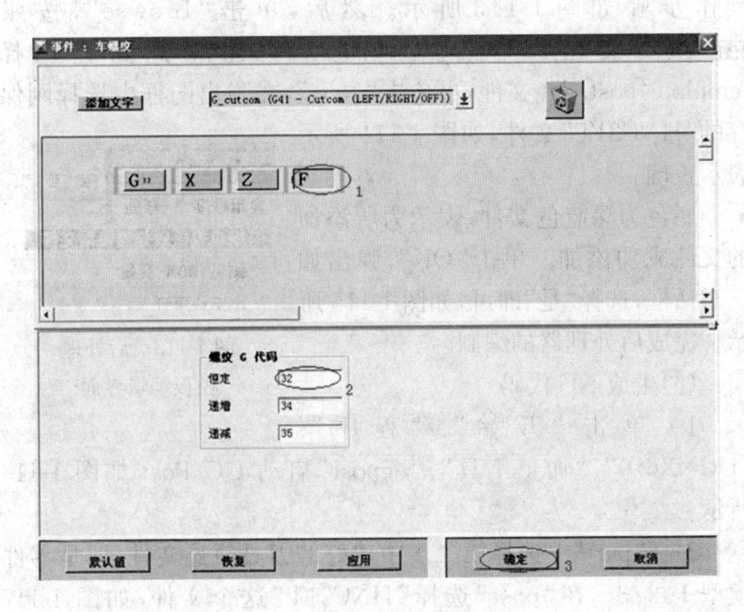

图 1-111　程序和刀轨设置界面三

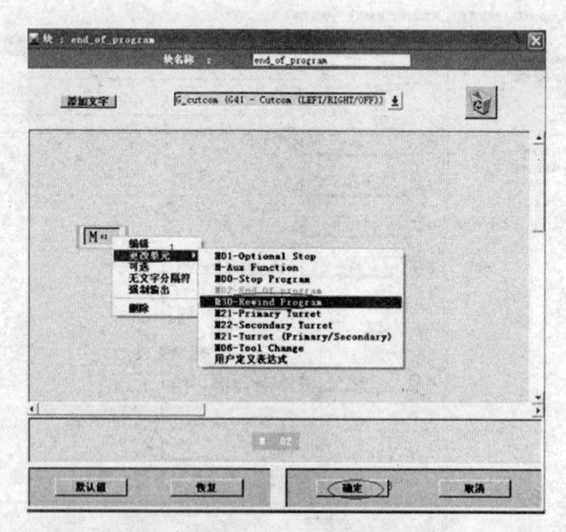

图 1-112　程序和刀轨设置界面四

操作步骤如图 1-113 所示。然后，单击“Browse”，按照 E:\UG 6.0\UG6\mach\resource\postprocessor\template post.dat 此路径选择 template_post. dat 文件，再单击“New”，在弹出图框中选择刚保存的“HNC21T”文件，如图 1-114 所示表示正确。

底色为深蓝色文件，表示为所添加的文件成功添加。单击“OK”，弹出如下对话框，选择“是”即可，如图 1-115 所示。完成后处理器的编制。

图 1-113　后处理模板编辑界面

(6)生成 NC 代码

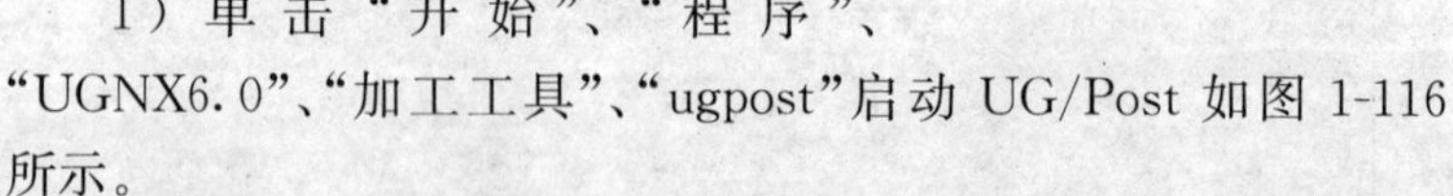

1）单击“开始”、“程序”、“UGNX6. 0”、“加工工具”、“ugpost”启动 UG/Post 如图 1-116 所示。

2)在“part”中选择第二步中建好的刀具轨迹文件，即是零件模型 1、2、3。在“post”选择”HNC21T”这个文件，如图 1-117 所示。

```
Install Posts
Template Posts Data File  E:\UG_6.0\UG6\mach\resource\postprocessor\template_post.dat   Browse

HNC21T, ${UGII_CAM_POST_DIR}HNC21T.tcl, ${UGII_CAM_POST_DIR}HNC21T.def
slhz_post,${UGII_CAM_POST_DIR}slhz_post.tcl,${UGII_CAM_POST_DIR}slhz_post.def
##########################################################################
# template_post config file - Event Handler and Definition files for
#                             Generic Machine
#
#
#
##########################################################################
WIRE_EDM_4_AXIS,${UGII_CAM_POST_DIR}wedm.tcl,${UGII_CAM_POST_DIR}wedm.def
MILL_3_AXIS,${UGII_CAM_POST_DIR}mill3ax.tcl,${UGII_CAM_POST_DIR}mill3ax.def
MILL_3_AXIS_TURBO,${UGII_CAM_POST_DIR}mill3ax_turbo.tcl,${UGII_CAM_POST_DIR}mill3ax_turbo.def
MILL_4_AXIS,${UGII_CAM_POST_DIR}m4bh.tcl,${UGII_CAM_POST_DIR}m4bh.def
MILL_5_AXIS,${UGII_CAM_POST_DIR}m5abtt.tcl,${UGII_CAM_POST_DIR}m5abtt.def
LATHE_2_AXIS_TOOL_TIP,${UGII_CAM_POST_DIR}lathe_tool_tip.tcl,${UGII_CAM_POST_DIR}lathe_tool_tip.def
LATHE_2_AXIS_TURRET_REF,${UGII_CAM_POST_DIR}lathe_turret_ref.tcl,${UGII_CAM_POST_DIR}lathe_turret_re
MILLTURN,${UGII_CAM_POST_DIR}millturn_3axis_mill.tcl,${UGII_CAM_POST_DIR}millturn_3axis_mill.def
MILLTURN_MULTI_SPINDLE,${UGII_CAM_POST_DIR}millturn_4axis_mill.tcl,${UGII_CAM_POST_DIR}millturn_4axi
TOOL_LIST(text),${UGII_CAM_POST_DIR}post_tool_list_text.tcl,${UGII_CAM_POST_DIR}post_shopdoc.def
TOOL_LIST(html),${UGII_CAM_POST_DIR}post_tool_list_html.tcl,${UGII_CAM_POST_DIR}post_shopdoc.def
OPERATION_LIST(text),${UGII_CAM_POST_DIR}post_operation_list_text.tcl,${UGII_CAM_POST_DIR}post_shopd
OPERATION_LIST(html),${UGII_CAM_POST_DIR}post_operation_list_html.tcl,${UGII_CAM_POST_DIR}post_shopd

New   Cut   Paste   Edit
OK   Cancel
```

图 1-114　保存文件

图 1-115　生成 NC 程序

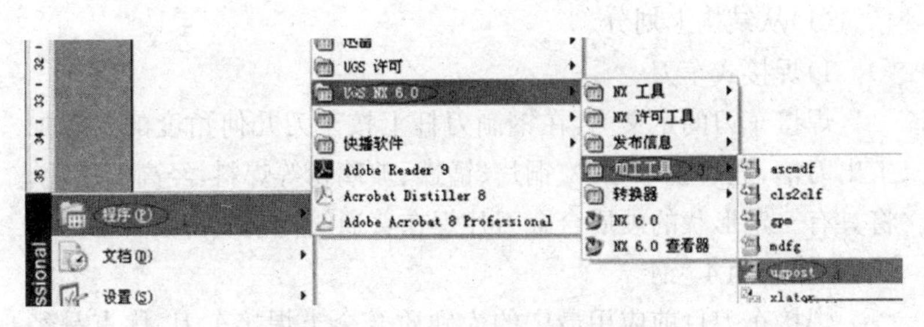

图 1-116　NC 代码生成流程图

单击“OK”,完成 NC 程序的生成。

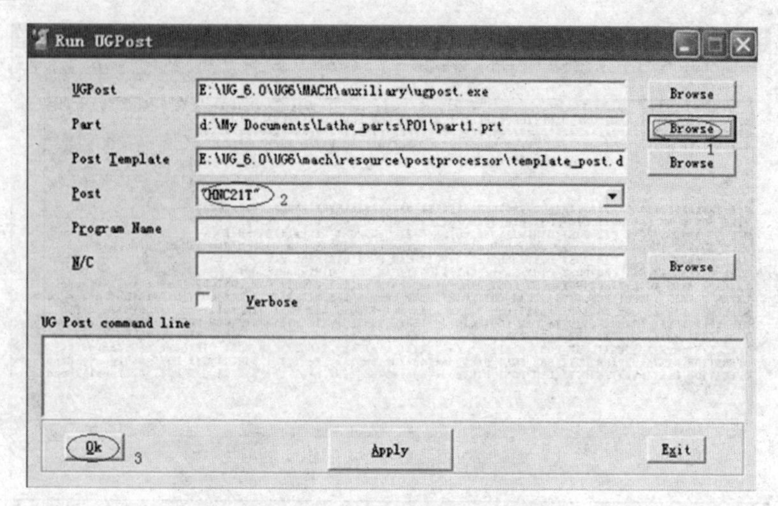

图 1-117　刀具轨迹文件选择界面

第六节　常用数控车削刀具

车刀是金属切削中应用范围最广的刀具，可用于各种车床，包括卧式车床和立式车床、转塔车床自动车床等，可加工工件的外圆、内控、端面、螺纹等回转表面。

1. 常用车削刀具种类及特点

(1)从结构上划分

1)焊接式车刀

焊接车刀的定义为，在钢制刀杆上按车刀几何角度的要求加工出刀槽，通过脱水硼砂、铜片、锰铁、玻璃粉等焊料，经高温熔化，将具有一定形状的硬质合金刀片焊在普通结构钢或铸铁刀槽内而成，一般选用 45 钢。

焊接车刀目前应用最广的为硬质合金类焊接车刀，优点是经济性好，使用灵活，结构简单、紧凑；硬度高，刀具刚性好，抗振性能强，硬质合金硬度较高，能达到大多数被加工材料的使用要求，而且相对其他材料成本较低；制造方便，使用灵活，可根据工艺要求磨出所需的形状尺寸。焊接车刀结构缺点是，使用寿命不长，对于难加工的零件比较吃力，对人员专业素质要求较高，切削性能较差，由于刀片在焊接时，须进行焊接和高温处理，导致在冷却后存在内应力，导致刀具出现局部断裂，在加工时易出现损坏。对刀和换刀时间较长，不能适应现代化自动生产，且刀片不能回收，造成浪费。焊接车刀的质量好坏及使用是否合理，与刀片牌号、刀片型号、刀具几何参数等有密切关系。

2)机夹式车刀

机夹式车刀是将硬质合金刀片或刀头组件通过机械加持的方式与刀柄连接而成的，可进行拆卸，避免了焊接车刀因焊接使硬质合金刀片产生裂纹、降低刀具耐用度，使用时出现脱焊和刀杆只能使用一次等缺点，刀片用钝后可更换新刃，由于刀具使用寿命的提高，使用时间较长，换刀时间缩短，提高了生产效率。刀杆可重复使用，可回收再利用，提高了经济效益。经过打磨过的刀片尺寸会变小，可利用调整机构保证刀具的加工精度，刀具上的压板端部可帮助断屑。

3)可转位车刀

可转位车刀是将可转位的硬质合金刀片用机械方法夹持在刀杆上形成的。已被列为国家重点推广项目，也是刀具的发展方向。常见的有偏心夹紧、杠杆夹紧和上压加紧等方式。刀片具有供切削时选用的几何参数(不需磨)和三个以上供转位用的切削刃。当一个切削刃磨损后，松开夹紧机构，将刀片转位到另一切削刃后再夹紧，即可进行切削，重复定位精度高，直到所有切削刃均无法使用后刀具才报废，可回收，可取下再代之以新的同类刀片。由于刀具几何角度完全由刀片和刀杆槽保证，切削性能稳定，使用寿命较高，并且大大减少了刀杆的消耗和库存量，降低了成本。使用了涂层、陶瓷等新型刀具材料，有利于刀具的标准化、系列化，适用于数控机床和自动线的生产需要。提高了工作质量，提高了工作效率。可转位车刀的型号表示规则可查阅 GB/T 5343.1—2007。

可转位刀片的选择：

形状的选择：选择刀片形状时，主要依据加工工序的性质、工件的形状、刀具寿命和刀片的利用率等因素进行。三角形刀片可用于90°外圆、端面车刀、车孔刀和60°螺纹车刀。由于刀尖角小，其强度较差，刀具寿命较低。但径向力小，适用于工艺系统刚度较差的条件下。偏8°三角形和凸三角形刀片，刀尖角增大为82°和80°，选用这种刀片制造90°偏刀时不仅提高了刀具的寿命，而且还可以减小已加工表面的残留面积，有利于减小表面粗糙度值。

正四边形刀具适用于主偏角为45°、60°、75°的各种外圆车刀，端面车刀及车孔刀。这种车刀通用性较好，刀尖角为90°，刀片强度和刀具寿命有所提高。随刀片边数的增多使刀尖强度增大，刀片利用率高；但背向力 F_p 随之增大；车刀工作时可以到达的位置受到一定限制。五边形刀片刀尖108°，其强度、寿命都较好，但只适用于工艺系统刚度较好的情况，且不能兼做外圆和端面车刀。其他形状的车刀，如平行四边形、菱形，用于仿形车床和数控车床。圆形刀片可用于车曲面、成形面和精车。

刀片尺寸的选择，包括刀片内切圆直径（或边长）、厚度、刀剑圆弧半径等。边长选取主要根据作用主切削刃的长度（L_{se}）确定，粗车时可取边长 $L=(1.5\sim2)L_{se}$，精车时可取 $L=(3\sim4)L_{se}$。刀片厚度的选择主要考虑刀片强度，在满足强度和切削顺利进行的前提下，尽量取小厚度刀片。刀尖圆弧半径的选择，应考虑加工表面粗糙度及工艺系统刚度等因素。

4）成形车刀

成形车刀是加工回转体成形表面的专用工具，它的切削刃形状是根据工件的轮廓设计的。用成形车刀加工，只要一次切削行程就能切出成形表面，操作简单，生产效率高，成形表面的精度与工人操作水平无关，主要取决于刀具切削刃的制造精度，它可以保证被加工工件表面形状和尺寸精度的一致性和互换性，加工精度可达IT9～IT10，表面粗糙度 $Ra6.3\sim Ra3.2$。

(2)从制造材料上划分

1)高速钢刀具

高速钢(High Speed Steel,简称 HSS)是一种含钨(W)、钼(Mo)、铬(Cr)、钒(V)等合金元素较多的工具钢。由于合金元素与碳化合形成较多的高硬度碳化物,如碳化钒,硬度高达 2 800 HV,且晶粒铣削,分布均匀。耐热性在 500 ℃~600 ℃,其切削速度可比碳素工具钢高 20%左右。高速钢有较好的力学性能,可承受较大的切削力和冲击,有良好的工艺性,韧性较硬质合金好,硬度、耐磨性和红硬性较硬质合金差,不适于切削硬度较高的材料。

①按用途不同,高速钢可分为以下几种。

通用型高速钢刀具:

通用型高速钢。一般可分钨钢、钨钼钢两类。这类高速钢含碳(C)为 0.7%~0.9%。按钢中含钨量的不同,可分为含 W 为 12%或 18%的钨钢,含 W 为 6%或 8%的钨钼系钢,含 W 为 2%或不含 W 的钼钢。通用型高速钢具有一定的硬度(63~66HRC)和耐磨性,高的强度和韧性,良好的塑性和加工工艺性,因此广泛用于制造各种复杂刀具。

钨钢:通用型高速钢钨钢的典型牌号为 W18Cr4V(简称 W18),具有较好的综合性能,在 600 ℃时的高温硬度为 48.5 HRC,可用于制造各种复杂刀具。它有可磨削性好、脱碳敏感性小等优点,但由于碳化物含量较高,分布较不均匀,颗粒较大,强度和韧性不高。

钨钼钢:是指将钨钢中的一部分钨用钼代替所获得的一种高速钢。钨钼钢的典型牌号是 W6Mo5Cr4V2(简称 M2)。M2 的碳化物颗粒细小均匀,强度、韧性和高温塑性都比 W18Cr4V 好。另一种钨钼钢为 W9Mo3Cr4V(简称 W9),其热稳定性略高于 M2 钢,抗弯强度和韧性都比 W6M05Cr4V2 好,具有良好的可加工性能。

高性能高速钢刀具:

高性能高速钢是指在通用型高速钢成分中再增加一些含碳量、含钒量及添加 Co、Al 等合金元素的新钢种,从而可提高它的耐热性和耐磨性。主要有以下几大类：

高碳高速钢。高碳高速钢(如95W18Cr4V)，常温和高温硬度较高，适于制造加工普通钢和铸铁、耐磨性要求较高的钻头、铰刀、丝锥和铣刀等或加工较硬材料的刀具，不宜承受大的冲击。

高钒高速钢。典型牌号，如W12Cr4V4Mo(简称EV4)，含V提高到3%～5%，耐磨性好，适合切削对刀具磨损极大的材料，如纤维、硬橡胶、塑料等，也可用于加工不锈钢、高强度钢和高温合金等材料。

钴高速钢。属含钴超硬高速钢，典型牌号，如W2Mo9Cr4VCo8(简称M42)，有很高的硬度，其硬度可达69～70 HRC，适合于加工高强度耐热钢、高温合金、钛合金等难加工材料，M42可磨削性好，适于制作精密复杂刀具，但不宜在冲击切削条件下工作。

铝高速钢。属含铝超硬高速钢，典型牌号，如W6Mo5Cr4V2Al(简称501)，600 ℃时的高温硬度也达到54 HRC，切削性能相当于M42，适宜制造铣刀、钻头、铰刀、齿轮刀具、拉刀等，用于加工合金钢、不锈钢、高强度钢和高温合金等材料。

氮超硬高速钢。典型牌号，如W12M03Cr4V3N简称(V3N)，属含氮超硬高速钢，硬度、强度、韧性与M42相当，可作为含钴高速钢的替代品，用于低速切削难加工材料和低速高精加工。

②按制造工艺不同，高速钢可分为熔炼高速钢和粉末冶金高速钢。

熔炼高速钢：普通高速钢和高性能高速钢都是用熔炼方法制造的，它们经过冶炼、铸锭和镀轧等工艺制成刀具。熔炼高速钢容易出现的严重问题是碳化物偏析，硬而脆的碳化物在高速钢中分布不均匀，且晶粒粗大(可达几十个微米)，对高速钢刀具的耐磨性、韧性及切削性能产生不利影响。

粉末冶金高速钢(PMHSS)：粉末冶金高速钢(PMHSS)是将高频感应炉熔炼出的钢液，用高压氩气或纯氮气使之雾化，再急冷而得到细小均匀的结晶组织(高速钢粉末)，再将所得的粉末在高温、高压下压制成刀坯，或先制成钢坯再经过锻造、轧制成刀具形状。

与熔融法制造的高速钢相比，PMHSS具有优点是：碳化物晶粒细小均匀，强度和韧性、耐磨性相对熔炼高速钢都提高不少。在复杂数控刀具领域PMHSS刀具将会进一步发展并占有重要地位。典型牌号，如F15、FR71、GF1、GF2、GF3、PT1、PVN等，可用来制造大尺寸、承受重载、冲击性大的刀具，也可用来制造精密刀具。

2)硬质合金刀具

硬质合金刀具，特别是可转位硬质合金刀具，是数控加工刀具的主导产品，20世纪80年代以来，各种整体式和可转位式硬质合金刀具或刀片的品种已经扩展到各种切削刀具领域，其中可转位硬质合金刀具由简单的车刀、面铣刀扩大到各种精密、复杂、成形刀具领域。硬质合金刀具切削性能优异，在数控车削中被广泛使用。硬质合金刀具有标准规格系列产品，具体技术参数和切削性能由刀具生产厂家提供。

硬质合金刀具的性能特点如下：

①硬度：硬质合金刀具是由硬度和熔点很高的碳化物(称硬质相)和金属黏结剂(称黏接相)经粉末冶金方法而制成的，其硬度达89～93 HRA，远高于高速钢，在540 ℃时，硬度仍可达82～87 HRA，与高速钢常温时硬度(83～86 HRA)相同。硬质合金的硬度值随碳化物的性质、数量、粒度和金属黏接相的含量而变化，一般随黏接金属相含量的增多而降低。在黏接相含量相同时，YT类合金的硬度高于YG类合金，添加TaC(NbC)的合金具有较高的高温硬度，耐热性可达800 ℃～1000 ℃，耐磨性很好，切削速度可达100 m/min以上。

②抗弯强度和韧性：常用硬质合金的抗弯强度在900～1 500 MPa范围内。金属黏接相含量越高，则抗弯强度也就越高。当黏接剂含量相同时，YG类(WC-Co)合金的强度高于YT类(WC-TiC-Co)合金，并随着TiC含量的增加，强度降低。硬质合金是脆性材料，常温下其冲击韧度仅为高速钢的1/30～1/8。

③硬质合金刀片按国际标准分为三大类：P类，M类，K类，见表1-15。

表 1-15　硬质合金刀片分类

种类	牌号	相当于ISO牌号		硬度HRA(HRC)	耐磨性	韧性	应用范围
钨钴类	YG3	K类	K01	91(78)			铸铁、有色金属及其合金的无冲击半精加工、精加工
	YG6X		K05	91(78)			铸铁、冷硬铸铁、高温合金的半精加工、精加工
	YG6		K10	89.5(75)	↑	↓	铸铁、有色金属及合金的粗加工、半精加工
	YG8		K20	89(74)			铸铁、有色金属及合金的粗加工，可用于断续切削
	YG8C		K30	88(72)			
钨钛类	YT30	P类	P01	92.5(90.5)			碳素钢、合金钢的加工
	YT15		P10	91(78)			碳素钢、合金钢连续切削时的粗加工、半精加工、精加工，也可用于断续切削的精加工
	YT14		P20	90.5(77)	↓	↑	
	YT5		P30	89(74)			碳素钢、合金钢的粗加工，可用于断续切削
添加钽(铌)类	YG6A	K类	K10	91.5(79)			冷硬铸铁。合金钢、有色金属及其合金的半精加工
	YG8A		20	89.5(75)	—		冷硬铸铁有色金属及其合金的半精加工，也可用于高锰钢、淬火刚及耐热合金钢的半精加工、精加工
	YW1	M类	M10	91.5(75)			不锈钢、高强度钢与铸铁的半精加工、精加工
	YW2		M20	90.5(77)			不锈钢、高强度钢与铸铁的粗加工、半精加工
碳化钛基类	YN05	P类	P01	93.3(82)	—		低碳钢、中碳钢、合金钢的高速精车，系统刚性较好的细长轴精加工
	YN10		P01	92(80)			碳钢、合金钢、工具钢、淬硬钢连续表面的精加工

硬质合金刀具按涂层可分为涂层硬质合金刀与非涂层硬质合金刀两种。

涂层硬质合金刀具是将硬质合金和涂层结合在一起，成为一种适用于其应用特点的特定牌号。在当前常见对刀具种类中，涂层硬质合金类刀具占总数的80%～90%。该类刀具最大的优点在于有较好对耐磨性和较强对韧性，以及加工各种复杂形状工件的成形能力。

④涂层可分为两种，分别为CVD涂层与PVD涂层。

CVD代表Chemical Vapor Deposition（化学气相沉积）。CVD涂层是在700 ℃～1 050 ℃高温的环境下通过化学反应形成的。CVD涂层具有高耐磨性，并对硬质合金具有较强对黏附性。最早的CVD涂层硬质合金为单层碳化钛涂层（TiC），之后发明了氧化铝层（Al_2O_3）和氧化钛（TiN）涂层，经过改进，出现碳氮化钛涂层（MT—Ti(C,N)或MT—TiCN，也称为MT—CVD），提高了其与硬质合金对黏附性，可更好地保护硬质合金，从而提高了牌号的性能。现代对CVD涂层将MT—Ti(C,N)、Al_2O_3和TiN结合在一起，通过显微结构优化和后处理，涂层在附着力、韧性和耐磨性方面获得较大提升，具有化学惰性，热传导率低，使其可耐月牙洼磨损，同时也充当热障，可提高抗塑性变形的能力。CVD涂层牌号应用于需较高耐磨性刀具的加工中，包括：钢材对普通车削和镗削，较厚的CVD涂层可提供耐月牙型磨损性能；也可用于不锈钢对普通车削；用作铣削刀具牌号时，可加工ISOP、ISOM、ISOK材料；对于钻削，CVD牌号通常用于周边刀片。

PVD涂层代表Physical Vapor Deposition，它是在较低温度（400 ℃～600 ℃）下行成的。在该过程中，气相对金属与气体，比如氮，发生反应，从而在切削刀具表面形成硬质氮化涂层。PVD涂层由于具有较高对硬度，所以具有较好的耐磨性，它们的压应力也增加了切削刃韧性和抗梳状裂纹的能力。主要的PVD涂层有如下几种类型：氮化钛涂层（PVD—TiN）是最早使用的PVD涂层，性能较全面，呈黄金色；碳氮化钛PVD—Ti(C,

N)比碳化钛硬度高，提升了后刀面耐磨性；PVD—(Ti,Al)N)铝氮化钛具有高硬度和耐氧化性，从而提高材料的总体耐磨性。PVD氧化涂层，利用其具有的化学惰性，增强了材料的耐月牙磨损性能。当前的PVD涂层通常由不同涂层组成复合涂层，复合涂层由相当多数量的极薄涂层构成，每层厚度通常为纳米级，从而使涂层硬度更高。PVD涂层牌号是一种耐磨且锋利的切削刀具，较多用于工件的精加工，并在钻削中用作重要刀片牌号，可加工黏软类材料。

硬质合金是通过粉末压制或射压成型技术压成一体，然后将其烧结至全密度。硬质合金是粉末冶金材料，它是碳化钨(WC)微粒与富含金属钴(Co)的黏合剂组成的混合物。用于金属切削的硬质合金包钴(Co)的黏合剂组成的混合物。用于金属切削的硬质合金包含80%以上的硬相WC。立方碳氮化物是另一重要成分，特别是在应用梯度烧结的牌号中。WC粒度是调整牌号硬度/韧性关系的最重要参数之一：在黏结相含量相同对条件下，粒度越细，硬度越高。富钴黏合剂的含量和成分控制牌号的韧性和抗塑性变形能力。在WC粒度相同时，增加黏合剂的含量可增加牌号的韧性，但这更易于发生塑性变形磨损。黏合剂的量太低会导致材料呈脆性。立方碳氮化物也称为γ相，通常会加入材料以增加热硬性和形成梯度功能层。梯度用于使材料的抗塑性变形能力提高的同时保持切削刃韧性，集中在切削刃上的立方碳氮化物提高了该处所需的热硬性。在切削刃之外的区域，富含黏合剂的硬质合金可以抑制裂纹的产生和抗切削锤击而导致的破损。中等到粗WC粒度使烧结硬质合金成为高热硬性和韧性的完美组合。在牌号中它们与CVD或PCD涂层结合使用。细或超细WC粒度用于带PVD涂层的锋利切削刃，以提高锋利切削刃的强度。它们还具有出色的耐热和承受机械循环载荷的能力。典型应用有整体硬质合金钻头、整体硬质合金立铣刀、切断和切槽刀片、铣削以及精加工牌号。梯度烧结硬质合金的优点与CVD涂层成功结合，应用在钢材和不锈钢的车削、切断和切槽的许多牌号上。

非涂层硬质合金(HW)牌号在总体分类中只占很小的比例，这些牌号或者是单纯的WC/Co，或者同时含有较高含量的立方碳氮化物。典型应用是加工HRSA(耐热优质合金)或钛合金和低速车削硬材料，非涂层硬质合金牌号的磨损率虽较快但可控，有自刃性。

3)陶瓷刀具

陶瓷刀具是以陶瓷材料为基制作的用于金属切削的刀具，目前为止，已形成了以下几种系列。氧化铝基陶瓷，为氧化铝基(Al_2O_3)加入氧化锆(ZrO_2)以抑制裂纹，使材料的化学性质非常稳定，但缺乏耐热冲击性。氮化硅陶瓷(Si_3N_4)代表另一类陶瓷材料，它们细长的晶粒使其成为具有高韧性的自增强型材料，氮化硅陶瓷牌号可用于灰铸铁加工，但由于缺乏化学稳定性，使其在其他工件材料上的应用受到限制。混合陶瓷是将立方碳化物或碳氮化物(TiC，Ti(C，N))加入氧化铝基陶瓷中，这提高了韧性和热传导性。晶须增强陶瓷使用碳化硅晶须(SiC_w)，极大提高了韧性并使冷却液的使用成为可能。晶须增强陶瓷是加工镍基合金的理想选择。赛阿龙陶瓷(SiAION)牌号将氮化硅网状组织的强度与增强的化学稳定性结合在一起，赛阿龙陶瓷牌号是加工耐热优质合金(HRSA)的理想选择。所有陶瓷刀具在高速切削条件下保持高强度、高硬度、高耐磨性以及优良的化学稳定性，其硬度可达92 HRA，抗弯强度可达100 MPa以上，并且有不易与金属产生黏结、使用寿命长的有点，切削速度可达500～600 m/min，可进行高速切削，适用于冲击力不大的淬火钢、冷硬铸铁等高硬度材料与铸铁、有色金属、各种工具钢的连续切削的半精加工、精加工。陶瓷牌号适用应用范围和材料种类广泛。它不仅用于高速车削，而且用于切草和铣削工序。在正确使用时，每种陶瓷牌号的特定性能可帮助获得高生产效率。陶瓷通常的局限性包括耐热性冲击和断裂韧性。氧化陶瓷用于稳定和干切工况下灰铸铁的高速精加工。混合陶瓷，用于灰铸铁和硬件料的高速精加工，以及韧性要求低的耐热优质合金的半精加工工序。晶须增强陶瓷,具有出色的韧性,用于镍基合金的车削、切槽和铣削。在恶劣工况下也可用于硬零件车削。氮化硅陶瓷,用于铸铁、珠光体球墨铸铁和硬铸铁从粗车到精车以及高速干式铣削。带涂层的氮化硅陶瓷,用于铸铁的轻型粗加工到精车。赛阿龙陶瓷牌号,用于稳定工况下车削预加工耐热优质合金时获得最佳性能。由于耐沟槽磨损性优良,所以可预测磨损。增强型赛阿龙陶瓷,用于对刀片有一定韧性要求的耐热优质合金的车削工序。

4)金属陶瓷刀具

陶瓷刀具具有硬度高、耐磨性能好、耐热性和化学稳定性优良等特点,陶瓷刀具的硬度虽然不及 PCD 和 PCBN 高,但大大高于硬质合金和高速钢刀具,达到 93～95 HRA。在 1 200 ℃以上的高温下仍能进行切削,具有很好的高温力学性能,Al_2O_3 陶瓷刀具的抗氧化性能特别好,切削刃即使处于赤热状态,也能连续使用。陶瓷刀具不易与金属产生黏接,且耐腐蚀、化学稳定性好,可减小刀具的黏接磨损。陶瓷刀具与金属的亲合力小,摩擦系数低,可降低切削力和切削温度。不易与金属产生黏接。陶瓷刀具材料种类一般可分为氧化铝基陶瓷、氮化硅基陶瓷、复合氮化硅—氧化铝基陶瓷三大类。其中以氧化铝基和氮化硅基陶瓷刀具材料应用最为广泛。氮化硅基陶瓷的性能更优越于氧化铝基陶瓷。陶瓷刀具在数控加工中占有十分重要的地位,陶瓷刀具已成为高速切削及难加工材料加工的主要刀具之一。陶瓷刀具广泛应用于高速切削、干切削、硬切削以及难加工材料的切削加工。陶瓷刀具可以高效加工传统刀具根本不能加工的高硬材料,实现“以车代磨”;陶瓷刀具的最佳切削速度可以比硬质合金刀具高 2～10 倍,从而大大提高了切削加工生产效率;陶瓷刀具使用的主要原料是地壳中最丰富的元素,因此,陶瓷刀具的推广应用对提高生产率、降低加工成本、节省战略性贵重金属具有十分重要的意义,也将极大促进切削技术的进步。

金属陶瓷是以钛基硬质微粒为主体的硬质合金。金属陶瓷的英文名称 cermet 是由 ceramic(陶瓷)和 metal(金属)两个单词分别截取部分合并而成的。最初金属陶瓷是由 TiC 和镍合成的。现代金属陶瓷不含镍,通常以碳氮化钛 Ti(C,N)微粒为主要成分,少量第二硬质相(Ti,Nb,W)(C,N)和富钨钴黏合剂。Ti(C,N)增加了牌号的耐磨性,第二硬质相提高了抗塑性变形的能力,钴的含量控制韧性。与烧结硬质合金相比,金属陶瓷提高了耐磨性,降低了与工件的黏结趋势。另一方面,其压缩强度也较低,耐热冲击性较低,耐热冲击性较差。金属陶瓷也可以使用 PVD 涂层,以提高耐磨性。金属陶瓷牌号用于有黏结趋势的应用,以应对积穴瘤问题。其自锐性使其在长时间切削后依然保持较低的磨损量。在精加工工序中,有助于获得长寿命和小公差,并加工出光亮的工件表面。使用低进给和小切深,在后刀面磨损达到 0.3 mm 时,必须更换切削刃,加工时不用冷却液,以避免热裂和断裂。

5)立方氮化硼刀具

用与金刚石制造方法相似的方法合成的第二种超硬材料—立方氮化硼(CBN),在硬度和热导率方面仅次于金刚石,热稳定性极好,在大气中加热至 1 000 ℃也不发生氧化。CBN 对于黑色金属具有极为稳定的化学性能,可以广泛用于钢铁制品的加工。立方氮化硼刀具有以下几种类型。

①立方氮化硼(CBN)是自然界中不存在的物质,有单晶体和多晶体之分,即 CBN 单晶和聚晶立方氮化硼(Polycrystalline cubic born nitride,简称 PCBN)。立方氮化硼 CBN 是六方氮化硼的同素异形体,结构与金刚石相似,现代 CBN 牌号多为陶瓷与 CBN 的复合材料,CBN 含量大约 40%~65%。陶瓷黏合剂增加了 CBN 的耐磨性,但是也降低了抗化学磨损性能。另外一种为高含量 CBN 牌号,CBN 占 85%~100%。这些牌号使用金属黏合剂,以提高它们的韧性。将 CBN 焊接到硬质合金载体上,形成刀片。Safe—Lok^{TM}技术大大增强了负前角刀片上 CBN 切削刀尖与载体的结合强度。CBN 牌号被大量用于淬硬钢(硬度超过

HRC45)的精车。对于硬度高于HRC的材料,CBN是唯一可替代传统磨削方法的切削刀具。较软的钢(低于HRC45),铁素体的含量较高,这对CBN的耐磨性有负面的影响。立方氮化硼CBN材料具有出色的热硬性,可以在非常高的切削速度下使用。它还表现出良好的韧性和耐热冲击性。其硬度可达8 000～9 000 HV,仅次于金刚石而远远高于其他材料,因此它与金刚石刀具统称为超硬刀具。它具有很高的热稳定性和化学惰性,耐热性高达1 400 ℃,其热稳定性远高于金钢石,对铁系金属元素有较大的化学稳定性,因此常用于高温合金、淬硬钢、冷硬铸铁的半精加工和精加工。CBN也可以用灰铸铁车削和铣削工序的高速粗加工。使用陶瓷黏合剂的PVD涂层CBN牌号,用于淬硬钢的连续车削和轻型剪短切削。使用陶瓷黏合剂的CBN牌号,用于淬硬钢的间断切削并满足切削时的高韧性要求。使用金属黏合剂的高含量CBN牌号,用于淬硬钢的重载间断切削和灰口铸铁的精加工。

②PCBN(聚晶立方氮化硼)是在高温高压下将微细的CBN材料通过结合相(TiC、TiN、Al、Ti等)烧结在一起的多晶材料,是目前利用人工合成的硬度仅次于金刚石的刀具材料,它与金刚石统称为超硬刀具材料。PCBN主要用于制作刀具或其他工具。PCBN刀具可分为整体PCBN刀片和与硬质合金复合烧结的PCBN复合刀片。PCBN复合刀片是在强度和韧性较好的硬质合金上烧结一层0.5～1.0 mm厚的PCBN而成的,其性能兼有较好的韧性和较高的硬度及耐磨性,它解决了CBN刀片抗弯强度低和焊接困难等问题。

6)金刚石刀具

金刚石是碳的同素异形体,它是自然界已经发现的最硬的一种材料。可分为天然金刚石(ND)刀具,聚晶金刚石(PCD)刀具,人造聚晶金刚石复合片(PDC)刀具,CVD金刚石厚膜(TDF)焊接刀具、金刚石涂层刀具。天然金刚石刀具硬度最高,具有极高的硬度和耐磨性,耐磨性为硬质合金的80～120倍,人造金刚石为

60～80倍，硬度接近10 000 HV，比硬质合金的硬度要高好几倍。金刚石刀具的切削刃可以磨得非常锋利，天然单晶金刚石刀具可高达0.002～0.008 μm，能进行超薄切削和超精密加工。金刚石与一些有色金属之间的摩擦系数比其他刀具都低，摩擦系数低，加工时变形小，可减小切削力。金刚石的导热系数及热扩散率高，切削热容易散出，刀具切削部分温度低。金刚石的热膨胀系数比硬质合金小几倍，由切削热引起的刀具尺寸的变化很小，这对尺寸精度要求很高的精密和超精密加工来说尤为重要。在铝和硅铝合金高速切削加工中，金刚石刀具是难以替代的主要切削刀具品种。可实现高效率、高稳定性、长寿命加工的金刚石刀具是现代数控加工中不可缺少的重要工具。

金刚石刀具分为以下几种：

①天然金刚石刀具：天然金刚石作为切削刀具已有上百年的历史了，天然单晶金刚石刀具经过精细研磨，刃口能磨得极其锋利，刃口半径可达0.002 μm，能实现超薄切削，可以加工出极高的工件精度和极低的表面粗糙度，是公认的、理想的和不能代替的超精密加工刀具。

②PCD金刚石刀具：天然金刚石价格昂贵，金刚石广泛应用于切削加工的还是聚晶金刚石(PCD)，自20世纪70年代初，采用高温高压合成技术制备的聚晶金刚石(Polycrystauine diamond，简称PCD刀片研制成功以后，在很多场合下天然金刚石刀具已经被人造聚晶金刚石所代替。PCD原料来源丰富，其价格只有天然金刚石的几十分之一至十几分之一。

PCD刀具无法磨出极其锋利的刃口，加工的工件表面质量也不如天然金刚石，现在工业中还不能方便地制造带有断屑槽的PCD刀片。因此，PCD只能用于有色金属和非金属的精切，很难达到超精密镜面切削。

③CVD金刚石刀具：自从20世纪70年代末至80年代初，CVD金刚石技术在日本出现。CVD金刚石是指用化学气相沉积法(CVD)在异质基体(如硬质合金、陶瓷等)上合成金刚石膜，

CVD金刚石具有与天然金刚石完全相同的结构和特性。CVD金刚石的性能与天然金刚石相比十分接近，兼有天然单晶金刚石和聚晶金刚石(PCD)的优点，在一定程度上又克服了它们的不足。

(3)从切削工艺上分类。

车削刀具分外圆、内孔、外螺纹、内螺纹，切槽、切端面、切端面环槽、切断等。数控车床一般使用标准的机夹可转位刀具。机夹可转位刀具的刀片和刀体都有标准，刀片材料采用硬质合金、涂层硬质合金以及高速钢。数控车床机夹可转位刀具类型有外圆刀具、外螺纹刀具、内圆刀具、内螺纹刀具、切断刀具、孔加工刀具(包括中心孔钻头、镗刀、丝锥等)。机夹可转位刀具夹固不重磨刀片时通常采用螺钉、螺钉压板、杠销或楔块等结构。

常规车削刀具为长条形方刀体或圆柱刀杆。方形刀体一般用槽形刀架螺钉紧固方式固定。圆柱刀杆是用套筒螺钉紧固方式固定。它们与机床刀盘之间的连接是通过槽形刀架和套筒接杆来连接的。在模块化车削工具系统中，刀盘的连接以齿条式柄体连接为多，而刀头与刀体的连接是“插入快换式系统”。它既可以用于外圆车削又可用于内孔镗削，也适用于车削中心的自动换刀系统。

数控车床使用的刀具从切削方式上分为三类：圆表面切削刀具、端面切削刀具和中心孔类刀具。

2. 数控车削刀具材料的选用

目前广泛应用的数控刀具材料主要有金刚石刀具、立方氮化硼刀具、陶瓷刀具、涂层刀具、硬质合金刀具和高速钢刀具等。刀具材料总牌号多，其性能相差很大。

数控加工用刀具材料必须根据所加工的工件和加工性质来选择。刀具材料的选用应与加工对象合理匹配，切削刀具材料与加工对象的匹配，主要指二者的力学性能、物理性能和化学性能相匹配，以获得最长的刀具寿命和最大的切削加工生产率。各种刀具材料的主要性能指标见表1-16。

表 1-16　各种刀具材料的主要性能指标

<table>
<tr><th colspan="2">种类</th><th>密度
(g/cm)</th><th>耐热性
(℃)</th><th>硬度</th><th>抗弯强度
(MPa)</th><th>热导率
[W/(m·K)]</th><th>热膨胀系数
(×10⁻⁶/℃)</th></tr>
<tr><td colspan="2">聚晶金刚石</td><td>3.47～3.56</td><td>700～800</td><td>>9 000 HV</td><td>600～1 100</td><td>210</td><td>3.1</td></tr>
<tr><td colspan="2">聚晶立方氮化硼</td><td>3.44～3.49</td><td>1 300～1 500</td><td>4 500 HV</td><td>500～800</td><td>130</td><td>4.7</td></tr>
<tr><td colspan="2">陶瓷刀具</td><td>3.1～5.0</td><td>>1 200</td><td>91～95 HRA</td><td>700～1 500</td><td>15.0～38.0</td><td>7.0～9.0</td></tr>
<tr><td rowspan="4">硬质合金</td><td>钨钴类</td><td>14.0～15.5</td><td>800</td><td>89～91.5 HRA</td><td>1 000～2 350</td><td>74.5～87.9</td><td rowspan="3">3～7.5</td></tr>
<tr><td>钨钴钛类</td><td>9.0～14.0</td><td>900</td><td>89～92.5 HRA</td><td rowspan="2">800～1 800</td><td>20.9～62.8</td></tr>
<tr><td>通用合金</td><td>12.0～14.0</td><td>1 000～1 100</td><td>～92.5 HRA</td><td></td></tr>
<tr><td>TiC 基合金</td><td>5.0～7.0</td><td>1 100</td><td>92～93.5 HRA</td><td>1 150～1 350</td><td></td><td>8.2</td></tr>
<tr><td colspan="2">高速钢</td><td>8.0～8.8</td><td>600～700</td><td>62～70 HRC</td><td>2 000～4 500</td><td>15.0～30.0</td><td>8～12</td></tr>
</table>

(1)切削刀具材料与加工对象的力学性能匹配

切削刀具与加工对象的力学性能匹配问题主要是指刀具与工件材料的强度、韧性和硬度等力学性能参数要相匹配。具有不同力学性能的刀具材料所适合加工的工件材料有所不同。

1)刀具材料硬度顺序为:金刚石刀具>立方氮化硼刀具>陶瓷刀具>硬质合金>高速钢。

2)刀具材料的抗弯强度顺序为:高速钢>硬质合金>陶瓷刀具>金刚石和立方氮化硼刀具。

3)刀具材料的韧度大小顺序为:高速钢>硬质合金>立方氮化硼、金刚石和陶瓷刀具。

高硬度的工件材料,必须用更高硬度的刀具来加工,刀具材料的硬度必须高于工件材料的硬度,一般要求在 60 HRC 以上。刀具材料的硬度越高,其耐磨性就越好。如,硬质合金中含钴量增多时,其强度和韧性增加,硬度降低,适合于粗加工;含钴量减少时,其硬度及耐磨性增加，适合于精加工。

具有优良高温力学性能的刀具尤其适合于高速切削加工。陶瓷刀具优良的高温性能使其能够以高的速度进行切削，允许的切削速度可比硬质合金提高 2～10 倍。

(2)切削刀具材料与加工对象的物理性能匹配

具有不同物理性能的刀具，如，高导热和低熔点的高速钢刀具、高熔点和低热胀的陶瓷刀具、高导热和低热胀的金刚石刀具等，所适合加工的工件材料有所不同。加工导热性差的工件时，应采用导热较好的刀具材料，以使切削热得以迅速传出而降低切削温度。金刚石由于导热系数及热扩散率高，切削热容易散出，不会产生很大的热变形，这对尺寸精度要求很高的精密加工刀具来说尤为重要。

1)各种刀具材料的耐热温度：金刚石刀具为 700 ℃～800 ℃、PCBN 刀具为 1 300 ℃～1 500 ℃、陶瓷刀具为 1 100 ℃～1 200 ℃、TiC(N)基硬质合金为 900 ℃～1 100 ℃、WC 基超细晶粒硬质合金为 800 ℃～900 ℃、HSS 为 600 ℃～700 ℃。

2)各种刀具材料的导热系数顺序：PCD＞PCBN＞WC 基硬质合金＞TiC(N)基硬质合金＞HSS＞Si_3N_4 基陶瓷＞Al_2O_3 基陶瓷。

3)各种刀具材料的热胀系数大小顺序为：HSS＞WC 基硬质合金＞TiC(N)＞Al_2O_3基陶瓷＞PCBN＞Si_3N_4基陶瓷＞PCD。

4)各种刀具材料的抗热震性大小顺序为：HSS＞WC 基硬质合金＞Si_3N_4 基陶瓷＞PCBN＞PCD＞TiC(N)基硬质合金＞Al_2O_3 基陶瓷。

(3)切削刀具材料与加工对象的化学性能匹配

切削刀具材料与加工对象的化学性能匹配问题主要是指刀具材料与工件材料化学亲和性、化学反应、扩散和溶解等化学性能参数要相匹配。材料不同的刀具所适合加工的工件材料有所不同。

1)各种刀具材料抗黏接温度高低(与钢)为：PCBN＞陶瓷＞硬质合金＞HSS。

2)各种刀具材料抗氧化温度高低为:陶瓷>PCBN>硬质合金>金刚石>HSS。

3)种刀具材料的扩散强度大小(对钢铁)为:金刚石>Si_3N_4基陶瓷>PCBN>Al_2O_3 基陶瓷。扩散强度大小(对钛)为:Al_2O_3基陶瓷>PCBN>SiC>Si_3N_4>金刚石。

3. 数控车削刀具所适合加工的材料

一般而言,PCBN、陶瓷刀具、涂层硬质合金及 TiCN 基硬质合金刀具适合于钢铁等黑色金属的数控加工;而 PCD 刀具适合于对 Al、Mg、Cu 等有色金属材料及其合金和非金属材料的加工。表 1-17 列出了上述刀具材料所适合加工的一些工件材料。

表 1-17 刀具及其适合加工的材料

刀具	高硬钢	耐热合金	钛合金	镍基高温合金	铸铁	纯钢	高硅铝合金	FRP 复材料
PCD	×	×	◎	×	×	×	◎	◎
PCBN	◎	◎	○	◎	◎		●	●
陶瓷刀具	◎	◎	×	◎	◎	●	×	×
涂层硬质合金	○	◎	◎	●	◎	◎	●	●
TiCN 基硬合金	●	×	×	×	◎	●	×	×

注:◎—优;○—良;●—尚可;×—不合适。

(1)金刚石刀具

金刚石刀具多用于在高速下对有色金属及非金属材料进行精细切削及镗孔。主要适用于加工非金属材料,如玻璃钢粉末冶金毛坯,陶瓷材料等;各种耐磨有色金属,如各种硅铝合金;各种有色金属及其合金的加工。金刚石的热稳定性比较差,切削温度超过700 ℃~800 ℃时,就会失去其硬度。它不适于切削黑色金属,因为金刚石(碳)在高温下容易与铁原子作用,使碳原子转化为石墨结构,刀具极易损坏。可加工硬度为 65~100 HRC 硬度的材料,如硬质合金、陶瓷、高硅铝合金、有色金属及其合金,不宜加工钢铁材料。

采用单晶金刚石刀具，在超精密车床上可实现镜面加工。单晶金刚石刀具是目前超精密切削加工领域中最主要的刀具，其刃口可磨得非常锋利，刃口钝圆半径可达 20～30 mm，加工工件表面粗糙度极小，可达 Ra 为 0.01 μm 的镜面水平，刀具寿命很高，刃磨一次可以使用几百个小时。目前，单晶金刚石刀具广泛应用于加工计算机磁盘基片、录像机磁鼓、激光反射镜、各种天文望远镜、显微镜、光学仪器。

PCD 刀具主要用于加工耐磨有色金属及其合金和非金属材料，与硬质合金刀具相比，能在很长的切削过程中保持锋利刃口和切削效率，使用寿命远远高于硬质合金刀具。PCD 刀具目前已经广泛应用于汽车、摩托车、航空航天工业、国防工业中一些难加工的有色金属及其合金零部件的高速精密加工。据统计，在 PCD 刀具的使用领域中，汽车、摩托车占 53%，飞机占 10%，木材及塑料加工占 26%，其他占 11%。

聚晶金刚石面铣刀、镗刀、车刀、铰刀、复合孔加工等数控刀具等正大量应用于高强度、高硬度硅铝合金零部件自动生产线上，如用于加工汽车和摩托车发动机铝合金活塞的裙部、销孔、汽缸体、变速箱、化油器等，由于这些零件材料含硅量较高，并且大多数采用流水线方式大批生产，对刀具寿命要求较高，硬质合金刀具难以胜任，而 PCD 刀具寿命远高于硬质合金刀具，是硬质合金刀具寿命的几十甚至几百倍，并可大大提高切削速度、加工效率和工件的加工质量。在加工硅含量较高的铝合金时，除 PCD 刀具外，其他所有的刀具都在很短的时间内产生严重的磨损而不能继续切削。

此外，PCD 刀具还非常适合难加工非金属材料，如木材、人造板材、强化复合地板、碳纤维增强材料、石墨、陶瓷等。

CVD 金刚石不含任何金属或非金属添加剂，力学性能兼具单晶金刚石和 PCD 的优点，又在一定程度上客服了它们的不足。大量实践表明，CVD 金刚石是非铁类材料加工工业中理想的工具材料，如铝、硅铝合金、铜、铜合金、石墨以及各种增强玻璃纤维和碳纤维结构材料的加工等。CVD金刚石薄膜涂层数控刀具多应用于铣削、车削、钻削、铰削等加工高强度铝合金、纤维—金属层板、碳纤维热塑性复合材料、镁合金、石墨、陶瓷等零部件，满足高速、寿命长、干式机加工技术要求。

PCD刀具粒度的选择与刀具加工条件有关。如设计用于精密加工的刀具时，应选用强度高、韧性好、抗冲击性能好的细粒度PCD。粗粒度PCD刀具则主要用于一般的粗加工。研究表明，PCD粒度号越大，刀具的抗磨损性能越强。PCD粒径为10～25 μm的PCD刀具适合加工$w(\mathrm{Si})>12\%$的高硅铝合金($v=300$～1 500 m/min)及硬质合金；PCD粒径为8～9 μm的PCD刀具适合于加工$w(\mathrm{Si})<12\%$的硅铝合金($v=500$～3 500 m/min)及通用非金属材料；PCD粒径为4～5 μm的PCD刀具适合于切削加工FRP、木材或纯铝等材料。在任何情况下，细晶粒组织的PCD刀片不能用来加工$w(\mathrm{Si})>10\%$的硅铝合金，因为硅含量高将使细晶粒金刚石刀片的切削刃产生破损。

(2)立方氮化硼刀具

立方氮化硼适于用来精加工各种淬火钢、硬铸铁、高温合金、硬质合金、表面喷涂材料等难切削材料。加工精度可达IT5(孔为IT6)，表面粗糙度值可小至Ra1.25～0.20 μm。

PCBN刀具有高硬度(仅次于金刚石)、良好的热硬性(耐热性达1 300 ℃～1 500 ℃)和抗氧化性(在1 200 ℃～1 300 ℃也不与铁系材料发生化学反应)等优点。因此，PCBN刀具非常适合于干式切削、硬态和高速切削加工工艺，并能加工金刚石刀具所不能加工的黑色金属材料，特别适合数控设备及自动化生产线的使用。

PCBN适合加工的材料有：硬度在45 HRC以上的淬硬钢和耐磨铸铁、35 HRC以上的耐热合金以及30 HRC以下而其他刀片很难加工的珠光体灰口铸铁。PCBN刀具既能胜任淬硬钢(45～65 HRC)、轴承钢(60～62 HRC)、高速钢(>62 HRC)、工具钢(57～60 HRC)、冷硬铸铁的高速半精车和精车，又能胜任高温合金、热喷涂材料、硬质合金及其他难加工材料的切削加工。被加工材料的硬度越高越能体现 PCBN 刀具的优越性。

如果被加工材料硬度过低，则 PCBN 刀具的优势不太明显。因此，PCBN 刀具不适于加工较软(<45HRC)的黑色金属材料。某些材料或加工条件(如典型的软钢、奥氏体不锈钢、镍基耐热钢、铁素体铸铁、高铬钢或表面涂铬材料、采用断续切削的高速钢、铁基类表面硬化合金等)由于容易引起 PCBN 刀片的非正常化学磨损，因此，不宜采用 PCBN 刀具加工。如在高速切削铸铁件时，铸件的金相组织对高速切削刀具的选用有一定影响，加工以珠光体为主的铸件在切削速度大于 500 m/min 时，可使用 PCBN；当以铁素体为主时，由于扩散磨损的原因，使刀具磨损严重，不宜使用 PCBN，而应采用陶瓷刀具。

(3)陶瓷刀具

陶瓷刀具主要是用于硬质合金刀具不能加工的普通钢和铸铁的高速切削加工以及难加工材料的加工，以提高效率的应用也较多。陶瓷刀具已成功应用于加工各种铸铁(包括灰口铸铁、球墨铸铁、冷硬铸铁、高强铸铁和硬镍铸铁等)、钢件(包括轴承钢、超高强钢、高锰钢、淬硬钢合金钢和耐热钢等)、热喷涂喷焊材料、镍基高温合金(包括纯镍、镍喷涂于镍焊材料和含镍高比重材料等)。也可用来切削铜合金、石墨、工程塑料和复合材料。陶瓷刀具材料有抗弯强度低、冲击韧性差的问题，不适于在低速、冲击负荷下切削。

氧化铝基陶瓷适用于加工各种钢材和各种铸铁，也可加工铜合金、石墨、工程塑料和复合材料，加工钢时优于 SiN_4 基陶瓷刀具；但不宜用来加工铝合金和钛合金，否则容易产生化学磨损。

Si_3N_4 基陶瓷加工范围与 Al_2O_3 基陶瓷类似，最适于高速加工铸铁和高温合金，一般不宜用来加工产生长切削的钢料(如正火鹤热轧状态)。赛阿龙(Sialon)陶瓷最适于加工各种铸铁(灰铸铁、球墨铸铁、冷硬铸铁、高合金耐磨铸铁等)和镍基高温合金，不宜用来加工钢料，因为 Fe 向刀具中的扩散会造成非常严重的月牙洼磨损。

(4)涂层刀具

涂层刀具在数控加工领域有巨大潜力，将是今后数控加工领域中最重要的刀具品种。涂层技术已应用于立铣刀、铰刀、钻头、复合孔加工刀具、齿轮滚刀、插齿刀、剃齿刀、成形拉刀及各种机夹可转位刀片，满足高速切削加工各种钢和铸铁、耐热合金和有色金属等材料的需要。

(5)硬质合金刀具

硬质合金刀具的应用范围相当广泛，在数控刀具材料中占主导地位，覆盖大部分常规的加工领域。既可用于加工各种铸铁、有色金属和非金属材料，也适用于加工各种钢材和耐热合金等。硬质合金既可用于制造各种机夹可转位刀具和焊接刀具，也可制造各种尺寸较小的整体复杂刀具，如整体式立铣刀、铰刀、丝锥、钻头、复合孔加工刀具和齿轮滚刀等。

YG类合金主要用于加工铸铁、有色金属和非金属材料。细晶粒硬质合金（如YG3X、YG6X）在含钴量相同时比中晶粒的硬度和耐磨性要高些，适用于加工一些特殊的硬铸铁、奥氏体不锈钢、耐热合金、钛合金、硬青铜和耐磨的绝缘材料等。

YT类硬质合金的突出优点是硬度高、耐热性好、高温时的硬度和抗压强度比YG类高，抗氧化性能好。因此，当要求刀具有较高的耐热性及耐磨性时，应选用TiC含量较高的牌号。YT类合金适合于加工塑性材料如钢材，但不宜加工钛合金、硅铝合金。

YW类合金兼具YG、YT类合金的性能，综合性能好，它既可用于加工钢料，又可用于加工铸铁和有色金属。这类合金如适当增加钴含量，强度可很高，可用于各种难加工材料的粗加工和断续切削。

超细晶粒硬质合金刀具可用于加工各种高强度钢、耐热合金、耐热不锈钢以及各种喷涂焊和堆焊材料等难加工材料。

(6)高速钢刀具

高速钢牌号较多，应根据加工材料的性能、制造刀具的类型、加工方式和工艺系统刚性等条件合理选择。通用性高速钢主要用于加工普通钢、合金钢和铸件。高性能高速钢主要用于加工不锈钢、高强度钢、耐热钢等难加工材料。含钴的高性能高速钢有较高的高温硬度。在切削条件平稳的情况下,刀具寿命可显著提高,因为这类高速钢的韧性较差,因此,它不适合于断续切削或在工艺系统刚性不足的条件下使用,否则容易打刀或崩刃。高钒高速钢,因其磨削性能较差,切削刃容易烧伤退火,故不宜用于制造小模数插齿刀、螺纹刀具等复杂刀具。

第七节　其　他

1. 过载支架的打孔问题

某过载支架,如图 1-118 所示由三个矩形板面和一个梯形板面组成,且四个面上都需要打孔。技术要求:整个零件光洁度为 1.6 以下,加工过程中不能划线,不能出现压伤、磕碰伤等。

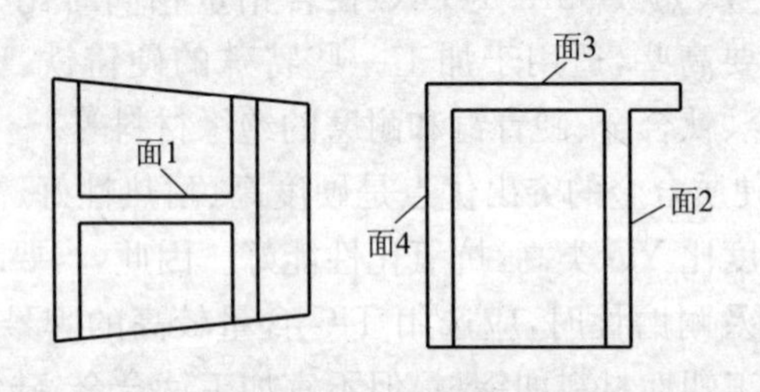

图 1-118　零件示意图

由于零件的结构特点和技术要求致使加工过程出现了两个难点:(1)自然放置下,加工面 1 无法水平放置,造成钻削困难。(2)无划线,使钻孔位置不方便确定,加工中会浪费大量的时间找打孔位置。

解决办法:

自行制作出支架让面 1 在加工过程处于水平位置,再制作出钻模作导向,让钻头沿着钻模上的导向孔钻入,故可节约大量孔定位时间。图 1-119 表达出了钻模的定位和加工面的位置。

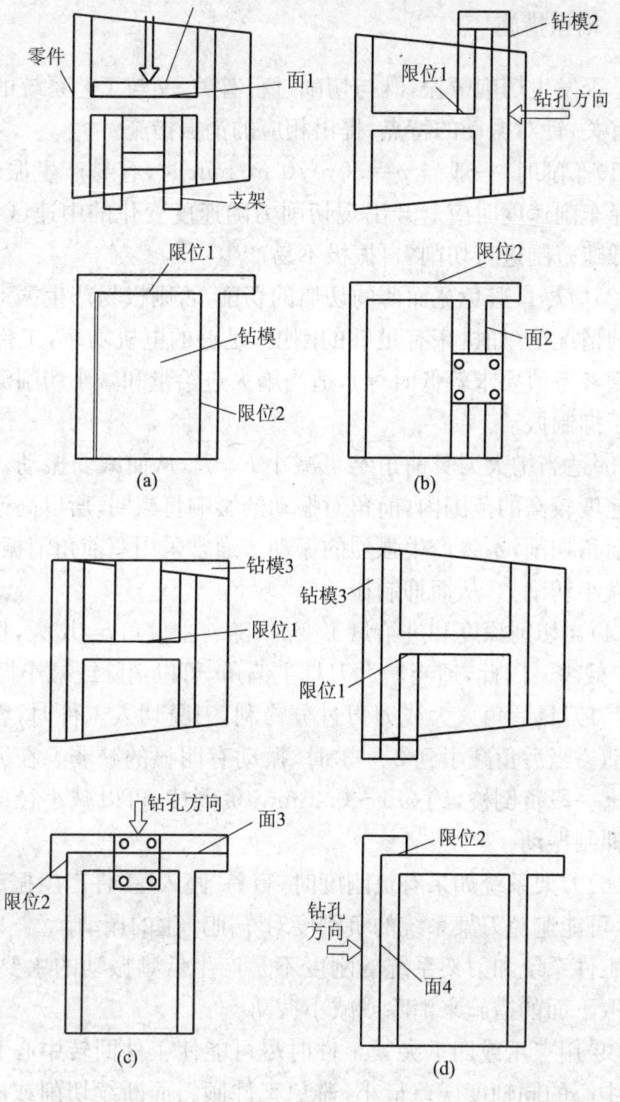

图 1-119　钻模工作示意图

钻模分别与需要加工面贴合，按图中标明限位基准定位，在面上钻孔。

2. 消振措施

是否发生切削颤振，既与切削过程有关，又与工艺系统的结构刚度有关，针对振动的特点，提出相应的消振措施。

(1)车削时，一般当 $v=30\sim70$ m/min 时，容易产生振动，因此选择车削速度时应避开出现切削力随速度变化的中速区，在高速或低速范围进行切削，自振极不易产生。

(2)应尽量避免宽而薄的切屑的切削，否则极易产生振动。在许可的情况下(如机床有足够的刚度，足够的电机功率，工件表面粗糙度参考值要求较低时等)，适当增大进给量和减小切削深度也有助于抑制振动。

(3)适当增大刀具前角 γ 可减小 F_y 力，从而减弱振动。但在切削速度较高的范围内，前角对振动的影响将减弱，所以高速下采用负前角切削，不致产生强烈的振动。通常采用双前角消振刀，可显著减小切削力，从而抑制振动。

(4)当切削深度和进给量不变时，随着主偏角 k_γ 增大，切削分力 F_y 减少。因此，适当增大刀具主偏角，可以消除或减小振动。

(5)刀具后角太大或刀刃过分锋利，刀具切入工件时，容易产生振动。当后角减小到 2°～3°时，振动有明显的减弱。在刀具后面磨出一段负倒棱，约 0.1～0.3 mm 负倒棱，可以减小径向切削力和抑制振动。

(6)刀架系统如果有负刚度时，容易“啃入”工件产生振动。因此，尽可能避免刀架系统的负刚度对车削产生的振动。

工件系统和刀架系统的刚度不是产生低频振动的主要原因，可采取下面的措施来消除或减小振动：

(1)用三爪或四爪夹紧工件时尽可能使工件回转中心和主轴回转中心的同轴度误差最小，避免工件倾斜而断续切削或不均匀切削造成切削力的周期性变化所产生的振动。

(2)加工细长轴时用跟刀架、中心架可以增加切削过程稳定性。

(3)在车削时采用弹性顶尖而不采用死顶尖，避免顶力过大造成工件弯曲或顶力太小起不到支承作用使工件摆动，并注意尾座套筒悬伸不能过长。

(4)定期检查中拖板和大拖板、小刀架与中拖板之间燕尾导轨的接触情况。调整好斜镶条间隙，避免刀架移动时出现爬行。另外，可以用刮研联结表面，增强联结刚度等方法来提高结构系统的抗振性。

(5)合理安排主切削力的方向，比如在切断和工件反转切削时，由于切削力的方向与系统最大刚度方向趋于一致会提高系统的稳定性。

在加工件表面留下的痕迹细而密，振动时只是刀具本身在振动，而工件及机床部件却很稳定。其产生的主要原因是由于后刀面磨损较大，刀具后面与工件之间摩擦的下降性能引起的，消除或减小高频振动的措施主要有：

(1)减小车刀悬伸长度。

(2)加强车刀及刀杆的抗弯刚度。

(3)及时更换后刀面磨损较大的刀具。

(4)装刀具时，应保证刀杆与工件旋转中心垂直，紧固时要施力均匀，避免刀杆受力不平衡而弯曲产生振动。

(5)使用减振装置。

3. 数控机床的维修经验与方法

数控机床是集计算机、机械、电子电气、液压、气动国、通信设备等于一体的高精度加工设备。其结构复杂，控制信号繁多，对于维修人员有很高的技术要求。维修人员对于设备，就如同医生对于病人，机械如骨骼，电气如神经，液压如心脏血液，CNC 如同大脑，好医生对病人望闻问切，结合实际情况，对症下药，好的维修人员自是同理，同样的故障现象可能有多种不同的产生原因，抓住主要的故障点，是作为维修人员的重中之重。

如何才能找到故障点呢？除了对设备全面的了解，自动化系统的充分认知，实践，亲自动脑动手去修理设备是绝对的重点，除此之外，没有捷径可言。一个人不可能拿着《本草纲目》就去当医生。同理，一个人不可能拿本《机械百科全书》就能修床子，这都不是教条的东西，没有死的方法，活学活用，因势利导，才是最高境界。

举个例子，德州卧车 CK61125D 在精车最后一刀时，出现主轴飞车现象，程序中给的转速为 80 r/min，而实际转速超过了 150 r/min，无任何报警。操作者急忙按了急停，重启机床后，设备恢复“正常”。

我们知道，数控设备是由位置环、速度环和电流环控制的，位置环分全闭环和半闭环，用于检测机床进给的位置，并反馈数控系统，速度环控制进给轴的速度与加速度，是以 log 还是哑铃或者其他的加速方式，在规定的时间内达到指定的位置；电流环控制输出电流，简单理解为输出扭矩。用多大的力量使机械负载能准确稳定的到达指定位置，不能爬行和窜动，是考虑系统参数和机械间隙调整的重点。此车床没有 C 轴，故不考虑位置环的问题，“飞车”一般为速度环正反馈，故主轴速度检测装置的可能性最大。把速度编码器拆下并测量信号均正常，测量反馈电缆线和主轴伺服单元也正常。可主轴“飞车”一般为速度环正反馈，故主轴速度检测装置的可能性最大。把速度编码器拆下并测量信号均正常，测量反馈电缆线和主轴伺速单元也正常。可主轴”飞车”现象依旧会出现，数控系统测的速度环控制环节全都正常，那么是什么原因导致故障现象的呢？这时有个维修的基本方法，叫做机械与电气分开，当有些故障很难定位的时候，把机械和电气分开，分别判断和处理，一层一层的展开，直到找到真正的故障点。把主轴电机皮带拆下，使它与主轴脱离，并给指令使主轴电机运转，当输入 5 r/min 时，电机转速是 600 r/min，当输入 10 r/min 时，电机转速是 1 200 r/min，呈现出可控的、线性的速度反馈，这也可以佐证主轴电机、主轴伺服、主轴速度编码器和反馈电缆线是好的，所以故障点应该在主轴侧，打开主轴箱，检查主轴挡位，正常加工时用的是三挡，而实际挂的是四挡，等于用主轴电机驱动了高挡齿轮，必定会出现“飞车”现象，而挡位与实际不匹配而没有检测，这是机床设计人员的一大失误。检查乱挡的原因，最终发现液压站 24 V 电源线虚接，导致换挡信号时有时无，而又没有检测，才导致的“飞车”现象。

一根 24 V 电源线的虚接和断路甚至短路都可以造成系统的混乱，而一般情况下，如无特殊原因，同一故障的同故障点是很难重复的，我们所面临的大多数故障点也都是新的，所以教条的记住故障点是不行的，处理故障的方法，层层剖析的逻辑分析能力，和实践动手能力是必需要具备的。从此故障怀疑点的电气→机械→电气，一步一步的推论证明，最终找到真正的故障点，并没有捷径。

第二章　数控铣削工艺

第一节　常用数控铣削设备及特点

1. 数控机床定义

数控机床是数字控制机床（Computer numerical control machinetools）的简称，是一种装有程序控制系统的自动化机床。该控制系统能够逻辑地处理具有控制编码或其他符号指令规定的程序，并将其译码，用代码化的数字表示，通过信息载体输入数控装置。经运算处理由数控装置发出各种控制信号，控制机床的动作，按图纸要求的形状和尺寸，自动地将零件加工出来。数控机床较好地解决了复杂、精密、小批量、多品种的零件加工问题，是一种柔性的、高效能的自动化机床，代表了现代机床控制技术的发展方向，是一种典型的机电一体化产品。它有如下特点：

（1）对加工对象的适应性强，适应模具等产品单件生产的特点，为模具的制造提供了合适的加工方法。

（2）加工精度高，具有稳定的加工质量。

（3）可进行多坐标的联动，能加工形状复杂的零件。

（4）加工零件改变时，一般只需要更改数控程序，可节省生产准备时间。

（5）机床本身的精度高、刚性大，可选择有利的加工用量，生产率高（一般为普通机床的 3～5 倍）。

（6）机床自动化程度高，可以减轻劳动强度。

（7）有利于生产管理的现代化。数控机床使用数字信息与标准代码处理、传递信息，使用了计算机控制方法，为计算机辅助设计、制造及管理一体化奠定了基础。

(8)对操作人员的素质要求较高，对维修人员的技术要求更高。

(9)可靠性高。

数控机床与传统机床相比，具有以下一些特点：

(1)具有高度柔性

在数控机床上加工零件，主要取决于加工程序，它与普通机床不同，不必制造、更换许多模具、夹具，不需要经常重新调整机床。因此，数控机床适用于所加工的零件频繁更换的场合，亦即适合单件、小批量产品的生产及新产品的开发，从而缩短了生产准备周期，节省了大量工艺装备的费用。

(2)加工精度高

数控机床的加工精度一般可达 0.05～0.1 mm，数控机床是按数字信号形式控制的，数控装置每输出一脉冲信号，则机床移动部件移动一脉冲当量(一般为 0.001 mm)，而且机床进给传动链的反向间隙与丝杆螺距平均误差可由数控装置进行曲补偿，因此，数控机床定位精度比较高。

(3)加工质量稳定、可靠

加工同一批零件，在同一机床，在相同加工条件下，使用相同刀具和加工程序，刀具的走刀轨迹完全相同，零件的一致性好，质量稳定。

(4)生产率高

数控机床可有效地减少零件的加工时间和辅助时间，数控机床的主轴声速和进给量的范围大，允许机床进行大切削量的强力切削。数控机床正进入高速加工时代，数控机床移动部件的快速移动和定位及高速切削加工，极大地提高了生产率。另外，与加工中心的刀库配合使用，可实现在一台机床上进行多道工序的连续加工，减少了半成品的工序间周转时间，提高了生产率。

(5)改善劳动条件

数控机床加工前是经调整好后，输入程序并启动，机床就能自动连续地进行加工，直至加工结束。操作者要做的只是程序的输入、编辑、零件装卸、刀具准备、加工状态的观测、零件的检验等工作，劳动强度大降低，机床操作者的劳动趋于智力型工作。另外，机床一般是结合起来，既清洁，又安全。

(6)利用生产管理现代化

数控机床的加工，可预先精确估计加工时间，对所使用的刀具、夹具可进行规范化、现代化管理，易于实现加工信息的标准化，已与计算机辅助设计与制造(CAD/CAM)有机地结合起来，是现代化集成制造技术的基础。

2. 数控加工设备的基本组成

数控加工设备的基本组成包括加工程序载体、数控装置、伺服驱动装置、机床主体和其他辅助装置。下面分别对各组成部分的基本工作原理进行概要说明。

(1)加工程序载体

数控机床工作时，不需要工人直接去操作机床，要对数控机床进行控制，必须编制加工程序。零件加工程序中，包括机床上刀具和工件的相对运动轨迹、工艺参数(进给量、主轴转速等)和辅助运动等。将零件加工程序用一定的格式和代码，存储在一种程序载体上，如穿孔纸带、盒式磁带、软磁盘等，通过数控机床的输入装置，将程序信息输入到CNC单元。

(2)数控装置

数控装置是数控机床的核心。现代数控装置均采用CNC(Computer Numerical Control)形式，这种CNC装置一般使用多个微处理器，以程序化的软件形式实现数控功能，因此又称软件数控(SoftwareNC)。CNC系统是一种位置控制系统，它是根据输入数据插补出理想的运动轨迹，然后输出到执行部件加工出所需要的零件。因此，数控装置主要由输入、处理和输出三个基本部分构成。而所有这些工作都由计算机的系统程序进行合理地组织，使整个系统协调地进行工作。

(3)输入装置

将数控指令输入给数控装置，根据程序载体的不同，相应有不同的输入装置。主要有键盘输入、磁盘输入、CAD/CAM系统直接通信方式输入和连接上级计算机的DNC(直接数控)输入,现仍有不少系统还保留有光电阅读机的纸带输入形式。

1)纸带输入方式。可用纸带光电阅读机读入零件程序,直接控制机床运动,也可以将纸带内容读入存储器,用存储器中储存的零件程序控制机床运动。

2)MDI手动数据输入方式。操作者可利用操作面板上的键盘输入加工程序的指令,它适用于比较短的程序。

3)在控制装置编辑状态(EDIT)下,用软件输入加工程序,并存入控制装置的存储器中,这种输入方法可重复使用程序。一般手工编程均采用这种方法。

4)在具有会话编程功能的数控装置上,可按照显示器上提示的问题,选择不同的菜单,用人机对话的方法,输入有关的尺寸数字,就可自动生成加工程序。

5)采用DNC直接数控输入方式。把零件程序保存在上级计算机中,CNC系统一边加工一边接收来自计算机的后续程序段。DNC方式多用于采用CAD/CAM软件设计的复杂工件并直接生成零件程序的情况。

(4)信息处理

输入装置将加工信息传给CNC单元,编译成计算机能识别的信息,由信息处理部分按照控制程序的规定,逐步存储并进行处理后,通过输出单元发出位置和速度指令给伺服系统和主运动控制部分。CNC系统的输入数据包括:零件的轮廓信息(起点、终点、直线、圆弧等)、加工速度及其他辅助加工信息(如换刀、变速、冷却液开关等),数据处理的目的是完成插补运算前的准备工作。数据处理程序还包括刀具半径补偿、速度计算及辅助功能的处理等。

(5)输出装置:输出装置与伺服机构相联。输出装置根据控制器的命令接受运算器的输出脉冲,并把它送到各坐标的伺服控制系统,经过功率放大,驱动伺服系统,从而控制机床按规定要求运动。

(6)伺服与测量反馈系统

伺服系统是数控机床的重要组成部分,用于实现数控机床的进给伺服控制和主轴伺服控制。伺服系统的作用是把接受来自数控装置的指令信息，经功率放大、整形处理后，转换成机床执行部件的直线位移或角位移运动。由于伺服系统是数控机床的最后环节，其性能将直接影响数控机床的精度和速度等技术指标，因此，对数控机床的伺服驱动装置，要求具有良好的快速反应性能，准确而灵敏地跟踪数控装置发出的数字指令信号，并能忠实地执行来自数控装置的指令，提高系统的动态跟随特性和静态跟踪精度。

伺服系统包括驱动装置和执行机构两大部分。驱动装置由主轴驱动单元、进给驱动单元和主轴伺服电动机、进给伺服电动机组成。步进电动机、直流伺服电动机和交流伺服电动机是常用的驱动装置。

测量元件将数控机床各坐标轴的实际位移值检测出来并经反馈系统输入到机床的数控装置中，数控装置对反馈回来的实际位移值与指令值进行比较，并向伺服系统输出达到设定值所需的位移量指令。

(7)机床主体

机床主机是数控机床的主体。它包括床身、底座、立柱、横梁、滑座、工作台、主轴箱、进给机构、刀架及自动换刀装置等机械部件。它是在数控机床上自动地完成各种切削加工的机械部分。与传统的机床相比，数控机床主体具有如下结构特点：

1)采用具有高刚度、高抗振性及较小热变形的机床新结构。通常用提高结构系统的静刚度、增加阻尼、调整结构件质量和固有频率等方法来提高机床主机的刚度和抗振性，使机床主体能适应数控机床连续自动地进行切削加工的需要。采取改善机床结构布局、减少发热、控制温升及采用热位移补偿等措施，可减少热变形对机床主机的影响。

2)广泛采用高性能的主轴伺服驱动和进给伺服驱动装置，使数控机床的传动链缩短，简化了机床机械传动系统的结构。

3)采用高传动效率、高精度、无间隙的传动装置和运动部件，如滚珠丝杠螺母副、塑料滑动导轨、直线滚动导轨、静压导轨等。

(8)数控机床辅助装置

辅助装置是保证充分发挥数控机床功能所必需的配套装置，

常用的辅助装置包括：气动、液压装置，排屑装置，冷却、润滑装置，回转工作台和数控分度头，防护，照明等各种辅助装置。

数控加工设备主要包括数控车床和数控铣床，下面主要介绍数控车床和数控铣床。

3. 数控铣削设备特点

数控铣床是在一般铣床的基础上发展起来的，两者的加工工艺基本相同，结构也有些相似。数控铣床有分为不带刀库和带刀库两大类。其中带刀库的数控铣床又称为加工中心。

数控铣削加工除了具有普通铣床加工的特点外，还有如下特点：

(1)零件加工的适应性强、灵活性好，能加工轮廓形状特别复杂或难以控制尺寸的零件，如模具类零件、筒段类零件等。

(2)能加工普通机床无法加工或很难加工的零件，如用数学模型描述的复杂曲线零件以及三维空间曲面类零件。

(3)能加工一次装夹定位后，需进行多道工序加工的零件。

(4)加工精度高、加工质量稳定可靠，数控装置的脉冲当量一般为 0.001 mm，高精度的数控系统可达 0.1 μm，另外，数控加工还避免了操作人员的操作失误。

(5)生产自动化程度高，可以减轻操作者的劳动强度。有利于生产管理自动化。

(6)生产效率高，数控铣床一般不需要使用专用夹具等专用工艺设备，在更换工件时只需调用存储于数控装置中的加工程序、装夹工具和调整刀具数据即可，因而大大缩短了生产周期。其次，数控铣床具有铣床、镗床、钻床的功能，使工序高度集中，大大提高了生产效率。另外，数控铣床的主轴转速和进给速度都是无级变速的，因此有利于选择最佳切削用量。

4. 数控铣削设备结构类型及特点

数控铣床主要组成部分包括：床身部分，铣头部分，工作台部分，横进给部分，升降台部分，冷却、润滑部分。

数控铣床的基础件通常是指床身、立柱、横梁、工作台、底座等结构件，其尺寸较大（俗称大件），并构成了机床的基本框架。其他部件附着在基础件上，有的部件还需要沿着基础件运动。由于基础件起着支撑和导向的作用，因而对基础件的要求是刚度好。

铣头部分由变速箱和铣头两个部件组成。铣头主轴支承在高精度轴承上，保证主轴具有高回转精度和良好的刚性。主轴装有快速换刀螺母。主轴采用机械无级变速，其调节范围宽，传动平稳，操作方便。刹车机构能使主轴迅速制动，可节省辅助时间，刹车时通过制动手柄撑开止动环使主轴立即制动。启动主电动机时，应注意松开主轴制动手柄。铣头部件还装有伺服电机、内齿带轮、滚珠丝杠副及主轴套筒，它们形成垂直方向（Z 方向）进给传动链，使主轴作垂向直线运动。

工作台与床鞍支承在升降台较宽的水平导轨上，工作台的纵向进给是由安装在工作台右端的伺服电机驱动的。通过内齿带轮带动精密滚珠丝杠剐，从而使工作台获得纵向进给。工作台左端装有手轮和刻度盘，以便进行手动操作。

机床的冷却系统是由冷却泵、出水管、回水管、开关及喷嘴等组成，冷却泵安装在机床底座的内腔里，冷却泵将切削液从底座内储液池打至出水管，然后经喷嘴喷出，对切削区进行冷却。

润滑系统是由手动润滑油泵、分油器、节流阀、油管等组成。机床采用周期润滑方式，用手动润滑油泵，通过分油器对主轴套筒、纵横向导轨及三向滚珠丝杆进行润滑，以提高机床的使用寿命。

从数字控制技术特点看。由于数控机床采用了伺服电机，应用数字技术实现了对机床执行部件工作顺序和运动位移的直接控制，传统机床的变速箱结构被取消或部分取消了，因而机械结构也大大简化了。数字控制还要求机械系统有较高的传动刚度和无传动间隙，以确保控制指令的执行和控制品质的实现。同时，由于计算机水平和控制能力的不断提高，同一台机床上允许更多功能部件同时执行所需要的各种辅助功能已成为可能，因而数控机床的机械结构比传统机床具有更高的集成化功能要求。

从制造技术发展的要求看，随着新材料和新工艺的出现，以及市场竞争对低成本的要求，金属切削加工正朝着切削速度和精度越来越高、生产效率越来越高和系统越来越可靠的方向发展。这就要求在传统机床基础上发展起来的数控机床精度更高，驱动功率更太，机械机构动静热态刚度更好，工作更可靠，能实现长时同连续运行和尽可能少的停机时间。

(1)数控立式铣床

具有的数控系统可控制 X,Y,Z 三个坐标轴并可同时联动。

主要用途：主要用于加工各类较复杂的平面、空间曲面和筒段类零件。

数控立式升降台铣床外形如图 2-1 所示。

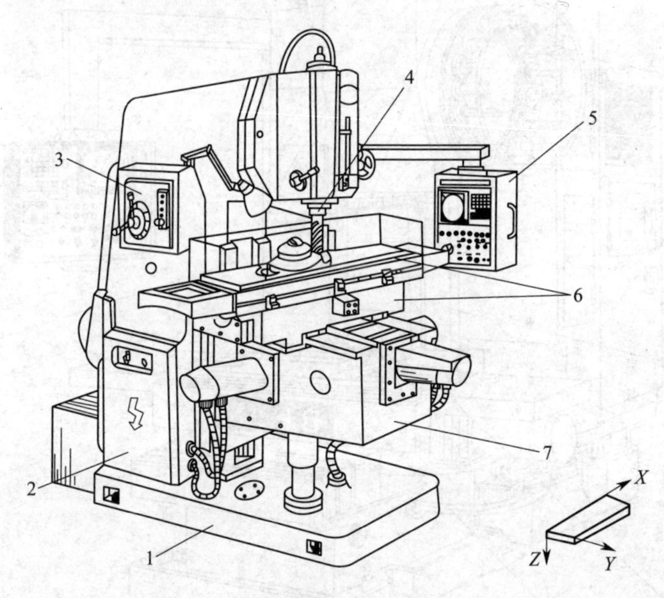

图 2-1　数控立式升降台铣床外形图

1—底座；2—床身；3—变速箱；4—立铣头；5—控制台；6—滑座和工件台；7—升降台

(2)铣削加工中心

具有实现自动控制的数控系统并备有刀库能自动更换刀具。

工件经一次装夹后，数控系统能控制机床按不同工序自动选择和更换刀具，自动改变机床主轴转速、进给量和刀具相对工件的运动轨迹及其他辅助机能，依次完成工件几个面上多工序的加工。常用的有加工箱体类零件的立式加工中心、卧铣加工中心。

主要用途：加工中心适用于零件形状比较复杂、精度要求较高、产品更换频繁的中小批量生产。

立式加工中心外形如图 2-2 所示，镗铣类加工中心外形如图 2-3 所示。

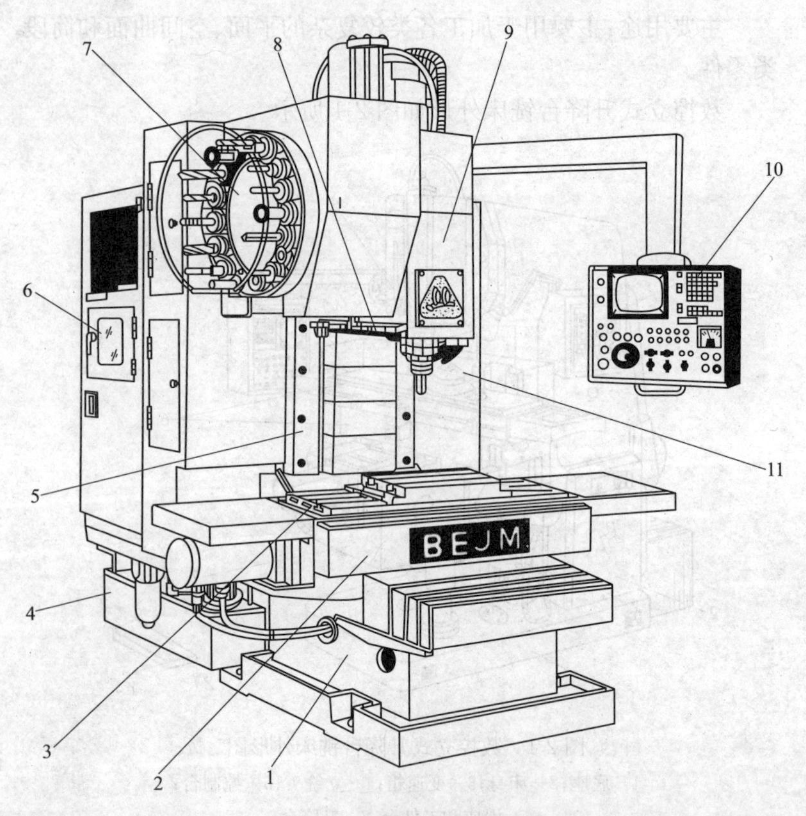

图 2-2　立式加工中心外形

1—床身；2—滑座；3—工作台；4—数控柜底座；5—立柱；6—数控柜；7—刀库；8—机械手；9—主轴箱；10—操作面板；11—驱动电柜

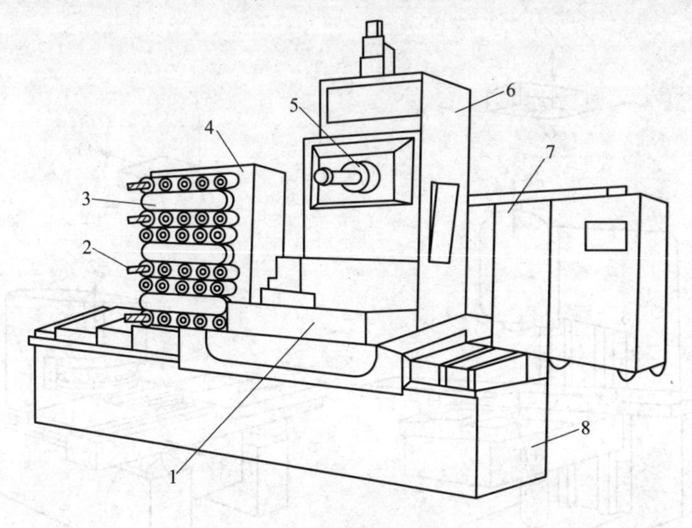

图 2-3　镗铣类加工中心

1—工作台；2—刀具；3—传送带；4—刀库；5—主轴；
6—立柱；7—控制柜；8—床身

5. 数控铣床坐标系

数控铣床各坐标轴方向如图 2-4 所示。

(1)坐标系原点

在数控铣床上，机床原点一般由机床导轨上一固定点作参考点来确定，如图 2-5 所示。图中 O_1 即为立式数控铣床的机床原点，O_1 点位于 X、Y、Z 三轴正向移动的极限位置。

(2)工件坐标系原点(编程原点)

在零件上选定一特定点为原点建立坐标系，该坐标系为工件坐标系。坐标原点是确定工件轮廓的编程和连接点计算的原点，叫工件原点，也叫编程原点。工件坐标系也叫编程坐标系。如图中所示的 O_2 点。编程原点应尽量选择在零件的设计基准或工艺基准上，并考虑到编程的方便性，编程坐标系中各轴的方向应该与所使用数控机床相应的坐标轴方向一致。

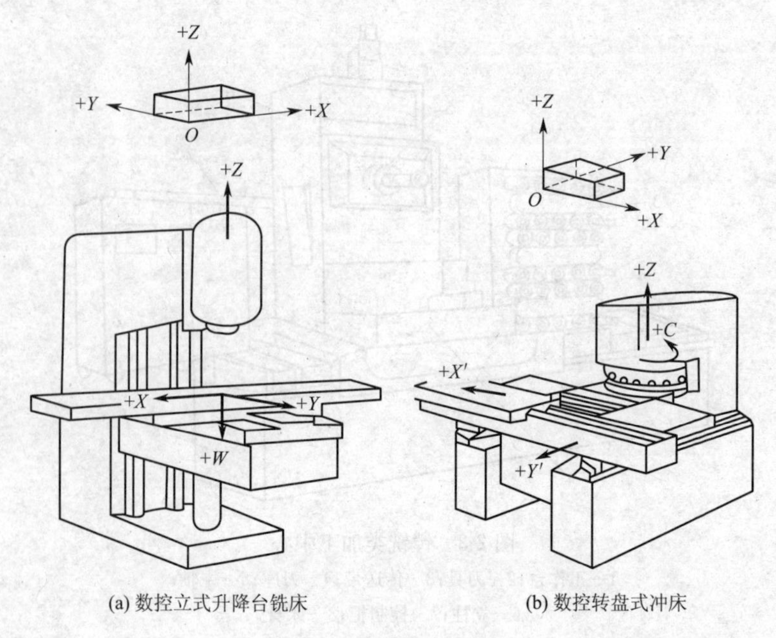

(a) 数控立式升降台铣床　　(b) 数控转盘式冲床

图 2-4　数控铣床坐标系

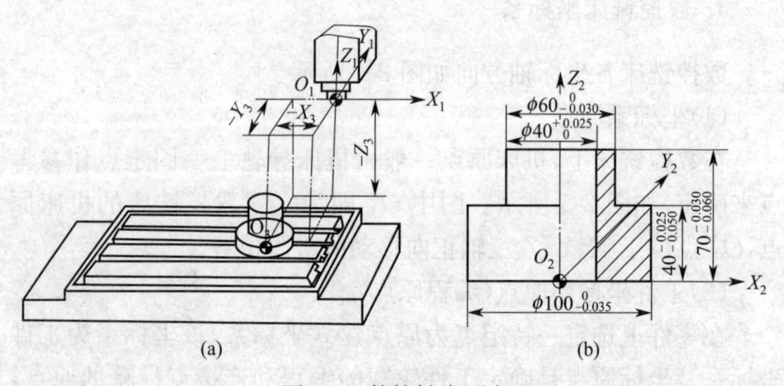

(a)　　(b)

图 2-5　数控铣床原点

(3)加工原点

加工原点也称程序原点，是指零件被装卡好后，相应的编程原点在机床原点坐标系中的位置。在加工过程中，数控机床是按照工件装卡好后的加工原点及程序要求进行自动加工的。加工原点如图中的O_3所示。加工坐标系原点在机床坐标系下的坐标值X_3、Y_3、Z_3，即为系统需要设定的加工原点设置值。

因此，编程人员在编制程序时，只要根据零件图样确定编程原点，建立编程坐标系，计算坐标数值，而不必考虑工件毛坯装卡的实际位置。对加工人员来说，则应在装卡工件、调试程序时，确定加工原点的位置，并在数控系统中给予设定(即给出原点设定值)，这样数控机床才能按照准确的加工坐标系位置开始加工。

6. 数控铣削加工中心分类

(1)按加工工序分类

1)镗铣；

2)车铣。

(2)按控制轴数分类

1)三轴加工中心；

2)四轴加工中心；

3)五轴加工中心。

(3)按加工中心运动坐标数和同时控制的坐标数分类

有三轴二联动、三轴三联动、四轴三联动、五轴四联动、六轴五联动等。三轴、四轴是指加工中心具有的运动坐标数，联动是指控制系统可以同时控制运动的坐标数，从而实现刀具相对工件的位置和速度控制。

(4)按功能分类

1)主轴形式：有单主轴、双主轴或三主轴。

2)工作台形式：单工作台，双工作台托盘交换系统，多工作台托盘交换系统。

3)刀库形式：回转式刀库，链式刀库。

4)组成：数控系统、机体、主轴、进给系统、刀库、换刀机构、操作面板、托盘交换系统(或工作台)和辅助系统等。

(5)按加工精度分类

有普通加工中心和高精度加工中心。普通加工中心，分辨率为 1 μm，最大进给速度 15～25 m/min，定位精度 10 μm 左右。高精度加工中心、分辨率为 0.1 μm，最大进给速度为 15～100 m/min，定位精度为 2 μm 左右。介于 2～10 μm 之间的，以±5 μm 较多，可称精密级。

(6)按主轴与工作台相对位置分类

1)卧式加工中心：是指主轴轴线与工作台平行设置的加工中心，主要适用于加工箱体类零件。卧式加工中心一般具有分度转台或数控转台，可加工工件的各个侧面；也可作多个坐标的联合运动，以便加工复杂的空间曲面。如图 2-6 所示。

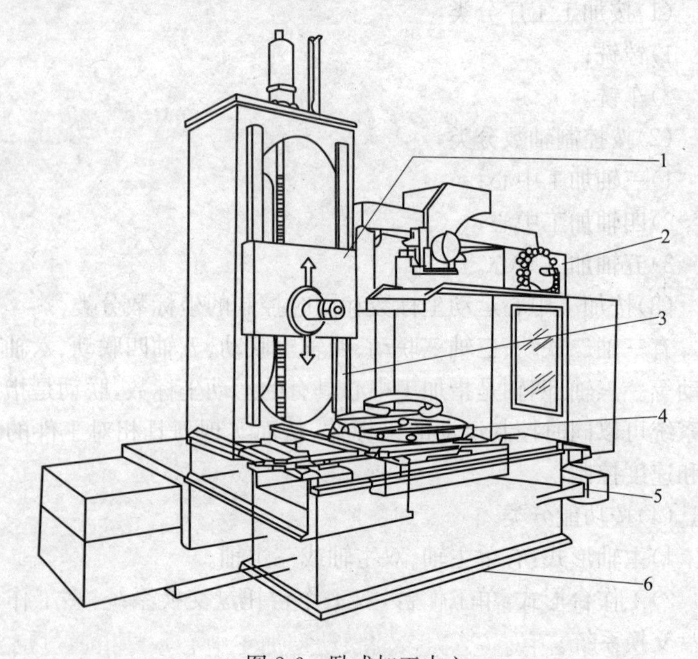

图 2-6　卧式加工中心

1—主轴头；2—刀库；3—立柱；4—立柱底座；5—工作台；6—工作台底座

2)立式加工中心：是指主轴轴线与工作台垂直设置的加工中心，主要适用于加工板类、盘类、模具及小型筒段类复杂零件。立式加工中心一般不带转台，仅作顶面加工。如图 2-7 所示。

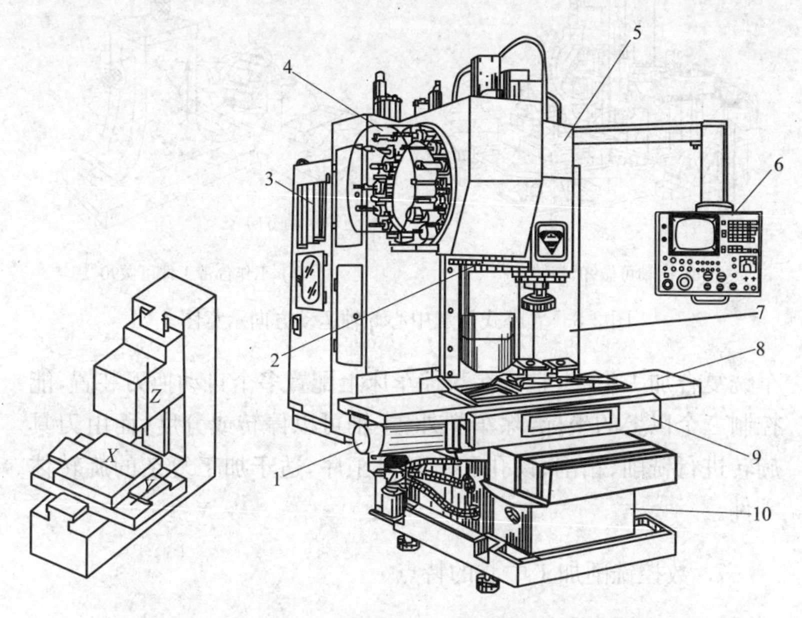

图 2-7 JCS-018A 型立式加工中心示意图及外观图

1—X 轴的直流伺服电动机；2—换刀机械手；3—数控柜；4—盘式刀库；5—主轴箱；6—操作面板；7—驱动电源柜；8—工作台；9—滑座；10—床身

3）立卧式加工中心：除立式加工中心和卧式加工中心之外，还有带立、卧两个主轴的复合式加工中心和主轴能调整成卧轴或立轴的立卧可调式加工中心，它们能对工件进行五个面的加工。立卧式加工中心利用铣头的立卧转换机构实现从立式加工方式转换为卧式加工方式或从卧式加工方式转换为立式加工方式，这种加工中心的加工适用面更为广泛。如图 2-8 所示。

4）万能加工中心（又称多轴联动型加工中心）：是指通过加工主轴轴线与工作台回转轴线的角度可控制联动变化，完成复杂空间曲面加工的加工中心。适用于具有复杂空间曲面的叶轮转子、模具、刀具等工件的加工。

5）多工序集中加工的形式扩展到了其他类型数控机床，例如

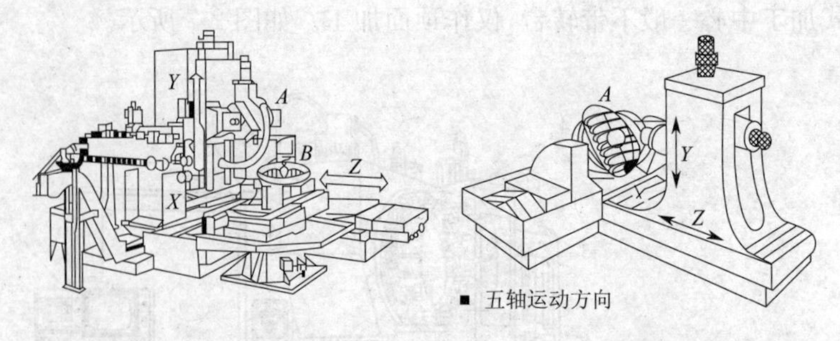

图 2-8　立卧式加工中心 5 轴运动方向示意图

车铣复合加工中心，它是在数控车床上配置多个自动换刀装置，能控制三个以上的坐标，除车削外，主轴可以停转或分度，而由刀具旋转进行铣削、钻削、铰孔和攻丝等工序，适于加工复杂的旋转体零件。

7. 数控铣削加工中心的特点

工件在加工中心上经一次装夹后，数字控制系统能控制机床按不同工序，自动选择和更换刀具，自动改变机床主轴转速、进给量和刀具相对工件的运动轨迹及其他辅助机能，依次完成工件几个面上多工序的加工。并且有多种换刀或选刀功能，从而使生产效率大大提高。如图 2-9 所示。

加工中心由于工序的集中和自动换刀，减少了工件的装夹、测量和机床调整等时间，使机床的切削时间达到机床开动时间的80%左右（普通机床仅为 15%～20%）；同时也减少了工序之间的工件周转、搬运和存放时间，缩短了生产周期，具有明显的经济效果。加工中心适用于零件形状比较复杂、精度要求较高、产品更换频繁的中小批量生产。

（1）加工中心与数控机床区别

与数控铣床相同的是，加工中心同样是由计算机数控系统（CNC）、伺服系统、机械本体、液压系统等各部分组成。

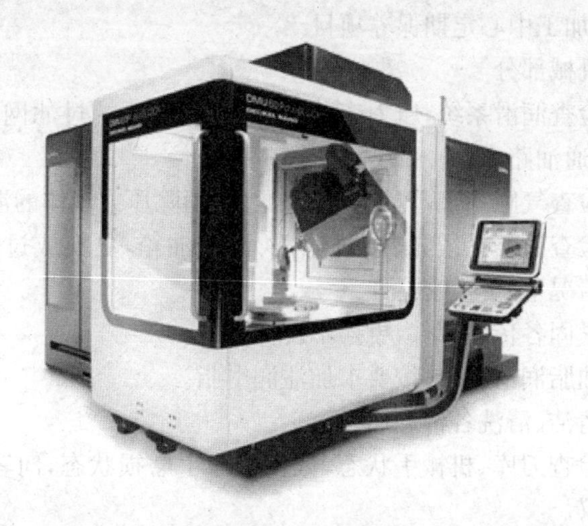

图 2-9　加工中心

但加工中心又不等同于数控铣床,加工中心与数控铣床的最大区别在于加工中心具有自动交换刀具的功能,通过在刀库安装不同用途的刀具,可在一次装夹中通过自动换刀装置改变主轴上的加工刀具,实现钻、镗、铰、攻螺纹、切槽等多种加工功能。

(2)加工中心定期检查项目

1)主轴在额定最高转速下运转轴承检测——状态测振仪;

2)设备水平检测——水平仪;

3)$X/Y/Z$ 轴相互垂直度检测——方箱/角尺;

4)$X/Y/Z$ 轴重复定位精度检测——激光干涉仪(视设备品牌可以自动补偿);

5)$X/Y/Z$ 轴累计误差检测——激光干涉仪(视设备品牌可以自动补偿);

6)主轴径向跳动检测;

7)主轴与工作台面的垂直度检测;

8)$X/Y/Z$ 轴滚珠丝杠轴承状态检测;

9)$X/Y/Z$ 轴丝杠状态检测。

(3)加工中心定期保养项目

1)机械部分

①检查润滑系统,压力表状态,清洗润滑系统过滤网,更换润滑油,疏通油路。

②检查气路系统,清洁空气过滤网,消除压力气体的泄漏。

③检查液路系统,清洁过滤器、清洗油箱,更换或过滤油液。可能的情况下,更换密封件。

④紧固各传动部件,更换不良标准件。

⑤油脂润滑部位,按要求加注润滑脂。

⑥清洁、清洗各传动面。

⑦检查刀库、机械手状态,分析机械手磨损状态,向客户提出更换建议。

⑧修复修正外部元件的损坏件。

⑨检查防护罩状态。准确的将信息反馈给客户。

2)电气部分

①清洁控制柜内电气元件,检查、紧固接线端子的紧固状态。

②清洗、清洁数控系统控制模块、电路板,清洁风扇,空气过滤网,清洁散热装置。

③清洁伺服电机风扇叶片。

④清洁操作面板内部元件,电路板、风扇。检查插接件的紧固状态。

(4)加工中心安全规则

1)必须遵守加工中心安全操作规程。

2)工作前按规定应穿戴好防护用品,扎好袖口,不准戴围巾、戴手套、打领带、围围裙,女工发辫应挽在帽子内。

3)开机前检查刀具补偿、机床零点、工件零点等是否正确。

4)各按钮相对位置应符合操作要求。认真编制、输入数控程序。

5)要检查设备上的防护、保险、信号、位置、机械传动部分、电气、液压、数显等系统的运行状况,在一切正常的情况下方可进行切削加工。

6)加工前机床试运转,应检查润滑、机械、电气、液压、数显等系统的运行状况,在一切正常的情况下方可进行切削加工。

7)机床按程序进入加工运行后,操作人员不准接触运动着的工件、刀具和传动部分,禁止隔着机床转动部分传递或拿取工具等物品。

8)调整机床、装夹工件和刀具以及擦拭机床时,必须停车进行。

9)工具或其他物品不许放在电器、操作柜及防护罩上。

10)不准用手直接清除铁屑,应使用专门工具清扫。

11)发现异常情况及报警信号,应立即停车,请有关人员检查。

12)不准在机床运转时离开工作岗位,因故要离开时,将工作台放在中间位置,刀杆退回,必须停车,并切断主机电源。

(5)加工中心刀库

加工中心的自动换刀装置由存放刀具的刀库和换刀机构组成。刀库种类很多,常见的有盘式和链式两类。链式刀库存放刀具的容量较大。

换刀机构在机床主轴与刀库之间交换刀具,常见的为机械手;也有不带机械手而由主轴直接与刀库交换刀具的,称无臂式换刀装置。

加工中心刀库分为圆盘式刀库及机械手刀库两种。

(6)圆盘式刀库

圆盘式刀库应该称之为固定地址换刀刀库,即每个刀位上都有编号,一般从1编到12、18、20、24等,即为刀号地址。操作者把一把刀具安装进某一刀位后,不管该刀具更换多少次,总是在该刀位内。

1)制造成本低。主要部件是刀库体及分度盘,只要这两样零件加工精度得到保证即可,运动部件中刀库的分度使用的是非常经典的“马氏机构”,前后、上下运动主要选用气缸。装配调整比较方便,维护简单。一般机床制造厂家都能自制。

2)每次机床开机后刀库必须“回零”,刀库在旋转时,只要挡板靠近(距离为0.3 mm左右)无触点开关,数控系统就默认为1号刀。并以此为计数基准,“马氏机构”转过几次,当前就是几号刀。只要机床不关机,当前刀号就被记忆。刀具更换时,一般按最近距离旋转原则,刀号编号按逆时针方向,如果刀库数量是18,当前刀号位8,要换6号刀,按最近距离换刀原则,刀库是逆时针转。如要换10号刀,刀库是顺时针转。机床关机后刀具记忆清零。

3)固定地址换刀刀库换刀时间比较长,国内的机床一般要8 s以上(从一次切削到另一次切削)。

4)圆盘式刀库的总刀具数量受限制,不宜过多,一般40号刀柄的不超过24把,50号的不超过20把,大型龙门机床也有把圆盘转变为链式结构,刀具数量多达60把。

(7)机械手刀库

机械手刀库换刀是随机地址换刀。每个刀套上无编号,它最大的优点是换刀迅速、可靠。

1)制造成本高。刀库由一个个刀套链式组合起来,机械手换刀的动作有凸轮机构控制,零件的加工比较复杂。装配调试也比较复杂,一般由专业厂家生产,机床制造商一般不自制。

2)刀号的计数原理。与固定地址选刀一样,它也有基准刀号:1号刀。但我们只能理解为1号刀套,而不是零件程序中的1号刀:T1。系统中有一张刀具表,它有两栏,一栏是刀套号,一栏是对应刀套号的当前程序刀号。假如我们编一个三把刀具的加工程序,刀具的放置起始是1号刀套装T1(1号刀),2号刀套装T2,3号刀套装T3,我们知道当主轴上T1在加工时,T2刀即准备好,换刀后,T1换进2号刀套,同理,在T3加工时,T2就装在3号刀套里。一个循环后,前一把刀具就安装到后一把刀具的刀套里。数控系统对刀套号及刀具号的记忆是永久的,关机后再开机刀库不用“回零”即可恢复关机前的状态。如果“回零”,那必须在刀具表中修改刀套号中相对应的刀具号。

3)机械手刀库换刀时间一般为4 s(从一次切削到另一次切削)。

4)刀具数量一般比圆盘刀库多，常规有18、20、30、40、60等。

5)刀库的凸轮箱要定期更换起润滑、冷却作用的齿轮油。

8. 加工中心操作要点

作为一个熟练的操作人员，必须在了解加工零件的要求、工艺路线、机床特性后，方可操纵机床完成各项加工任务。因此，整理几项操作要点供参考：

为了简化定位与安装，夹具的每个定位面相对加工中心的加工原点都应有精确的坐标尺寸。

为保证零件安装方位与编程中所选定的工件坐标系及机床坐标系方向一致性，应定向安装。

能经短时间的拆卸，改成适合新工件的夹具。由于加工中心的辅助时间已经压缩得很短，配套夹具的装卸不能占用太多时间。

夹具应具有尽可能少的元件和较高的刚度。

夹具要尽量敞开，夹紧元件的空间位置能低则低，安装夹具不能和工步刀具轨迹发生干涉。

保证在主轴的行程范围内使工件的加工内容全部完成。

对于有交互工作台的加工中心，由于工作台的移动、上托、下托和旋转等动作，夹具设计必须防止夹具和机床的空间干涉。

尽量在一次装夹中完成所有的加工内容。当非要更换夹紧点时，要特别注意不能因更换夹紧点而破坏定位精度，必要时在工艺文件中说明。

夹具底面与工作台的接触，夹具的底面平面度必须保证在0.01～0.02 mm，表面粗糙度不大于$Ra3.2\ \mu m$。

9. 多轴数控铣床常见类型

所谓多轴数控机床是指在一台机床上至少具备第四轴，即三个直线坐标轴和一个旋转坐标轴，并且四个坐标轴可以在计算机数控(CNC)系统的控制下同时协调运动进行加工。五轴数控机床指的是该机床具有三个直线坐标轴和两个旋转坐标轴。并且可以同时控制，联动加工。与三轴联动数控机床相比较，利用多轴联动数控机床进行加工的主要优点是：

(1)可以在一次装夹的条件下完成多面加工，从而提高零件的加工精度和加工效率。

(2)由于多轴机床的刀轴可以改变，刀具或工件的姿态角可以随时调整，所以可以加工更加复杂的零件。

(3)由于刀具或工件的位姿角度可调，所以可以避免刀具干涉、欠切和过切现象的发生。从而获得更高的切削速度和切削线宽，使切削效率和加工表面质量得以改善。

(4)多轴机床的应用，可以简化刀具形状，从而降低了刀具成本。同时还可以改善刀具的长径比，使刀具的刚性、切削速度、进给速度得以大大提高。

由于增加了旋转轴，所以与三轴数控机床相比较，多轴机床的刀具或工件的运动形式更为复杂，形式也有多种。

10. 三轴立式加工中心附带数控转台的四轴联动机床

如图 2-10 所示，这类机床是在三轴立式数控铣床或加工中心上，附加具有一个旋转轴的数控转台来实现四轴联动加工，即所谓 3+1 形式的四轴联动机床。由于是基于立式铣床或加工中心作为主要加工形式，所以数控转台只能算作是机床的一个附件。这类机床的优点是：

(1)价格相对便宜。由于数控转台是一个附件，所以用户可以根据需要选配。

(2)装夹方式灵活。用户可以根据工件的形状选择不同的附件。既可以选择三爪卡盘装夹，也可以选配四爪卡盘或者花盘装夹。

需要注意的是：

(1)这类机床的数控系统一定具有第四轴的驱动单元，同时具备控制四轴联动的功能。如果只有三个伺服系统，是不能做到四轴联动的。

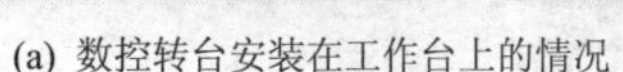

(a) 数控转台安装在工作台上的情况　　(b) 数控转台装夹工件的情况

图 2-10　数控转台

(2)数控转台的尺寸规格会影响原有机床的加工范围。用户要根据被加工的工件尺寸合理选择数控转台的尺寸规格。

立式加工中心可选用沈阳机床厂的 VMC850E 机床。该机床的特点是:结构紧凑,性价比高。其结构特点如图 2-11 所示。

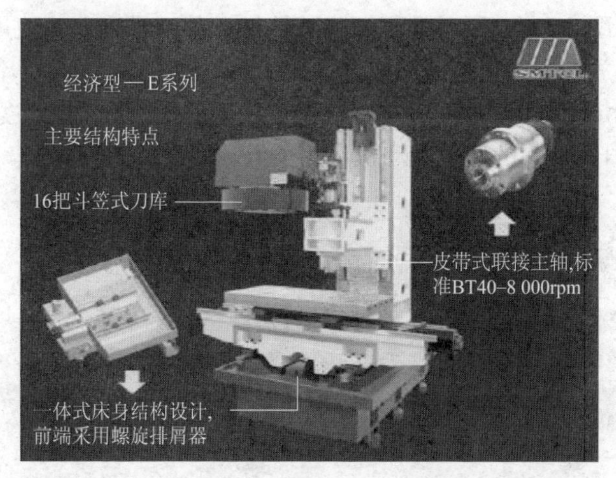

图 2-11　VMC850E 立式加工中心的机构示意图

11. 三轴立式加工中心附带可倾斜式数控转台的五轴联动机床

如图 2-12 所示,这类机床是在三轴立式数控铣床或加工中心上，附加具有两个旋转轴的可倾式（摇篮式）数控转台来实现五轴联动加工，即所谓 3＋2 形式的五轴联动机床。只要机床的数控系统具有五个伺服单元，同时具备控制五轴联动的功能，用户只要安装上可倾式数控转台，即可进行五轴联动的数控加工。

图 2-12　安装可倾式数控转台的五轴联动机床

如图 2-13(a)所示是可倾式数控转台的型号之一。使用时一般是平放在立式数控铣床或立式加工中心的工作台面上。各个坐标轴的定义如图 2-13(b)所示。这类机床的优点和需要注意的方面与 3＋1 形式的四轴联动机床相类似。

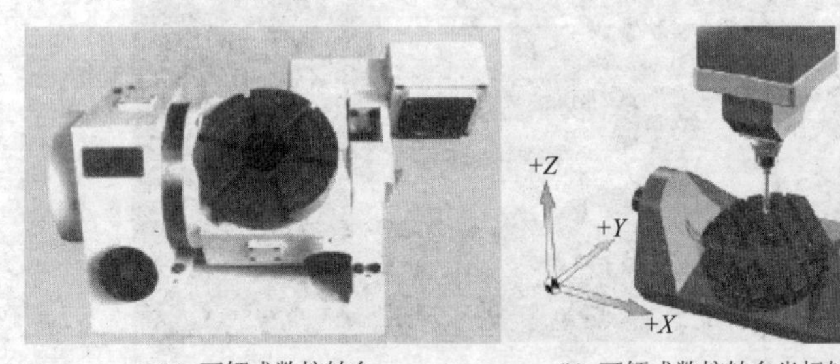

(a) 可倾式数控转台　　(b) 可倾式数控转台坐标轴示意图

图 2-13　可倾式数控转台示意图

需要注意的是：(1)机床的数控系统必须具有五轴联动的功能。(2)当立式数控铣床或加工中心安装了可倾式数控转台以后，受转台自身高度的影响，可用于加工的 Z 轴行程就减小了。用户在使用时，除了要考虑被加工零件的高度以外，还要考虑刀具的长度。(3)数控转台通常需要压缩空气给锁紧装置提供动力，所以要备有气源。

12. 四轴立式加工中心附带数控转台的五轴联动机床(五轴：4+1)

这类立式数控铣床或加工中心的标准设计就是立铣头可以围绕 Y 轴旋转，即机床具有 B 轴。使用时附加具有一个旋转轴的数控转台，来实现五轴联动加工。这就是所谓 4+1 形式的五轴联动机床。

如图 2-14 所示，XKR400 是北京机电院生产的五轴联动加工中心。该机床具有可以摆动的 B 轴和可以 360°任意分度的 C 轴。

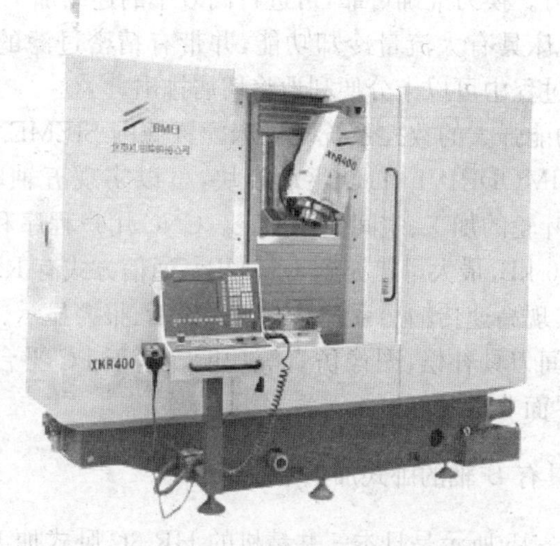

图 2-14　具有 B 轴和 C 轴的五轴联动机床

下面简单介绍一下 XKR400 五轴联动加工中心的特点：

该机床是为满足叶轮加工的需要，应用世界先进技术和最新构思设计开发的五轴数控机床，机床配置 X、Y、Z 三个直线轴和 B、C 二个回转轴。机床主要用于中、小型叶轮的加工，三维复杂曲面的加工，以及凸轮、模具、箱体、阀体和盘类零件的加工。适用于机械、航空、汽车、模具等行业。机床的特点为：

(1)大功率高速电主轴。机床采用德国西门子高精度电主轴，功率达到 12 kW，最高转速可达 12 000 r/min。

(2)大扭距、高精度的回转轴。机床的 B、C 回转轴均采用精密角度编码器闭环控制，确保高回转精度。B 轴采用德国西门子力矩电机直接驱动，响应快，无间隙传动。B 轴输出额定扭矩为 600 N·m，最大扭矩为 1 200 N·m。

(3)合理的机床结构布局、树脂砂铸造的优质铸铁基础件、高刚性高精度的直线滚柱导轨以及高刚性的精密传动元件使机床刚性大大提高。

(4)稳定可靠的自动换刀装置。机床采用无机械手换刀，可进行任意选刀。换刀准确可靠，可进行高效率的连续加工。

(5)机床具有大流量冷却功能，并带有精密过滤的自动排屑器。加工过程中可以十分便利地将切屑排出。

(6)功能强大的数控系统。机床配置德国 SIEMENS840D 数控系统，SIMODRIVE611D 驱动模块，可以实现五轴联动加工。如复杂的叶轮的加工、空间曲面加工。CNC 用户程序和数据内存容量为 256 kB，最大可扩充到 1.5 MB。通信方式有 RS-232 和以太网，可实现高速传输。系统具有错误诊断、报警显示、状态查询、平面和空间刀具补偿、图像仿真等功能。基于 PC 平台开发的软件，人机界面非常友好。

13. 具有 B 轴的卧式加工中心(四轴)

如图 2-15 所示是日本三井精机的 HR-3C 卧式加工中心。该机床是高精度加工中心，它采用全闭环控制系统。反馈元件是精密直线光栅尺和圆光栅。主机采用横床身、框架式动立柱布局，分度转台采用高精度多齿盘。数控系统是 FANUC-11M。该机床配有两个可自动交换的工作台(APC),当左工作台上的工件处在加工状态时,操作者可在右工作台上对另一工件进行准备工作。从而提高加工效率。该机床适合于箱体类零件的加工。例如各种减速箱、阀体以及需多面加工的零件等。

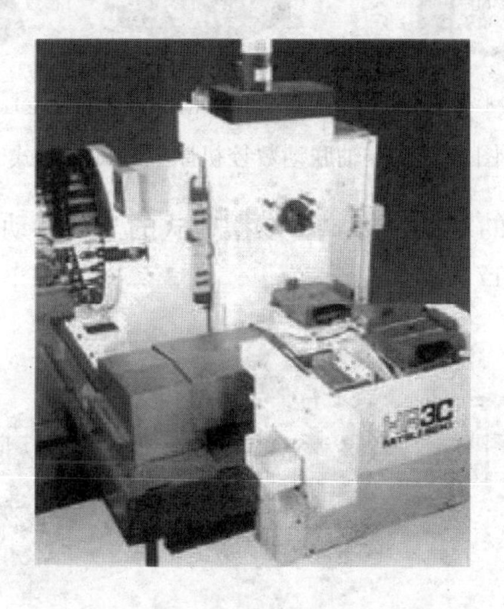

图 2-15　具有 B 轴的卧式加工中心

14. 五轴联动数控铣床(加工中心)

五轴联动数控铣床旋转部件的运动方式各有不同,有些机床设计成刀具摆动的形式,而有些机床则设计成工件摆动的形式。大体可以归纳为三种形式:双摆台形式(图 2-16(a))、双摆头形式(如图 2-16(b)所示)和一摆台一摆头形式(图 2-16(c))。

(1)双摆台式的五轴联动铣床

很多中、小型五轴联动数控铣床均采用这种形式。由于被加工的工件相对较小、较轻,所以机床设计为双摆台的形式可以更有效地利用机床空间使加工范围更大,因为主轴是固定不变的,所以刀具长度不会影响摆动误差。同时由于工作台可旋转和可倾斜,所以也方便于操作。上文中所述 3+2 形式的立式五轴联动加工

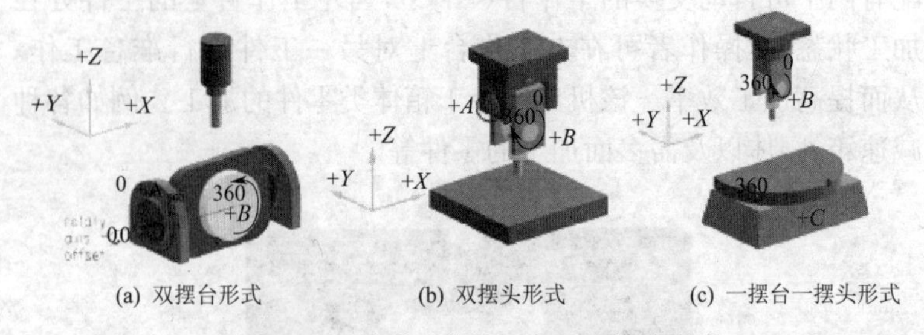

(a) 双摆台形式　　(b) 双摆头形式　　(c) 一摆台一摆头形式

图 2-16　五轴联动数控机床三种旋转形式

中心就是典型的双摆台形式。双摆台式的五轴联动数控铣床的结构形式如图 2-17 所示。

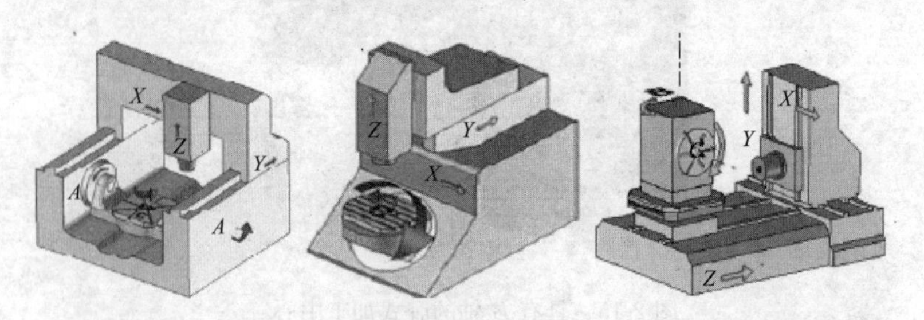

(a) 龙门式结构设计和摇篮式双摆台五轴联动数控铣床　(b) 立卧转换式双摆台五轴联动数控铣床　(c) 基于卧式加工中心的双摆台五轴联动数控铣床

图 2-17　双摆台式的五轴联动数控铣床的几种结构形式

下面介绍几种双摆台式五轴联动加工中心：

1)瑞士 MIKRONHPM600U 五轴联动加工中心、瑞士 GF 阿奇夏米尔的 MIKRONHPM600U/800U 精密型 5 轴联动加工中心是针对精密零件加工行业的最新产品。它具有高动态特性、高速加工特性和 5 轴联动的特点。如图 2-18 所示。

①机床结构

HPM600U/800U 加工中心采用混凝土聚合物整体压铸的落地床身，新型龙门框架式结构，X、Y、Z 三轴导轨各自独立，从而保证了极高的精度稳定性。机床主轴采用立式结构，可以保证更高的切削稳定性。特殊设计的大摆角回转工作台采用扭矩电机直

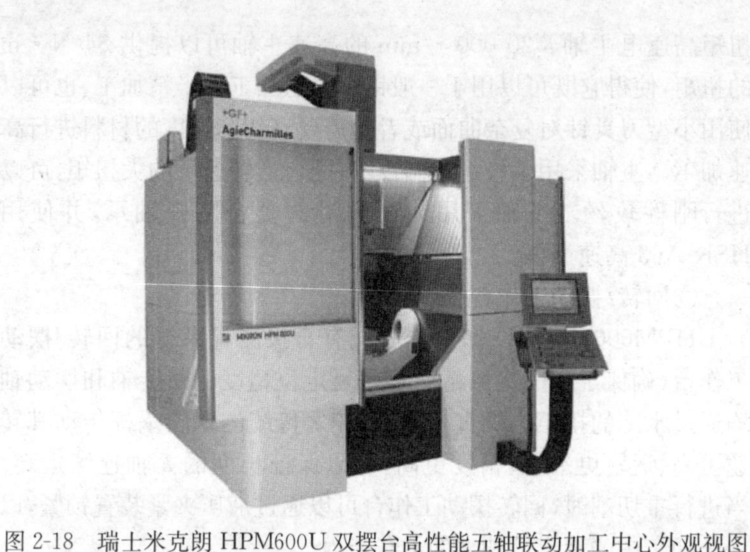

图 2-18　瑞士米克朗 HPM600U 双摆台高性能五轴联动加工中心外观视图

接驱动，强力液压机构锁紧，两端支撑在床身上，保证了良好的刚性。依照人机工程学理念，机床设计得更加合理和人性化。不论从机床的正面还是从机床的侧面都可以方便地进行加工操作，以及观察刀具加工的情况。如图 2-19 所示。

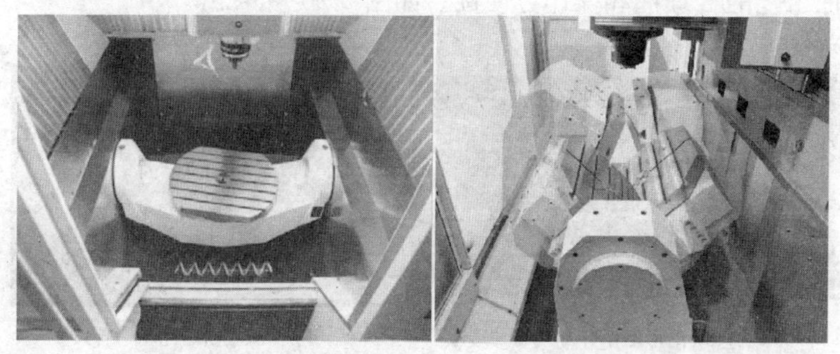

(a) 宽大的加工区保证了良好的视野以及操作方便性　　(b) 从机床的侧面也可以观察到刀具的加工情况

图 2-19　HPM600U 高性能五轴联动加工中心的设计

②大扭矩高速电主轴

HPM600U/800U 加工中心配有 GF 阿奇夏米尔 Step-Tec 大

扭矩高速电主轴。20 000 r/min 的高速主轴可以提供 84 N·m 的扭矩，使得它既可以用于一般钢材的粗加工和半精加工，也可以使用小型刀具针对复杂曲面或者是需要高切削速度的材料进行高速加工。主轴采用了矢量控制技术，配合低转速下的大扭矩，可以进行刚性攻丝。主轴采用油气润滑的复合陶瓷轴承，并使用 HSK-A63 高速刀柄。

③回转/摆动工作台

HPM600U/800U 加工中心配有直接测量系统的回转/摆动工作台，确保了高的定位精度和重复定位精度。回转轴和摆动轴均通过水冷的扭矩电机直接驱动，较之传统的蜗轮蜗杆传动其转速更高、运转更平稳、精度更高，可以保证长期的 5 轴连续运转。当进行重切削时，回转摆动工作台可以通过液压夹紧装置锁紧，以保证加工中的稳定性和大的承载能力。

工作台摆动范围可达＋91°～－121°，实现了工件的立卧转换加工。联动加工时可加工最大工件尺寸：ϕ860 mm，最大工件重量可达 800 kg。

根据不同的应用，工作台可以选择不同尺寸、形状的台面，保证工艺的合理性和操作方便性。如图 2-20 所示。

(a) 圆形工作台

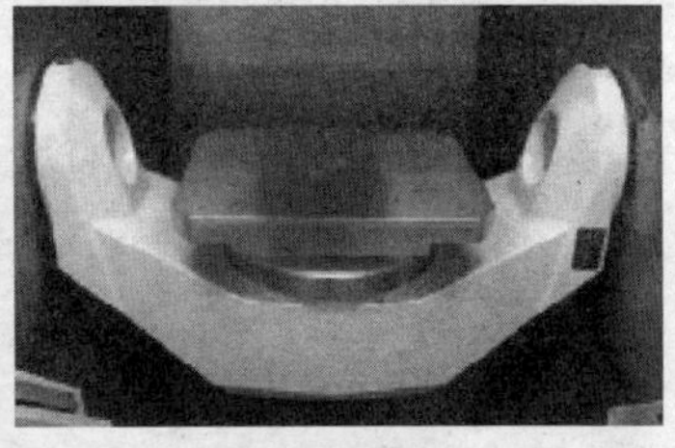

(b) 矩形工作台

图 2-20　HPM600U 五轴联动加工中心可选择不同尺寸或形状的工作台

④机床的动态性能和精度

机床线性轴采用高精度线性导轨和滚珠丝杠副驱动，两个回转轴则采用扭矩电机直接驱动。各进给轴采用的大功率数字伺服电机可以保证高达 60 m/min 的快移速度。除了采用扭矩电机新技术之外,另一个新技术措施是机床 Y 轴采用了双电机驱动,两根丝杠分别由两个电机驱动带动横梁在两个墙形立柱上移动,保证了横梁移动的平稳性和 Y 轴的高动态性能,同时装配在 5 个轴上的高精度直接测量装置也为高精度高性能加工提供了可靠的保证。

⑤大容量独立刀库

机床可以配置 30、60 甚至到 245 把刀位的刀库。刀库采用链式设计。如图 2-21(a)所示。换刀采用一个双臂机械手通过固定循环来控制。机床配有刀库门,机床外罩上装有手动控制刀库的按钮。当刀库门打开时,可手动地装卸刀具。刀具可通过主轴或刀库门来放置到刀库中。因为刀库完全独立于机床加工区之外,如图 2-21(b)所示,换刀时不占用加工区域,保证了更安全可靠的加工。双臂机械手保证了少于 3 s 的快速换刀。

(a) 链式刀库

(b) 独立的刀库系统

图 2-21　刀具库系统示意图

MIKRONHPM600U/800U 适合叶轮类零件、精密筒段以及精密模具的 5 轴联动加工。其加工的材料范围包括钛合金、高温合金、镍基合金和淬硬钢材等。

2)德国哈默 C50U 加工中心

德国哈默是中小型五轴精密加工中心的制造厂家。哈默的 C 系列加工中心包括 C20、C30、C40、C50 四种型号,加工工件直径从 280 mm 到 1 200 mm。由于 C 系列机床采用统一的结构形式生产制造，所以本节以其最大规格机床 C50 为例进行简要介绍。如图 2-22 所示是德国哈默公司生产的高动态性能强力型加工中心 C50U。

图 2-22　C50U 动态强力型五轴联动加工中心

C50U 为立式工作台摆动加工中心。其特点主要有：

①主轴刚性好，效率高，加工精度不受刀具长度影响，避免形状误差产生，该特点是工作台摆动机床的主要优点。在加工时由于是工作台摆动，主轴不会因需要摆动而受到任何影响，因而拥有更好的主轴刚性；三个线性轴的运动是由刀具的移动实现，动态性能不受工件限制，效率更高；由于主轴不摆动，所以刀具长度不会影响摆臂长度，也就是说刀具长度不会影响摆动误差。

②几何精度高，性能稳定 C50U 采用改进的龙门设计，避免了传统龙门设计的缺陷，机床床身整体铸造。各轴的驱动和导轨都在加工区域之外的上方，不会受加工时产生的热量、切屑等因素的影响，大大降低故障率。Y 方向通过三个带有中心驱动的交叉排列导轨提供动力传动，Y 轴全行程的刚性不变。机床各处都有实用性的细节设计，例如位于机床前侧与两旁的接触平台，便于观察整个加工过程；自动舱顶，自动排屑机，使机床操作智能安全；带有一体式中央电缆的盒式布线，所有系统单元前面都设计有服务门，

使得维修检测方便快捷；工作区域侧壁为不锈钢保护的垂直壁设计，使切屑能自主进入排屑机从而达到最佳排屑效果，另有内部冷却供给，油雾分离器等附加配置，都力求符合人体工学。所有这些结构设计和措施保证了C50U能够在整个服役期内保持机床实测定位精度在0.003 mm以内。并且哈默机床五个轴的相关精度也非常高。由于五轴联动加工零件时需要各个轴配合工作，所以五轴相关精度对于五轴联动机床是非常重要的。如图2-23所示是C50U结构图。

图2-23　C50U动态强力型五轴联动加工中心结构图

③A、C轴一体，A轴双驱动

C50U的工作台为U型，工件跟随工作台实现A轴摆动和C轴回转。机床A轴又通过床身上对称的两孔与床身结为一体，双边支撑的设计使A轴的扭曲变形控制在最小的范围内。A轴双边都采用行星齿轮系统传递扭矩，可提供近 8 000 N · m 的驱动扭矩，工作台摆动角度达 $-130^\circ \sim +100^\circ$，在保证最高精度情况下，被加工零件重量可达 2 t。图 2-24 为 C50U 强力型五轴机床 A、C 轴结构仿真。

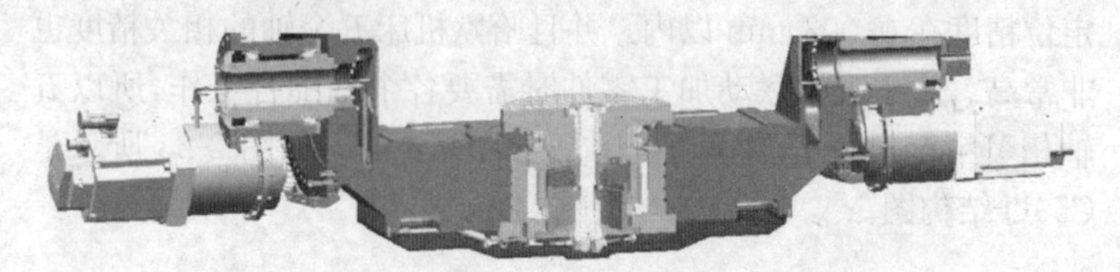

图 2-24　C50U 动态强力型五轴机床 A、C 轴结构仿真

④五轴加工范围大

哈默的 C 系列摇篮式机床的特点之一是空间需求小，其三轴行程即可反映出五轴联动时的加工范围，以 C50U 为例，三直线轴行程分别为 1 000×1 100×750 mm，以刀具长度为 400 mm 计算，其五轴五联动时至少可加工 ϕ1 000 mm×810 mm 的大型零件。

⑤应用领域的专业性

C50U 主要应用在高精度行业中，如医疗器械、光学技术、航空航天、工模具制造业、发动机制造业。加工的零件多是需要五轴联动、五面体加工的复杂零件。如模具、叶盘、叶轮、叶片、刀具，发动机燃油泵、发动机缸盖、缸体等等。同时 C50U 可组成柔性制造单元，以满足多品种、中小批量产品生产的需求。

3)北京机电研究院 XKR25 加工中心

如图 2-25 所示 XKR25 双摆转台五轴联动加工中心是国内典型的双摆台的五轴联动机床。

XKR25 机床功能简介：

①机床布局

XKR25 是具有双摆转台的小型五轴联动立式加工中心。该机床总体布局为三个直线轴都布置在机床的后部。三个直线轴均为全闭环控制。机床的前部装有力矩电机直接驱动的摇篮式双摆

图 2-25　XKR25 双摆转台五轴联动加工中心

转台，即工件系统的 A、C 轴。直接驱动使得回转轴响应速度加快，可大大提高机床的加工效率，更好的实现高速高效加工。

②机床特点

双摆转台上采用气、液自动平衡机构，解决停电、急停时摆动工作台的原位保持。

两个回转轴均采用力矩电机直接驱动。取消机械传动副的设计，从根本上消除了机械传动副本身的传动误差、传动副本身产生的振动以及机械传动磨损带来的精度衰减。使定位精度得以大幅提高，噪声降低。其减少磨损环节的特点还从根本上提高了机床的精度保持性。

③机床的配置

数控系统采用德国西门子 840D。

三个直线轴导轨均采用了日本 THK 的产品。

三个直线轴及两个回转轴的闭环光栅采用了德国海德汉产品。

④适用范围

XKR25 主要用于各种燃机压气机叶轮和小型模具、特型小箱体等复杂零件的高效五轴加工，是航空、汽车、机车、模具等行业必不可少的设备。这是一种用途比较广泛，技术比较先进的五轴联动机床之一。

(2)双摆头的五轴联动机床

图 2-26 为双摆头五轴机床的运动形式，一般重型机床都采用这种设计形式，也有一些中小型机床采用这种设计。

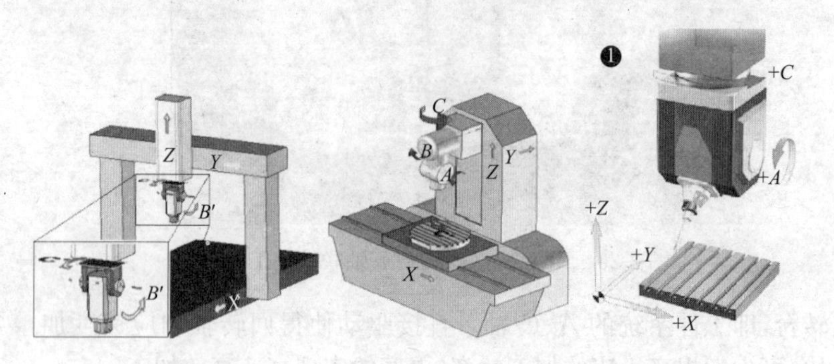

(a) 龙门式机床　(b) 单立柱式机床　(c) 双摆头机床的坐标定义

图 2-26　双摆头的五轴联动机床形式

图 2-27 为德国 WALDRICHCOBUR 五轴联动龙门加工中心。该机床就是采用双摆头的主轴形式。这种机床即可联动亦可单动，其主要特点是可以加工复杂曲面的模具和船舶的螺旋浆等。

图 2-27　双摆头式五轴联动龙门加工中心

(3)一摆头一摆台的五轴联动机床

很多中小型机床是采用这种形式。例如：德玛吉 DMG75v Linear 五轴机床，如图 2-28 所示。

图 2-28　DMG75vLinear 五轴机床

五轴的 HSC75Linear 装备有直接驱动的数控工作台和摆动主轴，因为使用双边轴承，叉状齿冠可以达到最大的刚性并且可以使用液压装卡，摆动头的摆动范围为 10°～110°。摆动头和数控工作台的组合产生了新的加工方式。

15. 车铣复合机床

如图 2-29 所示是德玛吉公司生产的 GMX250 车铣复合机床和它的内部结构。该机床集成了车削和铣削的加工方法，零件可以在不更换机床设备的情况下，对其完成车铣的复合加工。

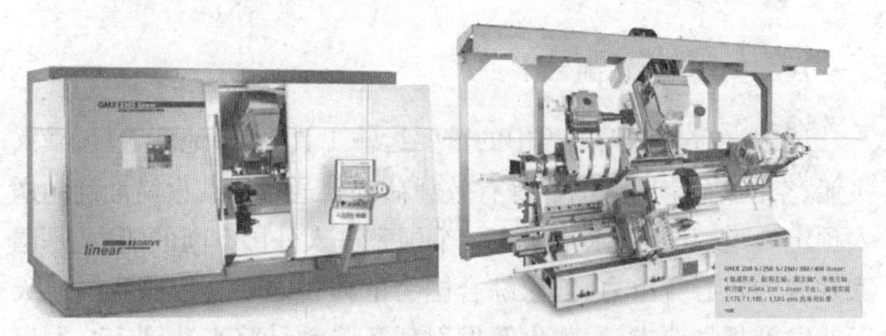

图 2-29　GMX250 车铣复合机床

该机床具有主轴、副主轴、车铣主轴和刀塔，如图 2-30 所示。

车铣主轴可以摆动从而实现多轴加工。该机床是车铣工艺高度集中的先进多轴加工设备。

图 2-30　GMX250 车铣复合机床的主轴、车铣主轴和刀塔

16. 大型壁板铣削机床

运载火箭是航天工程中的重要运输工具，人造地球卫星、载人飞船、空间站、空间探测器等有效载荷都要通过运载火箭准确的送入预定轨道，其制造水平代表一个国家进入外层空间的能力，是国家发展的核心竞争力、国家综合国力的体现之一。按照我国航天工业发展规划要求，运载火箭发射任务量预计将来达到 100 发以上。在这种新形势下，提升运载火箭壁板结构制造产能和工艺水平成为能否完成高密度发射任务的关键。

目前国内在研的CZ-5型运载火箭贮箱直径5 000 mm，壁板厚度8～20 mm，普遍采用薄壁网格蒙皮结构，来尽量减轻运载火箭贮箱的重量，提高火箭的运载能力。主体材料选用了2A14、2219高强铝合金。其制造工艺是壁板成形、铣削加工、焊接和表面处理等多专业集成制造能力的体现。在壁板铣削过程中，需要用到的加工设备很多。

国内外航空航天制造领域通过引入高效高速铣床，大大提高了生产效率和质量。高效高速加工技术（HEM-HSM）有别于传统的高速加工技术（HSM），其实质是一种工序高度复合化高速加工技术，即在一台高功能高速数控加工中心上，实现对零件高金属切除率MRR（Metal Removal Rate）的高速粗加工/高速半粗加工和高零件表面积切除速率的高速半精加工/高速精加工多种工序的复合加工，和常规切削加工和典型高速加工技术相比，HEM-HSM加工具有明显的优势，是一种高加工生产率与高加工质量集成融合的高速加工技术。

迄今为止，用于HEM-HSM加工的机床必须配备有高功率高转速/高转矩主轴，且具有较高的进给速度和较好的动态特性，已成为国际航空航天制造业用户特别关注的现代化先进关键制造装备之一。为此，许多世界著名的机床制造商都为航空航天制造业推出了多种类型用于大型铝合金材整体结构件HEM-HSM加工应用的高速数控机床，实现高效率高速粗加工和高质量高速精加工的良好融合，满足用户对高生产率大型高速加工设备的迫切需要。

为适应大型零件HEM-HSM加工工艺要求，应用最多的是采用高架立柱过桥式横梁的、主轴部件可移动的、对称式机床结构设计的高架桥式龙门移动机床，这种机床的典型代表有美国MAGCincinnati机床公司新近为航空飞机制造业推出的Hyper-Mach五轴数控型面铣削中心，可用于实现大型复杂飞机铝合金材的HEM-HSM切削加工。该机床工作进给速度60 m/min，快速移动速度100 m/min，主轴头标配主轴额定功率100 kW转矩

79 N·m，基速 12 000 r/min，最高转速 18 000 r/min，刀具接口 HSK-A100；或可选配主轴额定功率 60 kW，转矩 29 N·m，基速 20 000 r/min，最高转速 30 000 r/min，刀具接口 HSK-A63。据称，在 HyperMach 机床上加工一铝合金大型飞机薄壁零件，仅费时 30 min。同样的零件若在典型高速铣床上加工需 3 h，而在普通数控床则需 8 h 以上。波音公司购置这种数控机床用于加工 C-17 军用运输机和波音 787 民用客机的框、肋、壁板和梁等大型铝合金材整体结构件，其金属切除率 MRR 可高达 7 374 cm^3/min，即每分钟可产生约 20 kg 铝合金切屑。著名数控机床制造商德国 Handtmann 公司推出的 GANTRYTS 双主轴高架桥式龙门移动高速数控机床，配有高功率高转速电主轴，连续功率可任选为 45、70、100 kW，最高转速 30 000、30 000、18 000 r/min，对铝合金材零件加工场合，每个主轴金属切除率 MRR 最高可达约 8 000 cm^3/min。如图 2-31 所示为意大利 Bisiach&Carrù 公司研制的可重组高动态六轴五联动机床，加速度大于 1g，加工长度可扩展到 80 m，广泛用于航空航天及动车组的铝合金结构件高效加工，该设备成功应用于波音 787 及空客 380 机型壁板的加工。

图 2-31　Bisiach&Carrù 高动态六轴五联动机床

在高效高速铣削领域，为便于加工过程中切屑快速自由下落进入切屑收集系统，实现切屑快速排送，避免切屑二次切削和工件二次热变形，可选择卧式主轴和工件悬挂式装夹机床结构。同时，采用卧式主轴机床结构易于实现切削加工工作区全封闭设计，并易于实现工件自动交换和传送，提高设备自动化水平。

图 2-32 为法国 Forest-line 公司 AeroMill 卧式数控机床，可作为倒龙门移动式卧式高效高速数控加工机床一典型实例。该机床配置的电主轴连续功率 60 kW，转矩 58 N·m，基速 10 000 r/min，最高转速 24 000 r/min，主要用于坯料为板材铝合金的大型复杂整体构件 HEM-HSM 加工。该卧式机床 $X/Y/Z$ 三直线轴最大行程可达 14 850、3 600、650 mm，进给速度 60、60、40 m/min。

图 2-32 AeroMill 倒龙门移动式卧式数控机床

图 2-33 为德国 DST 公司为航空航天制造业推出的主要用于加工大型铝合金材整体结构件的 ECOSPEED 系列卧式高效高速五轴数控型面铣床。该机床最大特点是配置有高性能的并联结构的 SprintZ3 主轴头，SprintZ3 铣头设计在可沿 X 轴移动的立柱上，X 轴坐标行程 3 300～18 800 mm 内任选，Y/Z 轴坐标行程为 2 500/670 mm。CNC 控制系统通过控制集成化并联结构电主轴头运动便可实现 A/B 摆动轴±400 和 Z 直线轴行程 670 mm 数字控制。A/B 轴摆动速度可达 13.3 r/min，高于普通串联结构机床。主轴头电主轴功率 80 kW，转矩 46 N·m，最高转速 30 000 r/min 电主轴（或可选配 75/70 kW，72/60 N·m，24 000/27 000 r/min），加

工铝合金材金属切除率 MRR 可达 8 000 cm^3/min。显然,这也是一种刀具轴直接进行所有坐标轴运动控制的五轴数控机床,工件固定不动,运动部件质量轻,易于实现高速运动,$X/Y/Z$ 线性轴进给速度达 65/50/50 m/min,加速度 1g。采用了托盘化技术,加工时工作台为立式,零件属悬挂式加工方式,以利于快速排屑。

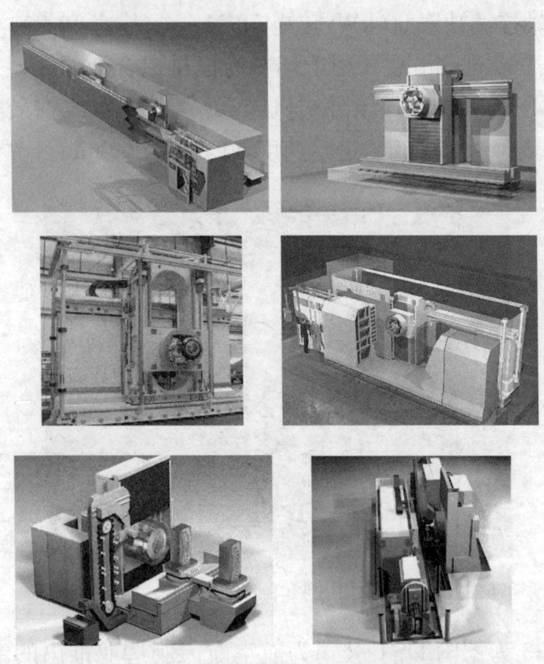

图 2-33　ECOSPEED 卧式五坐标高速数控机床

卧式加工中心的工件/托盘的装卸载通常设计在机床某一侧进行,导致需要较大作业空间。采用可翻转工作台的卧式机床结构设计则可有效减少单机设备的占地面积,有效提高装夹效率。

图 2-34 所示为飞机机身零件的一级供应商 Moyola 精密工程有限公司采用 ECOSPEEDF2035 加工中心后,在粗加工时可以实现极高的金属去除率,同时在精加工时达到优秀的表面质量和精度,在测试中,过去 Moyola 公司所用的一台五轴加工中心生产空客 A320 的一个翼肋需要 9.5 h,在另一家供应商的机床上需要四

个多小时，而现在在 DST 的 ECOSPEED 上只需要 2.05 h。该机床在加卸载工件时，工作台可翻转 90°成水平状态定位，以方便装卸工件。

图 2-34　Moyola 公司的三台 DSTEcoSpeed 六轴加工中心

德国高速数控加工机床制造商 Handtmann 公司开发的，用于航空航天制造工业铝合金整体结构件加工的 HBZAeroCell 卧式高效高速五轴数控机床可作为此类机床的典型实例，如图 2-35 所示。

HBZAeroCell 机床最大特点是设计有独特的集成化自动零件托盘交换系统：可翻转零件/托盘工作台。可翻转托盘工作台面规格尺寸为 6 m×2 m。在进行零件/托盘交换时，已装夹有待加工零件的托盘工作台以背靠背的形式旋转移向已在加工区的零件/托盘工作台，而后旋转 180°，装有待加工零件的托盘工作台将移至机床加工区，同时装有已加工完成零件的托盘工作台从加工区转动离位面向机床装卸区，并可移至水平位置，便于将已加工好的零件卸下，之后又可定位、装夹下一个待加工的工件。同时，装卸载零件操作不会影响机床加工运行。

美国 MAGCincinnati 公司为航空航天制造业新推出的 Hyper Mach H4000/H6000/H8000 卧式五轴数控机床，则是采用固定式立柱和动立式工作台/托盘机床结构，并可配置可交换工件

图 2-35　HBZAeroCell 五轴机床

托盘站，如图 2-36 所示。HyperMach 系列机床是以 X 轴坐标行程可加工的零件大小数值作为型号标志，主要用于零件尺寸范围为 2 m×4/6/8 m 铝合金材航宇整体构件的 HEM-HSM 加工，X 坐标行程为 4 200/6 200/8 200 mm，Y/Z 坐标 2 200/800 mm，立式工作台/托盘(尺寸为 2 000×4 000/6 000/8 000 mm)，采用悬挂式零件装夹方式，切削加工中产生的大量切屑可快速顺利掉进大容积排屑传送装置内自动排出。为提高设备自动化水平，进一步提高加工生产率，可配置自动托盘交换/存储站装置。

HyperMachH 系列机床切削加工铝合金材时金属切除率可达 8 060 cm^3/min。据报道，美国 Brek 航空制造厂配置有由 6 台 HyperMachH4000 机床和 MAGCincinnatiCincron 单元物料管理系统(包括 1 台 RGV)组成的柔性加工单元(FMC)用于航空铝合金材整体构件加工制造；其中 3 台机床配置功率 60 kW，最高转速

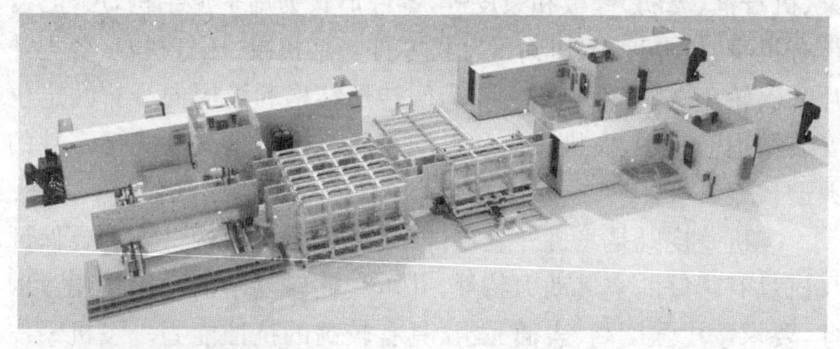

图 2-36　HyperMach 五轴机床

30 000 r/min，刀具接口为 HSK-A63 的电主轴；另 3 台机床配置功率 85 kW，最高转速 20 000 r/min，刀具接口为 HSK-A100 的电主轴。中国中航工业上海飞机制造厂也引进了 2 台 HyperMachH4000 机床及其构成 FMC 相关辅助装置，准备用于国产 ARJ21 支线客机和 C919 大型客机铝合金材整体结构件的生产。

17. 镜像铣机床

随着航空制造技术的飞速发展，现代飞机中大型/复杂薄壁构件的应用越来越广泛。采用整体机加的大型/复杂薄壁零件既可以减轻结构的重量，提高飞机的有效载重，同时也可以增强结构强度，减少连接件数量，提高飞机的疲劳寿命，极大地满足现代飞机设计的要求。

飞机制造中需要整体机加的大型/复杂薄壁零件主要有飞机机身结构件和发动机关键零件两部分。飞机机身构件包括机翼梁、机身框、翼肋、壁板和蒙皮等，零件形式为扁平形结构，尺寸大，带有机身、机翼理论外形；发动机零件包括机匣、压气机盘、各类叶片和涡轮盘等，零件形式主要为回转形结构和沿周向分布的定位安装结构。其中，飞机蒙皮和发动机压气机盘是这些关键零件的典型代表。

飞机蒙皮既是飞机外表零件，又是重要受力构件。需要保证飞机具有很好的空气动力特性，并承受比较复杂的动力作用。因此，要求蒙皮强度高、表面光滑、具有较高的抗蚀能力。飞机蒙皮的尺寸大（长度超过 30 m、宽度达到 3 m）、厚度小（最薄达 0.5 mm）、形状复杂，根据受力情况，有些蒙皮零件是变厚度，需要对其局部进行减薄加工以减轻重量。

目前广泛采用化铣工艺加工飞机蒙皮，具有污染严重、劳动强度大、效率低、能源消耗大、工艺复杂、成本高以及存在安全风险等问题。20 世纪 80 年代起，若干欧美机床制造商陆续开发出包含五轴数控铣床和矩阵式多点真空吸附柔性夹持系统的飞机蒙皮数控铣切系统，对拉伸成型的蒙皮毛坯进行立体下料和钻孔、开槽和切边等加工。该系统对蒙皮曲面进行铣削加工时，多点离散支承点之间悬空区域的蒙皮不可避免地会弹性变形甚至振颤，使铣切深度和表面光洁度无法控制，很难达到加工要求。飞机蒙皮构件如图 2-37 所示。

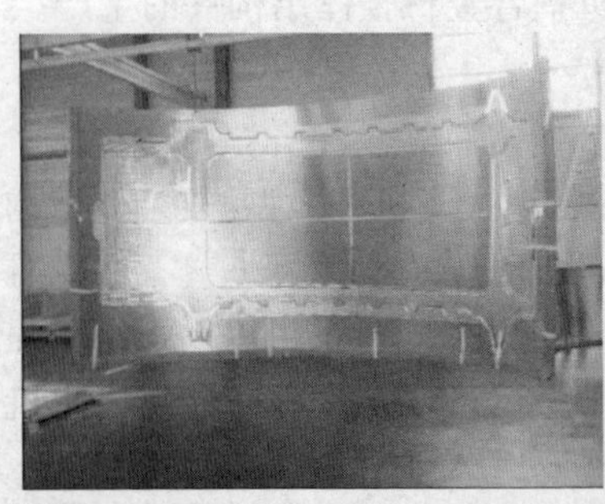

图 2-37　飞机蒙皮构件

压气机盘是压气机的关键部件之一，其结构和强度对压气机的运行可靠性起着至关重要的影响。整体压气机盘尺寸大、结构复杂、薄壁不等厚、刚性低。通常采用高温合金、钛合金、不锈钢等难加工材料。加工除采用数控车削加工外，部分部位需要数控铣削加工。传统加工工艺为单面车铣加工，往往采用试切方式，基于经验的工艺参数选取保守的小切削量加工，加工成本高、效率低、周期长。特别是压气机盘的辐板为变厚截面，最薄处小于 1 mm，单面车削加工时加工变形大，容易产生切削颤振，很难保证高的加工精度和表面质量要求。飞机压气机盘构件如图 2-38 所示。

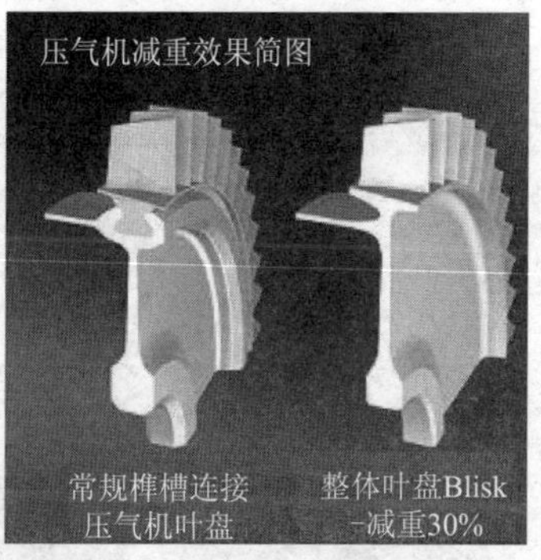

图 2-38　飞机压气机盘构件

可以看出，飞机蒙皮和发动机压气机盘作为典型的大型/复杂薄壁关键零件具有许多共性。这些零件大多以整体结构为主，采用铝合金、钛合金和镍基合金等轻质高强度合金材料。不仅尺寸大、结构与面形复杂、壁厚小，而且对零件强度和重量都有严格限制，对加工精度及表面质量要求高。由于这些零件结构刚度低、材料难加工、加工工艺性差、材料去除量大，传统工艺加工时，在切削力、切削热、装夹力作用下易发生加工变形、切削振颤等现象，还易产生加工表面完整性缺陷，很难保证加工精度和表面质量的要求。此外，还存在加工效率低、加工周期长，能源消耗大和环境污染等问题。这些大型/复杂薄壁零件加工中的问题是飞机研制和生产中普遍存在的难题，对加工制造技术带来新的挑战。随着对大型/复杂薄壁零件加工效率、加工精度、表面质量和环保要求的不断提高，开发新的工艺方法取代现有加工工艺，研制新结构、新概念的数控机床成为解决这些零件价格问题的重要技术途径。

对于蒙皮件的加工，近年来，法国杜菲工业公司(Dufieux Industries)和空客公司联合开发了飞机蒙皮镜像铣系统(Mirror Milling System，MMS)，其加工原理如图 2-39 所示。MMS 系统由两台五坐标加工机床、蒙皮柔性定位装夹系统、可翻转夹持框、快速在位测量系统以及辅助系统组成，是集成了工件在位测量、刀

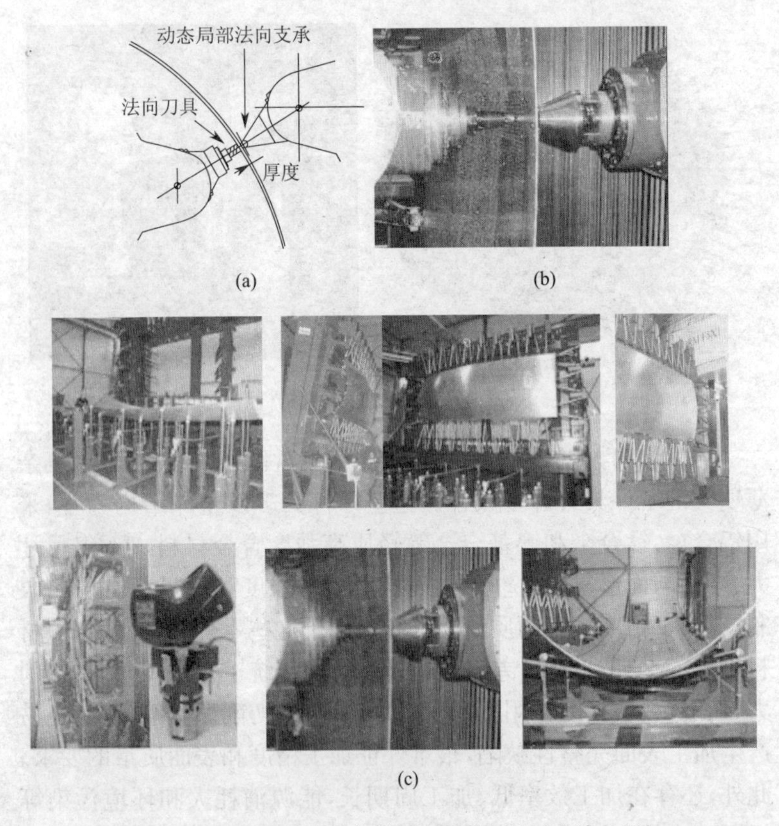

图 2-39　飞机蒙皮镜像铣原理示意图和实际加工图

具状态监控、误差监控与补偿等多个智能化模块和控制系统的加工测量一体化高端制造装备。加工过程中，一台五坐标加工机床的主轴安装高速转动铣刀进行铣削加工，另一台五坐标机床的主轴安装支撑头；通过激光定位和柔性夹具实现蒙皮周边定位装夹，采用激光快速扫描测量蒙皮面形，自动生成加工程序，控制位于待加工蒙皮两侧的支撑头和铣刀的位姿和同步运动完成镜像铣切加工。镜像铣与传统数控铣削相比，保证了加工部位具有足够刚性，无振颤，可精确控制蒙皮加工厚度，实现高效精密铣削加工。与化铣工艺相比，在减小能量消耗、控制污染物排放、提高加工效率等方面具有明显优势，是一种高效绿色的加工方法。

对于压气机盘的加工，瑞士和德国等研制的双面车削机床成为解决压气机盘加工难题最有效的加工装备，其加工原理和设备如图 2-40 所示。两个车刀点对点的位于压气机盘两侧，通过车刀的镜像位姿调整和同步运动完成压气机盘的双面车削。加工设备中集成精确对刀、工件厚度在位检测、刀具状态监控和预警、误差监控与补偿等智能化模块和控制系统，是典型的加工测量一体化高端制造装备。由于压气机盘双面同时加工，两把刀具相互抵消切削力，可减少刀具与工件局部加工应力，减少加工变形，保证了加工精度和表面质量，提高了加工效率。

图 2-40　双面车削原理和德国 WOHLENBERG 双面 CNC 车床

综合以上分析可见，镜像铣和双面车铣加工技术是大型/复杂薄壁零件高效、精密、柔性、绿色以及低成本的先进加工技术，这些先进加工技术和相应的新型数控装备的出现是与先进制造技术的发展相适应的。其中的几何参数和误差的检测、切削参数优化控制、加工过程监控与误差补偿、振动与故障诊断、模式识别等智能性控制与管理已成为这些高端数控机床的新亮点，为智能化制造提供基础保证，体现了现代制造以新材料、数控技术、微电子和自动化技术为基础，生产方式向信息密集型、知识密集型、智能密集型的方式发展的方向。

现代航空产品的性能要求越来越高，产品的更新换代速度越来越快，对零件的加工效率要求不断提高，精度和成本的控制也越来越严格，这对于加工技术和装备提出了更高的要求，高效加工、高精度控制、低成本制造、绿色环保是当今世界各国制造技术所追求的更高目标。镜像铣供应商参数对比见表 2-1。

表 2-1　镜像铣供应商参数对比

序号	内容	法国 DUFIEUX(镜像铣)	西班牙 Mtorres(镜像铣)
1	机床形式	由 2 个立式柱构成，配置导轨和滑枕实现三维运动	由 2 个立式柱构成，配置导轨和滑枕实现三维运动
2	蒙皮的定位装夹	通过柔性工装对蒙皮水平定位，蒙皮周边采用装夹臂保形，夹持框自动卧立翻转	通过三轴柔性工装真空吸盘夹持蒙皮背部实现蒙皮准确定位
3	镜像支撑	左立柱配备 5 轴铣头，右立柱配备 5 轴镜像铣支撑，支撑头始终和蒙皮另一面的主轴刀具同轨迹移动，提供蒙皮机加点的随动法向支撑但不划伤蒙皮	左立柱配备 5 轴铣头，右立柱配备 5 轴支撑，主轴头沿周有 6 个气缸，加工时，主轴头在 6 个气缸内，边进给，边铣切
4	最大加工蒙皮尺寸(客户订制)	3 000 mm×8 000 mm	
5	X、Y、Z 轴进给速度	40、30、30 m/min	60、60、30 m/min
6	定位精度：		

续上表

序号	内容	法国 DUFIEUX(镜像铣)	西班牙 Mtorres(镜像铣)
7	X 轴精度	0.06 mm(全行程)	0.05 mm(全行程)
8	Y 轴精度	0.03 mm(全行程)	0.04 mm(全行程)
9	Z 轴精度	0.02 mm(全行程)	0.02 mm(全行程)
10	A/B/C 精度	±4″	±10″
11	重复定位精度		
12	X 轴重复定位精度	0.035 mm(全行程)	0.025 mm(全行程)
13	Y 轴重复定位精度	0.006 mm(全行程)	0.02 mm(全行程)
14	Z 轴重复定位精度	0.003 mm(全行程)	0.01 mm(全行程)
15	蒙皮铣薄精度	蒙皮铣薄精度±0.1 mm	蒙皮铣薄精度$^{+0.2}_{-0.1}$mm
16	锥度	HSK63A	HSK63A
17	销售业绩	法国空客公司相继购买该公司 7 台套镜像铣	德国空客于 2006 年采购一台;在洪都集团镜像铣项目中中标,中标价 675 万欧元

18. 并联机床及特点

并联机床(Parallel Machine Tools)又称为并联结构机床(Parallel Structured Machine Tools)、虚拟轴机床(Virtual Axis Machine Tool),也曾被称为六条腿机床、六足虫(Hexapods),在国际上一般称为 Parallel Kinematic Machine(PKM),PKM 似乎已经成为目前国际上对并联机床约定俗成的称呼,它们都是以 Stewart 平台为基础。它的出现不仅引起了世界各国的广泛关注,而且被誉为“机床结构的重大革命”,制造业给予高度的重视。如图 2-41 所示。

并联机床以空间并联机构为基础,充分利用计算机数字控制的潜力,以软件取代部分硬件,以电气装置和电子器件取代部分机

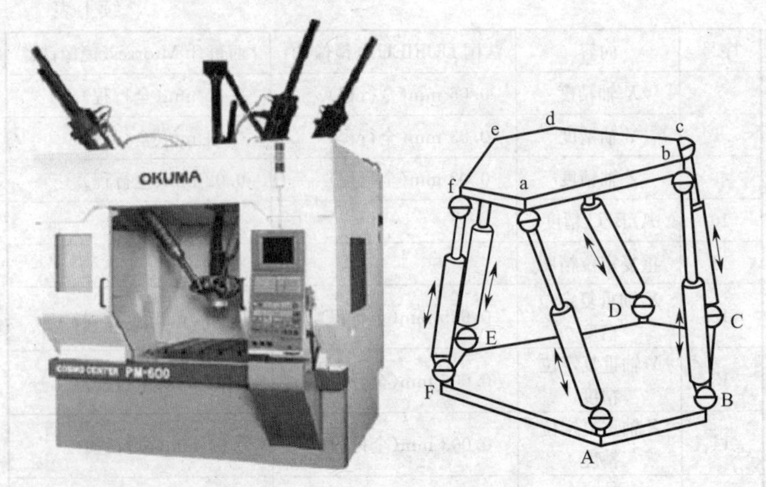

图 2-41　Stewart 并联机床

械传动，使将近两个世纪以来以笛卡尔坐标直线位移为基础的机床结构和运动学原理发生了根本变化。

并联机床与传统机床的区别主要表现在：传统机床布局的特点是以床身、柱、梁作为支承部件，主轴部件和工作台的滑板沿支承部件上的直线导轨移动，按照 X、Y、Z 坐标运动叠加的串联运动学原理形成刀头点的加工表面轨迹；并联机床布局的特点是以机床框架为固定平台的若干杆件组成空间并联机构，主轴部件安装在并联机构的动平台上，改变杆件的长度或移动杆件的支点，按照并联运动学原理形成刀头点的加工表面轨迹。

在现有的航空航天制造领域，为实现大型整体结构件的高速高精度加工，多轴数控机床通常采用的拓扑结构主要有以下三类：

(1)串联拓扑结构机床，即目前采用的传统机床结构，其采用两个分支串联运动链，各运动链中一般包含 1～3 个平动坐标，且链的末端通常辅以 0～2 个转动坐标(如 $A+C$ 轴、$A+B$ 轴和 $B+C$ 轴等)。

(2)纯并联拓扑结构机床，这种机床结构采用由多条闭环运动链构成的 6 自由度并联机构作为进给机构，如典型的 Stewart 平台和 Paralix 等。

(3)混联拓扑结构，即将 2～3 自由度的并联机构或 5 自由度的混联机构作成一种即插即用的功能模块(多坐标动力头)来使用。这种多坐标动力头注重发挥了纯串联和纯并联拓扑结构的优势，具有结构紧凑、可重构能力强的优点，因此可根据用户需求搭建专用机床(如 5 坐标高速加工中心)。著名的 Tricept 和 SprintZ3 在航空航天装备制造业中取得的巨大商业成功已经证明了这一点。串并混联机床如图 2-42 所示。

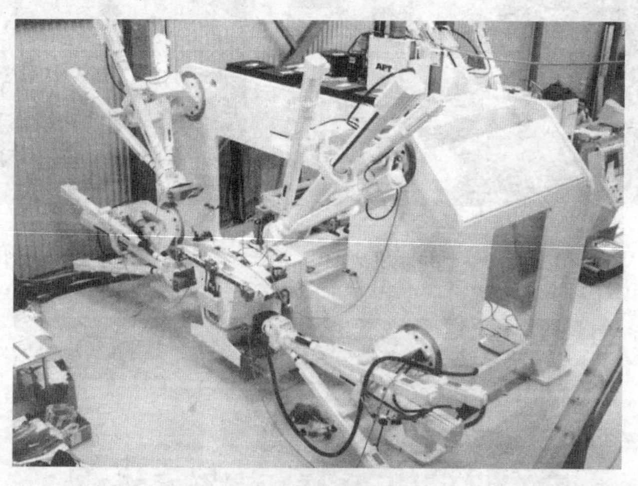

图 2-42　Tricept 串并混联机床

国外对并联机床的研究是从 20 世纪 80 年代开始的，并于 20 世纪 90 年代相继推出了形式各异的产品化样机。1994 年在芝加哥国际机床博览会上，美国的 Giddings&Lewis 公司和 Geodetics 公司分别推出了各自的并联机床，在机床行业引起了轰动，如图 2-43～图 2-45 所示，Giddings&Lewis 公司的 Variax 型并联机床如图 2-43 所示，机床的 6 根驱动杆 2 根一组交叉成“X”型，杆件长度的伸缩，使带有主轴部件的上平台完成加工零件所需的运动。该机床占地面积为 7 800 mm×8 180 mm，而工作空间只有 700 mm×700 mm×750 mm，工作台面积 630 mm×630 mm，从空间利用的角度看，其结构不尽合理，加之由于主轴部件配置为内铣型，安装工件也不太方便，因此没有在生产中获得应用。后来该机床提供给英国诺丁汉大学工学院作为进行“航空工业敏捷制造”项目研究的设备。

图 2-43　Variax 型并联机床

图 2-44　VOH21000 型机床

图 2-45　HOH2600 型卧式加工中心

Giddings&Lewis 和 Geodetics 这两家公司的创新探索，对促进各国大学和研究机构开展并联机床研究起到了积极地推动作用。各有关单位纷纷研制各种并联机构的原型样机，召开并联机床的国际研讨会，开设专门的信息交流网站。

2000 年前后，并联机床在运动学原理、机床设计方法、制造工艺、控制技术、动态性能研究和工业应用方面都先后取得重大突破。世界著名的机床公司都相继推出新产品，发展了许多经过改进的机构原理和结构，并使并联机床进入了实用阶段。

德国 Mikromat 机床公司的 Hexa6X 立式加工中心是欧洲第一台商品化的并联机床，其外观如图 2-46 所示，该机床的开发由欧共体 Esprit 高科技研究计划资助，有 4 个德国的研究所与公司参加：弗琅霍夫机床及锻压技术研究所、Mikromat 机床公司、Andron 公司和 GMD2First 公司。该机床的工作台在底座上可前后移动，以便于装卸工件。底座上有三根按 120°分布的立柱，用于支承并联机构。并联机构的特点是采用双层 Stewart 平台，即上下平台都是两层。这种变形结构增大了工作空间，使机床主轴姿态变化时受力更均匀。该机床主要用于磨具加工，可以实现 5 坐标高速铣削，加工精度可达 0.01～0.02 mm。

图 2-46　Hexa6X 立式五坐标高速铣床

德国 Herkert 机床公司 2000 年推出结构独特的 SKM400 型卧式加工中心，如图 2-47 所示。它是一台 3 杆并联运动机床，机床的左前方配置有数控系统和容量为 16 把刀具的盘状刀库，3 根伸缩杆分布在顶部横梁和左右两侧倾斜立柱上，由中空转子伺服电动机的滚珠丝杠驱动。其特点是在主轴部件的下方配置有双曲柄机构，它是一个被动机构，有两个自由度，使主轴部件绕固定在机床底座上的轴线偏转和前后倾斜，从而扩大了工作空间。该机床还配有数控回转工作台，主要用于加工箱体类零件，机床的运动控制采用 Siemens840D 型控制系统。

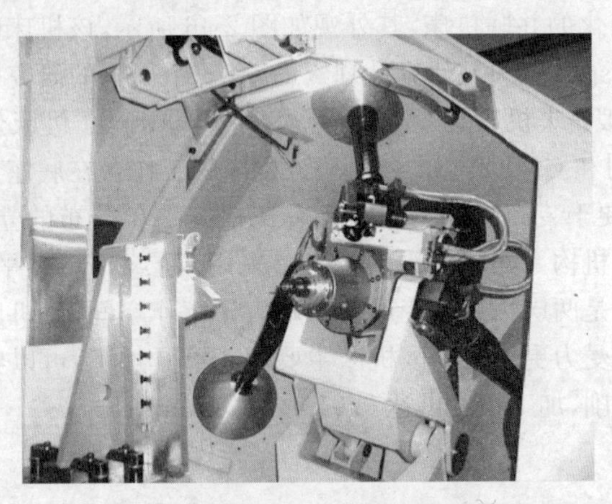

图 2-47　SKM400 型卧式加工中心

SprintZ3 并联动力头是可重构并联模块在航空航天制造业中得到成功应用的一个典型范例。如图 2-48 所示，它是由德国制造商 DSTechonogie 公司 1999 年推出的，用于加工飞机结构件的 Ecospeed 型大型五坐标加工中心。该加工中心以一三坐标并联动力头为核心功能单元。通过外副驱动，可以帮助其获得优良的运动特性，最大进给速度可达 50 m/s，最大进给加速度可达 1g。利用可重构性，该动力头可与传统的 XY 工作滑台配合，构成大型整体铝结构件的高速加工用五坐标加工单元，目前该装备装机量已达 30 余台，单机售价约为 500 万欧元。

考虑到 SprintZ3 的巨大工程应用价值，西班牙 Fatronik 公司也开发出了具有自主知识产权的 Hermes 并联模块，如图 2-49 所示，该并联模块与 SprintZ3 的功能类似，也可以配以传统的 XY

图 2-48　SprintZ3 头及其组成的 Ecospeed5 坐标加工中心

工作滑台形成五坐标高速加工单元，只是其内部结构相对 SprintZ3 更复杂些。

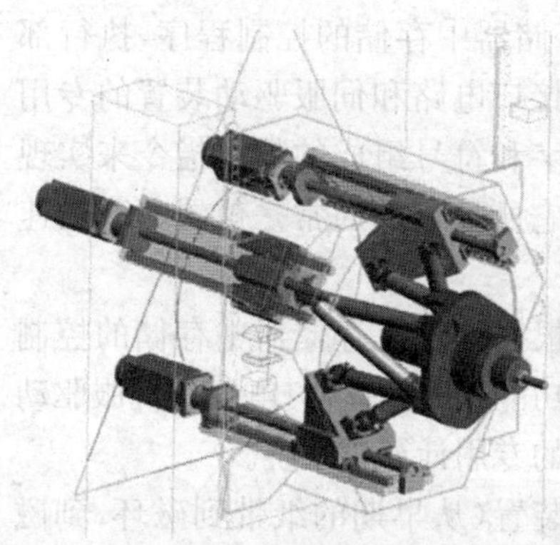

图 2-49　Hermes 模块及其构成的 5 坐标加工中心

并联机床是世界上近年来逐渐兴起的一种新型制造装备，可实现多坐标联动数控加工、配和测量等功能，更能满足复杂特种零件的加工，与传统机床相比，具有不可比拟的优势。当然并联机床也有弱点，比如其工作空间相对狭小，动平台的偏转角度不能太大。另外虽然并联机构各个支链可以有效地抑制执行构件的误差，但开发精度高、经久耐用是一大难题。目前，并联机床的加工精度还难以和传统高精度机床相比拟。尽管国外在并联机床的产业化方面已经取得了突破性进展，但国内的研究和国外相比还有一定的差距，国内在并联机床的实用化方面还有相当远的距离。并联机床是一个新生事物，有着巨大的市场潜力，还有许多问题需要深入研究，例如对并联机床动态特性研究是提高加工精度和效率的重要技术关键，并联机床关节多，接触刚度低，阻尼小，整机动态特性变差，且在工作空间内高度非线性，并联机床的动态特性问题非常复杂，迄今有关研究较少，这为机床行业带来了新的机遇和挑战，因此加速我国并联机床的研究及其商品化进程具有重要的意义。

第二节　常用数控铣削系统及特点

数控系统是数字控制系统的简称，英文名称为（Numerical Control System），根据计算机存储器中存储的控制程序，执行部分或全部数值控制功能，并配有接口电路和伺服驱动装置的专用计算机系统。通过利用数字、文字和符号组成的数字指令来实现一台或多台机械设备动作控制，它所控制的通常是位置、角度、速度等机械量和开关量。

数字控制系统（CNC 系统）根据计算机存储器中存储的控制程序，执行部分或全部数值控制功能，并配有接口电路和伺服驱动装置，用于控制自动化加工设备的专用计算机系统。

CNC 系统由数控程序存储装置（从早期的纸带到磁环，到磁带、磁盘到计算机通用的硬盘）、计算机控制主机（从专用计算机进化到 PC 体系结构的计算机）、可编程逻辑控制器（PLC）、主轴驱动装置和进给（伺服）驱动装置（包括检测装置）等组成。

由于逐步使用通用计算机，数控系统日趋具有了软件为主的色彩，又用 PLC 代替了传统的机床电器逻辑控制装置，使系统更小巧，其灵活性、通用性、可靠性更好，易于实现复杂的数控功能，使用、维护也方便，并具有与网络连接及进行远程通信的功能。

1. 数控系统种类

世界上的数控系统种类繁多,形式各异,组成结构上都有各自的特点。这些结构特点来源于系统初始设计的基本要求和硬件、软件的工程设计思路。对于不同的生产厂家来说,基于历史发展因素以及各自因地而异的复杂因素的影响,在设计思想上也可能各有特色。例如,在 20 世纪 90 年代,美国 Dynapath 系统采用小板结构,热变形小,便于板子更换和灵活结合,而日本 FANUC 系统则趋向大板结构,减少板间插接件,使之有利于系统工作的可靠性。然而无论哪种系统,它们的基本原理和构成都是十分相似的。一般整个数控系统由三大部分组成,即控制系统,伺服系统和位置测量系统。控制系统硬件是一个具有输入输出功能的专用计算机系统,按加工工件程序进行插补运算,发出控制指令到伺服驱动系统;测量系统检测机械的直线和回转运动位置、速度,并反馈到控制系统和伺服驱动系统,来修正控制指令;伺服驱动系统将来自控制系统的控制指令和测量系统的反馈信息进行比较和控制调节,控制 PWM 电流驱动伺服电机,由伺服电机驱动机械按要求运动。这三部分有机结合,组成完整的闭环控制的数控系统。

控制系统硬件是具有人际交互功能,具有包括现场总线接口输入输出能力的专用计算机。伺服驱动系统主要包括伺服驱动装置和电机。位置测量系统主要是采用长光栅或圆光栅的增量式位移编码器。

从硬件结构上的角度,数控系统到目前为止可分为两个阶段共六代,第一阶段为数值逻辑控制阶段,其特征是不具有 CPU,依靠数值逻辑实现数控所需的数值计算和逻辑控制,包括第一代是电子管数控系统,第二代是晶体管数控系统,第三代是集成电路数控系统;第二个阶段为计算机控制阶段,其特征是直接引入计算机控制,依靠软件计算完成数控的主要功能,包括第四代是小型计算机数控系统,第五代是微型计算机数控系统,第六代是 PC 数控系统。

由于20世纪90年代开始，PC结构的计算机应用的普及推广，PC构架下计算机CPU及外围存储、显示、通信技术的高速进步，制造成本的大幅降低，导致PC构架数控系统日趋成为主流的数控系统结构体系。PC数控系统的发展，形成了“NC+PC”过渡型结构，既保留传统NC硬件结构，仅将PC作为HMI。代表性的产品包括FANUC的160i，180i，310i，840D等。还有一类即将数控功能集中以运动控制卡的形式实现，通过增扩NC控制板卡（如基于DSP的运动控制卡等）来发展PC数控系统。典型代表有美国DELTATAU公司用PMAC多轴运动控制卡构造的PMAC-NC系统。另一种更加革命性的结构是全部采用PC平台的软硬件资源，仅增加与伺服驱动及I/O设备通信所必需的现场总线接口，从而实现非常简洁硬件体系结构。

（1）按运动轨迹分类

1）点位控制数控系统

控制工具相对工件从某一加工点移到另一个加工点之间的精确坐标位置，而对于点与点之间移动的轨迹不进行控制，且移动过程中不作任何加工。这一类系统的设备有数控钻床、数控坐标镗床和数控冲床等。

2）直线控制数控系统

不仅要控制点与点的精确位置，还要控制两点之间的工具移动轨迹是一条直线，且在移动中工具能以给定的进给速度进行加工，其辅助功能要求也比点位控制数控系统多，如它可能被要求具有主轴转数控制、进给速度控制和刀具自动交换等功能。此类控制方式的设备主要有简易数控车床、数控镗铣床等。

3）轮廓控制数控系统

这类系统能够对两个或两个以上坐标方向进行严格控制，即不仅控制每个坐标的行程位置，同时还控制每个坐标的运动速度。各坐标的运动按规定的比例关系相互配合，精确地协调起来连续进行加工，以形成所需要的直线、斜线或曲线、曲面。采用此类控制方式的设备有数控车床、铣床、加工中心、电加工机床和特种加工机床等。

(2)按加工工艺分类

1)车削、铣削类数控系统

针对数控车床控制的数控系统和针对加工中心控制数控系统。这一类数控系统属于最常见的数控系统。FANUC 用 T、M 来区别这两大类型号。西门子则是在统一的数控内核上配置不同的编程工具 Shopmill、shopturn 来区别。两者最大的区别在于:车削系统要求能够随时反映刀尖点相对于车床轴线的距离,以表达当前加工工件的半径,或乘以 2 表达为直径;车削系统有各种车削螺纹的固定循环;车削系统支持主轴与 C 轴的切换,支持端面直角坐标系或回转体圆柱面坐标系编程,而数控系统要变换为极坐标进行控制;而对于铣削数控系统更多地要求复杂曲线、曲面的编程加工能力,包括五轴和斜面的加工等。随着车铣复合化工艺的日益普及,要求数控系统兼具车削、铣削功能,例如大连光洋公司的 GNC60/61 系列数控系统。

2)磨削数控系统

针对磨床控制的专用数控系统。FANUC 用 G 代号区别,西门子须配置功能。与其他数控系统的区别主要在于要支持工件在线量仪的接入,量仪主要监测尺寸是否到位,并通知数控系统退出磨削循环。磨削数控系统还要支持砂轮修整,并将修正后的砂轮数据作为刀具数据计入数控系统。此外,磨削数控系统的 PLC 还要具有较强的温度监测和控制回路,还要求具有与振动监测、超声砂轮切入监测仪器接入,协同工作的能力。对于非圆磨削,数控系统及伺服驱动在进给轴上需要更高的动态性能。有些非圆加工(例如凸轮)由于被加工表面高精度和高光洁度要求,数控系统对曲线平滑技术方面也要有特殊处理。

3)面向特种加工数控系统

这类系统为了适应特种加工往往需要有特殊的运动控制处理和加工作动器控制。例如,并联机床控制需要在常规数控运动控制算法加入相应并联结构解耦算法;线切割加工中需要支持沿路径回退；冲裁切割类机床控制需要C轴保持冲裁头处于运动轨迹切线姿态；齿轮加工则要求数控系统能够实现符合齿轮范成规律的电子齿轮速比关系或表达式关系；激光加工则要保证激光头与板材距离恒定；电加工则要数控系统控制放电电源；激光加工则需要数控系统控制激光能量。

(3)按伺服系统分类

1)开环控制数控系统

这类数控系统不带检测装置，也无反馈电路，以步进电动机为驱动元件。CNC装置输出的进给指令(多为脉冲接口)经驱动电路进行功率放大，转换为控制步进电动机各定子绕组依此通电/断电的电流脉冲信号，驱动步进电动机转动，再经机床传动机构(齿轮箱，丝杠等)带动工作台移动。这种方式控制简单，价格比较低廉，从20世纪70年代开始，被广泛应用于经济型数控机床中。

2)半闭环控制数控系统

位置检测元件被安装在电动机轴端或丝杠轴端，通过角位移的测量间接计算出机床工作台的实际运行位置(直线位移)，由于闭环的环路内不包括丝杠、螺母副及机床工作台这些大惯性环节，由这些环节造成的误差不能由环路所矫正，其控制精度不如全闭环控制数控系统，但其调试方便，成本适中，可以获得比较稳定的控制特性，因此在实际应用中，这种方式被广泛采用。

3)全闭环控制数控系统

位置检测装置安装在机床工作台上，用以检测机床工作台的实际运行位置(直线位移)，并将其与CNC装置计算出的指令位置(或位移)相比较，用差值进行调节控制。这类控制方式的位置控制精度很高，但由于它将丝杠、螺母副及机床工作台这些连接环节放在闭环内，导致整个系统连接刚度变差，因此调试时，其系统较难达到高增益，即容易产生振荡。

(4)按功能水平分类

1)经济型数控系统

又称简易数控系统，通常采用步进电机或脉冲串接口的伺服驱动，不具有位置反馈或位置反馈不参与位置控制；仅能满足一般精度要求的加工，能加工形状较简单的直线、斜线、圆弧及带螺纹类的零件，采用的微机系统为单板机或单片机系统；通常不具有用户可编程的 PLC 功能。通常装备的机床定位精度在 0.02 mm 以上。

2）普及型数控系统

介于简式型数控系统和高性能型数控系统之间的数控系统，其特点联动轴数 4 轴以下（含 4 轴），闭环控制（伺服电机反馈信息参与控制），具有螺距误差补偿和刀具管理功能，支持用户开发 PLC 功能。

3）高档型数控系统

一般是指具有多通道（两个及以上）数控设备控制能力，具有双驱控制、5 轴及以上的插补联动功能、斜面加工、样条插补、双向螺距误差补偿、直线度和垂直度误差补偿、刀具管理及刀具长度和半径补偿功能、高静态精度（分辨率 0.001 μm 即最小分辨率为 1 nm）和高动态精度（随动误差 0.01 mm 以内）、高速度及完备的 PLC 控制功能数控系统。

不同档次的数控铣床的功能有较大的差别，但都具备以下主要编程功能：直线与圆弧插补、孔与螺纹加工、刀具半径补偿、刀具长度补偿、固定循环编程、镜像编程、旋转编程和子程序编程等功能。可以根据需加工的零件的特征，选用相应的功能来实现零件的编程。

2. 数控铣削系统的特点

这里以 FANUC 系统为例，介绍一下此类数控系统的特点。

（1）刚性攻丝

主轴控制回路为位置闭环控制，主轴电机的旋转与攻丝轴（*Z* 轴）进给完全同步，从而实现高速高精度攻丝。

（2）复合加工循环

复合加工循环可用简单指令生成一系列的切削路径。比如定义了工件的最终轮廓,可以自动生成多次粗车的刀具路径,简化了车床编程。

(3)圆柱插补

适用于切削圆柱上的槽,能够按照圆柱表面的展开图进行编程。

(4)直接尺寸编程

可直接指定诸如直线的倾角、倒角值、转角半径值等尺寸,这些尺寸在零件图上指定,这样能简化部件加工程序的编程。

(5)记忆型螺距误差补偿

可对丝杠螺距误差等机械系统中的误差进行补偿,补偿数据以参数的形式存储在 CNC 的存储器中。

(6)CNC 内装 PMC 编程功能

PMC 对机床和外部设备进行程序控制。

(7)随机存储模块

MTB(机床厂)可在 CNC 上直接改变 PMC 程序和宏执行器程序。由于使用的是闪存芯片,故无需专用的 RAM 写入器或 PMC 的调试 RAM。

3. 数控铣削系统典型指令

(1)G00 定位

1)格式 G00X_Z_这个命令把刀具从当前位置移动到命令指定的位置(在绝对坐标方式下),或者移动到某个距离处(在增量坐标方式下)。

2)非直线切削形式的定位我们的定义是:采用独立的快速移动速率来决定每一个轴的位置。刀具路径不是直线,根据到达的顺序,机器轴依次停止在命令指定的位置。

3)直线定位刀具路径类似直线切削(G01)那样,以最短的时间(不超过每一个轴快速移动速率)定位于要求的位置。

4)举例:N10G0X100Z65

(2)G01 直线插补

1)格式 G01X(U)_Z(W)_F_;直线插补以直线方式和命令给定的移动速率从当前位置移动到命令位置。*X*,*Z*:要求移动到的位置的绝对坐标值。*U*,*W*:要求移动到的位置的增量坐标值。

2)举例①绝对坐标程序 G01X50. Z75. F0. 2;X100.;②增量坐标程序 G01U0. 0W-75. F0. 2;U50。

(3)圆弧插补(G02,G03)

1)格式 G02(G03)X(U)_Z(W)_I_K_F_;G02(G03)X(U)_Z(W)_R_F_;G02——顺时钟(CW);G03——逆时钟(CCW);*X*,*Z*——在坐标系里的终点;*U*,*W*——起点与终点之间的距离;*I*,*K*——从起点到中心点的矢量(半径值);*R*——圆弧范围(最大 180 度)。

2)举例:①绝对坐标系程序 G02X100. Z90. I50. K0. F0. 2 或 G02X100. Z90. R50. F02;② 增量坐标系程序 G02U20. W-30. I50. K0. F0. 2 或 G02U20. W-30. R50. F0. 2;

(4)第二原点返回(G30),坐标系能够用第二原点功能来设置。

1)用参数(a,b)设置刀具起点的坐标值。点“a”和“b”是机床原点与起刀点之间的距离。

2)在编程时用 G30 命令代替 G50 设置坐标系。

3)在执行了第一原点返回之后,不论刀具实际位置在哪里,碰到这个命令时刀具便移到第二原点。

4)更换刀具也是在第二原点进行的。

(5)切螺纹(G32)

1)格式 G32X(U)_Z(W)_F_;G32X(U)_Z(W)_E_;*F*——螺纹导程设置;*E*——螺距(mm)在编制切螺纹程序时应当带主轴转速 RPM 均匀控制的功能(G97),并且要考虑螺纹部分的某些特性。在螺纹切削方式下移动速率控制和主轴速率控制功能将被忽略。而且在送进保持按钮起作用时,其移动进程在完成一个切削循环后就停止了。

2)举例:G00X29. 4;(1 循环切削)G32Z-23. F0. 2;G00X32;

Z4.;X29.;(2 循环切削)G32Z-23.F0.2;G00X32.;Z4.。

(6)刀具直径偏置功能(G40/G41/G42)

1)格式 G41X_Z_;G42X_Z_

在刀具刃是尖利时,切削进程按照程序指定的形状执行不会发生问题。不过,真实的刀具刃是由圆弧构成的(刀尖半径)在圆弧插补和攻螺纹的情况下刀尖半径会带来误差。

2)偏置功能

G40 取消刀具按程序路径的移动。

G41 右侧刀具从程序路径左侧移动。

G42 左侧刀具从程序路径右侧移动。

补偿的原则取决于刀尖圆弧中心的动向,它总是与切削表面法向里的半径矢量不重合。因此,补偿的基准点是刀尖中心。通常,刀具长度和刀尖半径的补偿是按一个假想的刀刃为基准,因此为测量带来一些困难。把这个原则用于刀具补偿,应当分别以 X 和 Z 的基准点来测量刀具长度刀尖半径 R,以及用于假想刀尖半径补偿所需的刀尖形式数(0~9)。这些内容应当事前输入刀具偏置文件。

"刀尖半径偏置"应当用 G00 或者 G01 功能来下达命令或取消。不论这个命令是不是带圆弧插补,刀不会正确移动,导致它逐渐偏离所执行的路径。因此,刀尖半径偏置的命令应当在切削进程启动之前完成;并且能够防止从工件外部起刀带来的过切现象。反之,要在切削进程之后用移动命令来执行偏置的取消。

(7)精加工循环(G70)

1)格式 G70P(ns)Q(nf)ns:精加工形状程序的第一个段号。nf:精加工形状程序的最后一个段号。

2)功能用 G71、G72 或 G73 粗车削后,G70 精车削。

(8)端面啄式钻孔循环(G74)

1)格式 G74R(e);G74X(u)Z(w)P(Δi)Q(Δk)R(Δd)F(f)e:后退量本指定是状态指定,在另一个值指定前不会改变。FANUC 系统参数(NO.0722)指定。X:B 点的 X 坐标;u:从 a 至

b 增量；z：c 点的 Z 坐标；w：从 A 至 C 增量；Δi：X 方向的移动量；Δk：Z 方向的移动量；Δd：在切削底部的刀具退刀量。Δd 的符号一定是(＋)。但是，如果 $X(U)$ 及 ΔI 省略，可用所要的正负符号指定刀具退刀量。f：进给率。

2)功能在本循环可处理断削，如果省略 X(U)及 P，结果只在 Z 轴操作，用于钻孔。

(9)外经/内径啄式钻孔循环(G75)

格式 G75R(e)；G75X(u)Z(w)P(Δi)Q(Δk)R(Δd)F(f)2.。除 X 用 Z 代替外与 G74 相同，在本循环可处理断削，可在 X 轴割槽及 X 轴啄式钻孔。

(10)螺纹切削循环(G76)

1)格式 G76P(m)(r)(a)Q(Δdmin)R(d)G76X(u)Z(w)R(i)P(k)Q(Δd)F(f)；m：精加工重复次数(1～99)，本指定是状态指定，在另一个值指定前不会改变。FANUC 系统参数(NO. 0723)指定。r：到角量本指定是状态指定，在另一个值指定前不会改变。FANUC 系统参数(NO. 0109)指定。a：刀尖角度：可选择 80°、60°、55°、30°、29°、0°，用 2 位数指定。本指定是状态指定，在另一个值指定前不会改变。FANUC 系统参数(NO. 0724)指定。如：P(02/m、12/r、60/a)Δdmin：最小切削深度本指定是状态指定，在另一个值指定前不会改变。FANUC 系统参数(NO. 0726)指定。i：螺纹部分的半径差如果 $i=0$，可作一般直线螺纹切削。k：螺纹高度这个值在 X 轴方向用半径值指定。Δd：第一次的切削深度(半径值)；l：螺纹导程(与 G32 相同)。

2)功能螺纹切削循环。

(11)内外直径的切削循环(G90)

1)格式直线切削循环：G90X(U)__Z(W)__F__；按开关进入单一程序块方式。U 和 W 的正负号(＋/－)在增量坐标程序里是根据 1 和 2 的方向改变的。锥体切削循环：G90X(U)__Z(W)__R__F__；必须指定锥体的“R”值。切削功能的用法与直线切削循环类似。

2)功能外园切削循环。(1)$U<0,W<0,R<0$;(2)$U>0$,$W<0,R>0$;(3)$U<0,W<0,R>0$;(4)$U>0,W<0,R<0$。

(12)切削螺纹循环(G92)

1)格式直螺纹切削循环:G92X(U)_Z(W)_F_;螺纹范围和主轴 RPM 稳定控制(G97)类似于 G32(切螺纹)。倒角长度根据所指派的参数在 0.1 L～12.7 L 的范围里设置为 0.1 L 个单位。锥螺纹切削循环:G92X(U)_Z(W)_R_F_;

2)功能切削螺纹循环。

(13)台阶切削循环(G94)

1)格式平台阶切削循环:G94X(U)_Z(W)_F_;锥台阶切削循环:G94X(U)_(W)_R_F_;

2)功能台阶切削。

(14)线速度控制(G96,G97)

NC 车床用调整步幅和修改 RPM 的方法让速率划分成,如低速和高速区;在每一个区内的速率可以自由改变。G96 的功能是执行线速度控制,并且只通过改变 RPM 来控制相应的工件直径变化时维持稳定的切削速率。G97 的功能是取消线速度控制,并且仅仅控制 RPM 的稳定。

(15)设置位移量(G98/G99)

切削位移能够用 G98 代码来指派每分钟的位移(mm/min),或者用 G99 代码来指派每转位移(mm/r);这里 G99 的每转位移在 NC 车床里是用于编程的。每分钟的移动速率(mm/min)=每转位移速率(mm/r)X 主轴 RPM。

第三节　常用难加工材料铣削特点及方法

1. 常见的难切削材料种类

(1)按材料种类分类

如高强度钢和超高强度钢,高锰钢,淬硬钢,冷硬和合金耐磨铸铁,不锈钢,高温合金,钛合金,喷涂材料,稀有难熔金属,纯金属，工程塑料，工程陶瓷，复合材料和其他金属材料。

(2)按材料的物理、力学性能分类

高硬度，脆性大的材料如淬硬钢、冷硬钢、合金耐磨铸铁工程陶瓷，复合材料，工业搪瓷，石材等材料。

高塑性材料(伸长率>50%)如纯铁，纯镍，纯铝，纯铜等材料。

高强度材料如高强度、超高强度钢。

加工硬化严重的材料如不锈钢、高锰钢、高温合金、钛合金。

化学活性大的材料如钛合金，镍合金，锆合金等。

导热性差的合金不锈钢，高温合金，钛合金。

高熔点材料如钨，钼等。

2. 淬火钢的铣削特点

淬火钢是指金属经过淬火工艺处理后，其组织为马氏体，硬度大于50 HRC的钢。淬火钢的硬度高(50～66 HRC)，抗拉强度高，塑性低，导热率低。在切削时的切削力大(单位切削力大于2 700 MPa)，切削温度很高。并且铣削是断续切削，最容易发生刀具崩刃和打刀。

(1)刀具材料。应采用硬度高，抗弯强度高的添加 TaC 或 NbC 的细晶粒或超细晶粒硬质合金。如 YS8、YS2、YG813、YS10 等，用来制造端铣刀、立铣刀和可转位刀具；陶瓷刀片用于端铣刀。立方氮化硼用于制造可转位刀具和镗孔刀具等。

(2)刀具几何参数。为了提高铣淬火钢刀具刃口的强度与抗冲击载荷，刀具前角选 0～－10°，最大负前角可达－10°～－20°，如齿轮淬火后刮削滚刀。后角选取 8°～10°，主偏角 30°～60°。

(3)切削用量。硬质合金刀具切削速度 30～60 m/min，进给量 0.05～0.1 mm/r，吃刀量 0.5～4 mm；陶瓷刀具切削速度 60～100 m/min，进给量 0.05～0.15 mm/r，吃刀量 1～3 mm；PCBN 刀具切削速度 100～160 m/min，进给量 0.03～0.1 mm/r，吃刀量 0.2～2 mm。

(4)注意的问题。在钻孔时，一定要及时退出钻头，以防热胀冷缩把钻头卡在孔中折断，小直径的钻头钻孔时要注意这点。铣削时，如果切屑呈暗红色，说明切削速度太高了或者刀具刃口有缺口或钝化。

3. 不锈钢的铣削特点

通常把铬含量大于12%或者镍含量大于8%的合金钢称为不锈钢。不锈钢可分为马氏体不锈钢、铁素体不锈钢、奥氏体不锈钢、奥氏体＋铁素体不锈钢、沉淀硬化不锈钢。他们的相对切削加工性为0.3～0.6，马氏体不锈钢和铁素体不锈钢相对好加工一些。

由于不锈钢的塑性和韧性高，切削变形大，加工硬化严重，其硬化程度比基体硬度高2倍左右，硬化层深度可达0.1 mm；不锈钢的导热率为45钢的1/4～1/2，加上切削时磨损严重，产生的热量大，所以导致切削温度高，而且集中在刀具和切屑的接触面上，散热条件差，所以在相同的切削条件下，切削1Cr18Ni9Ti的切削温度比45钢高200 ℃左右。

切削不锈钢，易和刀具产生严重的亲和作用，刀具易产生黏结、扩散和氧化，使刀具耐用度降低；由于不锈钢的塑形高，切屑与刀具黏结严重，切屑容易积聚，使已加工表面粗糙度大。这种现象，尤其是碳含量低时最为严重；不锈钢的线膨胀系数约为碳钢的一倍，在较高的切削热的作用下，易产生热变形，影响工件的尺寸精度。

(1)刀具材料。铣削不锈钢的刀具材料为高速钢和硬质合金。由于不锈钢的性能和切削特点，最好采取含钴、铝的高性能高速钢，他们的硬度高，高温硬度高(在600 ℃时达到了55HRC)，比普通高速钢高出几个HRC，所以刀具耐用度比普通高速钢高3～5倍。随着硬质合金技术的进步，抗弯强度和硬度高的超细晶粒硬质合金铣刀的品种增多，取代了高速钢刀具，在生产中取得了显著的效益。用于铣削的不锈钢硬质合金，应选用添加了TaC或NbC的YG类或YM类细晶粒和超细晶粒硬质合金。目前各种国内生产的整体硬质合金铣刀大量生产，实践证明并不亚于国外，价格只有国外的2～3成，还进行了适合于抗黏结、硬度高(4 000 HV)的TiAlSi涂层。

(2)刀具几何参数。由于不锈钢的塑性高，硬度和强度不高，但切削加工硬化严重和切削温度高的特点，为了减少切削变形和降低切削温度，应采用较大的刀具前角(15°～25°)和后角(8°～10°)。对于圆柱铣刀和立铣刀，当前角5°时，刀具螺旋角20°～35°，增大实际工作前角，切削轻快。用硬质合金可转位刀具端铣时，进给前角$\gamma_f=5°$，切深前角$\gamma_{ap}=15°$，切深后角5°，进给后角15°，主偏角60°时，端铣奥氏体不锈钢1Cr18Ni9Ti的效果最好。

(3)铣削用量。高速钢铣刀，$v=15\sim20$ m/min，$f=0.1\sim0.2$ mm/r；硬质合金铣刀$v=40\sim60$ m/min，$f=0.1\sim0.3$ mm/r。两种材料刀具$ap>0.1$ mm。

(4)切削液。粗铣时，采用普通乳化液或极压乳化液；精铣时，采用硫化油；铰孔时，在硫化油中添加15%的煤油；攻丝时，采用MoS_2油膏或猪油，用植物油稀释。

(5)铣削方式。对于不锈钢的铣削，应尽量采用顺铣，以避免进刀时在硬化层上切削。端铣刀应采用不对称顺铣，以保证刀具平稳的从工件中退出。

(6)改善不锈钢切削加工性的热处理措施。对于马氏体不锈钢，可采用调质处理，提高材料的硬度，可获得好的加工性；对于奥氏体不锈钢，可采用高温退火或固溶处理，使切屑变脆和改善切削加工性。

4. 钛合金的铣削特点

(1)钛合金的性能及切削特点

概括起来，钛合金具有以下性能：

比强度高，特别是钛合金具有强度高、比重小的优点，决定了它是一种良好的航天、航空材料。热强性高、抗蚀性好。钛合金是一种热稳定性好的材料，它能在3 500 ℃，甚至5 000 ℃范围内长期工作，如超音速收音机的蒙皮就是钛合金制成。钛合金的抗蚀性也很好，如在潮湿的大气和海水介质中工作，其抗湿性大大优于不锈钢。抗酸、碱腐蚀性能也很好，但对铬盐介质的抗蚀性较差。导热性能差。纯钛的导热系数 $\lambda=0.0364$ Cal/(cm·s·℃)，约为纯镍的 1/4，铝的 1/14，而钛合金的导热系数更低，如 TC-4 的 $\lambda=0.019$，TC-9 的 $\lambda=0.017$。

由于钛合金具有如此多的优越性能和在地球中的丰富含量，现在已被广泛地用于航天、航空、航海、石油、化工、医药等部门，因此研究钛合金的切削性能具有极其重要的意义。

也是由于它具有优越的使用性能，致使它给切削加工带来很大的困难，以致钛合金成为最难切削加工的材料之一。现将其难切削原因归结如下：

切削温度高。在切削钛合金的过程中，其切削温度较其他几种难加工材料的切削温度高。造成如此高的切削温度的主要原因是钛合金的导热系数小。前面讲过，TC-9 的导热系数仅为 0.017 Cal/(cm·s·℃)。这样差的导热性能切削热很难通过工件和切屑传导出去，而集中到刀具上，使切削温度明显升高；另则是切削钛合金时的变形系数小，切屑不收缩，在前刀面上流动时，磨擦长度增加，也使切削温度上升。再者是切削钛合金时刀屑接触面积很小，切削热高度集中于切削刃附近的小面积内，这几个原因加在一起，使钛合金的切削温度升高。几种难加工材料中，钛合金的切削温度最高，几乎比切削 45 号钢的温度高出一半。

单位切削力大。切削钛合金时，总的切削力不大，但由于刀屑接触面积小，切削压力集中于切削刃附近极小范围内，故使切削刃的单位切削力大大上升。这样造成刀屑接触处的磨擦系数加大，加剧刀具前刀面的磨损。

易产生表面变质层。钛的化学活泼性很大，易与气体杂质产生强烈的化学反应。如 O、N、H、C 等在钛合金中是间隙固溶强化元素，侵入钛中，形成间隙型固溶体，使表面层晶格严重弯扭，塑性下降。这样导致切削变形的滑移条件恶化，合金表层硬度及脆性上升。Ti 与 N、C 作用，还能形成硬度极高的 TiN、TiC 存在于表面；当切削温度达到 650 ℃，特别是超过钛的同素异型转变温度 882 ℃时，氧的扩散速度加剧，使表面硬化，这几种因素造成的污垢层厚度可达 0.155 mm，在切削过程中严重损伤刀具。

钛和其他金属元素的亲和性强。又由于它的切削温度高，单位切削力大，因此，在切削过程中，易与刀具材料咬合、熔焊在一起，严重的黏刀现象，形成刀屑瘤，在切屑被强迫流动排出时，会使部分刀具材料带走，造成刀具前刀面迅速的磨损，降低刀具寿命。

弹性后效严重。由于钛合金的弹性模量小，约为钢的 1/2，故刚性差，易变形。在切削过程中，工件易产生让刀现象，这样使工件的尺寸精度和形状精度很难保证。同时，工件被切削之后，加工表面回弹性大，造成后刀面剧烈磨擦，这样不但使黏结等磨损增加，而且还会由于工件和刀具的相对运动造成刀具撕裂等现象。

(2)刀具材料的选择

根据合金的性能和切削特点，在选择硬质合金刀片牌号时，一定要从降低切削温度的观点来考虑。要做到这一点，一定要使硬质合金刀片材质具备磨擦系数小、亲和性差、导热性高、耐磨性好等特点。因此，我们选用 K 类合金作为刀具材料较为合适。特别是加入钽铌等稀有金属元素，细晶粒新牌号咸质合金，效果尤为可佳。因为这类合金导热性好，热稳定温度高，因此在高温状态下能保持良好的综合性能。在实践中发现，采用 YD15(YGRM)、(YS2T(YG10HT)、YG6A 切削钛合金时，使用效果好。

但值得注意的是，切削合金时，切忌采用碳化钛基合金以及含 TiC 高的 P 类合金，因为它们属同种金属元素，其亲和性好，严重加剧刀具的扩散、黏结等磨损。表面光洁度和尺寸精度要求高的零件，往往采用金刚石作刀具材料。由于金刚石硬度高，导热性能好，不易被切材料黏结，因此它不但能提高工件表面质量，而且能大幅度提高切削效率。

为了降低切削温度，提高切削效率，在切削过程中往往采用加切削液的办法。由于水比油的导热系数、比热、汽化热都大，故用水溶性切削热较为合适。

5. 二硫化钼在金属切削中的应用

(1)车削方面。车削球墨铸铁小轮时，常规切削，一把硬质合金刀具耐用度只能加工 5～6 个零件，如果涂上二硫化钼作为润滑剂，刀具耐用度提高了一倍以上。精车蜗杆时，用含有 2.5%二硫化钼时蜗杆表面粗糙度由 3.2 降低到了 1.6。在 65M 钢上面铰孔时，采用普通乳化液，加工的孔粗糙度只有 6.3，在乳化液中加入二硫化钼水剂后，表面粗糙度可达 3.2，而且也延长了刀具寿命。

(2)在铰孔方面。加工不锈钢内孔，采用普通乳化液铰孔时，刀具磨损严重，表面粗糙度高。后来在原乳化液中加入 3%的二硫化钼水剂，上述问题得到解决。

(3)在磨削方面。外圆磨砂轮上涂上二硫化钼后，在原来的条件不变情况下，工件的表面粗糙度可以降低一级。这是因为砂轮上涂了二硫化钼后，使砂轮与工件的润滑条件有所改善。

(4)在齿轮加工方面。为了降低齿轮齿面粗糙度，在原来硫化油中加入 0.5%～1%的二硫化钼油剂后，齿轮表面的粗糙度降低很多。

(5)在低速复杂刀具方面。用螺旋花键推刀，推 40Cr 钢，硬度为 HRC35，直径为 $\phi 30$ mm 的螺旋花键孔，在原来切削液中加入 20%的二硫化钼油剂后，推刀的寿命提高了 60 倍左右，而且表面粗糙度降低了一级。

(6)在攻丝方面。用挤压丝锥攻丝，唯有二硫化钼润滑剂最好，不但内螺纹表面粗糙度低，而且挤压丝锥的寿命也大大变长。

此外，由于二硫化钼具有优良的润滑性能，在金属切削范围内得到了广泛应用。如在切削钛合金、高温合金、奥氏体不锈钢以及各种合金钢时，在刀具的前后面涂一层二硫化钼，会收到良好的效果。

第四节　典型零件的铣削工艺方法

1. 薄壁板类零件的加工方法

蒙皮等预拉伸薄板件加工时，易出现弯曲、两面加工壁厚超差、平行度误差大的现象。解决方案是根据毛料估算壁厚余量，单刀切深为 0.5～0.7 mm，并采用对称加工方式；避免加工余量不均，造成板材内应力不均，导致弯曲变形；采用小切深快走刀，多翻面的加工方法。

如果产品表面粗糙度和尺寸精度要求较高时，可增加精飞步骤，单面余量控制在 0.2～0.3 mm。

2. 镗铣床大型筒段类零件加工方法

问题概述：镗铣床大型筒段类零件加工多以起吊螺纹、定位孔等加工为主，外形轮廓加工为辅，孔类加工可分为钻孔、铣孔、镗孔。筒段外圆的孔加工过程中易出现钻孔时钻头跑偏，铣孔时侧面有印的现象。

解决办法：针对筒段外圆铣头定心不准问题的解决办法是先用适当直径的中心钻定心，然后钻孔到尺寸。该方法需要注意的是，中心钻钻孔深度不宜太浅，1～2 mm 最好。孔径不宜过小，一般为最终尺寸的一半到三分之二。对于大孔应采用铣孔的方式。在铣孔的加工方式中，刀具切入不能从法向切入，而应沿着轮廓曲线的延长线进刀，即圆弧进刀和出刀，以避免侧壁切伤。

钻孔时，编程应采用系统自带的 G 代码，如 G81、G83 等，使用该代码需注意 G98 和 G99 返回点的位置不同，对深孔钻有特殊意义，排屑效果有区别，效率也不一样。

G 功能代码的暂停时间 P1000 为 1 s 暂停。

3. 中型筒段类零件腔槽特征加工方法

问题概述：中型筒段类零件一般包含内网格、凸块等加工特征(图 2-50)，在加工网格和凸台间斜面时容易有接刀台阶，腔槽转角有振纹，加工效率低。

解决方案：

(1)凸块间的斜面铣削传统方法是用直径 20 的倒角铣刀阶梯分层转 C 轴加工，采用该方法是因为倒角铣刀斜刃长度不够，需

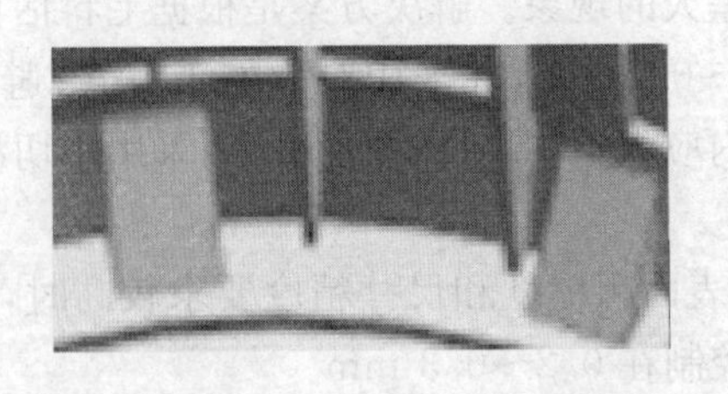

图 2-50　加工特征示意图

要分层加工。该方法加工后的接刀明显，台阶高度差在 0.03～0.06 mm，再加上倒角刀结构设计缺陷造成排屑不好，振动明显。针对上面现象，可采用直径 20 的立铣刀，用侧刃配合机床的 B 轴旋转 45°的方法加工。该方法解决了斜面长度过长、表面光洁度差的问题。且减少了一次刀具装夹对原点出错的机会。

(2)针对腔槽网格加工转角振动振纹的问题，可以通过缩短刀具悬长，采用合金刀具增强刚性，打磨刀具的角度，改善排屑条件等方式来解决。在加工中，也可以调整转速，走刀等避开振动点的方法。

调整幅度一般控制在 10%～20%，刀具刚性还可以提高。

4. 螺纹数控铣削方法

问题概述：对某些螺纹，手工攻丝容易产生垂直度差、孔口螺纹尺寸精度差、费时费力等现象。

解决方案：针对不同直径的螺纹，选用合适的螺纹刀具进行铣削加工，利用机床保证螺纹的垂直度，刀具刀偏半径补偿保证尺寸精度，螺纹铣削应注意选用刀具厂家提供的推荐切削参数，立铣刀铣孔时，应采用螺旋插补圆弧进刀的方式，避免孔壁的接刀痕迹。当孔口和孔底直径有误差，空走两刀看看，最后到尺寸的一刀吃刀量不应小于 0.02 mm，避免机床间隙造成超差。如果用镗刀镗孔应注意换刀时应多退 1～2 圈再进刀，避免镗刀头调整机构的反响间隙误差对加工精度影响。

5. 喷管类沟槽加工方法

工件材料为锆铜，性黏，耐磨，耐高温。

装夹方法：四轴定位，四轴工作台装三抓卡盘，工件用专用工装固定。工装一端用四轴三抓卡盘固定，另一端用尾座顶尖顶住。

对刀方法：Y 原点和 Z 原点为工件旋转中心，X 原点为工件颈部，A 原点自定。

刀具特点：专用刀杆，普通锯刀片，提高效率用整体合金锯片刀。

加工方法：针对工件构料性质及切削速度，合理选择刀具转速，普通锯片刀 300～500 r/min。进给量 60～90 mm/min。合金锯片刀 1 500～2 000 r/min。进给速度 300～500 mm/min。

6. 小型筒类零件外形加工方法

(1)工件材料为铝合金，性黏，硬度低，易变性。

(2)设备为四轴龙门加工中心。

(3)根据工件材料性能和形状，实行粗加工、半精加工和精加工工序，并配合多次热处理工艺，解决工件变形的问题。

(4)装夹方法：四轴定位，四周工作台装三爪。工件一端用三爪支撑内圆面固定，另一端用自制堵盖盯紧。

(5)原点设置：X 原点置于工件尾部一端，Y 原点和 Z 原点置于工件旋转中心。A 原点置于 3 象限。

(6)变形控制方法：精加工余量，单边 1 mm 以内，刀具刃部锋利。装夹力量适当，ϕ6 mm 立铣刀或键槽刀，转速 3 000 r/min。进给量 500～1 000 mm/min。分层下刀，最后一层切削深度 0.1 mm。

7. 盒类零件加工方法

(1)工件材料：铝合金为主；加工性能：易切削，易变形。

(2)机床系统：以 FANUC 系统为主，有刀库，主轴最高转速

6 000 r/min 左右，主轴电机功率为 7.5 kW 左右。

(3)工艺方法：铣夹头，一般在盒底面一端铣夹头；加工盒开口一端：所有加工部位一次装夹加工成型。为防止变形，分粗精铣，先加工外形，后加工内形，最后钻孔；加工盒底面，去夹头余量，加工弧面及各部形状。

(4)装夹方法：虎钳装夹。

(5)原点设置：X 原点，Y 原点置于零件中心，Z 原点置于工件上表面或底面。

(6)对刀方法：寻边器对 X、Y 原点，Z 轴设定刀具端面。

(7)刀具：普通立铣刀，大批量加工建议用合金立铣刀，磨损小，不换刀，提高加工效率。

(8)变形控制的方法：盒类零件加工材料性能问题，易变性，建议采用粗精加工。粗加工时，采用小切削深度，快进给量，分层下刀加工方式。

(9)刀具补偿：盒类零件形状复杂，加工部位多，加工用刀具多，建议加工时，使用刀具补偿，减少使用工件坐标系数量。

8. 支架类零件的加工

问题概述：如图 2-51 所示，需加工深度大于 100 mm 的圆弧下陷，加工深量大，精加工时表面粗糙度低，不易达到要求。

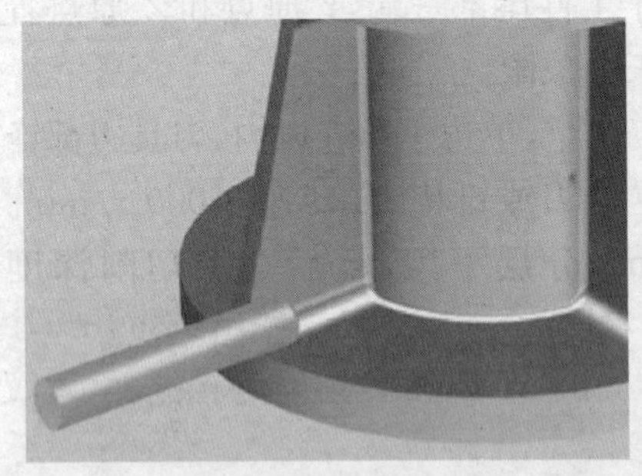

(a) 利用铣刀底角加工

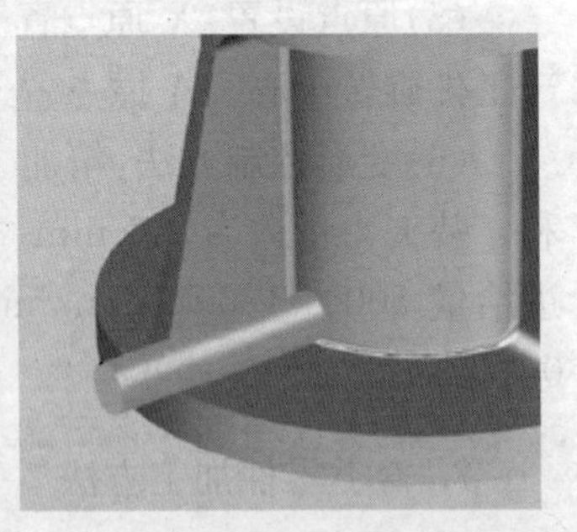

(b) 利用铣刀侧刃加工

图 2-51　圆弧下限加工示意图

解决方法：由于铣刀用侧刃加工效率高，故用 $\phi30$ 加长铣刀，用侧刃深 100 mm、切宽 3 mm，低速、高进给切削；建议参数 $S=350$ r/min，$F=150$ mm/min，可提高效率 5 倍。当需要在圆弧面上开窗口时，可用铣刀侧刃先将窗口铣通一个三角形口，再将窗口铣下，既简单又高效。

9. 薄壁高精度孔的镗削方法

如图 2-52 所示含高精度孔类零件，内壁不加工且壁厚较薄，在加工高精度孔时，内孔比外孔大，且内孔端面需加工，加工难度较大。

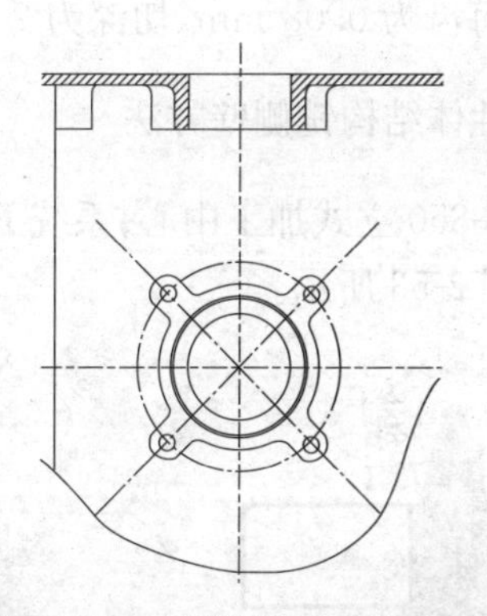

图 2-52 高精度孔类零件加工

解决方法：需用 4 把镗头，一把粗镗：刀杆直径为 19 mm，反镗杆伸出 8 mm，排屑槽平行于刀轴。第二把镗刀：精镗孔口小孔，采用专用刀片，耐磨，表面粗糙度容易保证。第三把镗头：精镗内孔，刀杆为 16 mm，刀头伸出 8 mm，排屑槽垂直于刀轴。第四把最为关键，为易出错内容，刀杆为 10 mm，刀头伸出量为孔口小孔直径减去该刀杆直径再减去 0.2 mm，刀尖指向内孔端面，建议切削参数：$V_{切}=30$ m/min，每齿为 0.05，其中在调制第四把镗头时，使用 M19 全轴定向。操作步骤为：在 MDI 里执行 M19，在全轴定向后装夹镗刀头，刀尖指向 Z 正向，这样便于观察刀尖是否装夹正确。当调试完程序后，中间不可暂停程序调试镗头，但是可以在主轴定向（即 M19）前停止程序，在孔直径稳定时，可直接执行程序，以提高加工效率，减小劳动强度。

10. 口盖类零件的装夹方法

问题概述：口盖类零件一般尺寸较大，结构为内网格弧板，加工过程中容易发生变形，壁厚不易保证。

解决方法：在压紧工件时，可在四个方向上都压上压板，其中先压紧较低的压板，再将两高端压板挤紧工件，这样可使工件贴紧工装减少变形。采用高切削速度，对于切深的切削参数，建议为：$V_{切}=100$ m/min，每齿为 0.08 mm，切深为 2 mm。

11. 薄壁弱刚性体结构铣侧壁方法

（1）机床：VMC-850 立式加工中心；系统 FANUC18MC。

（2）示意图如图 2-53 所示。

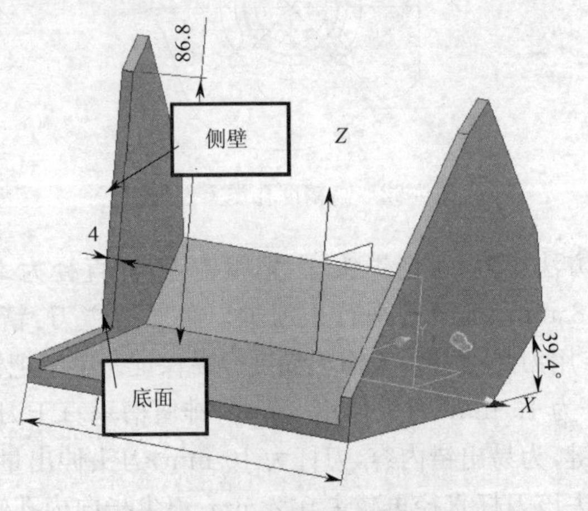

图 2-53　零件结构示意图

（3）加工难点：如图 2-53 所示，产品为薄壁弱刚性体结构，加工侧壁时底面与铣刀不垂直。顺铣加工时，铣刀底刃自上而下行进，既加工底面又加工侧壁，切削不稳定，侧壁粗糙度差，有振纹。逆铣加工时，铣刀底刃自下而上侧壁加工，底面切削效果好，但侧壁为逆铣，4 mm 壁厚在铣刀出口处尺寸最小，是 3.8～3.6 mm。原因是，加工弱刚性体侧壁时，铣刀的切削力使工件压向铣刀，壁厚尺寸 4 随侧壁刚性减弱而变薄。

(4)加工工艺方法：如图 2-54 所示。首先粗铣单边留量 1.5 mm。再精铣内侧壁，底面留量；精铣底面，侧壁留量；精铣侧壁底面留量 0.1 mm(零件根部 R 近似)；精铣外侧壁。

(5)数控加工程序(图 2-54)

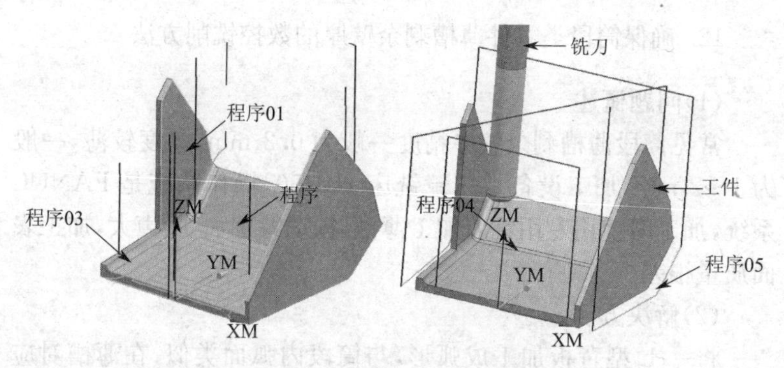

图 2-54　加工方法示意图

程序 01：精铣加工侧壁，底面余量约 4 mm(保证加工侧壁时铣刀不接触底面余量即可)。加工时可使用宏程序分层加工。

程序 02：铣刀轴线与底面不垂直，刀路较紧密，刀路疏密程度应根据零件表面粗糙度确定，程序 02 的刀距为 0.6 mm，粗糙度 Ra12.5。底面精加工尺寸，铣刀与侧壁最小间隙为 0.2 mm。

程序 03：精铣底平面，因铣刀轴线与底面垂直，刀路距离 8 mm，保证底平面均被加工即可，切宽越大效率越高。

程序 04：精铣侧壁根部，铣刀自上而下顺铣，铣刀与底面间隙 0.1，与程序 01 加工面接平即可。

程序 05：精铣外侧壁，保证零件壁厚 4 mm，加工时可使用宏程序分层加工。

(6)产生废品的原因与防止方法

当侧壁及底面同时参与切削时，顺铣自上而下走刀工件、铣刀振动大，侧壁粗糙度差，振纹明显；逆铣自下而上走刀工件侧壁刚性差，铣刀的切削力使工件压向铣刀，4 mm 壁厚超差。这些均容易造成废品。

数控铣加工过程中，人为干预较少。为使切削平稳，避免振颤，数控程序的编制，应尽可能保证加工中切削量均匀、切削力均衡、功率平稳。据此决定数控程序的加工部位、程序数量、加工先后顺序。

12. 确保筒段类零件薄槽剩余壁厚的数控铣削方法

(1)问题概述

常见筒段薄槽剩余壁厚精度一般为 0.2 mm，厚度较薄，一般为 1～2 mm，加工设备常用镗铣床 HB150，操作系统是 FANUC 系统，加工时使用专用铣刀加工薄槽，振动特别大，噪声大，加工表面质量很差。

(2)解决方法

将一 L 型背板加工成弧形，与筒段内弧面类似，在薄槽对应位置等间距加 12 个螺栓，将螺栓的一端磨成球头面。加工筒段薄槽时，将背板放置筒段内侧，弧面与待加工部位对应，用 12 个螺栓顶住筒段待加工薄槽的背面，并在顶的位置加 10 mm 厚的毛毡，一方面起到不挤伤筒段内表面，另一方面可以起到吸振的作用。用此方法切削引起的筒段的振动明显减小，用手触摸只有轻微的振动，切削比较顺畅，而且可以根据振动噪声情况调整螺栓的压紧力。这种自制工装加强筒段局部刚性的方法很有效。

13. 内螺纹铣削加工方法

问题概述：在工业生产中，大型筒段或锥段内螺纹加工工艺一般采用的是钳工手动攻丝法，其加工工序为找正螺纹孔中心线，用中心钻钻中心孔，钻螺纹底孔，倒角后用丝锥攻螺纹；当螺纹直径较大时，丝锥的性能就会受到抑制，若仍采用丝锥攻丝的方法加工一般需要两次才可，即粗加工和精加工。

解决方法：对于螺纹公称直径较大的螺纹，可采用螺纹铣削法进行加工，即数控机床上螺纹铣刀绕中心轴线高速旋转，作轴向与周向同步进给，即螺纹铣刀绕螺旋线运动，在螺旋铣削中圆周运动产生螺纹直径而同步的轴向直线运动产生螺距，通过螺旋插补的方法加工出螺纹。

取得效果：应用螺纹铣削加工代替传统手动攻丝操作方式，提高了产品加工效率；采用手动攻丝法需要操作者应用板牙中心对准机床主轴中心，一般均需要二次攻丝才可完成较大直径螺纹，而采用螺纹铣削法对刀后整个加工过程无需人工干涉和参与，减小工人操作强度。

14. 平面类零件的加工方法

平面类零件是指加工面平行、垂直于水平面或其加工面与水平面的夹角为定角的零件，这类零件的特点是，各个加工表面是平面，或展开为平面。如图 2-55 所示的三个零件都属于平面类零件，其中的曲线轮廓面 M 和正圆台面 N，展开后均为平面。

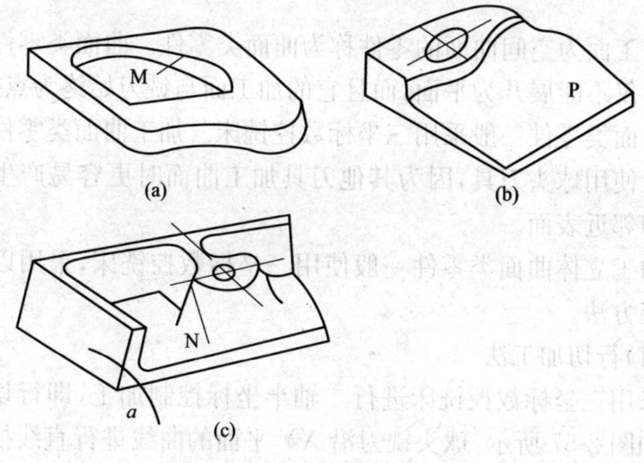

图 2-55　平面类零件示意图

15. 变斜角类零件的加工方法

加工面与水平面的夹角呈连续变化的零件称为变斜角类零件。如图 2-56 所示是一种变斜角梁缘条，该零件在第②肋至第⑤肋的斜角 α 从 3°10′均匀变化为 2°32′，从第⑤肋至第⑨肋再均匀变化为 1°20′，最后到第⑫肋又均匀变化至 0°。变斜角类零件的变斜角加工面不能展开为平面，但在加工中，加工面与铣刀圆周接触的瞬间为一条直线。加工变斜角类零件最好采用四坐标和五坐标数控铣床摆角加工，在没有上述机床时，也可在三坐标数控铣床上进行二轴半控制的近似加工。

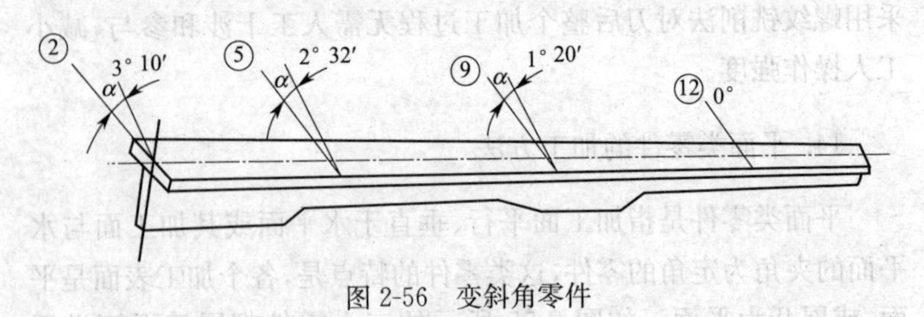

图 2-56　变斜角零件

16. 曲面类零件的加工方法

加工面为空间曲面的零件称为曲面类零件。曲面类零件的加工面不仅不能展开为平面，而且它的加工面与铣刀始终为点接触。加工曲面类零件一般采用三坐标数控铣床。加工曲面类零件的刀具一般使用球头刀具，因为其他刀具加工曲面时更容易产生干涉而过切邻近表面。

加工立体曲面类零件一般使用三坐标数控铣床，采用以下两种加工方法。

(1)行切加工法

采用三坐标数控铣床进行二轴半坐标控制加工，即行切加工法。如图 2-57 所示，球头铣刀沿 XY 平面的曲线进行直线插补加工，当一段曲线加工完后，沿 X 方向进给 ΔX 再加工相邻的另一曲线，如此依次用平面曲线来逼近整个曲面。相邻两曲线间的距离 ΔX 应根据表面粗糙度的要求及球头铣刀的半径选取。球头铣刀的球半径应尽可能选的大一些，以增加刀具刚度，提高散热性，降低表面粗糙度值。加工凹圆弧时的铣刀球头半径必须小于被加工曲面的最小曲率半径。

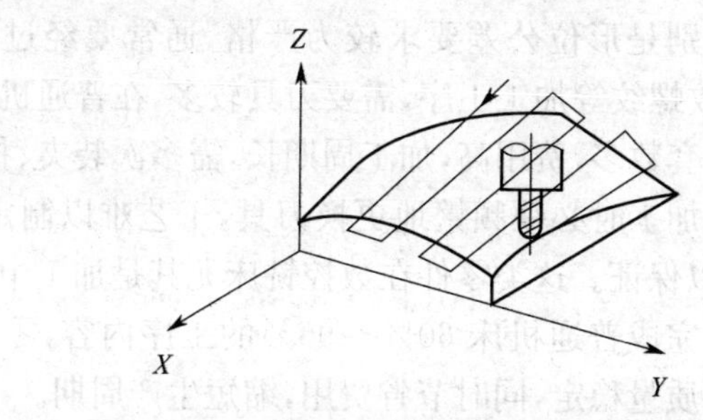

图 2-57　行切加工法

(2)三坐标联动加工

采用三坐标数控铣床三轴联动加工，即进行空间直线插补。如半球形，可用行切加工法加工，也可用三坐标联动的方法加工。这时，数控铣床用 X、Y、Z 三坐标联动的空间直线插补，实现球面加工，如图 2-58 所示。

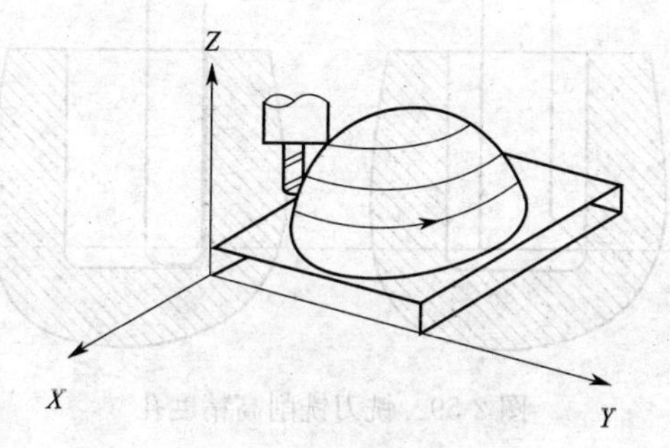

图 2-58　三坐标联动加工

17. 箱体类零件的加工方法

孔及孔系的加工可以在数控铣床上进行，如钻、扩、铰和镗等加工。由于加工多采用定尺寸刀具,需要频繁换刀。当加工孔的数量较多时,就不如用加工中心加工方便、快捷。

箱体类零件一般是指具有一个以上孔系,内部有不定型腔或空腔,在长、宽、高方向有一定比例的零件。

箱体类零件一般都需要进行多工位孔系、轮廓及平面加工,公差严求较高,特别是形位公差要求较为严格,通常要经过铣、钻、扩、镗、铰、锪、攻螺纹等加工工序,需要刀具较多,在普通机床上加工难度大,工装套数多,费用高,加工周期长,需多次装夹、找正,手工测量次数多,加工时必须频繁地更换刀具,工艺难以制定,更重要的是精度难以保证。这类零件在数控铣床尤其是加工中心上加工,一次装夹可完成普通机床 60%～95%的工序内容,零件各项精度一致性好,质量稳定,同时节省费用,缩短生产周期。

18. 高精度孔的镗削加工

某些零件孔的精度要求在 0.025 mm 以内,且孔的根部有 R 角,用铣刀铣削根部 R 时容易伤到镗孔的侧壁。如图 2-59 所示。

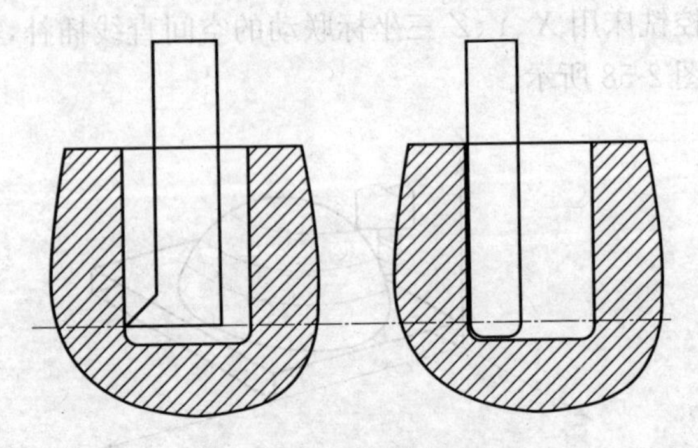

图 2-59　铣刀铣削高精度孔

加工经验:在镗孔工步后,铣刀的半径补偿值不设 0,因为机床在 45°方向加工时,出现 X、Y 轴不同步,容易伤到侧壁。根据加工经验,在镗孔后,铣刀的半径补偿值根据产品的精度要求适当调整,一般为 0.04～0.06,加工结果就满足精度要求。

19. 封头类零件背面网格加工方法

封头类零件一般为外网格结构(图 2-60),加工时间长。

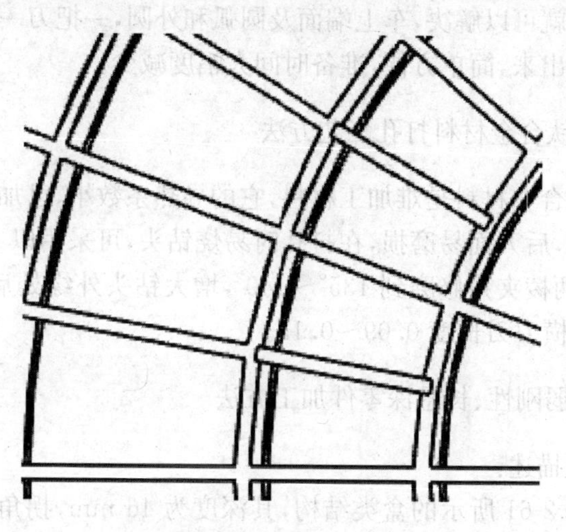

图 2-60　结构示意图

传统的加工方法是先把网格筋条余量去掉,加工刀长一般为 10 mm,再加工网格底面,一般加工到 3～5 mm,再进行网格壁厚测量。之后根据测量结果,确定最后加工余量来保证网格厚度。加工完网格底面后,再加工网格四周筋条,刀长要与网格刀长一致。此方法加工效率低。经验高效方法是,在加工网格时,网格先用 $\phi 20R3$ 的刀具铣网格四周,刀长加工到 4,根据工艺要求加工到尺寸。之后执行铣网格程序,根据铣四边的边长,加工网格,两个刀长要求一致。用改进后的加工方法铣网格,少走一刀,大大减小了加工时间,根据加工取得的效果,减少了一天的加工时间,大大提高了生产效率。

20. 一把刀具解决多个工位的加工方法

在加工带有角度框的时候,有时会用到四把刀方能完成整个工件,如果是直径比较大的工件,通过将外形刀和端面刀旋转在一个刀架上，可以减少不必要的刀具装夹时间。

加工支架类零件及V形卡块这类工件的时候，通常需要两到三把刀来完成，但是加工起来既繁琐又耗时间，这时候用一把手磨的双刃刀就可以解决，车上端面及圆弧和外圆，一把刀一个程序就可以加工出来，简单方便，准备时间大幅度减少。

21. 钛合金材料打孔工艺方法

因钛合金材料是难加工材料，它的导热系数小，已加工表面弹性回量大，后刀面易磨损，在打孔时易烧钻头，可采用以下措施：增大顶角，两棱夹角修磨到135°～140°，增大钻头外缘处后角12°～15°，修小横刀刃长度0.09～0.12。

22. 弱刚性、长悬深零件加工方法

问题描述：

如图2-61所示的盒类结构，其深度为46 mm，拐角处要求有6-$R5$的倒角，需要用$\phi10$立铣刀悬出近60 mm进行加工。原先的工艺流程为，先用$\phi20$立铣刀粗加工螺栓盒内腔，后用$\phi10$立铣刀清侧壁保证内腔长、宽以及拐角尺寸，由于刀具悬出量过长，导致刀具在加工过程中严重让刀。另外，由于粗加工后拐角处为

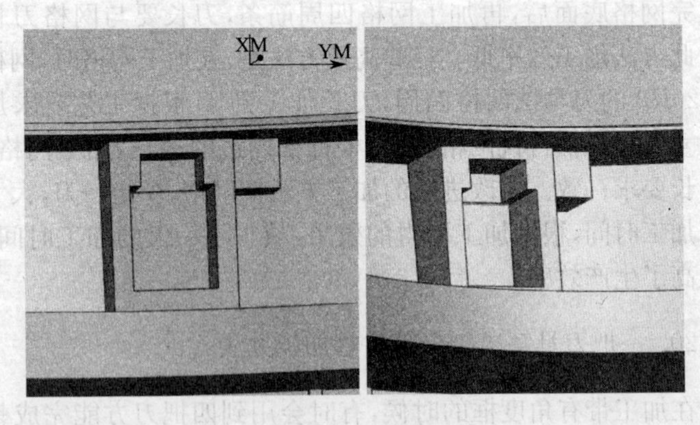

图2-61　盒类结构

$R10$，精加工时拐角处加工余量突然增大，很容易发生刀具折断问题。为了能够满足设计尺寸要求，实际加工中往往是将刀具延刀轴方向分成多层进行加工，即小切深逐层下刀的方式。由于拐角处余量大，导致加工让刀现象，无法保证产品精度。

解决措施：

采用如图 2-62、图 2-63 所示的拐角处径向分层和轴向自动分层的编程加工策略加工解决加工让刀及效率低下问题。

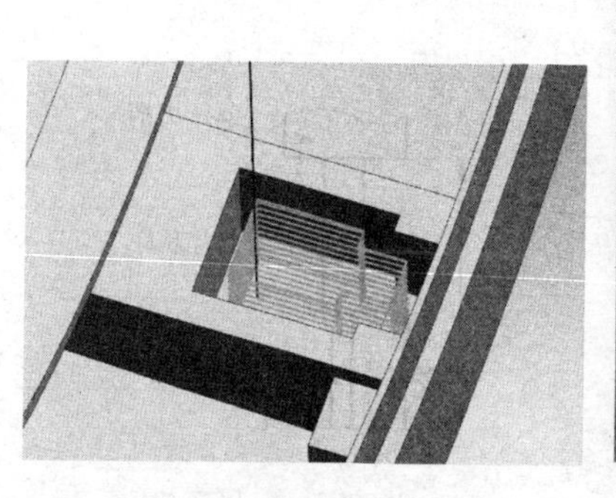

图 2-62　螺旋铣轴向分层编程

图 2-63　拐角处径向分层加工方法

经验总结：当小直径刀具在长悬深、弱刚性状态下，要采用轴向和径向两种方式相结合的数控编程方法，另外在数模建立时要考虑刀装配干涉问题，按照设计内腔尺寸上差建模，减少让刀对装配的影响。

23. 深槽内角铣削加工方法

深槽是结构件中一类典型结构，为了满足零件使用要求，深槽给定的内角有时较小，为了加工出直径小的内角需要选择直径小于或等于内角的刀具，同时由于槽的深度较深，造成加工过程中刀具的长径比较大，刀具的刚性差，加工中容易产生振纹、让刀等问题。如图 2-64 所示为某筒段类零件一处深槽结构尺寸示意图，加工过程中采用的工艺流程为首先用直径为 $\phi20$ mm 的刀具进行粗加工，保证深槽的深度和宽度尺寸要求，再用如图 2-65 示所示 $\phi10$ mm 刀具铣深槽内型 4 处 $R5$ 内角。由于受筒段结构限制，加工中刀具悬长需要 130 mm，为了增加刀具刚性，同时满足加工要求，加工中选用 $\phi20$ mm 加长杆，$\phi10$ mm 刀具伸出长度为 55 mm，保证加长杆＋刀具伸出长度为 130 mm，加工中所用刀具如图 2-65 所示。由图 2-65 可以看出 $\phi20$ mm 刀杆长径比为 6.5，$\phi10$ mm 刀具长径比为 5.5，因此刀具的刚性很差，若加工过程中选择的切削路径和切削参数不合理，容易造成拐角振纹，槽底尺寸让刀，甚至刀具折断。

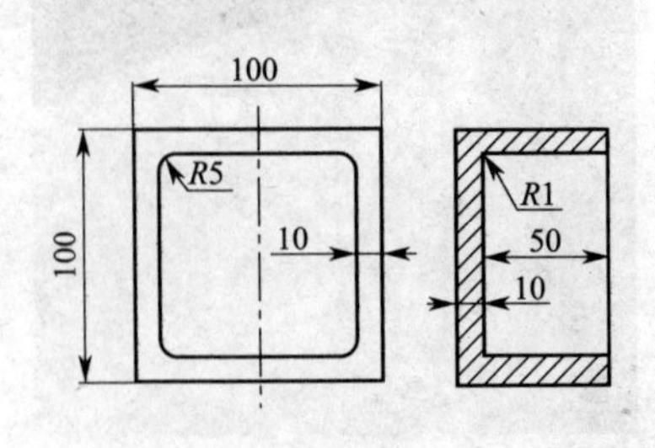

图 2-64　深槽结构尺寸示意图

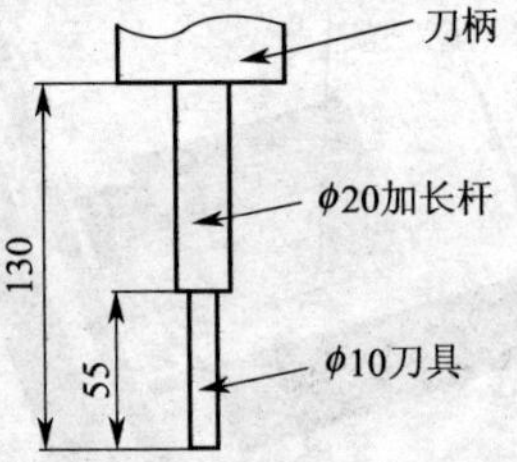

图 2-65　刀具示意图

根据深槽加工的工艺流程，首先用直径为 $\phi20$ mm 的刀具粗铣深槽，保证深槽深度 50 mm 及宽度 100 mm 要求，此时内角为 $R10$，再用图 2-65 所示刀具将粗铣后的深槽的 4 处 $R10$ 内角加工为 $R5$，深度为 50 mm，$\phi10$ mm 刀具待加工区域示意图如图 2-66 所示，内角处剩余的待加工余量为 2.07 mm。通常用 $\phi10$ mm 刀具将内角由 $R10$ 加工成 $R5$，若刀具的刚性及加工系统刚性好可采用一刀铣削的方式直接加工去除剩余的 2.07 mm 余量，由以上分析可以看出加工中所用图 2-65 所示 $\phi10$ mm 刀具刚性很差，若采用一刀的方法进行加工，刀具的包容角较大，刀具在加工中所受的切削力较大，且切削力不断变化，刀具容易折断，加工安全性差。为解决这一问题，加工中采用在内角处分层切削的加工方式，分多次去除 2.07 mm 余量，较小刀具包容角，同时也减小了刀具所受切削力。图 2-67 为用 $\phi 10$ mm 刀具分层加工内角示意图。将 $R10$ 加工为 $R5$ 的过程中分了 3 层,减小了刀具的包容角,减小了刀具所受切削力。

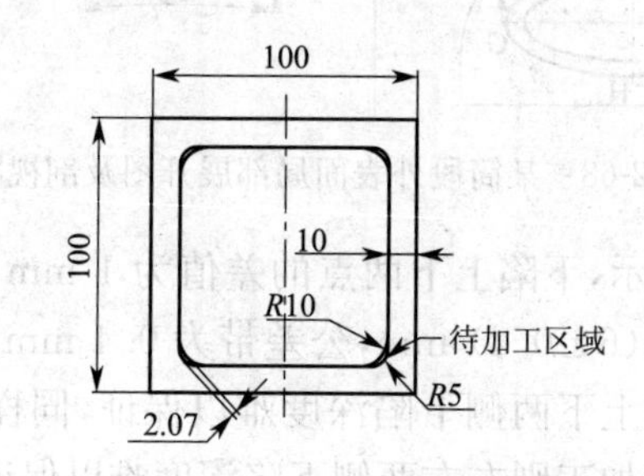

图 2-66　$\phi 10$ mm 刀具待加工区域示意图

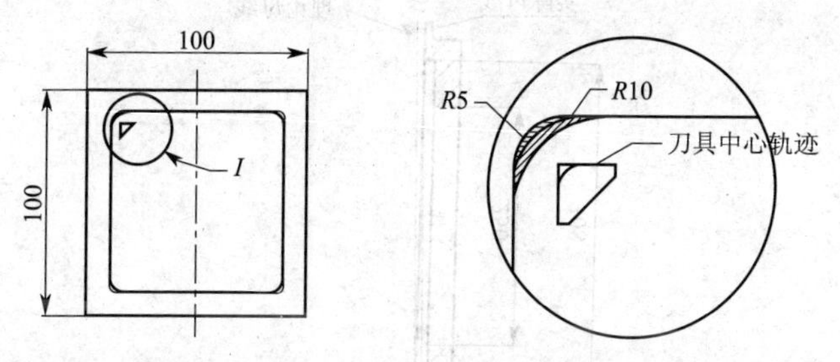

图 2-67　$\phi 10$ mm 刀具分层加工内角示意图

采用分层的方式进行深槽内角铣削,提高了加工的稳定性和安全性,同时能够很好的保证槽的尺寸,避免了内角振纹的产生,同时提高了产品的加工效率。

24. 大直径薄壁圆柱段筒段外圆表面下陷铣削加工方法

部分大直径筒段需要在圆柱表面加工通孔及下陷,图 2-68 为某筒段外表面局部展开图及剖视图,筒段刚性差。

筒段的加工工艺流程为首先在车床上车内外型,然后在铣床上铣窗口及下陷,由于筒段刚性差,筒段在车加工后往往发生变形,筒段圆度和母线直线度与理论模型存在差别,图 2-69 为母线直线度变形示意图,加工中数控程序的加工轨迹是按理论模型编

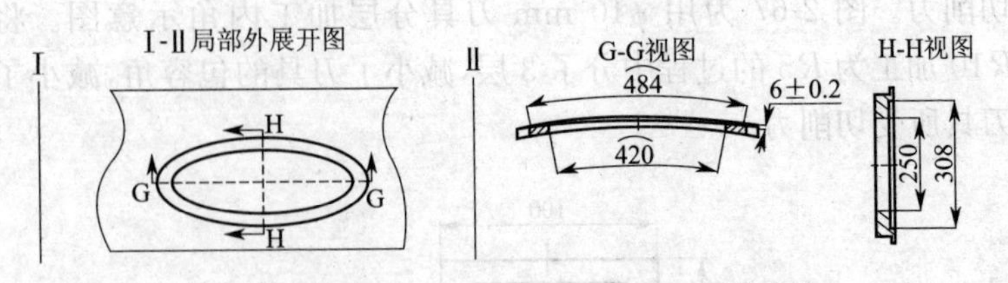

图 2-68　某筒段外表面局部展开图及剖视图

制，如图 2-69 所示，下陷上下两点的差值为 1 mm，而图纸要求下陷深度的尺寸为(6±0.2) mm，公差带为 0.4 mm，因此若按理论数控程序加工则上下两侧下陷深度难以保证，同样若圆度变化则按理论数控程序加工则左右两侧下陷深度难以保证。

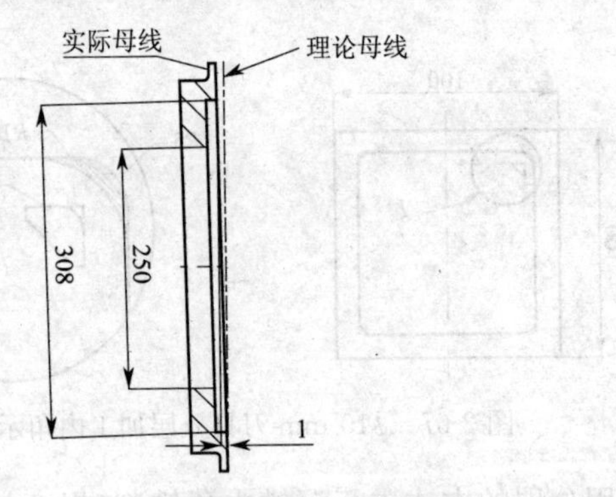

图 2-69　为母线直线度变形示意图

由于大型薄壁筒段在精车后变形往往难以避免，筒段圆度和直线度往往与理论模型存在差别，因此在铣筒段外圆表面下陷时，下陷深度难以保证，为了解决这一问题，可以通过改变数控程序的方法进行实现，如图 2-69 所示，筒段母线直线度与理论模型发生变化，下陷上下两侧相差 1 mm，由于下陷上下宽度为 308 mm，可以计算出实际母线与理论母线的夹角 $\theta=\arcsin(1/308)=0.19°$。因此加工柱面下陷的数控程序可以沿下陷中心，G-G 剖视位置旋转 0.19°，这样旋转后可以保证上下两侧的下陷深度一致，满足图纸公差尺寸要求。同样，若筒段圆度发生变化，测量出下陷两侧与理论模型差值，利用差值计算出数控程序需要旋转的角度，然后把数控程序沿 H-H 剖视所在直线旋转相应的角度，筒段变形有时可能会圆度和直线度同时发生变化，相应的数控程序只要分别沿 G-G 和 H-H 所在直线旋转便可。

由于大型薄壁类筒段每件变形的情况完全不一致，通过旋转数控程序，很好的解决了下陷深度难以保证的难题，并且该方法有广泛的借鉴意义，对于其他类型产品及特征当实际形状与理论形状不一致时，为满足零件使用要求，我们可以通过改变数控加工程序的方式实现零件的尺寸要求。

25. 吊装类零件加工方法

如图 2-70 所示吊装类零件，该类零件一般为圆弧结构，材料去除量大。传统加工方法是铣削上下两端面，然后采用普通的三坐标数控机铣排内外弧面，但加工效率较低。高效加工经验是将原有的三坐标排内外弧面加工方式，改为飞一个端面，然后用立式铣削加工的方式，将弧形横截面作为驱动刀轨。此方法可以提高效率一倍，而且粗加工时去除余量均匀，可以减小后续精加工变形。

图 2-70 吊装类零件

26. 钛合金材料高精度孔的铰孔方法

问题描述：在一钛合金工件中有一个 $\phi 15.5P7(^{-0.011}_{-0.029})$ 深度为 11 的孔；采用铰刀铰孔，工件超差率较高。

解决方法：原有的铰刀采用的直角铰刀，后采用螺旋铰刀，使得铰孔精度有了较高的稳定性。

27. 薄壁型材加工方法

问题概述:薄壁型材加工中,铣断或铣缺口十分容易崩刀,导致零件报废。

解决方法:加工中采用顺铣,可以减少崩刃,导致零件报废。

28. 钻深孔加工特点与方法

在深孔的数控钻削过程中,如果打孔程序是单段程序,则打孔时需要人工多次修改刀长,导致由于人为干预而出错率过高,为了解决这个问题,可以采用循环编程、循环进刀的方法,避免人为干预,降低出错率。另外为了提高钻孔效率,在刀具打完一个孔向下一个孔移动时,采用 G0 指令提高加工速度,从而提高加工效率。

29. 薄壁类零件的加工方法

问题概述:

在铣削加工时,常遇到薄壁类零件,如图 2-71 所示在加工 a 处时,通常采用立铣刀分粗铣和精铣两部分加工,这样加工后的零件,两边侧壁的厚度尺寸不一致,容易产生局部超差和变形的问题。另外,由于加工需求,刀具刃长过长,在加工过程中噪声过大,零件表面振纹过多。

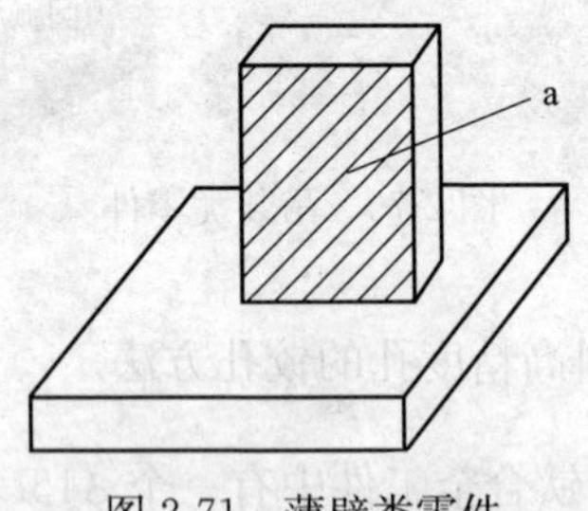

图 2-71　薄壁类零件

解决方法:

解决这类问题的方法,一般采用高转速高进给,用刀具侧刃少吃刀量的由粗铣到精铣，由外向内的加工顺序不停顿的一层一层铣到要求尺寸。在加工时，Z 向方向尽量不分层，若刀具刃长不够，也最好用 Z 向分层最小的值的方法加工。以 $\phi20$ 合金立铣刀为例：$S\approx3\,500\sim4\,000$ 时，$F\approx1\,500\sim2\,000$，侧刃单边吃刀量约为 0.3～0.5 mm。应注意：侧刃单边吃刀量过小时，也容易产生振纹。

30. 提高大平面表面光洁度的方法

用 $\phi80$ 的盘刀，铣削零件表面粗糙度 $Ra1.6$ 时，铣削时，一般采用减少刀片的方法，来提高表面光洁度。例如：$\phi80$ 盘铣刀上可以装 7 片刀片，使用时只装 3 片，就可以保证表面质量。用带 R 的刀具加工零件时，使用宏程序加工时，Z 值每层下刀量尽量小于 R 值，这样可以减小刀具的磨损。

31. 小功率机床快速去除大余量的方法

问题概述：

小功率机床加工大余量零件时，不能用大切削量的加工方法，这样刀具磨损快，加工效率很低。

解决方法：

结合机床特点，采用高速进给小切削量的方法，这样既达到了去余量的目的，又提高了效率。例如：原来采用 $\phi30$ 刀具，$S\approx2\,000$、$F\approx600$、$Z=5$ mm，内腔深度约为 80 mm，加工时间约为 1 h，后采用 $\phi40$（镶齿刀片），$S\approx5\,000$、$F\approx8\,000$、$Z=0.7$ mm，加工时间约为 8 min。

32. 钼制材料零件的刀具使用方法

如图 2-72 所示钼制螺母，以前采取的是在立式铣床上加工，用立式铣刀的底齿加工，由于钼材料属于难加工材料，刀具的磨损较严重，加工数个工件后，必须换刀继续加工才能保证表面光洁度，这样加工效率低，加工成本也高，解决方法是使用卧式铣床进行加工，将工件装夹在卧式回转分度头上，刀具采用 $\phi36$ 的立铣刀，用刀具侧刃加工，这样可以减小刀具的磨损，并且因为 $\phi36$ 铣刀的长度较大，可分段使用，等于将一把刀具当成多把刀具使用，提高了刀具的使用效率，降低了加工成本。零件的表面光洁度也得到了保证。比起以前的加工效率提高了近三倍。

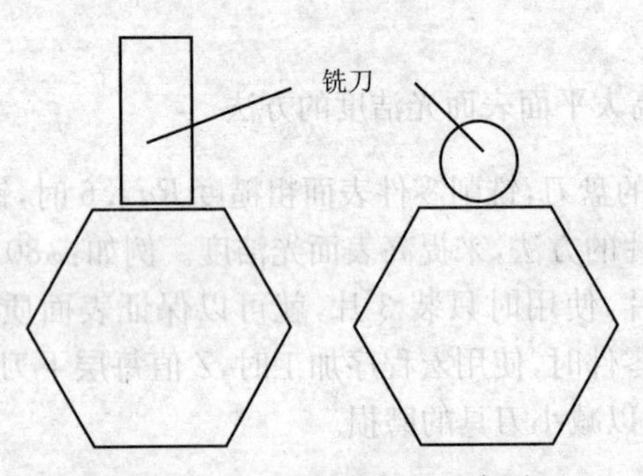

图 2-72　钼制螺母加工示意图

33. 深腔螺栓盒加工工艺方法

问题概述：

加工螺栓盒时，由于工件太深，需使用较长刀具进行加工。加工时刀具容易发生振动。导致表面质量差，有振纹。加工时刀具伸出太长，加工中容易让刀，导致壁厚尺寸超差。

解决方法：

降低走刀速度，降低主轴转速，可以有效减少振动。

加工时加工到底面图纸要求尺寸后，再把侧壁从外向内光一刀，可以提高产品尺寸精度。

34. 大中型筒段壁厚精度保证方法

一些大中型筒段因零件变形、壁厚问题很难保证，解决方法是把程序改成竖向加工，再由工人在遇到壁厚差距大的时候，采用打单段分步加工的方式调制尺寸。

35. 螺柱盒加工振纹解决方法

一些筒段在加工螺柱盒时，经常四周侧壁会有振纹，这是由于刀具太长，而刀刃太短，加工到底部时，刀具后半部分是光杆，所以光杆会磨损到零件四周，致使四周振纹出现，所以解决的办法是，自行把刀具后半部分在砂轮机上把直径磨小，使之在加工过程中不会碰到工件，这样就能解决一部分振纹。

第五节　数控铣削编程特点及方法

1. FUNAC系统插补功能

(1)G代码(表2-2)

表2-2　G代码

G代码	功能	G代码	功能
G00	定位	G17	选择XPYP平
G01	直线插补	G18	选择ZPXP平
G02	圆弧插补/ 螺旋线插补CW	G19	选择YPZP平
		G20	英寸输入
G03	圆弧插补/ 螺旋线插补CCW	G21	毫米输入
G04	暂停，准备停止	G22	存储行程检测功能接通
G05.1	预读控制 (超前读多个程序段)	G23	存储行程检测功能断开
		G27	返回参考点检测
G07.1	圆柱插补	G28	返回参考点
G08	预读控制	G29	从参考点返回
G09	准确停止	G30	返回第234参考点
G10	可编程数据输入	G31	跳转功能
G11	可编程数据输入 方式取消	G33	螺纹切削
G15	极坐标指令消除	G37	自动刀具长度测量
G16	极坐标指令	G39	拐角偏置圆弧插补

续上表

G代码	功能	G代码	功能
G40	刀具半径补偿取消	G61	准确停止方式
G41	刀具半径补偿左侧	G62	自动拐角倍率
G42	刀具半径补偿右侧	G63	攻丝方式
G40.1(G150)	法线方向控制取消方式	G64	切削方式
G41.1(G151)	法线方向控制左侧接通	G65	宏程序调用
G42.1(G152)	法线方向控制右侧接通	G66	宏程序模态调用
G43	正向刀具长度补偿	G67	宏程序模态调用取消
G44	负向刀具长度补偿	G68	坐标旋转有效
G45	刀具位置偏置加	G69	坐标旋转取消
G46	刀具位置偏置减	G73	深孔钻循环
G47	刀具位置偏置加2倍	G74	左旋攻丝循环
G48	刀具位置偏置减2倍	G76	精镗循环
G49	刀具长度补偿取消	G80	固定循环取消/外部操作功能取消
G50	比例缩放取消	G81	钻孔循环锪镗循环或外部操作功能
G51	比例缩放有效		
G50.1	可编程镜象取消	G82	钻孔循环或反镗循环
G51.1	可编程镜象有效	G83	深孔钻循环
G52	局部坐标系设定	G84	攻丝循环
G53	选择机床坐标系	G85	镗孔循环
G54	选择工件坐标系1	G86	镗孔循环
G54.1	选择附加工件坐标系	G87	背镗循环
G55	选择工件坐标系2	G88	镗孔循环
G56	选择工件坐标系3	G89	镗孔循环
G57	选择工件坐标系4	G90	绝对值编程
G58	选择工件坐标系5	G91	增量值编程
G59	选择工件坐标系6	G92	设定工件坐标系或最大主轴速度箝制
G60	单方向定位	G92.1	工件坐标系预置

续上表

G代码	功能	G代码	功能
G94	每分进给	G97	恒周速控制取消切削速度
G95	每转进给	G98	固定循环返回到初始点
G96	恒周速控制切削速度	G99	固定循环返回到R点

(2)辅助功能M代码(表2-3)

表2-3　M代码

M02	程序取消	M30	程序结束后,返回到程序开头
M00	执行程序段后,自动停止运动	M01	计划停止
M02	程序停止	M03	主轴顺时针旋转
M04	主轴逆时针旋转	M05	主轴旋转停止
M08	开冷却液	M09	关冷却液
M98	调用子程序	M99	执行子程序后返回主程序
M198	外部输入/输出功能中调用子程序		

(3)直线插补G01

格式:G01$\underline{\alpha}\underline{\beta}F\underline{f}$

当直线轴例如XY或Z和旋转轴例如A、B或C进行直线插补时,由F(mm/min)指令的速度是和直角坐标系中的切线进给速度,如图2-73所示。

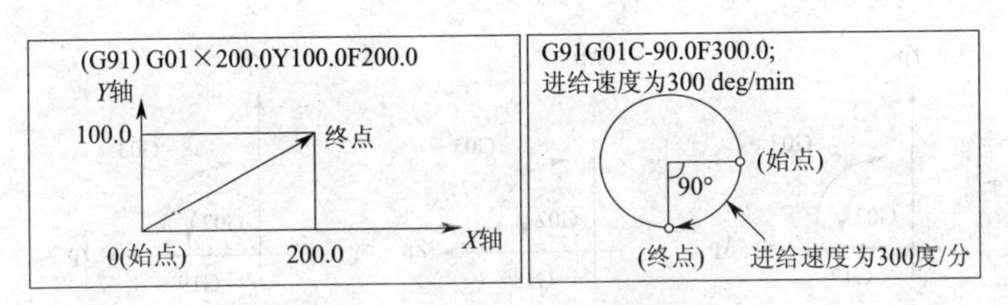

图2-73　直线轴的插补和旋转轴的插补

(4)圆弧插补(G02,G03)

1)格式

在 XY 平面上的圆弧：G17G02/G03X_Y_I_J_R_F_

在 ZX 平面上的圆弧：G18G02/G03X_Z_I_J_R_F_

在 YZ 平面上的圆弧：G19G02/G03Y_Z_I_J_R_F_

指令格式说明：

G17 指定 XY 平面上的圆弧；

G18 指定 ZX 平面上的圆弧；

G19 指定 YZ 平面上的圆弧；

G02 圆弧插补，顺时针方向(CW)；

G03 圆弧插补，逆时针方向(CCW)；

X_轴或它的平行轴的指令值；

Y_轴或它的平行轴的指令值；

Z_轴或它的平行轴的指令值；

X_轴从起点到圆弧圆心的距离；

Y_轴从起点到圆弧圆心的距离；

Z_轴从起点到圆弧圆心的距离；

R_圆弧半径；

F_沿圆弧的进给速度。

2)圆弧插补的方向

在直角坐标系中，当从 Z 轴(Y 轴或 X 轴)的正到负的方向看 XY 平面时，决定 XY 平面(XY 平面或 YZ 平面)的“顺时针’(G020 和“逆时针”(G03)。如图 2-74 所示。

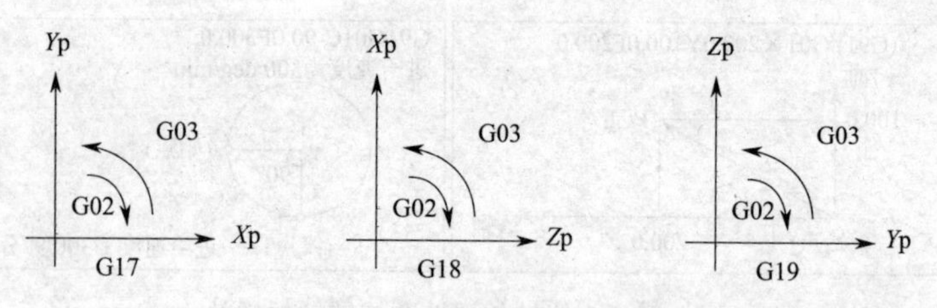

图 2-74　圆弧插补方向示意图

圆弧上的移动距离：

用地址 X、Y 或 Z 指定圆弧的终点，并且根据 G90 或 G91 用绝对值或增量值表示，若为增量值指定，则为从圆弧起点向终点看的距离。

从起点到圆弧中心的距离：

用地址 I、J 和 K 指令 X、Y 和 Z 轴向的圆弧中心位置。I、J 或 K 后的数值是从起点向圆弧中心看的矢量分量，并且，不管是 G90 还是 G91 总是增量值，如图 2-75 所示。I、J 和 K 必须根据方向指定其符号（正或负）。

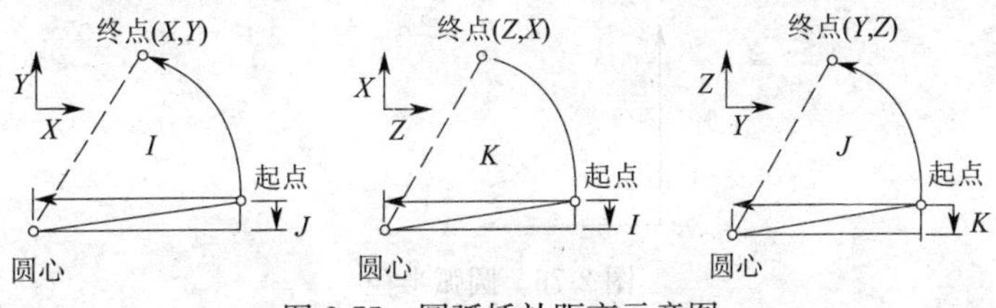

图 2-75　圆弧插补距离示意图

I_0，J_0 和 K_0 可以省略。当 X、Y 和 Z 省略（终点与起点相同），并且中心用 I、J 和 K 指定时，是 360°的圆弧（整圆）。G02I_；指令一个整圆。如果在起点和终点之间的半径差在终点超过了参数（No. 3410）中的允许值时，则产生 P/S 报警（No. 020）。

3）圆弧半径

在圆弧和包含该圆弧的圆的中心之间的距离能用圆的半径 R 指定，以代替 I，J 和 K。在这种情况下可以认为，一个圆弧小于 180°，而另一个大于 180°，如图 2-76 所示。当指定超过 180°的圆弧时半径必须用负值指定。如果 X、Y 和 Z 全都省略，即终点和起点位于相同位置，并且用 R 指定时，编程一个 0°的圆弧。G02R 刀具不移动。

圆弧小于 180°时：

G91G02X60.0Y20.0R50.0F300.0

圆弧大于 180°时：

G91G02X60.0Y20.0R-50.0F300.0

(5)螺旋插补（G02，G03）

螺旋移动的螺旋线插补可指令 2 个与圆弧插补轴同步移动的

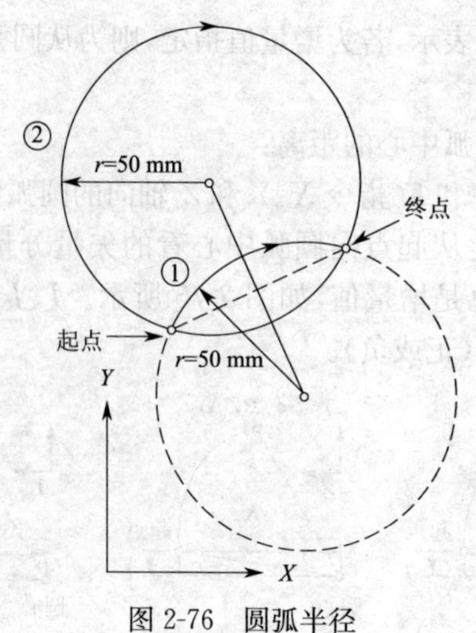

图 2-76　圆弧半径

其他轴。

格式：与 XY 平面圆弧同时移动：G17G02/G03X_Y_I_J_R_α_(β)F_；

与 ZX 平面圆弧同时移动：G18G02/G03X_Z_I_K_R_α_(β)F_；

与 YZ 平面圆弧同时移动：G17G02/G03Y_Z_J_K_R_α_(β)F_；

α、β：圆弧插补不用的任意一个轴，最多能指定两个其他轴。

说明：

指令方法只是简单地加上一个不是圆弧插补轴的移动轴 F 指令指定。

沿圆弧的进给速度于直线轴的进给速度关系如下：

$$F\times\frac{\text{直线轴的长度}}{\text{圆弧的长度}}$$

确定进给速度，使直线轴的进给速度不超过任何限制值。如图 2-77 所示。

只对圆弧进行刀具半径补偿，在指令螺纹线插补的程序段中，

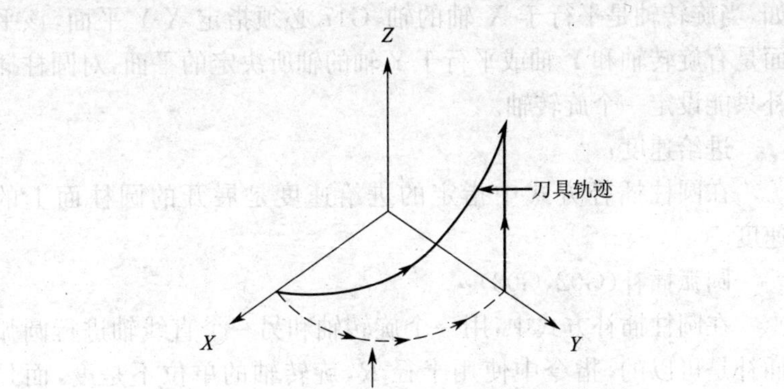

图 2-77 进给速度

不能指令刀具偏置和刀具长度补偿。

(6)圆柱插补(G07.1)

用角度指定的旋转轴的移动量在 CNC 内部换成沿外表面的直线轴的距离,这样可以与另一个轴进行直线插补或圆弧插补。在插补之后,这一距离再变为旋转轴的移动量。圆柱插补功能允许用圆柱的边编程,这样使得某些零件如圆柱凸轮上切槽的程序,可以非常容易的编制。

指令格式:

G07.1 IPr:起动圆柱插补方式(圆柱插补有效);

⋮

G07.1 IPO:圆柱插补方式取消;

IP:旋转轴地址;

R:圆柱半径;

在不同的程序段中指定 G07.1IPr 和 G07.1IPO;

G107 可以替代 G07.1。

说明:

平面选择(G17,G18,G19):

指定旋转轴是 X 轴 Y 轴或 Z 轴还是这些轴的一个平行轴,指定 G 代码选择平面,对这个平面,旋转轴是指定的直线轴。例如，当旋转轴是平行于 X 轴的轴，G17 必须指定 X-Y 平面，该平面是有旋转轴和 Y 轴或平行于 Y 轴的轴所决定的平面，对圆柱插补只能设定一个旋转轴。

进给速度：

在圆柱插补方式中指定的进给速度是展开的圆柱面上的速度。

圆弧插补(G02,G03)：

在圆柱插补方式中，用一个旋转轴和另一个直线轴进行圆弧插补是可以的，指令中使用半径 R，旋转轴的单位不是度，而是 mm(公制输入)或 inch 英制输入。

例：在 Z 轴和 C 轴之间的圆弧插补

参数(No. 1022)的 C 轴设为 5(X 轴的平行轴)。在这种情况下圆弧插补的指令是：

G18Z_C_；

G02(G03)Z_C_R_。

参数(No. 1022)的 C 轴，也可以设为 6(Y 轴的平行轴)在这种情况下，圆弧插补的指令是：

G19C_Z_；

G02(G03)Z_C_R_。

刀具偏置：

为在圆柱插补方式中执行刀具偏置，在进入圆柱插补方式之前，清除任何正在进行的刀具半径补偿方式，然后，在圆柱插补方式中，开始和结束刀具偏置。

举例如图 2-78 所示。

(7)螺纹切削(G33)

能切削等导程的直螺纹，装在主轴上的位置编码器实时地读取主轴速度，读取的主轴速度转换成刀具的每分进给量。

格式：

例：以 1.5 mm 的螺距切削螺纹

G33Z10. F1.5；如图 2-79 所示。

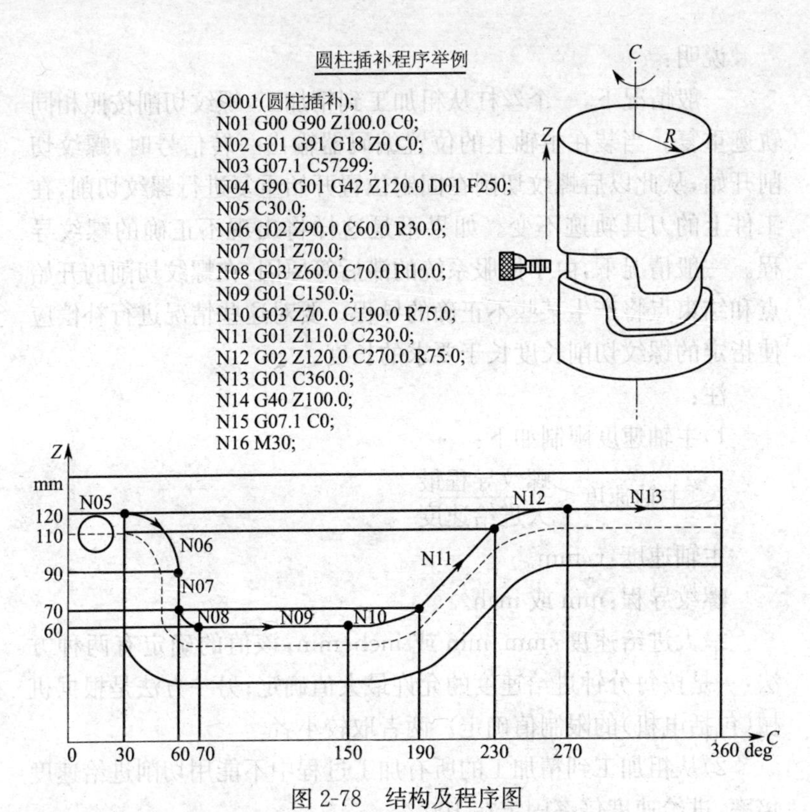

图 2-78　结构及程序图

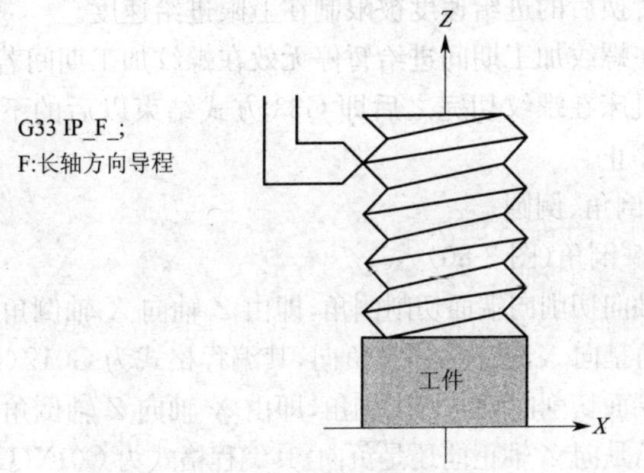

图 2-79　螺纹切削

说明：

一般情况下，一个丝杠从粗加工到精加工，螺纹切削按照相同轨迹重复。当装在主轴上的位置编码器输出一转信号时，螺纹切削开始，从此以后螺纹切削在固定位置开始重复进行螺纹切削，在工件上的刀具轨迹不变。如果不是这样将出现不正确的螺纹导程。一般情况下，由于伺服系统的滞后等原因，在螺纹切削的开始点和结束点将产生某些不正确的导程。要对这些情况进行补偿应使指定的螺纹切削长度长于要求的长度。

注：

1)主轴速度限制如下：

$$1 \leqslant \text{主轴速度} \leqslant \frac{\text{螺纹导程最}}{\text{大进给速度}}$$

主轴速度：r/mm。

螺纹导程：mm 或 inch。

最大进给速度：mm/min 或 inch/min；该值的确定有两种方法：一是按每分钟进给速度的允许最大值确定；另一方法是根据机械(包括电机)的限制值确定。两者取较小者。

2)从粗加工到精加工的所有加工过程中不能用切削进给速度倍率，进给速度倍率固定在 100%。

3)转换后的进给速度被限制在上限进给速度。

4)在螺纹加工期间进给暂停无效在螺纹加工期间若按进给暂停按钮机床在螺纹切完之后即 G33 方式结束以后的下个程序段的终点停止。

(8)倒角、倒圆

1)45°倒角(图 2-80)

由轴向切削向端面切削倒角，即由 Z 轴向 X 轴倒角，I 的正负根据倒角是向 X 轴正向还是负向，其编程格式为 G01Z(E)I(±i)。

由端面切削向轴向切削倒角，即由 X 轴向 Z 轴倒角，k 的正负根据倒角是向 Z 轴正向还是负向，其编程格式为 G01X(U)K(±k)。

2)任意角度倒角(图 2-81)

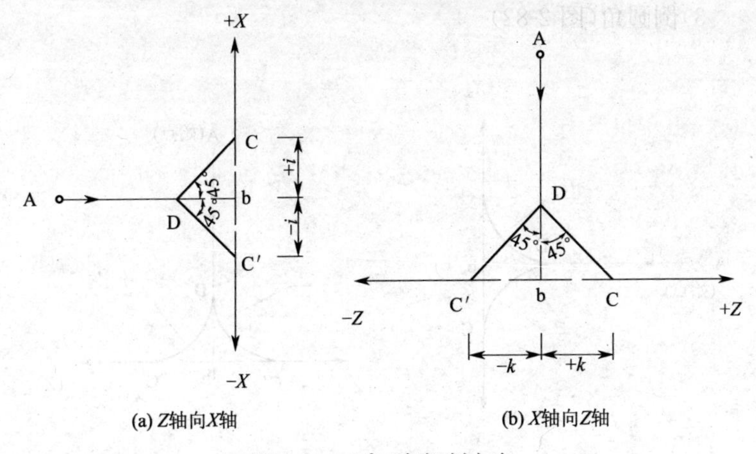

图 2-80　45°刀角切削方向

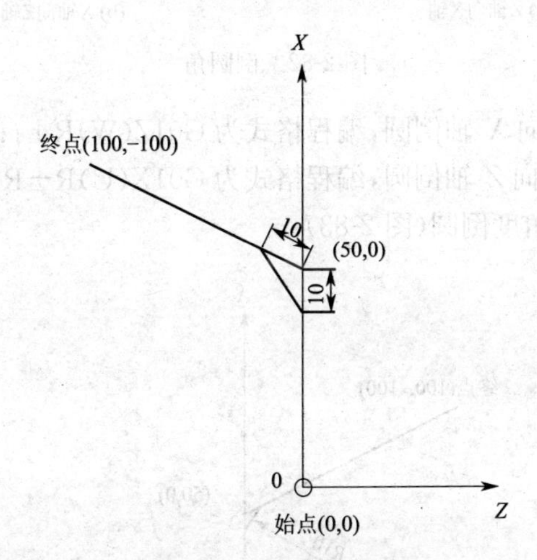

图 2-81　任意角度倒角

在直线进给程序段尾部加上 C_，可自动插入任意角度的倒角。C 的数值是从假设没有倒角的拐角交点距倒角始点或与终点之间的距离。

例：G01X50. C10

X100. Z-100.

3)倒圆角(图 2-82)

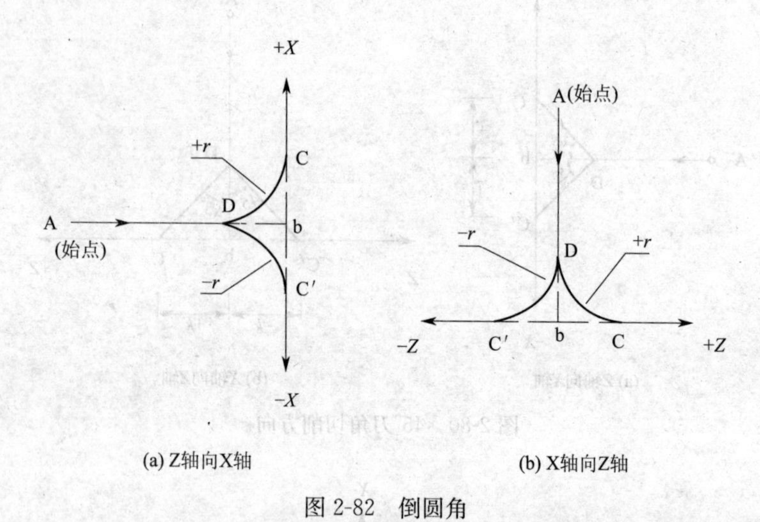

图 2-82　倒圆角

由 Z 轴向 X 轴倒圆,编程格式为 G01Z(W)R±r;

由 X 轴向 Z 轴倒圆,编程格式为 G01X(U)R±R。

4)任意角度倒圆(图 2-83)

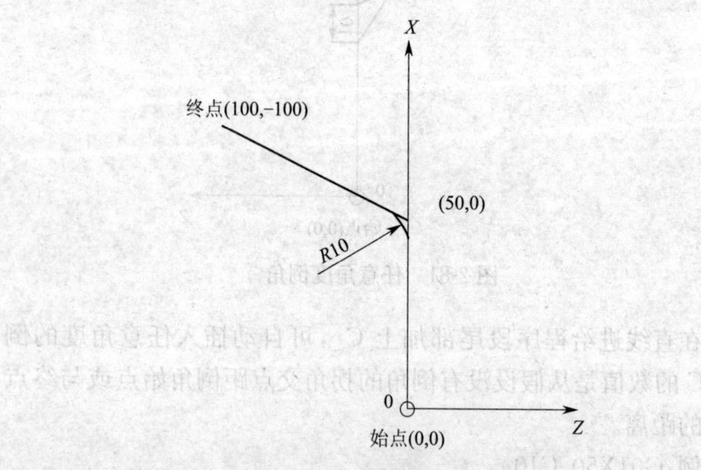

图 2-83　任意角度倒圆

例:G01X50. R10F0. 2

X100. Z-100.

综合举例:

加工图 2-84 轮廓。

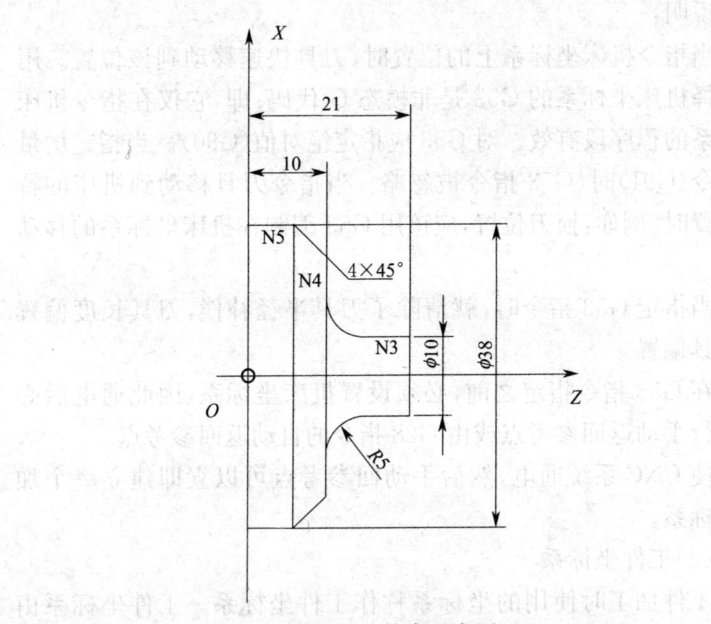

图 2-84　轮廓示意图

编程:

G00X10. Z22.

G01Z10. R5F0. 2.

X38. K-4.

2. 坐标系

(1)机床坐标系

机床上的一个用作为加工基准的特定点称为机床零点。机床制造厂对每台机床设置机床零点。用机床零点作为原点设置的坐标系称为机床坐标系。在通电之后,执行手动返回参考点设置机床坐标系。机床坐标系一旦设定,就保持不变,直到电源关掉为止。

指令格式:

G90G53IP_;(绝对尺寸)

说明:

当指令机床坐标系上的位置时,刀具快速移动到该位置。用于选择机床坐标系的 G53 是非模态 G 代码;即,它仅在指令机床坐标系的程序段有效。对 G53 应指定绝对值(G90)。当指定增量值指令(G91)时,G53 指令被忽略。当指令刀具移动到机床的特殊位置时,例如:换刀位置,应该用 G53 编制在机床坐标系的移动程序。

当指定 G53 指令时,就清除了刀具半径补偿,刀具长度偏置和刀具偏置。

在 G53 指令指定之前,必须设置机床坐标系,因此通电后必须进行手动返回参考点或由 G28 指令的自动返回参考点。

使 CNC 系统通电,然后手动回参考点可以立即建立一个加工坐标系。

(2)工件坐标系

工件加工时使用的坐标系称作工件坐标系。工件坐标系由 CNC 预先设置(设置工件坐标系),一个加工程序设置一个工件坐标系(选择一个工件坐标系),设置的工件坐标系可以用移动它的原点来改变(改变工件坐标系)。

1)设置工件坐标系

G92IP_

设定工件坐标系,使刀具上的点,例如刀尖,在指定的坐标值位置。如果在刀具长度偏置期间用 G92 设定坐标系,则用 92 无偏置的坐标值设定坐标系。刀具半径补偿被 G92 临时删除。如图 2-85 所示。

2)选择工件坐标系

用 MDI 面板可设定 6 个工件坐标系 G54~G59,指定其中一

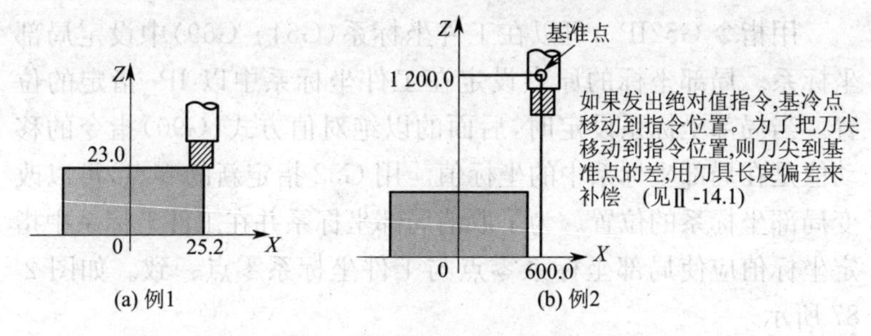

图 2-85 设置工件坐标系

个 G 代码可以选择 6 个中的一个。在电源接通并返回参考点之后,建立工件坐标系 1 到 6,当电源接通时自动选择 G54 坐标系。如图 2-86 所示。

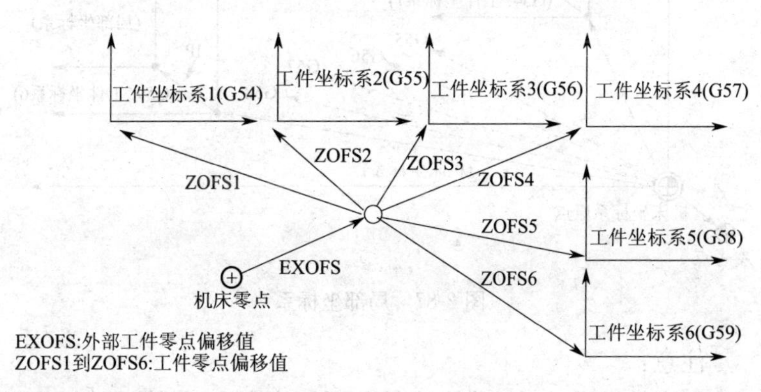

图 2-86 选择工件坐标系

(3)局部坐标系

当在工件坐标系中编制程序时为容易编程可以设定工件坐标系的子坐标系。子坐标系称为局部坐标系。

指令格式:

G52 IP_;设定局部坐标系(IP_局部坐标系的原点)

…

G52 IP0;取消局部坐标系

说明：

用指令 G52IP_;可以在工件坐标系(G54～G59)中设定局部坐标系。局部坐标的原点设定在工件坐标系中以 IP_指定的位置。当局部坐标系设定时,后面的以绝对值方式(G90)指令的移动值是在局部坐标系中的坐标值。用 G52 指定新的零点,可以改变局部坐标系的位置。为了取消局部坐标系并在工件坐标系中指定坐标值应使局部坐标系零点与工件坐标系零点一致。如图 2-87 所示。

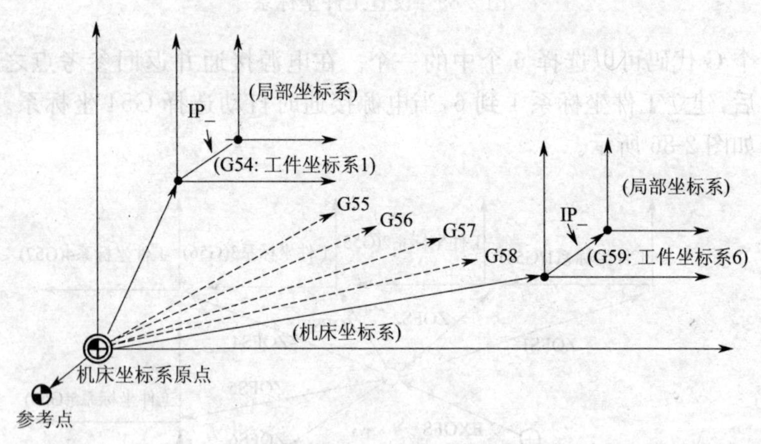

图 2-87 局部坐标系

注意：

1)当轴用手动返回参考点功能返回参考点时,该轴的局部坐标系零点与工件坐标系的零点一致,与发出下面指令的结果是一样的：

G52α0;

α:返回参考点的轴。

2)局部坐标系设定不改变工件坐标系和机床坐标系。

3)复位时是否清除局部坐标系取决于参数的设定。当参数 No. 3402＃6(CLR)或参数 No. 1202＃3RLC 之中的一个设置为 1

时局部坐标系被取消。

4)当用 G92 指令设定工件坐标系时,如果不是指令所有轴的坐标值的话,未指定坐标值的轴的局部坐标系不取消而保持不变。

5)G52 暂时清除刀具半径补偿中的偏置。

6)在 G52 程序段以后,以绝对值方式立即指定运动指令。

(4)极坐标系

坐标值可以用极坐标(半径和角度)输入。角度的正向是所选平面的第 1 轴正向的逆时针转向,而负向是顺时针转向。半径和角度两者可以用绝对值指令或增量值指令(G90,G91)。

1)指令格式

G□□G00G16;开始极坐标指令极坐标方式。

G00IP_;极坐标指令

G15;极坐标系指令取消。

G16 极坐标指令。

G15 极坐标指令取消。

G□□极坐标指令的平面选择(G17,G18 或 G19)。

G00G90 指定工件坐标系的零点作为极坐标系的原点,从该点测量半径。

G91 指定当前位置作为极坐标系的原点从该点测量半径。

IP_指定极坐标系选择平面的轴地址及其值。

第 1 轴:极坐标半径。

第 2 轴:极角。

2)设定工件坐标系零点作为极坐标系的原点

用绝对值编程指令指定半径(零点和编程点之间的距离)。工件坐标系的零点设定为极坐标系的原点。当使用局部坐标系(G52)时,局部坐标系的原点变成极坐标的中心。如图 2-88 所示。

3)设定当前位置作为极坐标系的原点,用增量值编程指令指定半径(当前位置和编程点之间的距离)。当前位置指定为极坐标系的原点,如图 2-89 所示。

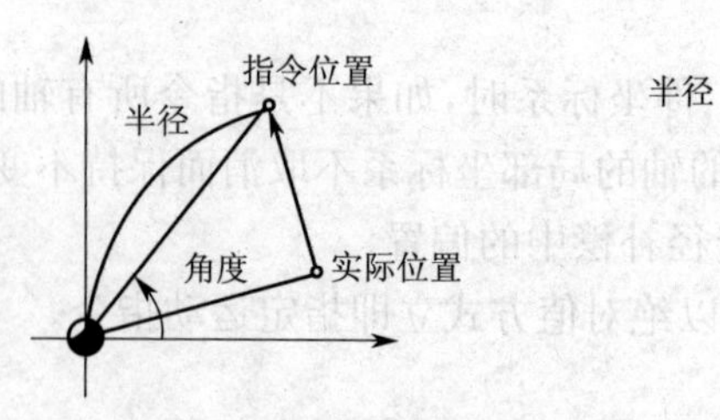

(a) 当角度用绝对值指令指令时

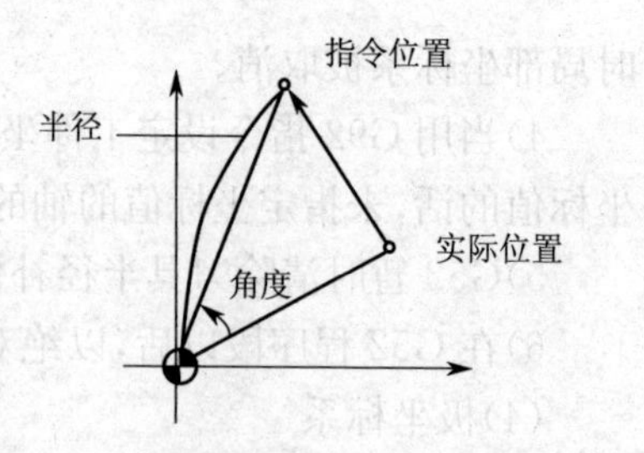

(b) 当角度用增量值指令指令时

图 2-88　极坐标系原点

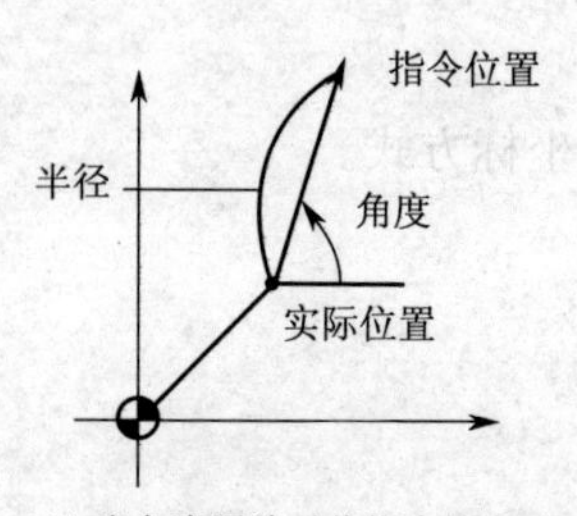

(a) 当角度用绝对值指令指令时

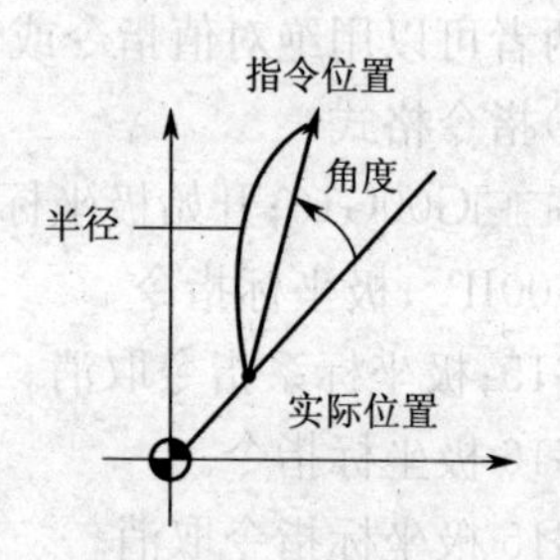

(b) 当角度用增量值指令指令时

图 2-89　极坐标系原点

例：螺栓孔圆（图 2-90）

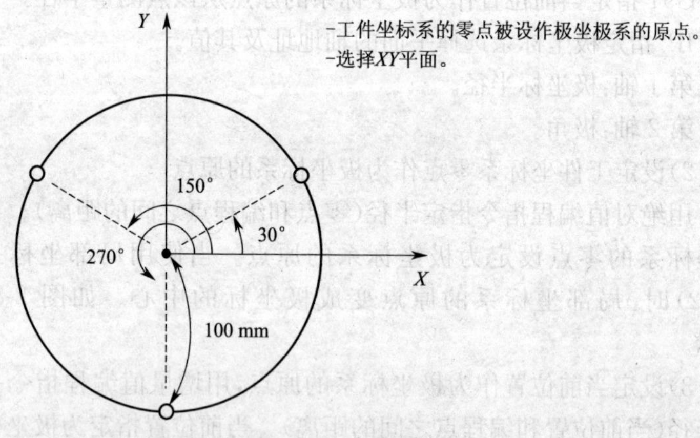

图 2-90　螺栓孔圆

4)用绝对值指令指定角度和半径

N1G17G90G16；

指定极坐标指令和选择 XY 平面设定工件坐标系的零点作为极坐标系的原点。

N2G81X100.0Y30.0Z-20.0R-5.0F200.0；

指定 100 mm 的距离和 30°的角度。

N3Y150.0；

指定 100 mm 的距离和 150°的角度。

N4Y270.0；

指定 100 mm 的距离和 270°的角度。

N5G15G80；

取消极坐标指令。

5)用增量值指令角度用绝对值指令极径

N1G17G90G16；

指定极坐标指令和选择 XY 平面，设定工件坐标系的零点作为极坐标的原点。

N2G81X100.0Y30.0Z-20.0R-5.0F200.0；指定 100 mm 的距离和 30°的角度。

N3G91Y120.0；指定 100 mm 的距离和＋120°的角度增量。

N4Y120.0；指定 100 mm 的距离和＋120°的角度增量。

N5G15G80；取消极坐标指令。

6)在极坐标方式中指定半径

在极坐标方式中对圆弧插补或螺旋线切削 G02G03 用 R 指定半径。

7)在极坐标方式中轴不作为极坐标指令的部分

下列指令指定的轴不作为极坐标指令的部分：

暂停(G04)；

可编程数据输入(G10)；

设定局部坐标系(G52)；

工件坐标系转换(G92)；

选择机床坐标系(G53);

存储行程检测(G22);

坐标系旋转(G68);

比例缩放(G51)。

8)任意角度倒角和拐角圆弧过渡

在极坐标方式中不能指定任意角度倒角和拐角圆弧过渡。

3. 铣削补偿

(1)刀具长度偏置(G43,G44,G49)

将编程时的刀具长度和实际使用的刀具长度之差设定于刀偏置存储器中,用该功能补偿这个差值而不用修改程序,用 G43 或 G44 指定偏置方向,由输入的相应地址号 H 代码从偏置存储器中选择刀具长度偏置值。如图 2-91 所示。

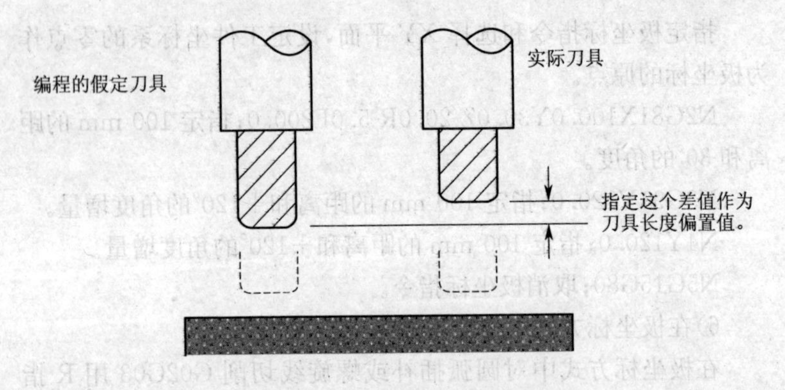

图 2-91　刀具长度偏置

根据刀具长度的偏置轴,可以使用下面三种刀具偏置方法:

1)刀具长度偏置 A:沿 Z 轴补偿刀具长度的差值。

2)刀具长度偏置 B:沿 XY 或 Z 轴补偿刀具长度的差值。

3)刀具长度偏置 C:沿指定轴补偿刀具长度的差值。

指令格式见表 2-4。

表 2-4　指令格式

<table>
<tr><td>刀具长度偏置 A</td><td>G43Z_H_;
G44Z_H_;</td><td rowspan="4">各地址的说明:
G43:正向偏置
G44:负向偏置
G17:XY 平面选择
G18:ZX 平面选择
G19:YZ 平面选择
α:被选择轴的地址
H:指定刀具长度偏置值的地址</td></tr>
<tr><td>刀具长度偏置 B</td><td>G17G43Z_H_;
G17G44Z_H_;
G18G43Y_H_;
G18G44Y_H_;
G19G43X_H_;
G19G44X_H_;</td></tr>
<tr><td>刀具长度偏置 C</td><td>G43α_H_;
G44β_H_;</td></tr>
<tr><td>刀具长度偏置取消</td><td>G49;或 H0;</td></tr>
</table>

说明:偏置的方向:当指定 G43 时,用 H 代码指定的刀具长度偏置值(贮存在偏置存储器中)加到在程序中由指令指定的终点位置坐标值上。当指定 G44 时,从终点位置减去补偿值。补偿后的坐标值表示补偿后的终点位置,而不管选择的是绝对值还是增量值。如果不指定轴的移动,系统假定指定了不引起移动的移动指令。当用 G43 对刀具长度偏置指定一个正值时,刀具按照正向移动。当用 G44 指定正值时,刀具按照负向移动。当指定负值时,刀具在相反方向移动。G43 和 G44 是模态 G 代码。它们一直有效,直到指定同组的 G 代码为止。

(2)刀具半径补偿(G41-G42)

当刀具移动时,刀具轨迹可以偏移一个刀具半径。为了偏移一个刀具半径,CNC 首先建立长度等于刀具半径的偏置矢量(起刀点)。偏置矢量垂直于刀具轨迹,矢量的尾部在工件上而头部指向刀具中心。如果在起刀之后指定直线插补或圆弧插补,在加工期间,刀具轨迹可以用偏置矢量的长度偏移。在加工结束时,为使刀具返回到开始位置,须取消刀具半径补偿方式。

1)格式

G00/G01 G41/G42 IP_D_;

G41:左侧刀具半径补偿。

G42:右侧刀具半径补偿。

IP_:轴移动指令。

D_:指定刀具半径补偿值的代码。

补偿取消:G40。

2)说明

①偏置取消方式

当电源接通时CNC系统处于刀偏取消方式。在取消方式中,矢量总是0,并且刀具中心轨迹和编程轨迹一致。

②起刀

当在偏置取消方式指定刀具半径补偿指令(G41或G42),在偏置平面内,非零尺寸字,和除D0以外的D代码时,CNC进入偏置方式,用这个指令移动刀具称为起刀。起刀时应指令定位(G00)或直线插补(G01),如果指令圆弧插补(G02,G03)出现P/S报警034,处理起刀程序段和以后的程序段时,CNC预读两个程序段。

③偏置方式

在偏置方式中,由定位(G00),直线插补(G01)或圆弧插补(G02,G03)实现补偿。如果在偏置方式中,处理两个或更多刀具不移动的程序段(辅助功能,暂停等等),刀具将产生过切或欠削。如果在偏置方式中切换偏置平面,则出现P/S报警037,并且刀具停止移动。

④正/负刀具半径补偿值和刀具中心轨迹

如果偏置量是负值(－),则G41和G42互换。即如果刀具中心正围绕工件的外轮廓移动,它将绕着内侧移动,或者相反。以图2-92为例,一般情况下,偏置量被编程是正值(＋)。当刀具轨迹编程像(1)那样,如果偏置量改为负值(－),则刀具中心移动变成如(2)那样。因此,同样的纸带允许加工公和母两个形状,并且它们之间的间隙可以用偏置量的选择来调整。

⑤指定刀具半径补偿值

对它赋给一个数来指定刀具半径补偿值,这个数由地址D后

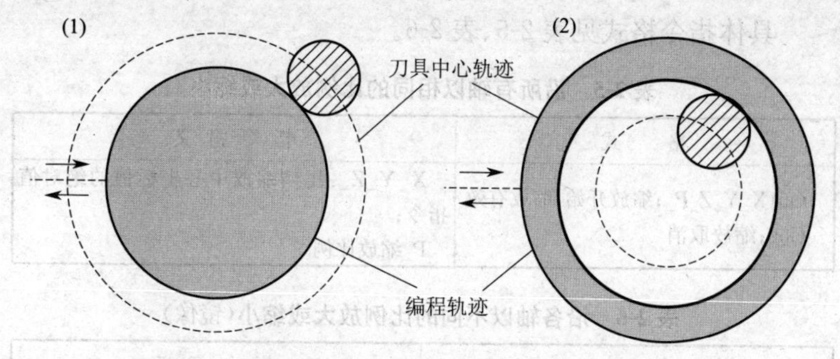

图 2-92　当指定正和负刀具半径补偿值时的刀心轨迹

的 1 到 3 位数组成(D 代码)。D 代码一直有效，直到指定另一个 D 代码，D 代码用于指定刀具偏置值以及刀具半径补偿值。

4. 特殊铣削代码

(1)比例缩放(G50，G51)

编程的形状被放大和缩小(比例缩放)，用 X_Y_和 Z_指定的尺寸可以放大和缩小相同或不同的比例。比例可以在程序中指定，除了在程序中指定以外还可用参数指定比例。如图 2-93 所示。

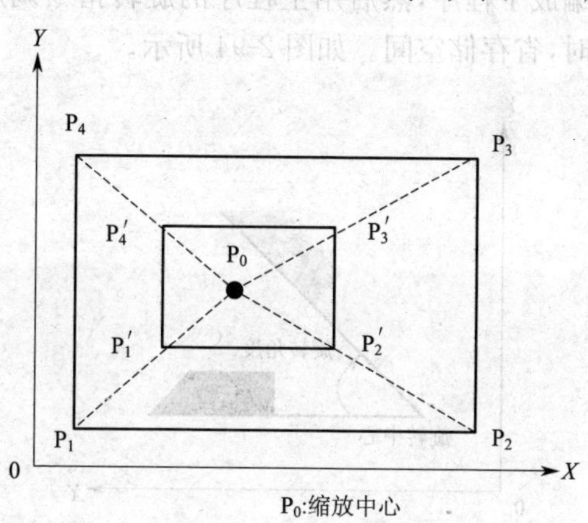

图 2-93　比例缩放

比例缩放($P_1P_2P_3P_4 \rightarrow P_1'P_2'P_3'P_4'$)。

具体指令格式见表 2-5、表 2-6。

表 2-5　沿所有轴以相同的比例放大或缩小

格　式	指 令 意 义
G51X_Y_Z_P_;缩放开始:缩放有效 G50;缩放取消	X_Y_Z_:比例缩放中心坐标值的绝对值指令; P_缩放比例

表 2-6　沿各轴以不同的比例放大或缩小(镜像)

格　式	指 令 意 义
G51X_Y_Z_I_J_K;缩放开始:缩放有效 G50;缩放取消	X_Y_Z_:比例缩放中心坐标值的绝对值指令 I_J_K_:X,Y 和 Z 各轴对应的缩放比例

注意:须在单独的程序段内指定 G51,在图形放大或缩小之后,指定 G50 以取消缩放方式。

(2)坐标系旋转(G68,G69)

编程形状能够旋转。用该功能(旋转指令)可将工件旋转某一指定的角度。另外,如果工件的形状由许多相同的图形组成,则可将图形单元编成子程序,然后用主程序的旋转指令调用。这样可简化编程省时,省存储空间。如图 2-94 所示。

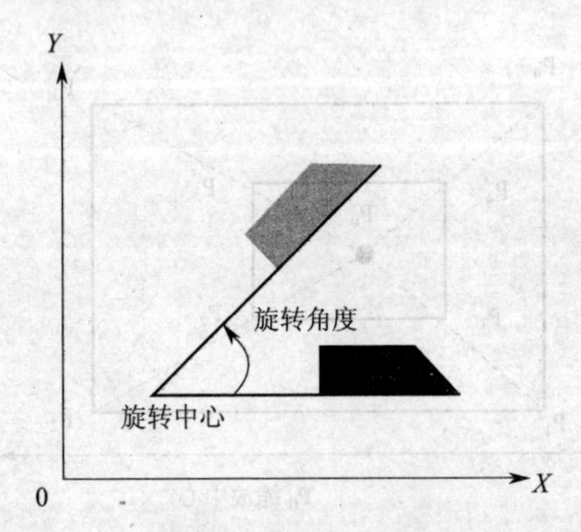

图 2-94　坐标系旋转

坐标系旋转:

1)指令格式

G17/G18/G19G68α_β_R_;坐标系开始旋转。

G69;坐标系旋转取消指令。

2)指令意义

G17/G18/G19:平面选择,在其上包含旋转的形状。

α_β_:与指令的坐标平面(G17,G18,G19)相应。

R_:角度位移,正值表示逆时针旋转。参数 5400 的 0 位指定回转角总为绝对值还是根据指定的 G 代码(G90 或 G91)确定绝对值或增量值。如图 2-95 所示。

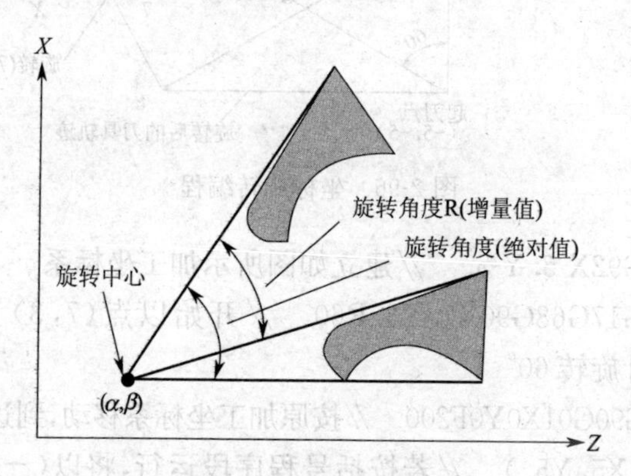

图 2-95　坐标系旋转

3)注意

与返回参考点和坐标系有关的指令:

在坐标系旋转方式中,与返回参考点有关 G 代码(G27,G28,G29,G30 等)和那些与坐标系有关的 G 代码(G52 到 G59,G92 等)不能指定。如果需要这些 G 代码,必须在取消坐标系旋转方式以后才能指令。

增量值指令:

坐标系旋转取消指令(G69)以后的第一个移动指令必须用绝对值指定。如果用增量值指令,将不执行正确的移动。

4)坐标旋转编程举例(图 2-96)

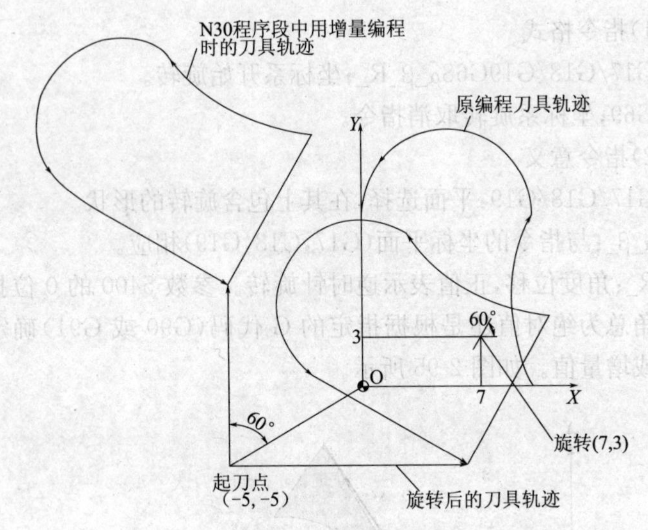

图 2-96　坐标旋转编程

N10G92X-5. Y-5.　//建立如图所示加工坐标系

N20G17G68G90X7. Y3. R60　//开始以点(7,3)为旋转中心,逆时针旋转 60°

N30G90G01X0Y0F200　//按原加工坐标系移动,到达(0,0)点

(G91X5. Y5.)　//若按括号程序段运行,将以(－5,－5)为旋转中心旋转 60°

N40G91X10.　//X 向进给到(1 0,0)

N50G02Y10. R10.　//顺圆进给

N60G03X-10. 1-5.　//逆圆进给

N70G01Y-10. //回到(0,0)

N80G69G90X-5. Y-5.　//撤消旋转功能,回到(－5,－5)点

M02　//结束

(3)法线方向控制(G40. 1,G41. 1,G42. 1 或 G150,G151,G152)

在加工期间当有旋转轴(C 轴)的刀具在 XY 平面内移动时,法线方向控制功能可以控制刀具使 C 轴总是垂直于刀具轨迹。如图 2-97 所示。

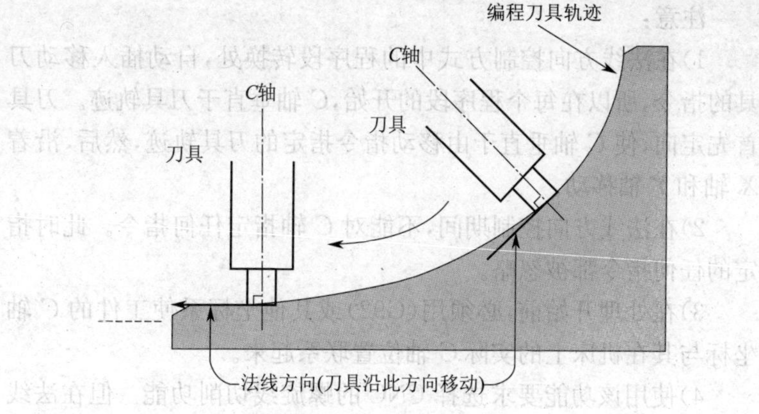

图 2-97　法线方向控制

G 代码功能说明见表 2-7。

表 2-7　G 代码功能说明

G 代码	功　能	说　明
G41.1 或 G151	法线方向控制左侧	从刀具前进方向看工件在刀具轨迹的右侧,指定法线方向控制左(G41.1 或 G151)功能。在 G41.1(或 G151)或 G42.1(或 G152)被指定后,法线方向控制功能是生效(法线方向控制方式)。当 G40.1(或 G150)被指定时,法线方向控制方式被取消
G42.1 或 G15	法线方向控制右侧	
G40.1 或 G150	取消法线方向控制	

法向方向控制示意如图 2-98 所示。

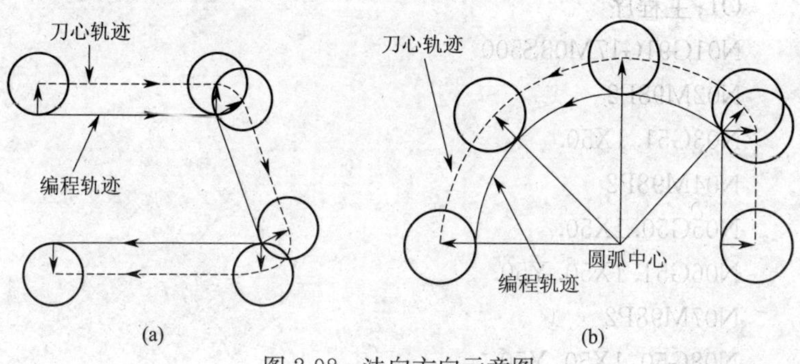

图 2-98　法向方向示意图

注意：

1)在法线方向控制方式中的程序段转换处，自动插入移动刀具的指令，所以在每个程序段的开始，*C* 轴垂直于刀具轨迹。刀具首先定向，使 *C* 轴垂直于由移动指令指定的刀具轨迹，然后，沿着 *X* 轴和 *Y* 轴移动。

2)在法线方向控制期间，不能对 *C* 轴指定任何指令。此时指定的任何指令都被忽略。

3)在处理开始前，必须用(G92)或其他坐标系使工件的 *C* 轴坐标与其在机床上的实际 *C* 轴位置联系起来。

4)使用该功能要求选择 CNC 的螺旋线切削功能。但在法线控制方式不能指令螺旋线加工。

5)不能用 G53 移动指令执行法线方向控制。

6)*C* 轴必须是一个旋转轴。

(4)可编程镜像(G50.1,G51.1)

用编程的镜像指令可实现坐标轴的对称加工，如图 2-99 所示。

指令格式：

G51.1IP_;设置可编程镜像。

IP_:指定对称中心和对称轴。

G50.1IP_;取消可编程镜像。

(注：在华中数控中的指令代码为 G24,G25)

O1;主程序

N01G91G17M03S500

N02M98P2

N03G51.1X50.

N04M98P2

N05G50.1X50.

N06G51.1X50.Y50.

N07M98P2

N08G50.1X50.Y50.

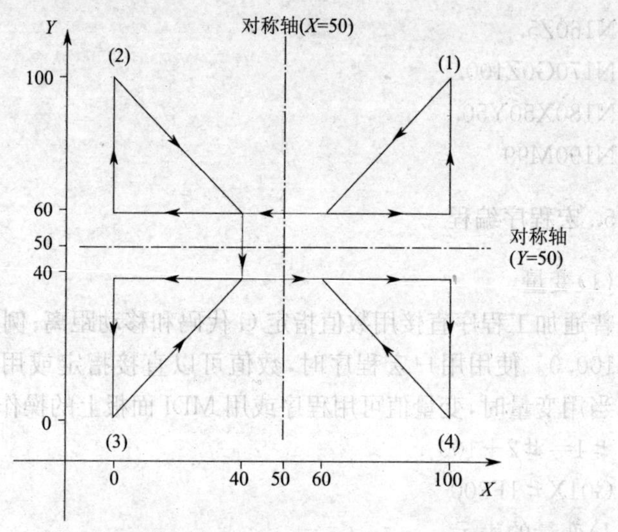

(1)程序编制的图象

(2)该图象的对称轴与 Y 平行，并与 X 轴在 X=50 处相交

(3)图象对称在点(50,50)

(4)该图象的对称轴与 X 平行，并与 Y 轴在 Y=50 处相交

图 2-99　镜像编程

N09G51.1Y50.

N10M98P2

N11G50.1Y50.

N12M05

N13M30

O2；子程序

N100G42G00X60.Y60.Z40.D01

N110Z5.

N120G01 Z-10.F25

N130G01X100.F100

N140Y100.

N150X60.Y60.

N160Z5.

N170G0Z100.

N180X50Y50.

N190M99

5. 宏程序编程

(1)变量

普通加工程序直接用数值指定 G 代码和移动距离;例如,G01 和 X100.0。使用用户宏程序时,数值可以直接指定或用变量指定。当用变量时,变量值可用程序或用 MDI 面板上的操作改变。

＃1＝＃2＋100

G01X＃1F300

1)变量的表示

计算机允许使用变量名,用户宏程序不允许。变量用变量符号(＃)和后面的变量号指定。

例如:＃1。

表达式可以用于指定变量号。此时,表达式必须封闭在括号中。

例如:＃[＃1＋＃2－12]。

2)变量的类型(表 2-8)

表 2-8　变量根据变量号可以分成四种类型

变量号	变量类型	功　能
＃0	空变量	该变量总是空,没有值能赋给该变量
＃1～＃33	局部变量	局部变量只能用在宏程序中存储数据,例如,运算结果。当断电时,局部变量被初始化为空。调用宏程序时,自变量对局部变量赋值
＃100～＃199 ＃500～＃999	公共变量	公共变量在不同的宏程序中的意义相同。当断电时,变量＃100～＃199 初始化为空。变量＃500～＃999 的数据保存,即使断电也不丢失
＃1000	系统变量	系统变量用于读和写 CNC 运行时各种数据的变化,例如,刀具的当前位置和补偿值

3)变量值的范围

局部变量和公共变量可以有 0 值或下面范围中的值：

-10^{47}到-10^{-29}或10^{-29}到10^{47}。

如果计算结果超出有效范围，则发出 P/S 报警 NO. 111。

小数点的省略：

当在程序中定义变量值时，小数点可以省略。

例：当定义 #1=123；变量 #1 的实际值是 123. 000。

4)变量的引用

为在程序中使用变量值，指定后跟变量号的地址。当用表达式指定变量时，要把表达式放在括号中。

例如：G01X[#1+#2]F#3；

被引用变量的值根据地址的最小设定单位自动地舍入。

例如：

当 G00X#1；以 1/1 000 mm 的单位执行时，CNC 把 12. 3456 赋值给变量 #1，实际指令值为 G00X12. 346。

改变引用变量的值的符号，要把负号(—)放在#的前面。

例如：G00X-#1

当引用未定义的变量时，变量及地址都被忽略。

例如：当变量 #1 的值是 0，并且变量 #2 的值是空时，G00X#1Y#2 的执行结果为 G00X0。

5)双轨迹(双轨迹控制)的公共变量

对双轨迹控制，系统为每一轨迹都提供了单独的宏变量，但是，根据参数 N0. 6036 和 6037 的设定，某些公共变量可同时用于两个轨迹。

6)未定义的变量

当变量值未定义时，这样的变量成为空变量。变量 #0 总是空变量。它不能写，只能读。

①引用

当引用一个未定义的变量时，地址本身也被忽略。

②运算

除了用＜空＞赋值以外，其余情况下＜空＞与0相同。见表2-9。

表2-9 运算表

当＃1＝＜空＞时	当＃1＝0时
＃2＝＃1 ＃2＝＜空＞	＃2＝＃1 ＃2＝0
＃2＝＃＊5 ＃2＝0	＃2＝＃＊5 ＃2＝0
＃2＝＃1＋＃1 ＃2＝0	＃2＝＃1＋＃1 ＃2＝0

条件表达式见表2-10。

表2-10 条件表达式

当＃1＝＜空＞时	当＃1＝0时
＃1EQ＃0成立	＃1EQ＃0不成立
＃1NE＃0成立	＃1NE＃0不成立
＃1GE＃0成立	＃1GE＃0不成立
＃1GT＃0不成立	＃1GT＃0不成立

限制：

程序号，顺序号和任选程序段跳转号不能使用变量。

例：下面情况不能使用变量：

0＃1

/＃2 G00 X100.0

N＃3 Y200.0

(2)算术和逻辑运算

表2-11中列出的运算可以在变量中执行。运算符右边的表达式可包含常量和或由函数或运算符组成的变量。表达式中的变量＃j和＃k可以用常数赋值。左边的变量也可以用表达式赋值。

表 2-11　算术和逻辑运算

功　能	格　式	备　注
定义	#i=#j	
加法	#i=#j+#k	
减法	#i=#j-#k	
乘法	#i=#j*#k	
除法	#i=#j/#k	
正弦	#i=SIN[#j]	角度以度计，90°30′表示为 90.5°
反正弦	#i=ASIN[#j]	
余弦	#i=COS[#j]	
反余弦	#i=ACOS[#j]	
正切	#i=TAN[#j]	
反正切	#i=ATAN[#j]	
平方根	#i=SQRT[#j]	
绝对值	#i=ABS[#j]	
舍入	#i=ROUND[#j]	
上取正	#i=FIX[#j]	
下取正	#i=FXP[#j]	
自然对数	#i=LN[#j]	
指数函数	#i=EXP[#j]	
或	#i=[#j]OR[#k]	按二进制进行运算
异或	#i=[#j]XOR[#k]	
与	#i=[#j]AND[#k]	
BCD 转 BIN	#i=BIN[#j]	用于与 PMC 进行信号交换
BIN 转 BCD	#i=BCD[#j]	

(3)角度单位

函数 SIN，COS，ASIN，ACOS，TAN 和 ATAN 的角度单位是度。如 90°30′表示为 90.5 度。

ARCSIN #i=ASIN[#j]

1)取值范围如下：

当参数(NO.6004#0)NAT 位设为 0 时，270°～90°；

当参数(NO.6004#0)NAT 位设为 1 时，－90°～90°。

2)当#j 超出－1 到 1 的范围时，发出 P/S 报警 NO.111。

3)常数可替代变量#j。

ARCCOS#i＝ACOS[#j]取值范围从 180°～0°，当#j 超出－1 到 1 的范围时，发出 P/S 报警 NO.111。常数可替代变量#j。

(4)宏程程序中的转移和循环

1)无条件转移

GOTOn(转移到标有顺序号 n 的程序段)。

2)条件转移

IF[条件表达式]GOTOn

例：IF[#1GT10]GOTO2；(如果变量#1 大于 10，转移到顺序号 N2 的程序段)

IF[条件表达式]THEN#3＝0；

IF[#1EQ#2]THEN#3＝0(如果#1 和#2 的值相同，0 赋给#3)。

3)WHILE[条件表达式]DOm……ENDm(m＝1，2，3；当条件满足时，执行从 DO 到 END 之间的程序，否则转而执行 END 之后的程序)。

4)例：用 WHILE 循环计算 1 到 10 总和

```
O0001；
#1＝0；
#2＝1；
WHILE[#2LE10]DO1；
#1＝#1＋#2；
#2＝#2＋1；
END1；
M30。
```

附：运算符含义见表 2-12。

表 2-12　运算符含义表

运算符	含义	运算符	含义
EQ	等于(=)	NE	不等于(≠)
GT	大于(>)	GE	大于或等于(≥)
LT	小于(<)	LE	小于或等于(≤)

(5)宏指令 G65 的应用

1)宏指令 G65 可以实现丰富的宏功能,包括算术运算、逻辑运算等处理功能。

一般形式:G65HmP＃iQ＃jR＃k

m——宏程序功能,数值范围 01～99;

＃i——运算结果存放处的变量名;

＃j——被损伤的第一个变量,也可以是一个常数;

＃k——被操作的一第二个变量,也可以是一个常数。

例:G65H01P＃02Q3;(＃01=3)

G65H02P＃101Q＃102R＃103;(＃101=＃102+＃103)

G65H03P＃1Q＃2R＃3;(＃1=＃2-＃3)

H 码指令见表 2-13。

表 2-13　H 码指令

算术运算指令		
H码	功　能	定　义
H01	定义,替换	＃i=＃j
H02	加	＃i=＃j+＃k
H03	减	＃i=＃j-＃k
H04	乘	＃i=＃j×＃k
H05	除	＃i=＃j÷＃k
H21	平方根	＃i=√(＃j)
H22	绝对根	＃i=｜＃j｜
H23	求余	＃i=＃j-trunc(＃j/＃k)×＃k;Trunc 为丢弃小于 1 的分数部分

续上表

H码	功　能	定　义
算术运算指令		
H24	BCD码→二进制码	#i=BIN(#j)
H25	二进制码→BCD码	#i=BCD(#j)
H26	复合乘除	#i=(#i×#j)÷#k
H27	复合平方根1	#i= $\sqrt{\#j^2+\#k^2}$
H28	复合平方根2	#i= $\sqrt{\#j^2-\#k^2}$
逻辑运算指令		
H11	逻辑"或"	#i=#j·OR·#k
H12	逻辑"与"	#i=#j·AND·#k
H13	异或	#i=#j·XOR·#k
三角函数指令		
H31	正弦	#i=#j·SIN(#k)
H32	余弦	#i=#j·COS(#k)
H33	正切	#i=#j·TAN(#k)
H34	反正切	#i=ATAN(#j/#k)
控制类指令		
H80	无条件转移	GOTOn
H81	条件转移1	IF#j=#k,GOTOn
H82	条件转移2	IF#j≠#k,GOTOn
H83	条件转移3	IF#j>#k,GOTOn
H84	条件转移4	IF#j<#k,GOTOn
H85	条件转移5	IF#j≥#k,GOTOn
H86	条件转移6	IF#j≤#k,GOTOn
H99	产生PS报警	PS报警号500+n出现
例:G65H80Pn,G65H81PnQ#jR#k;(n为程序段号)		

2)宏指令G65的程序调用

G65可以指定自变量,并将数据传送到调用的程序中,调用格式如下：

G65P_L_A_B_………

P_：要调用的程序

L_：重复次数

A_，B_…：是指定的自变量＃1，＃2…，数据将会被传送到调用的宏程序中。

自变量的指定见表2-14。

表2-14　自变量的指定

地址	变量号	地址	变量号	地址	变量号
A	＃1	I	＃4	T	＃20
B	＃2	J	＃5	U	＃21
C	＃3	K	＃6	V	＃22
D	＃7	M	＃13	W	＃23
E	＃8	Q	＃17	X	＃24
F	＃9	R	＃18	Y	＃25
H	＃10	S	＃19	Z	＃26

(6)编程举例

编制一个宏程序加工轮廓圆的孔。圆周的半径为 I，起始角为 A，间隔为 B，钻孔数为 H，圆的中心是(X，Y)。指令可以用绝对值或增量指定。顺时针方向钻孔时 B 应指定负值。如图2-100所示。

1)调用格式

G65P9100X_ Y_ Z_ R_ I_ A_ B_ H_

X：圆心的坐标(绝对值或增量值指定)(＃24)；

Y：圆心的坐标(绝对值或增量值指定)(＃25)；

Z：孔深(＃26)；

R：快速趋近点坐标(＃18)；

F：切削进给速度(＃9)；

I：圆半径(＃4)；

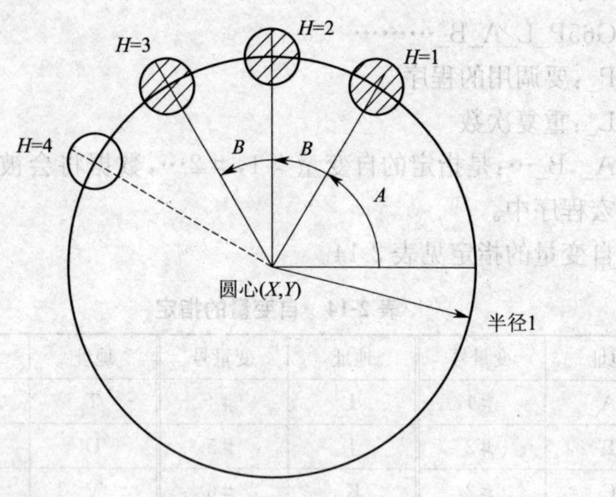

图 2-100　宏程序编程示例

A:第一孔的角度(＃1);

B:增量角(指定负值时为顺时针)(＃2);

H:孔数(＃11)。

2)宏程序调用程序

```
O0002;
G90G92X0Y0Z100.0
G65P9100X100.0Y50.0R30.0Z-50.0F500I100.0A0B45.0H5
M30
```

3)被调用的宏程序

```
O9100
＃3＝＃4003;储存 03 组 G 代码
G81Z＃26R＃18F＃9K0;(注)钻孔循环,也可以使用 L0
IF[＃3EQ90]GOTO1;在 G90 方式转移到 N1
＃24＝＃5001＋＃24;计算圆心的 X 坐标
＃25＝＃5002＋＃25;计算圆心的 Y 坐标
N1WHILE[＃11GT0]DO1;直到剩余孔数为 0
＃5＝＃24＋＃4＊COS[＃1];计算 X 轴上的孔位
```

＃6＝＃25＋＃4＊SIN[＋1];计算 *X* 轴上的孔位
G90X＃5Y＃6;移到到目标位置之后执行钻孔
＃11＝＃11－1;更新角度
END1;孔数－1
G＃3G80;返回原始状态的 G 代码
M99
注＃3:贮存 03 组的 G 代码
＃5:下个孔的 *X* 坐标
＃6:下个孔的 *Y* 坐标
(7)综合举例
1)铣椭圆(图 2-101)

(a) FUNC系统

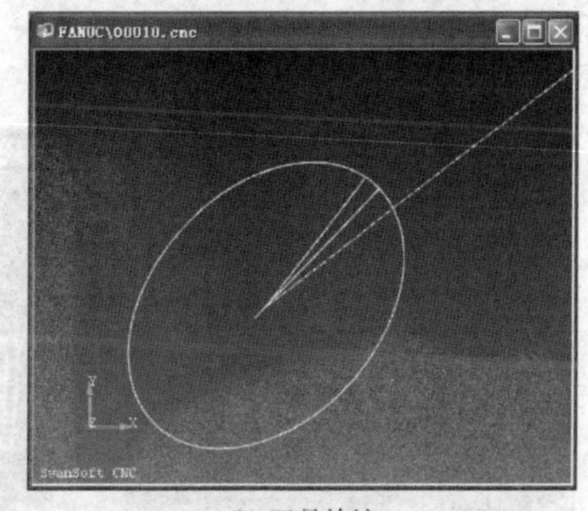

(b) 刀具轨迹

图 2-101　铣椭圆

椭圆程序代码如下:
N10G54G90S1500M03
N12G0X0Y0Z20.
N14G0Z1
N16G1Z－5. F150.
N18G41 D1
N20＃1＝0

N22＃2＝34

N24＃3＝24

N26＃4＝＃2＊COS[＃1]

N28＃5＝＃3＊SIN[＃1]

N30＃10＝＃4＊COS[45]－＃5＊SIN[45]

N32＃11＝＃4＊SIN[45]＋＃5＊COS[45]

N34G1X＃10Y＃11

N36＃1＝＃1＋1

N38IF[＃1LT370]GOTO26

N40G40G1X0Y0

N42G0Z100

N44M30

2)铣矩形槽(图 2-102)

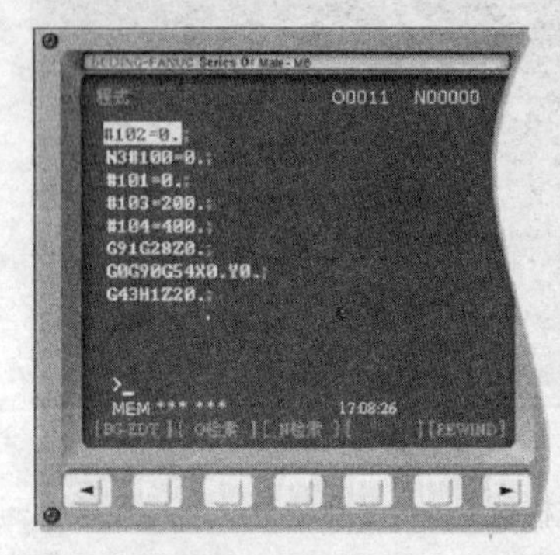

(a) FUNC系统

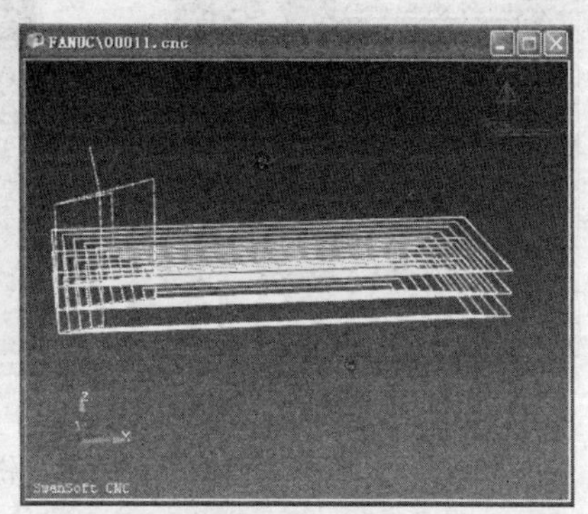

(b) 刀具轨迹

图 2-102　铣矩形槽

铣矩形槽代码如下：

＃102＝0.

N3＃100＝0.

＃101＝0.

＃103＝200.

```
#104=400.
G91G28Z0.
G0G90G54X0. Y0.
G43H1Z20.
M3S2000.
N4G0X#100Y#101
G01Z#102F200.
#102=#102-2.
IF[#102EQ-50.]GOTO1
GOTO2
N4X#104F500.
Y#103
X#100
Y#101
#100=#100+10.
#101=#101+10.
#103=#103-10.
#104=#104-10.
IF[#100EQ100.]GOTO3
GOTO4
M5
M9
G91 G28 Z0.
G28 Y0.
M30
```

3)铣倾斜 3°的面(图 2-103)

铣倾斜 3°的面的代码如下：

```
O0001
#[#1+1*2]=1
```

(a) FUNC系统

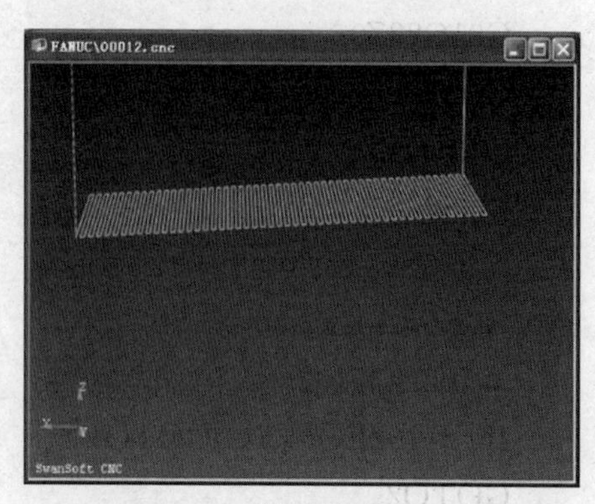

(b) 刀具轨迹

图 2-103　铣倾斜 3°的面

```
G65P9012L1A0B0.1C4I100J3K0
M30
```

宏程序 O9012 代码如下：

```
G54G90G00X[#3]Y0Z100
S500M3
G01Z0F300
WHILE[#1LE10]DO1
#7=#1/TAN[#5]+#3
G1Z-#1X#7
#8=#6/2-ROUND[#6/2]
IF[#8EQ0]GOTO10
G1Y0
GOTO20
N10Y#4
N20#1=#1+#2
#6=#6+1
END1
```

```
G0
Z100
```

4)铣半球(图 2-104)

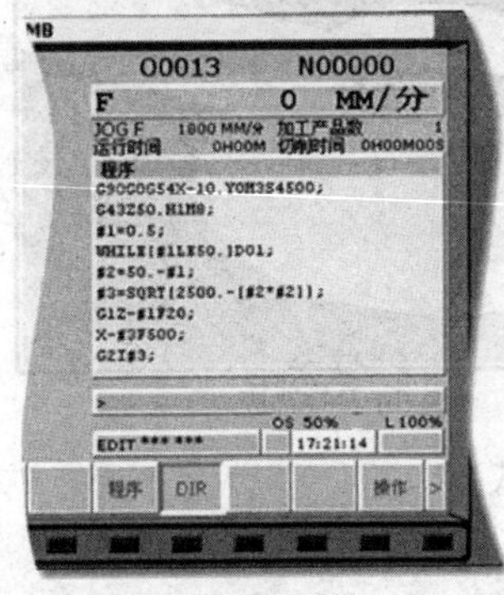

(a) FUNC系统

(b) 刀具轨迹

图 2-104　铣半球

铣半球代码如下：

```
G90G0G54X-10. Y0M3S4500
G43Z50. H1M8
＃1＝0. 5
WHILE[＃1LE50. ]DO1
＃2＝50. -＃1
＃3＝SQRT[2500. -[＃2＊＃2]]
G1Z-＃1F20
X-＃3 F500
G2I＃3
＃1＝＃1＋0. 5
END1
G0Z50. M5
M30
```

5)铣喇叭(图 2-105)

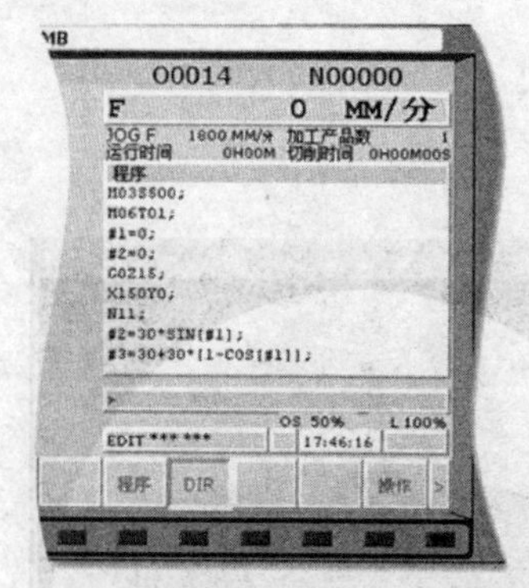

(a) FUNC系统

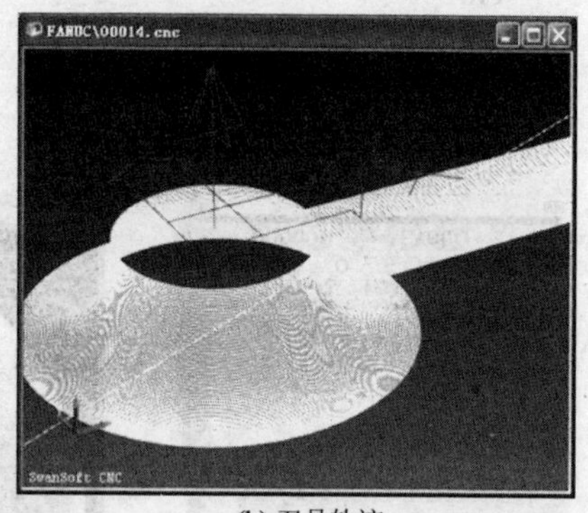

(b) 刀具轨迹

图 2-105　铣喇叭

铣喇叭代码如下：

```
M03S500
M06T01
#1=0
#2=0
G0Z15
X150Y0
N11
#2=30*SIN[#1]
#3=30+30*[1-COS[#1]]
G01Z-#2F40
G41X#3D01
G03I-#3
G40G01X150Y0
#1=#1+1
IF[#1LE90]GOTO11
G0Z30
M30
```

6. SIEMES 系统铣削常用指令

(1)G 代码指令(表 2-15)

表 2-15　G 代码指令

G0	快速移动	G42	调用刀尖半径补偿、刀具在轮廓右侧移动
G1	直线插补	G500	取消可设定零点设置
G2	顺时针圆弧插补	G54	第一可设定零点偏置
G3	逆时针圆弧插补	G55	第二可设定零点偏置
G5	中间点圆弧插补	G56	第三可设定零点偏置
G33	恒螺距的螺纹切削	G57	第四可设定零点偏置
G331	不带补偿夹具切削内螺纹	G53	按程序段方式取消可设定零点偏置
G332	不带补偿夹具切削内螺纹-切刀	G60	准确定位
G4	暂停时间	G64	连续路径方式
G63	带补偿夹具切削内螺纹	G9	准确定位、单程序段有效
G74	回参考点	G601	在 G60、G9 方式下准确定位，精
G75	回固定点	G602	在 G60、G9 方式下准确定位，粗
G158	可编程的偏置	G70	英制尺寸
G258	可编程的偏置	G71	公制尺寸
G259	附加可编程旋转	G90	绝对尺寸
G25	主轴转速下限	G91	增量尺寸
G26	主轴转速上限	G94	进给率 F、单位 mm/min
G17	X/Y 平面	G95	主轴进给率 F、单位 mm/r
G18	Z/X 平面	G901	在圆弧段进给补偿“开”
G19	Y/Z 平面	G900	进给补偿“关”
G40	刀尖半径补偿方式的取消	G450	圆弧过渡
G41	调用刀尖半径补偿、刀具在轮廓右侧移动	G451	等距线交点

(2)常用辅助功能 M 代码(表 2-16)

表 2-16　M 代码

M00	程序停止，按"启动"键加工继续执行	M01	程序有条件停止，被软键或接口信号触发后才能生效
M2	程序结束，写在程序最后一段	M30	预定，没用
M03	主轴顺时针旋转	M04	主轴逆时针旋转
M05	主轴停	M06	更换刀具，也可直接用 T 指令进行
M198	外部输入/输出功能中调用子程序		

(3)尺寸系统

G17，G18，G19，G70，G71，G90，G91 的使用方法和前面讲的类似，不再赘述，下面介绍 SIEMES 中有差异的指令代码。

可编程的零点偏置和坐标轴旋转：G158，G258，G259。

1)功能

如果工件上在不同的位置有重复出现的形状或结构，或者选用了一个新的参考点，在这种情况下就需要使用可编程零点偏置。由此就产生一个当前工件坐标系，新输入的尺寸均是在该坐标系中的数据尺寸。

可以在所有坐标轴上进行零点偏移，在当前的坐标平面 G17 或 G18 或 G19 中进行坐标轴旋转。

2)编程

G158X_ Y_ Z_；可编程的偏置，取消以前的偏置和旋转。

G258RPL＝_；可编程的旋转，取消以前的偏置和旋转。

G259RPL＝_；附加的可编程旋转。

G158，G258，G259 指令各自要求一个独立的程序段。

3)说明

G158 零点偏移：用 G158 指令可以对所有的坐标轴编程零点偏移，后面的 G158 指令取代所有以前的可编程零点偏移指令和坐标轴旋转指令，也就是说编程一个新的 G158 指令后所有旧的指令均清除。如图 2-106 所示。

G258 坐标旋转：用 G258 指令可以在当前平面(G17 到 G19)

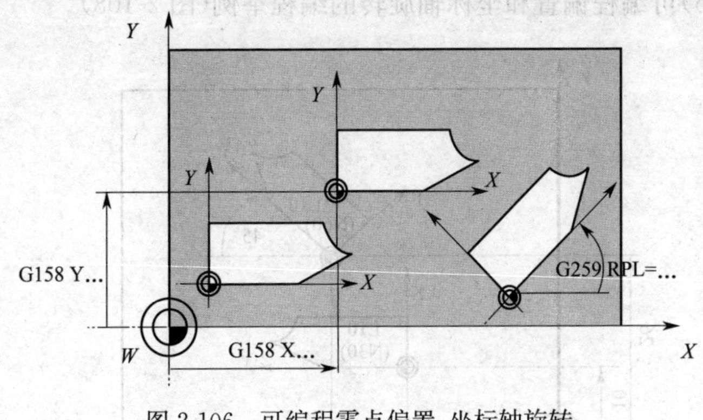

图 2-106　可编程零点偏置，坐标轴旋转

中编程一个坐标轴旋转，新的 G158 指令取代所有以前的可编程零点偏移指令和坐标轴旋转指令，也就是说编程一个新的 G258 指令后所有旧的指令均清除。如图 2-107 所示。

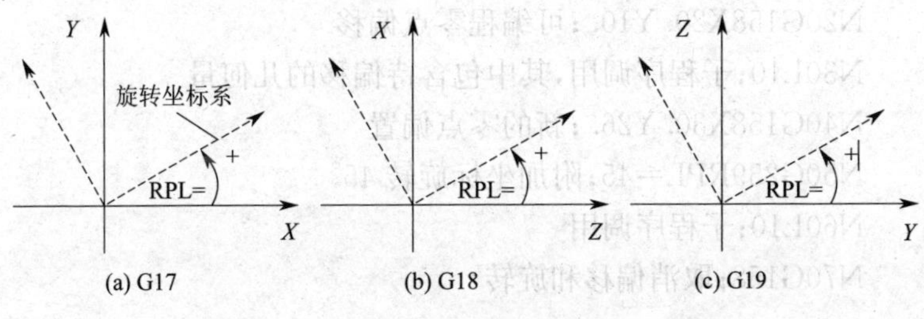

图 2-107　坐标轴旋转

4)在不同的坐标平面中旋转角正方向的规定

附加的坐标旋转 G259：用 259 指令可以在当前平面(G17 到 G19)中编程一个坐标旋转，如果已经有一个 G158，G258 或 G259 指令生效，则在 G259 指令下编程的旋转附加到当前编程的偏置或坐标旋转上。

取消偏移和坐标旋转：程序段 G158 指令后无坐标轴名，或者在 G258 指令下没有写 RPL＝_语句，表示取消当前的可编程零点偏移和坐标轴旋转设定。

5)可编程偏置和坐标轴旋转的编程举例(图 2-108)

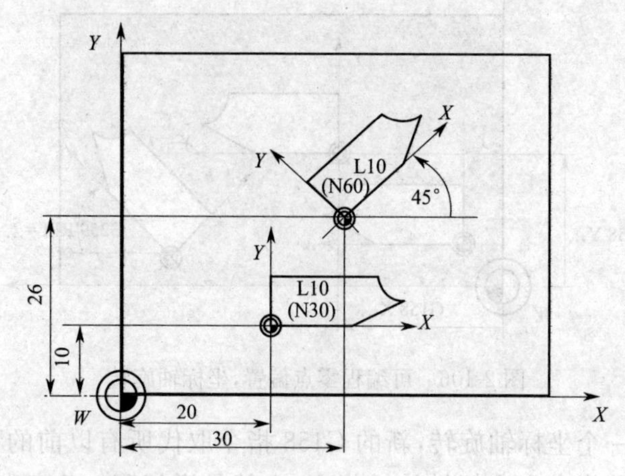

图 2-108 坐标轴旋转示例

N10G17_;X/Y 平面

N20G158X20. Y10. ;可编程零点偏移

N30L10;子程序调用,其中包含待偏移的几何量

N40G158X30. Y26. ;新的零点偏置

N50G259RPL=45;附加坐标旋转 45°

N60L10;子程序调用

N70G158;取消偏移和旋转

…

(4)固定循环

LCYC82 钻削,沉孔加工;

LCYC83 深孔钻削;

LCYC840 带补偿夹具的螺纹切削;

LCYC84 不带补偿夹具的螺纹切削;

LCYC85 镗孔;

LCYC60 线性孔排列;

LCYC61 圆弧孔排列;

LCYC75 矩形槽、键槽、圆形凹槽铣削。

其中 LCYC82、LCYC83、LCYC840、LCYC84、LCYC85 在 SIEMENS 数控车削编程一致，这里只介绍 LCYC60、LCYC61、LCYC75 铣削固定循环。

1)线性孔排列钻削—LCYC60

①功能：用此循环加工线性排列的钻孔或螺纹孔，钻孔及螺纹孔的类型由一个参数确定。如图 2-109 所示。

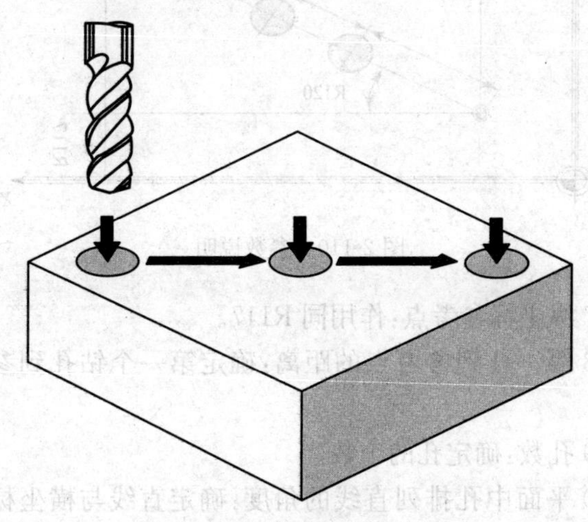

图 2-109 线性孔排列钻削

②前提条件：在调用程序中必须按照设定了参数的钻孔循环和切内螺纹循环的要求编程主轴转速和方向，以及钻孔轴的进给率。同样，在调用孔图循环之前也必须对所选择的钻削循环和内螺纹循环设定参数。另外，在调用循环之前必须选择相应的带刀具补偿的刀具。

③参数说明(图 2-110)：

R115 循环号：选择待加工的钻孔或攻丝所需调用的钻孔循环号或攻丝循环号。

R116 横坐标参考点：在孔排列直线上确定一个点作为参考点，用来确定两个孔之间的距离，从该点出发，定义到第一个钻孔的距离(R118)。

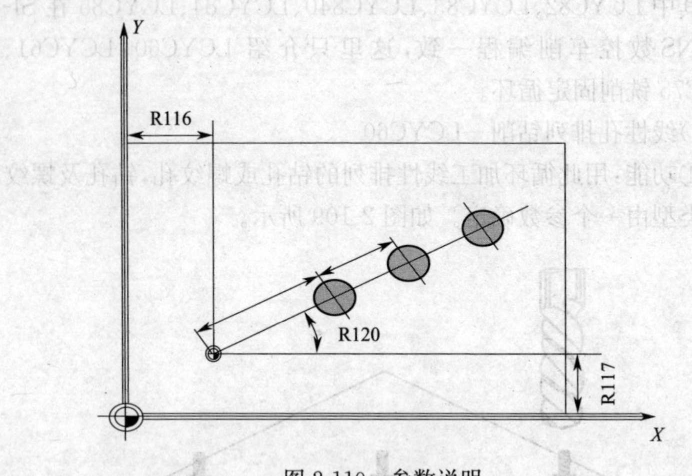

图 2-110　参数说明

R117 纵坐标参考点：作用同 R117。

R118 第一孔到参考点的距离：确定第一个钻孔到参考点的位置。

R119 孔数：确定孔的个数。

R120 平面中孔排列直线的角度：确定直线与横坐标之间的角度。

R121 孔间距离：确定两个孔之间的距离。

④时序过程：

出发点：位置任意，但需要保证从该位置出发可以无碰撞地回到第一个钻孔位。循环执行时首先回到第一个钻孔位，并按照 R115 参数所确定的循环加工孔。然后快速回到其他的钻削位，按照所设定的参数进行接下去的加工过程。

⑤例：矩阵排列孔

用此循环可以加工 *XY* 平面上 5 行 5 列的孔，孔间距为 10 mm。参考点坐标为 *X*30*Y*20，使用循环 LCYC85（镗孔）钻削。在调用程序中确定主轴转速和方向，进给率由参数给定。如图 2-111 所示。

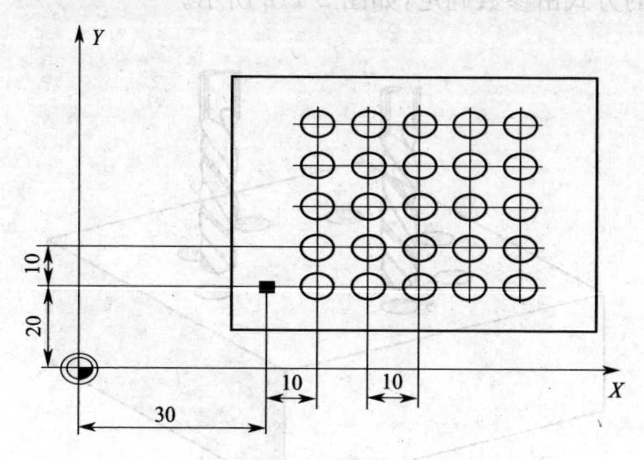

图 2-111　矩阵排列示例

N10G0G17G90S500M3T2D1；确定工艺参数。

N20X10Y10. Z105. ；回到出发点。

N30R1＝0R101＝105R102＝2R103＝102；确定钻孔循环数，初始化线性孔排列计数计数器(R1)。

N40R104＝30R105＝2R106＝100R107＝300；定义钻孔循环参数。

N50R115＝85R116＝30R117＝20R120＝0R119＝5；定义线性孔排列循环参数。

N60R118＝10R121＝10；定义线性孔排列循环参数。

N70MARKE1：LCYC60：调用线性孔排列循环。

N80R1＝R1＋1R117＝R117＋10：提高线性孔计数器，确定新的参考点。

N90IFR1 ＜ 5GOTOBMARKE1；当满足条件时返回到MARKE1。

N100G0G90X10. Y10. Z105. ；回到出发点位置。

N110M2；程序结束。

2)圆弧孔排列钻削—LCYC61

①功能：用此循环可以加工圆弧状排列的孔和螺纹，钻孔和切

内螺纹的方式由参数确定,如图 2-112 所示。

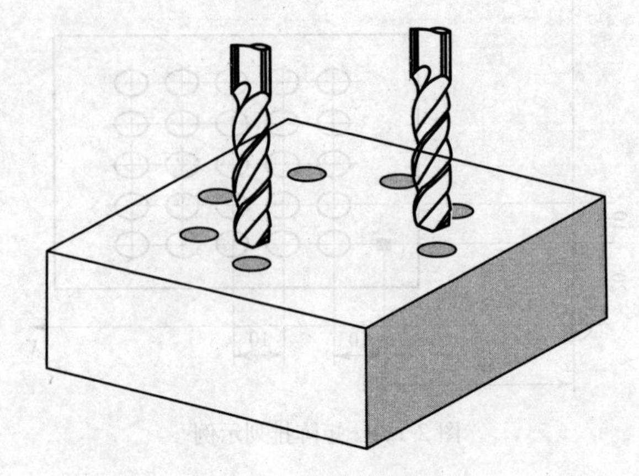

图 2-112　圆弧孔排列钻削

②参数说明

在调用该循环之前同样要对所选择的钻孔循环和切内螺纹循环设定参数,在调用循环之前,必须要选择相应的带刀具补偿的刀具。

R115 循环号:同 LCYC60。

R116 圆弧圆心横坐标(绝对值):加工平面中圆弧孔位置通过圆心坐标(R116 和 R117)和半径(R118)定义。

R117 圆弧圆心纵坐标(绝对值):加工平面中圆弧孔位置通过圆心坐标(R116 和 R117)和半径(R118)定义。

R118 圆弧半径:在此,半径值只能为正。

R119 孔数:同 LCYC60。

R120 起始角。

R121 角增量。

以上两个参数(R119,R120)确定圆弧上钻孔的排列位置。其中参数 R120 给出横坐标正方向与第一个钻孔之间的夹角,R121 规定孔与孔之间的夹角。如果 R121 等于零,则在循环内部将这些孔均匀地分布在圆弧上,从而根据钻孔数计算出孔与孔之间的夹角。如图 2-113 所示。

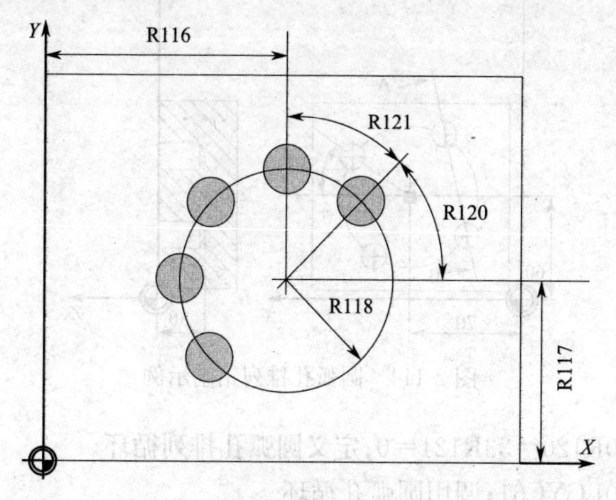

图 2-113　参数说明

③时序过程

出发点：位置任意，但需保证从该位置出发可以无碰撞地回到第一个钻，循环执行时首先回到第一个钻孔位，并按 R115 参数所确定的循环加工孔，然后快速回到其他的钻削位，按照所设定的参数进行接下去的加工过程。

④举例

使用循环 LCYC82 加工 4 个深度为 30 mm 的孔，圆通过 XY 平面上圆心 X70Y60 和半径 42 mm 确定。起始角为 33 度，Z 轴上安全距离为 2 mm，主轴转速和方向以及进给率在调用循环中确定，如图 2-114 所示。

N10G0G17G90F500S400M3T3D1；确定工艺参数。

N20X50. Y45. Z5.；回到出发点。

N30R101＝5R102＝2R103＝0R104＝30R105＝1；定义钻削循环参数。

N40R115＝82R116＝70R117＝60R118＝42R119＝4；定义圆弧孔排列循环。

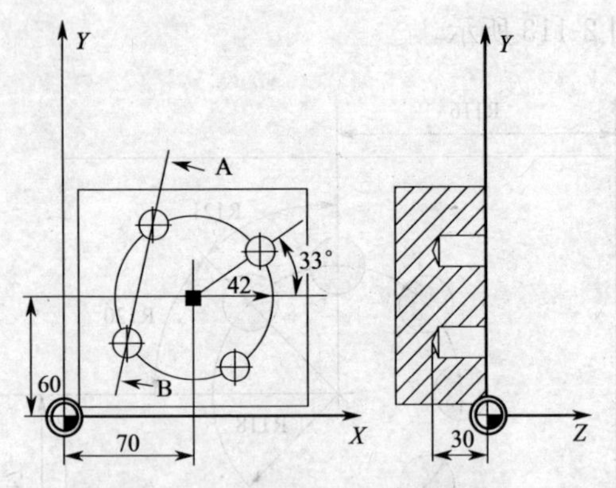

图 2-114　圆弧孔排列钻削示例

N50R120＝33R121＝0;定义圆弧孔排列循环。

N60LCYC61;调用圆弧孔循环。

N70M2;程序结束。

3)矩形槽、键槽和圆形凹槽的铣削—LCYC75。

①功能:利用此循环、通过设定相应的参数可以铣削一个与轴平行的矩形槽或者键槽,或者一个圆形凹槽。循环加工分为粗加工和精加工,通过参数设定凹槽长度＝凹槽宽度＝两倍的圆角半径,可以铣削一个直径为凹槽长度或凹槽宽度的圆形凹槽。如果凹槽宽度等同于两倍的圆角半径,则铣削一个键槽,加工时总是在第 3 轴方向从中心处开始进刀,这样在有导向孔的情况下就可以使用不能切中心孔的铣刀。如图 2-115 所示。

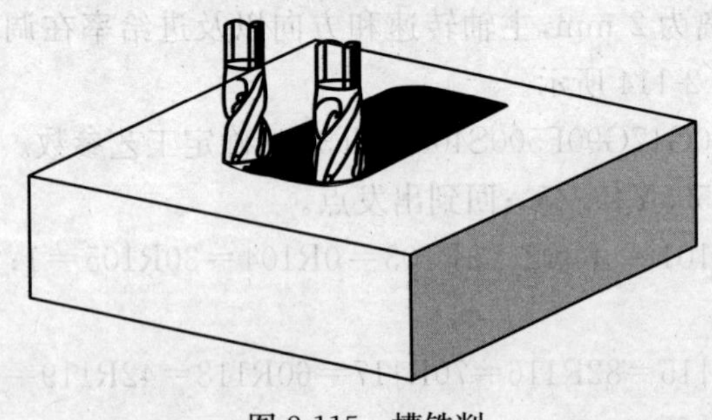

图 2-115　槽铣削

②前提条件:如果没有钻底孔,则该循环要求使用带端面齿的铣刀,从而可以切削中心孔(DIN844),在调用程序中规定主轴的转速和方向,在调用循环之前必须要选择相应的带刀具补偿的刀具。

③参数说明:

R101 退回平面(绝对平面)/R102 安全距离/R103 参考平面(绝对平面):参见 LCYC82。

R104 凹槽深度(绝对数值):参考面和凹槽底之间的距离。

R116 凹槽圆心横坐标。

R117 凹槽圆心纵坐标:在参数 R116 和 R117 确定凹槽中心点的横坐标和纵坐标。

R118 凹槽长度。

R119 凹槽宽度:确定平面上凹槽的形状,如果铣刀半径 R120 大于编程的角半径,则所加工的凹槽圆角半径等于铣刀半径。如果刀具半径超过凹槽长度或宽度的一半,则循环中断,并发出报警"铣刀半径太大"。如果铣削一个圆形槽 R118=R119=R120。

R120 拐角半径。

R121 最大进刀深度。

R122 深度进刀进给率。

R123 表面加工的进给率。

R124 表面加工的精加工余量。

R125 深度加工的精加工余量。

R126 铣削方向(G2 或 G3)。

R127 铣削类型:此参数确定加工方式。1-粗加工按照给定的参数加工槽至精加工余量。2-进行精加工的前提条件是:凹槽的粗加工过程已经结束,接下去精加工余量进行加工,在此要求留出的精加工余量小于刀具直径。如图 2-116 所示。

④时序过程:

出发点:位置任意,但需保证从该位置出发可以无碰撞地回到退回平面的凹槽中心点。

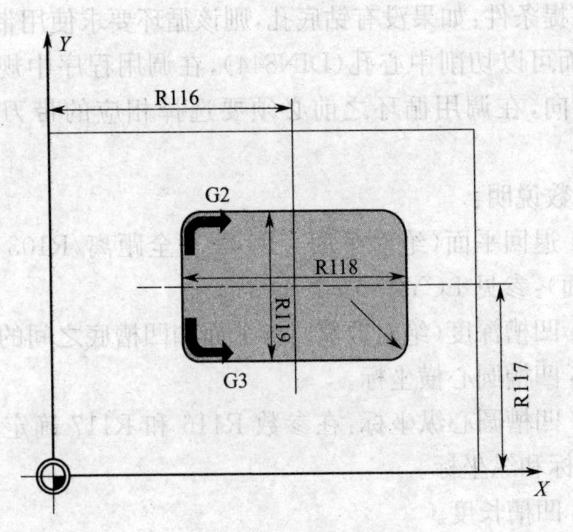

图 2-116　参数说明

粗加工 R127-1：

用 G0 回到退回平面的凹槽中心，然后再以 G0 回到安全间隙的参考平面处，凹槽的加工分为以下几个步骤：以 R122 确定的进给率和调用循环之前的主轴转速进刀到下一次加工的凹槽中心点处；按照 R123 确定的进给率和调用循环之前的主轴转速在轮廓和深度方向进行铣削，直至最后精加工余量，如果铣刀直径大于凹槽/键槽宽度减去精加工余量，或者铣刀半径等于凹槽/键槽宽度，若是有可能请降低精加工余量，通过摆动运动加工一个溜槽；加工方向由 R126 参数给定的值确定；在凹槽加工结束之后，刀具回到退回平面凹槽中心，循环过程结束。

精加工 R127-2：

如果要求分多次进刀，则只有最后一次进刀到达最后深度凹槽中心点（R122）。为了缩短返回的空行程，在此之前的所有进刀均快速返回，并根据凹槽和键槽的大小无需回到凹槽中心点才开始加工。通过参数和 R124、R125 选择“仅进行轮廓加工”或者“同时加工轮廓和工件”。

仅加工轮廓：R124＞0，R125＝0

轮廓和深度:R124>0,R125>0

R124=0,R125=0

R124=0,R125>0

平面加工以 R123 参数设定的值进行,深度进给则以 R122 设定的参数值运行;加工方向由参数 R126 设定的参数值确定;凹槽加工结束以后刀具运行到退回平面的凹槽中心点处,结束循环。

⑤举例:

加工一个长度为 60 mm,宽度为 40 mm,圆角半径 8 mm,深度为 17.5 mm 的凹槽。使用的铣刀不能切削中心,因此要求预加工凹槽中心(LCYC82),凹槽的中心点坐标为 $X60Y40$,最大进刀深度为 4 mm,加工分为粗加工和精加工。如图 2-117 所示。

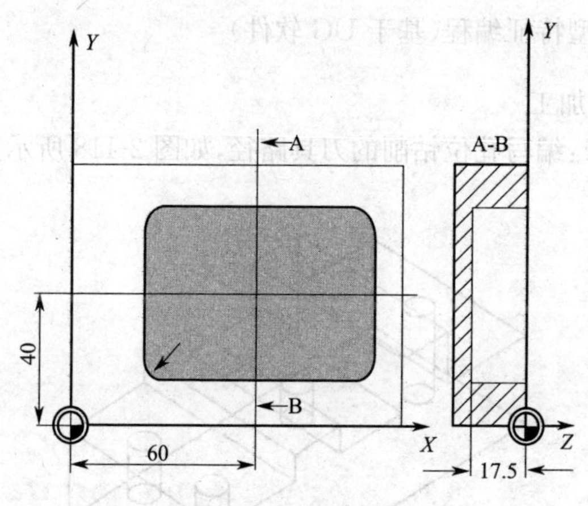

图 2-117　槽加工示例

N10G0G17G90F200S300M3T4D1;确定工艺参数

N20X60. Y40. Z5.;回到钻削位置

N30R101=5R102=2R103=0R104=-17R105=2;设定钻削循环参数

N40LCYC82;调用钻削循环

N50…;更换刀具

N60R116=60R117=40R118=60R119=40R120=8;凹槽铣

削循环粗

N70R121＝4R122＝120R123＝300R124＝0.75R125＝0.5；加工设定参数

N80R126＝2R127＝1；与钻削循环相比较 R101-R104 参数不改变

N90LCYC75；调用粗加强工循环

N100……；更换刀具

R110R127＝2；凹槽铣削循环精加工设定参数（其他参数不变）

N120LCYC75；调用精加工循环

N130M2；程序结束

7. 典型特征编程（基于 UG 软件）

（1）孔加工

例题 1：编写孔位钻削的刀具路径，如图 2-118 所示。

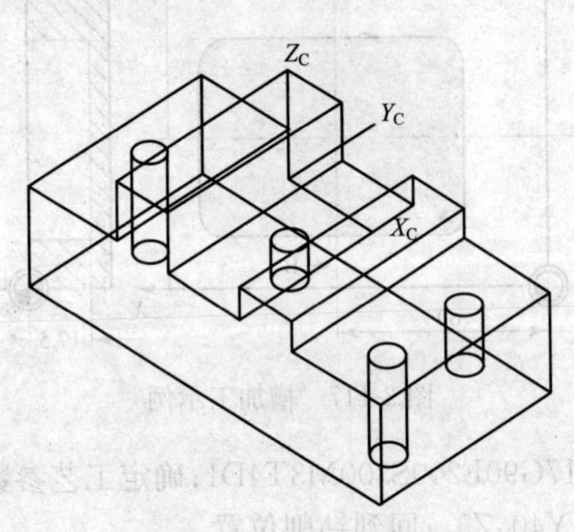

图 2-118　孔加工示例

①打开文件

从主菜单中选择 File → Open →＊＊＊/Manufacturing/ptp-1. prt。

②进入加工模块

从主菜单中选择 Application→Manufacturing，进入 Machining Environment 对话框。

③选择加工环境

在 CAM Session Configuration 表中选择 CAM General。

在 CAM Setup 表中选择 Drill。

选择 Initialize。

④确定加工坐标系

从图形窗口右边的资源条中选择 Operation Navigator，并锚定在图形窗口右边。

选择 Operation Navigator 工具条的 Geometry View 图标，操作导航器切换到加工几何组视窗。

在 Operation Navigator 窗口中选择 MCS_Mill，按鼠标右键并选择 Edit，进入 Mill_Orient 对话框。

选择 MCS_Origin 图标，进入 Points Constructor 对话框，选择 Reset，选择 OK 退回到 Mill_Orient 对话框。

打开 Clearance 开关，选择 Specify，进入 Plane Constructor 对话框。

选择棕色显示的模型最高面，并设定 Offset＝5。

连续选择 OK 直至退出 Mill_Orient 对话框。

⑤创建刀具

从 Operation Navigator 工具条中选择 Machine Tool View 图标，操作导航器切换到刀具组视窗。

从 Manufacturing Create 工具条中选择 Create Tool 图标，出现图 2-119 所示对话框。

按图 2-119 所示进行设置，选择 OK 进入 Drilling Tool 对话框。

设定 Diameter＝3。

设定刀具长度补偿登记器号码：打开 Adjust Register 的开关，并设定号码为 5。

设定刀具在机床刀库中的编号：打开 Tool Number 的开关，

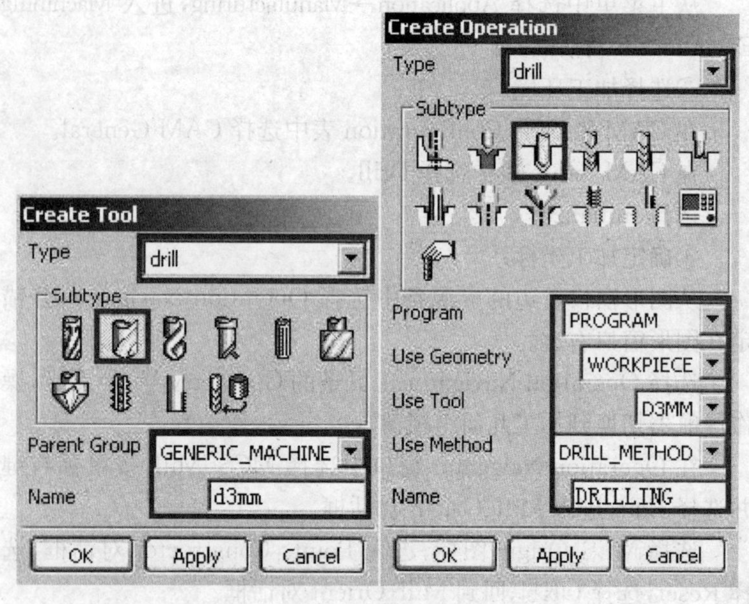

图 2-119　选择界面

并设定号码为 5。

选择 OK 退出。

⑥创建操作

从 Manufacturing Create 工具条中选择 Create Operation 图标，出现图 2-119 所示对话框。

按图 2-119 所示进行设置，选择 OK 进入 SPOT_DRILLING 对话框。

○ 选择循环类型及其参数

从循环类型列表中选择 Standard Drill(三角形箭头)，进入 Specify Numberof 对话框

设定 Number of Sets＝1，选择 OK 进入 Cycle Parameters 对话框

选择 Depth 进入 Cycle Depth 对话框，选择 Tool Tip Depth，设定 Depth＝3，选择 OK 退回到 Cycle Parameters 对话框。

○ Cycle Parameters 对话框

选择 Feedrate 进入 Cycle Feedrate 对话框，设定进给率值=60，选择 OK 直至退回到 SPOT_DRILLING 对话框。

○ 指定钻孔位置

从主菜单选择 Format→Layer Settings，使 5 层为可选择层(Selectable)。

从 Geometry 区域选择 Holes 图标，并选择 Select 进入 Point 对话框。

选择 Select 进入选择点、孔、圆弧的对话框。选择 Generic Point 进入 Point Constructor 对话框，选择 Existing Point 图标，选择“绿色的”存在点，选择 OK 退出；直接选择左边和中间台阶孔的圆弧；选择 All Holes On Face，选择右边台阶面，选择 OK 直至退回到 Point 对话框。

○ 删除多选的点

选择 Point 对话框中的 Omit，移动鼠标选择“绿色的”存在点和中间台阶孔的圆弧点。

选择 Display 显示所有的点。

从主菜单选择 Format→Layer Settings，使图层 5 为不可见层(Invisible)。

○ 增加漏选的点

选择 Point 对话框中的 Append，移动鼠标选择中间台阶孔的圆弧。

选择 Display 显示所有的点。

○ 优化刀具路径

选择 Point 对话框中的 Optimize，进入优化方法对话框。

选择 Shortest Path，接受所有缺省选项。

选择 Optimize，系统开始计算最优结果，并汇报。

选择 Accept 接受优化结果，并退回到 Point 对话框。

○ 避开障碍物

选择 Display 显示所有的点。

从 Point 对话框中选择 Avoid。

避开第一个凸台:选择左边台阶面圆弧(标记为＃1)作为起始点,选择中间台阶面圆弧(标记为＃2)作为结束点,再选择 Clearance Plane 避开第一个凸台。

避开第二个凸台:选择中间台阶面圆弧(标记为＃2)作为起始点,选择右边台阶面小圆弧(标记为＃3)作为结束点,选择 Distance,并设定 Distance=18。

选择 OK 直至退回到 SPOT_DRILLING 对话框。

⑦选择机床控制及后处理命令

选择 Machine 进入 Machine Control 对话框

选择 Startup Command 中的 Edit 进入 User Defined Events 对话框。

从 Available List 表中选择 Tool Change,选择 Add 进入 Tool Change 对话框,设定 Tool Number 为 5,打开 Adjust Register Status 的开关,并设定 Adjust Register 为 5,选择 OK 退回到 User Defined Events 对话框。

从 Available List 表中选择 Spindle On,选择 Add 进入 Spindle On 对话框,设置 Speed=1500,选择 OK 退回到 User Defined Events 对话框。

从 Available List 表中选择 Coolant On,选择 Add 进入 Coolant On 对话框,选择 OK 退回到 User Defined Events 对话框。

选择 OK 退回到 Machine Control 对话框。

选择 End-of-Path Command 中的 Edit 进入 User Defined Events 对话框。

从 Available List 表中选择 Spindle Off,选择 Add 进入 Spindle Off 对话框,选择 OK 退回到 User Defined Events 对话框。

从 Available List 表中选择 Coolant Off,选择 Add 进入 Coolant Off 话框,选择 OK 退回到 User Defined Events 对话框。

连续选择 OK 直至回到 SPOT_DRILLING 对话框。

⑧产生刀具路径

选择 Generate 图标产生刀具路径，观察刀具路径的特点。

选择 OK 接受生成的刀具路径。

(2)平面铣(图 2-120)

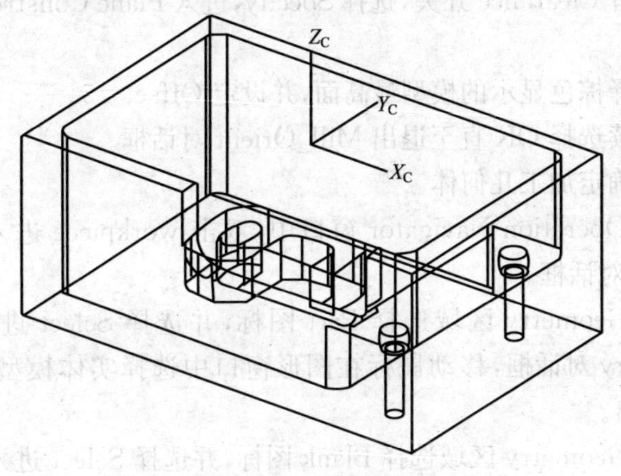

图 2-120 平面铣削

编写单层平面加工的刀具路径。

1)打开文件

从主菜单中选择 File → Open →* * * /Manufacturing/PM-1. prt。

2)进入加工模块

从主菜单中选择 Application → Manufacturing，进入 Machining Environment 对话框。

3)选择加工环境

在 CAM Session Configuration 表中选择 CAM General。

在 CAM Setup 表中选择 mill_planar。

选择 Initialize。

4)确定加工坐标系

从 Operation Navigator 工具条中选择 Geometry View 图标，操作导航器切换到几何组视窗。

在 Operation Navigator 窗口中双击 MCS_Mill 进入 Mill_Orient 对话框。

选择 MCS_Origin 图标进入 Points Constructor 对话框，选择 Reset，选择 OK 退回到 Mill_Orient 对话框。

打开 Clearance 开关，选择 Specify，进入 Plane Constructor 对话框。

选择棕色显示的模型最高面，并设定 Offset=5。

连续选择 OK 直至退出 Mill_Orient 对话框。

5)确定加工几何体

在 Operation Navigator 窗口中，双击 workpiece 进入 Mill_GEOM 对话框。

从 Geometry 区域选择 Part 图标，并选择 Select 进入 Part Geometry 对话框，移动鼠标在图形窗口中选择实体模型。选择 OK 退出。

从 Geometry 区域选择 Blank 图标，并选择 Select 进入 Blank Geometry 对话框，选择 Autoblock 选项，自动创建毛坯用于模拟刀具切削。

连续选择 OK 直至退出 Mill_Geom 对话框。

6)创建刀具

从 Manufacturing Create 工具条中选择 Create Tool 图标，出现图 2-121 所示对话框。

按图 2-121 所示进行设置，选择 OK 进入刀具参数对话框。

设定 Diameter=16，设定 Lower Radius=0.8。

设定刀具长度补偿登记器号码：打开 Adjust Register 的开关，并设定号码为 1。

设定刀具在机床刀库中的编号：打开 Tool Number 的开关，并设定号码为 1。

选择 Material 为 Carbide(TMC0_00004)。

选择 OK 退出。

7)创建单层加工刀具路径

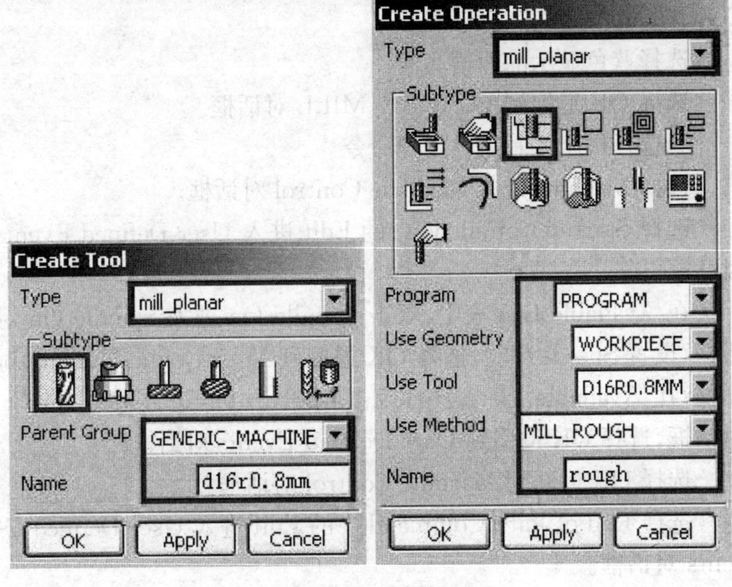

图 2-121　选择界面

从 Manufacturing Create 工具条中选择 Create Operation 图标,出现图 2-121 所示对话框。

按图 2-121 所示进行设置,选择 OK 进入 PLANAR_MILL 对话框。

①指定加工几何边界

从 Geometry 区域选择 Part 图标,并选择 Select 进入 Boundary Geometry 对话框。

设置 Mode 为 Face;设置 Material Side 为 Outside;关闭 Ignore Islands 开关。

选择凹槽的底面(蓝色)。此面的外部轮廓生成加工区域主边界,在它的内部生成了岛屿边界,两个边界共同组成加工区域。

选择 OK 退回到 PLANAR_MILL 对话框。

选择 Display 显示边界。

②指定加工深度

从 Geometry 区域选择 Floor 图标，并选择 Select 进入 Plane Constructor 对话框。

选择蓝色显示的凹槽底面。

选择 OK 退回到 PLANAR_MILL 对话框。

8)选择机床控制及后处理命令

选择 Machine 进入 Machine Control 对话框。

选择 Startup Command 中的 Edit 进入 User Defined Events 对话框。

在 Available List 表中，双击 Spindle On 进入 Spindle On 对话框，设置 Speed＝280，选择 OK 退回到 User Defined Events 对话框；在 Available List 表中，双击 Coolant On 进入 Coolant On 对话框，选择 OK 退回到 User Defined Events 对话框。

选择 OK 退回到 Machine Control 对话框。

选择 End-of-Path Command 中的 Edit 进入 User Defined Events 对话框。

在 Available List 表中，双击 Spindle Off 进入 Spindle Off 对话框，选择 OK 退回到 User Defined Events 对话框。

在 Available List 表中，双击 Coolant Off 进入 Coolant Off 对话框，选择 OK 退回到 User Defined Events 对话框。

连续选择 OK 直至回到 PLANAR_MILL 对话框。

9)产生刀具路径

选择 Generate 图标，屏幕显示可加工区域。

选择 OK 生成刀具路径并显示于屏幕区，不同的颜色表示不同类型的移动。

10)改变刀具路径显示选项

在 Tool Path 区选择 Edit Display 图标，进入 Display Options 对话框。

向左移动速度滑板箭头，设置数字为 8。

关闭 Display Cut Regions 开关；关闭 Pause After Display 开关。

选择 OK 退回到 PLANAR_MILL 对话框。

11)重放刀具路径

在图形窗口中按鼠标右键并选择 Refresh 刷新屏幕。

选择 Replay 图标,将观察到:刀具路径以较低的速度连续显示。

在图形窗口中按鼠标右键并选择 Refresh 刷新屏幕。

12)列出刀具路径信息

选择 List 图标,在窗口中列出刀具路径的文本信息。

观察程序头和结尾的后处理命令。

选择 Close 关闭窗口。

13)改变切削方法并重新产生刀具路径

设置 Cut Method 为 Zig-Zag。

选择 Generate 图标产生刀具路径,观察刀具路径的变化。

选择 Reject 放弃刀具路径。

在图形窗口中按鼠标右键并选择 Refresh 刷新屏幕。

14)改变刀具路径的步距并重新产生刀具路径

设定 Percent 值为 70。

选择 Generate 图标产生刀具路径,观察刀具路径的变化。

选择 Reject 放弃刀具路径。

尽量尝试不同的切削方式和步距值,产生刀具路径并观察刀具路径的变化。

15)接受产生的刀具路径

设定 Cut Method 为 Follow Part。

设定步距方法为 Tool Diameter,并设定 Percent=60。

选择 Generate 图标产生新的刀具路径。

选择 OK 接受生成的刀具路径,产生的操作(包含刀具路径)悬挂于 Workpiece 节点的下面表示为"父子"关系。

(3)表面铣(图 2-122)

编写平面加工的刀具路径之一。

1)打开文件

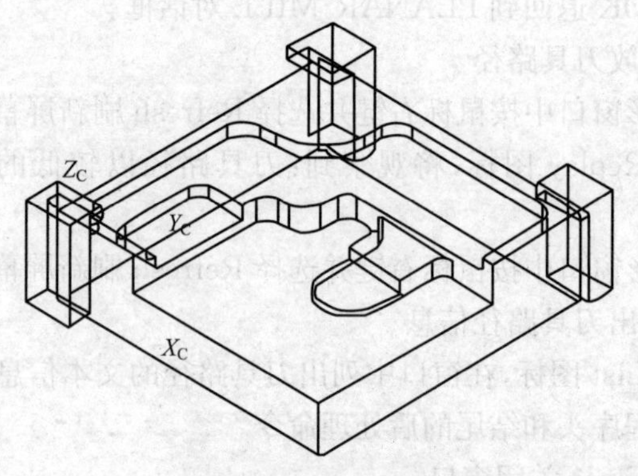

图 2-122　表面铣削

从主菜单中选择 File → Open → * * * /Manufacturing/FM-1. prt。

2)进入加工模块

从主菜单中选择 Application→Manufacturing。此文件已建立了加工设置,故不会进入加工环境对话框。

3)浏览已建立的加工设置

从图形窗口右边的资源条中锚定操作导航器(Operation Navigator)。

在 Operation Navigator 窗口中的"空白"处,单击鼠标右键并选择 Machine Tool View,导航器切换至刀具视窗,观察到:已存在一把名称为 D10MM 的刀具。用鼠标左键双击刀具名 D10MM,出现刀具参数对话框,直径 Diameter=10,选 OK 退出。

在 Operation Navigator 窗口中的"空白"处,单击鼠标右键并选择 Geometry View,导航器切换至几何组视窗。用鼠标左键双击 MCS_MILL,进入 Mill_Orient 对话框,观察加工坐标系 MCS 位置的变化。选择 Display,图形窗口中出现"三角形"平面,显示安全平面的位置。选择 Info,出现信息窗口列出安全平面的坐标位置(基于工作坐标系),关闭窗口。选择 OK 退出。

用鼠标左键双击 Workpiece 进入 Mill_Geom 对话框,按下

Part 图标，选择 Display，Part 几何体边缘高亮显示，按 Refresh 刷新屏幕；按下 Blank 图标，选择 Display，Blank 几何体边缘高亮显示，按 Refresh 刷新屏幕。选择 OK 退出。

4)创建操作

从 Manufacturing Create 工具条中选择 Create Operation 图标，出现图 2-123 所示对话框。

按图 2-123 所示进行设置，选择 OK 进入 FACE_MILL 对话框。

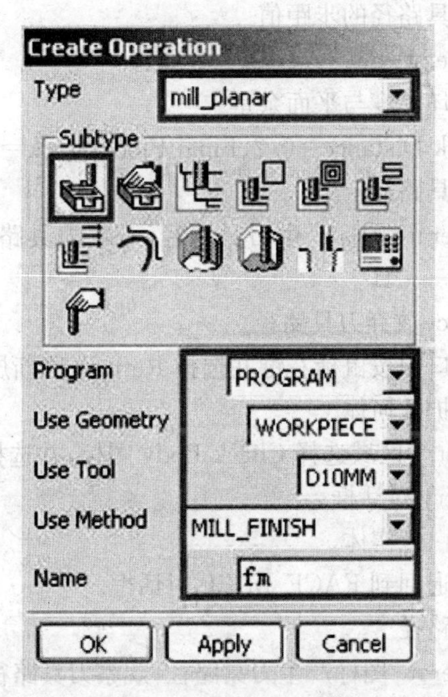

图 2-123　选择界面

①指定加工面

从 Geometry 区域选择 Face 图标，并选择 Select 进入 Face Geometry 对话框。

确信 Filte Type 中的 Face Boundary 图标已被按下，选择模

型中的六个绿色标记的平面。

选择 OK 退回到 FACE_MILL 对话框。

②指定切削方法

设置 Cut Method 为 Follow Part。

③指定切削参数中的切削角度

选择 Cutting 进入到 Cut Parameters 对话框。

从 Cut Angle 选择 User Definded 并设置 Degrees=45°。

连续选择 OK 退回到 FACE_MILL 对话框。

④指定刀具路径的步距值

设定 Percent=55。

⑤指定毛坯厚度与平面余量

设定 Blank Distance=0.2、Final Floor Stock=0。

⑥产生刀具路径

选择 Generate 图标产生刀具路径,观察刀具路径:刀具干涉白色几何体——夹具。

选择 Reject 放弃刀具路径。

在图形窗口中按鼠标右键并选择 Refresh 刷新屏幕。

5)指定保护几何体

从 Geometry 区域选择 Check Body 图标,并选择 Select 进入 Check Geometry 对话框。

选择 3 个白色实体。

选择 OK 退回到 FACE_MILL 对话框。

产生刀具路径。

选择 Generate 图标产生刀具路径,观察刀具路径的变化。

选择 Reject 放弃刀具路径。

在图形窗口中按鼠标右键并选择 Refresh 刷新屏幕。

6)指定刀具与检查几何体的安全距离

选择 Cutting 进入 Cut Parameters 对话框。设定 Checkstock=2。

选择 OK 退回到 FACE_MILL 对话框。

产生刀具路径。

选择 Generate 图标产生刀具路径，观察刀具路径的变化。

选择 Reject 放弃刀具路径。

在图形窗口中按鼠标右键并选择 Refresh 刷新屏幕。

7)指定进给速率

选择 Feed Rates 进入 Feedsand Rates 对话框。

选择 Reset From Table，由系统推荐各种移动进给速率值。设置 Cut=150，并按回车键，各种移动进给速率值将作相应改变。

选择 OK 退回到 FACE_MILL 对话框。

8)选择机床控制及后处理命令

选择 Machine 进入 MachineControl 对话框。

从 Startup Command 处选择 Edit 进入 User Defined Events 对话框。

从 Available List 表中双击 Spindle On 进入 Spindle On 对话框，设置 Speed=280，选择 OK 退回到 User Defined Events 对话框；从 Available List 表中双击 Coolant On 进入 Coolant On 对话框，选择 OK 退回到 User Defined Events 对话框。

选择 OK 退回到 Machine Control 对话框。

选择 End-of-Path Command 处的 Edit 进入 User Defined Events 对话框。

从 Available List 表中双击 Spindle Off 进入 Spindle Off 对话框，选择 OK 退回到 User Defined Events 对话框；从 Available List 表中双击 Coolant Off 进入 Coolant Off 对话框，选择 OK 退回到 User Defined Events 对话框。

连续选择 OK 直至回到 FACE_MILL 对话框。

9)产生刀具路径

选择 Generate 图标产生刀具路径，观察刀具路径的变化。

选择 OK 接受刀具路径。

10)刀具路径仿真

在 Operation Navigator 窗口中，移动鼠标至空白处，按鼠标右键并选择 Program Order View，操作导航器切换到程序顺序组视窗。

同时选择 2 个操作:PM 和 FM,或选择“父”程序组 Program,然后按鼠标右键并选择 Toolpath→Verify,进入 ToolPath Visualization 对话框。

旋转模型至合适的视觉。选择对话框顶部的 Dynamic 选项。

选择“Play Forward”按钮,开始模拟刀具切削,小心观察刀具的移动及最后的模拟结果。

(4)穴型加工(图 2-124)

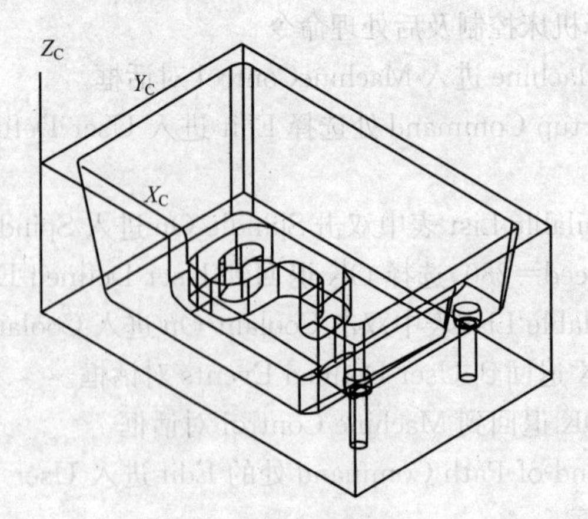

图 2-124　穴型加工

编写曲面模型粗加工的刀具路径。

1)打开文件

从主菜单中选择 File → Open → ***/Manufacturing/CM-1. prt。

2)进入加工模块

从主菜单中选择 Application → Manufacturing,进入 Machining Environment 对话框。

3)选择加工环境

在 CAM Session Configuration 表中选择 CAM General。

在 CAM Setup 表中选择 mill_Contour。

选择 Initialize。

4)确定加工坐标系

从 Operation Navigator 工具条中选择 Geometry View 图标，操作导航器切换到几何组视窗。

在 Operation Navigator 窗口中双击 MCS_Mill 进入 Mill_Orient 对话框。

选择 MCS_Origin 图标，进入 Points Constructor 对话框，选择 Reset，选择 OK 退回到 Mill_Orient 对话框。

打开 Clearance 开关，选择 Specify 进入 Plane Constructor 对话框。选择模型的最高面(棕色)，设定 Offset=5。

连续选择 OK 直至退出 Mill_Orient 对话框。

5)创建刀具

从 Manufacturing Create 工具条中选择 Create Tool 图标，出现图 2-125 所示对话框。

按图 2-125 所示进行设置，选择 OK 进入刀具参数对话框。

设定 Diameter=16、Lower Radius=0.8。

设定刀具长度补偿登记器号码：打开 Adjust Register 的开关，并设定号码为 1。

设定刀具在机床刀库中的编号：打开 Tool Number 的开关，并设定号码为 1。

选择 Material 为 Carbide(TMC0_00004)。

选择 OK 退出。

6)创建粗加工操作

从 Manufacturing Create 工具条中选择 Create Operation 图标，出现图 2-125 所示对话框。

按图 2-125 所示进行设置，选择 OK 进入 CAVITY_MILL 对话框。

①选择加工几何

从 Geometry 区域选择 Part 图标，并选择 Select 进入 Part Geometry 对话框。

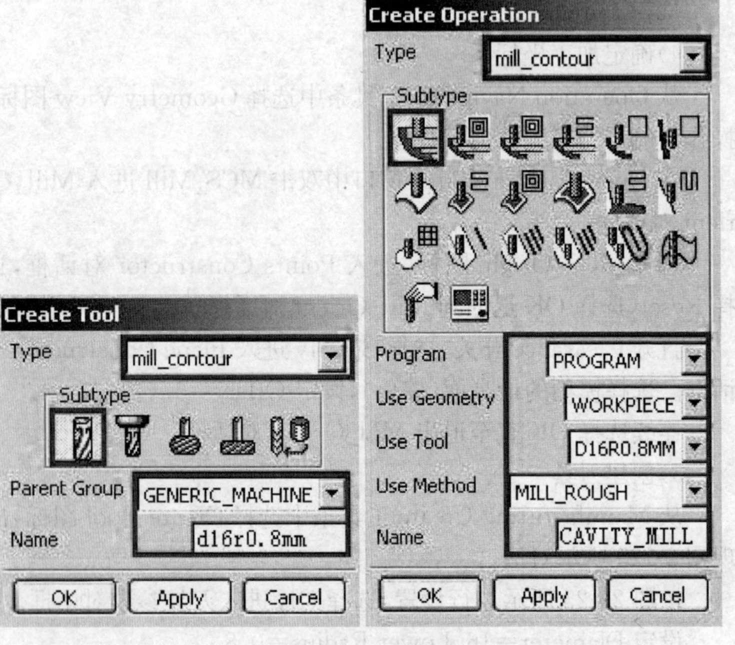

图 2-125　选择界面

选择实体模型。

选择 OK 退回到 CAVITY_MILL 对话框。

②设定切削方法

设置 Cut Method 为 Follow Part。

③设定切削步距

设置 Setpover 为 Tool Diameter，并设定 Percent＝65。

④设定分层加工参数

从 Control Geometry 区域选择 Cut Levels，进入 Cut Levels 对话框。系统用两个大三角形符号表示加工的最高和最底位置，小三角形表示每个切削层的位置。

确信已按下 Modify Ranges 图标，设定 Depth Per Cut＝1.5，选择模型右边台阶面（紫色）确定第一个 Range，观察三角形位置的变化。

选择 Add Ranges 图标，设定 Depth Per Cut＝1，选择模型中间“9”字形岛屿顶面（灰色）确定第二个 Range，观察三角形位置的变化。

设定 Depth Per Cut＝0.5，选择凹槽底面（蓝色）确定第三个 Range 观察三角形位置的变化。

选择 Information 出现信息窗口，列出分层信息。关闭窗口。

选择 OK 退回到 CAVITY_MILL 对话框。

⑤设定进、退刀方法及其参数

在 Engage/Retract 区域选择 Method 进入 Engage/Retract 对话框。

设定 Horizontal＝6，设定 Vertical＝2。

设置 Transfer Method 为 Previous Plane。

设置初始（Initial）进刀和内部（Internal）进刀均为 Automatic；设置最后（Final）退刀和内部（Internal）退刀均为 Automatic。

选择 Automatic Engage/Retract 进入 Automatic Engage/Retract 对话框。

设置 Ramp Type 为 Helical（螺旋移动方式）；设置 Automatic Type 为 Circular（圆弧移动方式）设定 Radius＝8、OverlapDistance＝2。

选择 OK 退回到 CAVITY_MILL 对话框。

⑥设定切削参数

选择 Cutting 进入 Cut Parameters 对话框。

设定精度公差：Intol＝0.03、Outtol＝0.05。

关闭 Use Floor Same As Side 开关。设定加工余量：Part Side Stock＝0.6，Part Floor Stock＝0.2。

选择 OK 退回到 CAVITY_MILL 对话框。

⑦设定切削进给速率

选择 Feed Rates 进入 Feeds and Rates 对话框。

选择 Reset From Table，由系统推荐各种移动进给速率值。设置 Cut＝1200，并按回车键，各种移动进给速率值将作相应改变。

选择 OK 退回到 CAVITY_MILL 对话框。

⑧选择机床控制及后处理命令

选择 Machine 进入 Machine Control 对话框。

选择 Startup Command 处的 Edit 进入 User Defined Events 对话框。

从 Available List 表中双击 Spindle On 进入 Spindle On 对话框，设置 Speed＝1 900，选择 OK 退回到 User Defined Events 对话框。

连续选择 OK 直至回到 CAVITY_MILL 对话框。

⑨产生刀具路径

选择 Generate 图标产生刀具路径。系统弹出警告信号：No material defined to be cut around islands

选择 OK 取消警告信号

7）增加加工几何，使得形成封闭的加工区域

从主菜单中选择 Format→Layer Settings，使 21 层为可选层，模型缺口处出现一条粗实线，如图 2-126 所示。

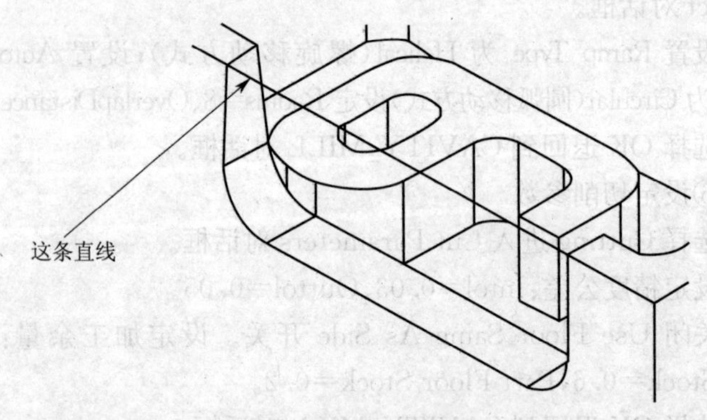

图 2-126 可选层

从 Geometry 区域中按下 Part 图标，选择 Edit 进入 Part Geometry 对话框。

设置 Action Mode 为 Append，设置 Filter Methods 为

Curves，选择缺口处的黄色直线。

连续 OK 退回到 CAVITY_MILL 对话框。

①重新产生刀具路径

选择 Generate 图标产生刀具路径，观察刀具路径的特点。

选择 Reject 图标放弃产生的刀具路径。

在图形窗口中按鼠标右键并选择 Refresh 刷新屏幕。

②重新选择加工几何

从 Geometry 区域中按下 Part 图标，选择 Edit 进入 Part Geometry 对话框。

点击对话框下部的“Next”箭头，待缺口处的直线高亮显示后，再选择 Remove 移去直线。

连续 OK 退回到 CAVITY_MILL 对话框。

从 Geometry 区域选择 Blank 图标，并选择 Select 进入 Blank Geometry 对话框。

从主菜单中选择 Format→Layer Settings，使 2 层为可选层、21 层为不可见层。

接受默认设置，选择灰色方块作为毛坯实体。

连续 OK 退回到 CAVITY_MILL 对话框。

③重新产生刀具路径

选择 Generate 图标产生刀具路径，观察刀具路径的特点。

选择 Reject 图标放弃产生的刀具路径。

在图形窗口中按鼠标右键并选择 Refresh 刷新屏幕。

④编辑切削层参数

从 Control Geometry 区域选择 Cut Levels，进入 Cut Levels 对话框。

选择 Upward 箭头，直至最顶面的大三角形符号高亮显示。

选择 Add Range 图标，移动鼠标选择灰色 Block 的顶面。

选择 Downward 箭头，增加的 Range 高亮显示。

设定 Depthper Cut=2。

选择 OK 退回到 CAVITY_MILL 对话框。

⑤编辑横向移动参数

从 Engage/Retract 区域选择 Method 进入 Engage/Retract 对话框。

设置 Transfer Method 为 Blank Plane。

选择 OK 退回到 CAVITY_MILL 对话框。

⑥重新产生刀具路径

选择 Generate 图标产生刀具路径，连续选择 OK，观察刀具路径的特点。

⑦校核刀具路径

选择 Verify 图标，进入 Tool Path Visualization 对话框。

旋转模型至合适的视觉。选择对话框顶部的 Dynamic 选项。

选择“Play Forward”按钮，开始模拟刀具切削，小心观察刀具的移动及最后的模拟结果。

选择 OK 退回到 CAVITY_MILL 对话框。

⑧接受产生的刀具路径

选择 OK 接受产生的刀具路径并退出 CAVITY_MILL 对话框。

(5)等高轮廓铣(图 2-127)

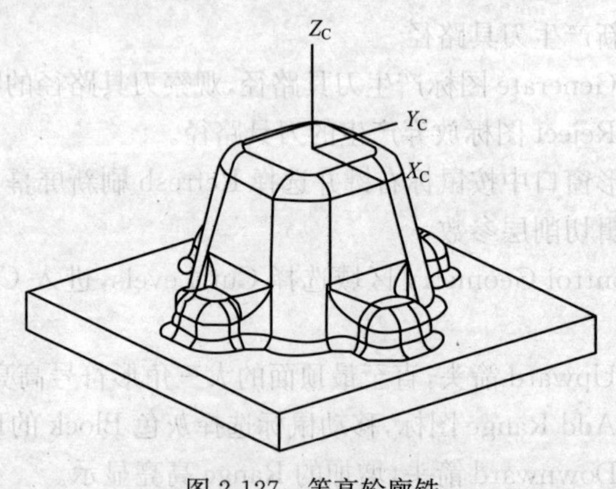

图 2-127　等高轮廓铣

编写曲面模型等高轮廓加工的刀具路径。

1)打开文件

从主菜单中选择 File→Open→＊＊＊/Manufacturing/Z-LevelMilling. prt。

2)进入加工模块

从主菜单中选择 Application→Manufacturing。此文件已建立了加工设置,故不会进入加工环境对话框。

3)浏览刀具参数

在 Operation Navigator 窗口中的"空白"处,单击鼠标右键并选择 Machine Tool View,导航器切换至刀具视窗,观察到:已存在 2 把刀具,名称分别为 D16R0.8MM 和 D10R5MM。

分别用鼠标左键双击每把刀具名,查看各把刀具的参数。

4)创建精加工操作

从 Manufacturing Create 工具条中选择 Create Operation 图标,出现图 2-128 所示对话框。

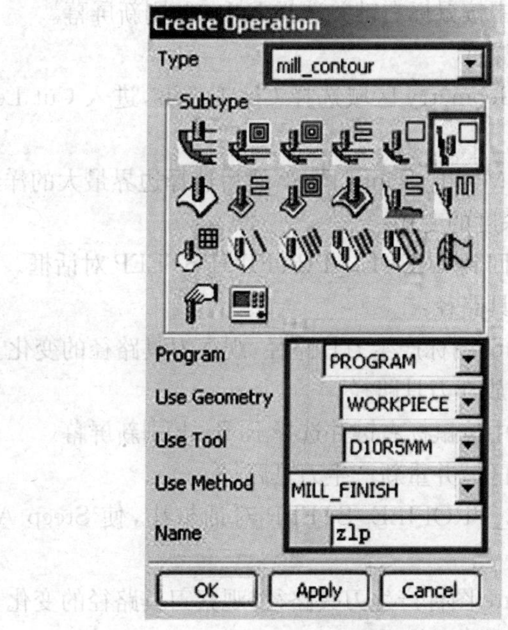

图 2-128　选择界面

按图 2-128 所示进行设置，选择 OK 进入 ZLEVEL_PROFILE_STEEP 对话框。

①设定切削层深度

设定 Depth Per Cut(Range1)=1。

②产生刀具路径

选择 Generate 图标产生刀具路径，观察刀具路径的特点。

选择 Reject 放弃刀具路径。

在图形窗口中按鼠标右键并选择 Refresh 刷新屏幕。

5)不要使用轮廓修剪刀具路径

选择 Cutting 进入 Cut Parameters 对话框。

设置 Trimby 为 None。

重新产生刀具路径：

选择 Generate 图标产生刀具路径，观察刀具路径的变化。

选择 Reject 放弃刀具路径。

在图形窗口中按鼠标右键并选择 Refresh 刷新屏幕。

6)编辑加工深度

从 Control Geometry 区域选择 Cut Levels，进入 Cut Levels 对话框。

确信已按下 Modify Range 图标，然后选择边界最大的洋红色平面，观察切削深度的变化。

选择 OK 退回到 ZLEVEL_PROFILE_STEEP 对话框。

重新产生刀具路径：

选择 Generate 图标产生刀具路径，观察刀具路径的变化。

选择 Reject 放弃刀具路径。

在图形窗口中按鼠标右键并选择 Refresh 刷新屏幕。

7)关闭陡峭区域并重新产生刀具路径

在 ZLEVEL_PROFILE_STEEP 对话框中，使 Steep Angle 开关为 Off。

选择 Generate 图标产生刀具路径，观察刀具路径的变化。

选择 Reject 放弃刀具路径。

在图形窗口中按鼠标右键并选择 Refresh 刷新屏幕。

改变刀具在各个切削层之间的移动方式。

选择 Cutting 进入 Cut Parameters 对话框。

分别设置 Level to Level 为 Directon Part、Rampon Part、Stagger Rampon Part。

选择 OK 退回到 ZLEVEL_PROFILE_STEEP 对话框。

重新产生刀具路径：

选择 Generate 图标产生刀具路径，观察刀具路径的变化。

选择 Reject 放弃刀具路径。

在图形窗口中按鼠标右键并选择 Refresh 刷新屏幕。

8)改变陡峭角度

设置 Steep Angle 开关为 On，设定 Steep Angle＝60。

设置缝合距离：

设置 Merge Distance＝5。

重新产生刀具路径：

选择 Generate 图标产生刀具路径，观察刀具路径的变化。

选择 Reject 放弃刀具路径。

在图形窗口中按鼠标右键并选择 Refresh 刷新屏幕。

9)设置最小切削长度

设置 Minimum Cut Level＝15。

重新产生刀具路径：

选择 Generate 图标产生刀具路径，观察刀具路径的变化。

选择 Reject 放弃刀具路径。

在图形窗口中按鼠标右键并选择 Refresh 刷新屏幕。

10)指定 Cut Area 几何体限制切削区域

在 Geometry 区域选择 Cut Area 图标，选择 Select 进入 Cut Area 对话框。

设置 Filter Methods 为 More，进入类选择器对话框。

设置过滤颜色为 Olive，选择 OK 退回到 Cut Area 对话框。

选择 Select All，所有显示为 Olive 颜色的面均被选中。

选择 OK 返回到 ZLEVEL_PROFILE_STEEP 对话框。

重新产生刀具路径：

选择 Generate 图标产生刀具路径，观察刀具路径的变化。

选择 Reject 放弃刀具路径。

在图形窗口中按鼠标右键并选择 Refresh 刷新屏幕。

11）指定 Trim 几何体修剪刀具路径

从主菜单中选择 Format→Layer Settings，使 5 层为可选层。

从 Geometry 区域选择 Trim 图标，并选择 Select 进入 Trim Boundary 对话框。

按下 Filter Type 区域的 Curve Boundary 图标，设置 Trim Side 为 Out Side，选择 Chaining，选择任意一条蓝色直线。

选择 OK 返回到 ZLEVEL_PROFILE_STEEP 对话框。

重新产生刀具路径：

选择 Generate 图标产生刀具路径，观察刀具路径的变化。

选择 Reject 放弃刀具路径。

在图形窗口中按鼠标右键并选择 Refresh 刷新屏幕。

12）移去 Cut Area 和 Trim 几何体

在 Geometry 区域选择 Cut Area 图标，选择 Reselect，按 OK 跳过警告信息窗口。再选择 OK 退回到 ZLEVEL_PROFILE 对话框。

从 Geometry 区域选择 Trim 图标，并选择 Edit 进入 Trim Boundary 对话框。选择 Remove 移去高亮显示的矩形修剪边界。

选择 OK 退回到 ZLEVEL_PROFILE_STEEP 对话框。

重新产生刀具路径：

选择 Generate 图标产生刀具路径，观察刀具路径的变化。

选择 OK 接受产生的刀具路径_。

（6）固定轴轮廓铣（图 2-129）

编写与操作类型 Zlevel_Profile_Steep 互补的刀具路径。

1）打开文件

从主菜单中选择 File→Open→* * */Manufacturing/FC_

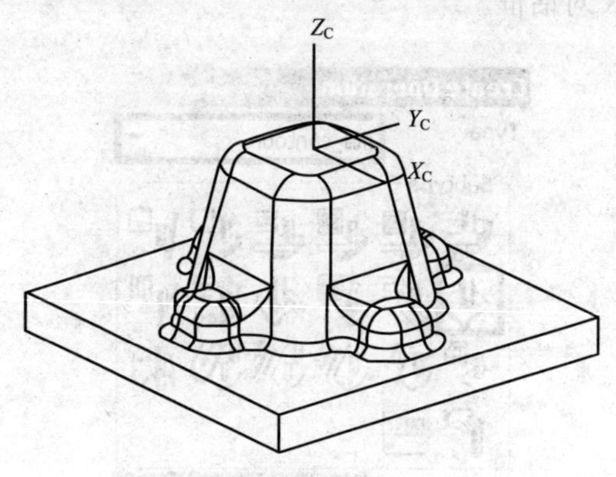

图 2-129　固定轴轮廓铣

Area_Milling_Non_Steep. prt。

2)进入加工模块

从主菜单中选择 Application→Manufacturing。此文件已建立了加工设置,故不会进入加工环境对话框。

3)重放刀具路径

在 Operation Navigator 窗口的"空白"处,按鼠标右键并选择 Program Order View。

在 Operation Navigator 窗口中的"空白"处,按鼠标右键并选择 Expand All。

选择操作 Zlevel_Profile_Steep 并按鼠标右键,选择 Replay,观察到:刀具仅加工陡峭区域。

4)查看操作 Zlevel_Profile_Steep 的陡峭角度

在 OperatonNavigator 窗口中双击操作 Zlevel_Profile_Steep 进 ZLEVEL_PROFILE_STEEP 对话框。

查得:Steep Angle=60°。

5)创建操作

从 Manufacturing Create 工具条中选择 Create Operation 图标,出现图 2-130 所示对话框。

按图 2-130 所示进行设置,选择 OK 进入 FIXED_

CONTOUR 对话框。

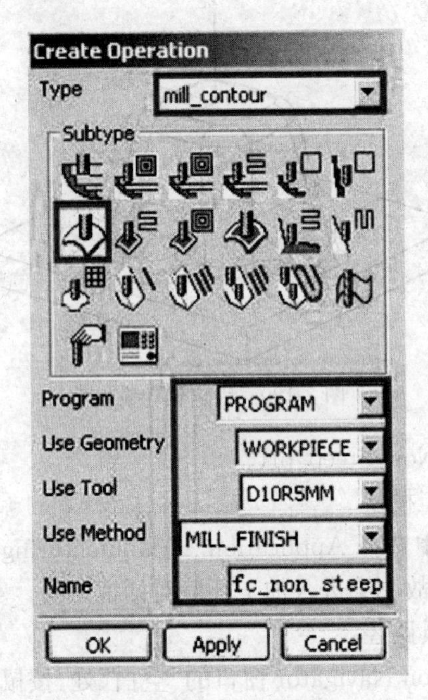

图 2-130　选择界面

①选择驱动方法

设置 Drive Method 为 Area Milling，按 OK 跳过警告信息，进入 Area Milling Method 对话框。

设置 Cut Angle 为 User Defined，设定 Cut Angle=45°。

设置 Stepover 为 Constant，并设定 Distance=1。

选择 OK 退回到 FIXED_CONTOUR 对话框。

②产生刀具路径

选择 Generate 图标产生刀具路径，观察刀具路径的特点。

选择 Reject 图标放弃刀具路径。

在图形窗口中按鼠标右键并选择 Refresh 刷新屏幕。

6)指定 Trim 几何体以修剪刀具路径

按下 Geometry 区域的 Trim 图标，并选择 Select 进入 Trim

Boundary 对话框。

确信 Filter Type 区域的 Face Boundary 图标已按下，关闭 Ignore Islands 开关，用鼠标选择洋红色平面。

选择 OK 退回到 FIXED_CONTOUR 对话框。

确信 Geometry 区域的 Trim 图标已被按下，并选择 Edit 进入 Trim Boundary 对话框。

确信洋红色平面的外边界(矩形)高亮显示后，选择 Remove 移去外边界。设置 Trim Side 为 Outside。打开 Stock 开关，并设置 Stock=－2。

选择 OK 退回到 FIXED_CONTOUR 对话框。

重新产生刀具路径：

选择 Generate 图标产生刀具路径，观察刀具路径的变化。

选择 Reject 放弃刀具路径。

在图形窗口中按鼠标右键并选择 Refresh 刷新屏幕。

7)改变驱动参数

从 Drive Method 处选择 Area Milling，进入 Area Milling Method 对话框。

设置 Steep Containment 为 Non-Steep，并设定 Steep Angle=65°。

选择 OK 退回到 FIXED_CONTOUR 对话框。

重新产生刀具路径：

选择 Generate 图标产生刀具路径，观察到：刀具仅切削小于规定陡峭度的区域。

选择 OK 接受生成的刀具路径。

8)重放刀具路径

从主菜单选择 Preference→Manufacturing，出现 Manufacturing Preferences 对话框。

选择 General，关闭 Refresh Before Each Path 开关。选择 OK 退出。

在 Operation Navigator 窗口中的“空白”处，按鼠标右键并选择 Program Order View，窗口切换到程序顺序视窗。

在 Operation Navigator 窗口中的“空白”处，按鼠标右键并选择 Expand All。

同时选择两个操作：Zlevel_Profile_Steep 和 FC_Non_Steep，按鼠标右键并选择 Replay，观察刀具路径的特点。

(7)使用 AreaMilling 驱动方法编写曲面精加工的刀具路径(图 2-131)

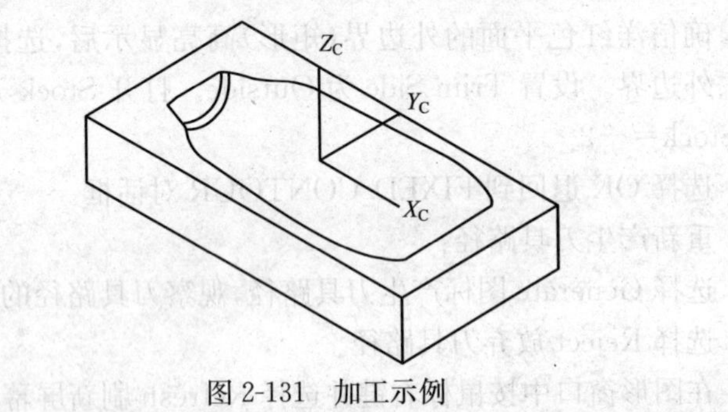

图 2-131 加工示例

1)打开文件

从主菜单中选择 File→Open→* * */Manufacturing/FC_Area_Milling. prt。

2)进入加工模块

从主菜单中选择 Application→Manufacturing。此文件已建立了加工设置，故不会进入加工环境对话框。

3)创建操作

从 Manufacturing Create 工具条中选择 Create Operation 图标，出现图 2-132 所示对话框。

按图 2-132 所示进行设置，选择 OK 进入 FIXED_CONTOUR 对话框。

①选择几何体

从 Geometry 区域选择 Part 图标，并选择 Select 进入 Part Geometry 对话框。

接受默认设置，从图形窗口中选择实体模型。

选择 OK 退回到 FIXED_CONTOUR 对话框。

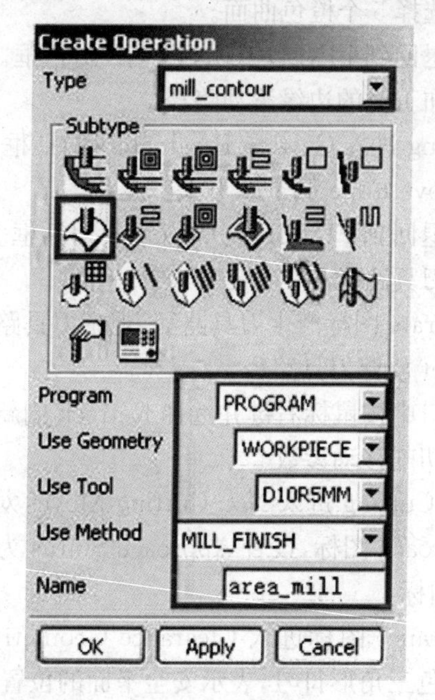

图 2-132　选择界面

②选择驱动方法

设置 Drive Method 为 Area Milling，选择 OK 跳过警告信息进入 Area Milling Method 对话框。

设置 Cut Angle 为 User Defined，并设定 Cut Angle=60°。

设置 Stepover 为 Constant，并设定 Distance=1.5。

选择 OK 退回到 FIXED_CONTOUR 对话框。

③产生刀具路径

选择 Generate 图标产生刀具路径，观察刀具路径的特点。

选择 Reject 放弃刀具路径。

在图形窗口中按鼠标右键并选择 Refresh 刷新屏幕。

4)指定 Cut Area 几何体限制切削区域

在 Geometry 区域按下 Cut Area 图标，并选择 Select 进入 Cut Area 对话框。

用鼠标仅选择 5 个橙色曲面。

选择 OK 退回到 FIXED_CONTOUR 对话框。

移去曲面加工时的边缘滚动路径：

选择 Cutting 进入 Cutting Parameters 对话框。

打开 Remove Edge Traces 开关。

选择 OK 退回到 FIXED_CONTOUR 对话框。

重新产生刀具路径：

选择 Generate 图标产生刀具路径，观察刀具路径的变化。

选择 Reject 放弃刀具路径。

在图形窗口中按鼠标右键并选择 Refresh 刷新屏幕。

5)设置非切削移动参数

选择 Non-Cutting 进入 Non-Cutting Moves 对话框。

选择 Approach 图标，设置 Approach Status 为 Clearance。激活 Clearance 图标。

选择 Clearance 图标进入 Clearance Geometry 对话框，在图形窗口显示红色三角形符号，表示安全平面的位置。

选择 Return Current 回到 Non-Cutting Moves 对话框。

选择 Engage 图标，设置 Engage Status 为 Manual。打开 Distance 开关，并设置 Distance=2。

选择 Engage 图标，设置 Engage Status 为 Use Engage。

选择 Departure 图标，设置 Departure Status 为 Clearance。激活 Clearance 图标。

选择 OK 退回到 FIXED_CONTOUR 对话框。

重新产生刀具路径：

选择 Generate 图标产生刀具路径，观察刀具路径的变化。

选择 OK 接受生成的刀具路径。

6)拷贝操作 Area_Milling 创建互补刀具路径

确信操作导航窗口已切换到程序顺序视窗。

在 Operation Navigator 窗口的“空白”处，按鼠标右键并选择 Expand All。

选中操作 Area_Milling，按鼠标右键并选择 Copy。

选中操作 Area_Milling，按鼠标右键并选择 Paste。在操作 Area_Milling 下面出现了一个名称为 Area_Milling_Copy 的操作，它和操作 Area_Milling 具有相同参数，但它没有刀具路径。

双击操作 Area_Milling_Copy 进入 FIXED_CONTOUR 对话框。

选择驱动方法：

从 DriveMethod 处选择 Area Milling，进入 Area Milling Method 对话框。

设置 Steep Containment 为 Directional Steep，并设定 Cut Angle 为 150°，Steep Angle=40°。

选择 OK 退回到 FIXED_CONTOUR 对话框。

产生刀具路径：

选择 Generate 图标产生刀具路径，观察刀具路径的特点。

选择 OK 接受产生的刀具路径。

7)重放刀具路径

从主菜单选择 Preference→Manufacturing，出现 Manufacturing Preferences 对话框。

选择 General，关闭 Refresh Before Each Path 开关。选择 OK 退出。

在 Operation Navigator 窗口中的“空白”处，按鼠标右键并选择 Expand All。

同时选择两个操作：Area_Milling 和 Area_Milling_Copy，按鼠标右键并选择 Replay 路径，观察刀具路径的特点。

第六节　典型零件的装夹方法

1. 定位销类零件的装夹方法

在加工定位销时，以前按老的加工方法是：先车一个螺纹工装，再用立式回转式分度头装夹固定零件，一次装夹只能加工一个零件，在零件数量大的时候，螺纹工装还要多加工几个，工件效率不高，劳动强度高，工期短时，还影响零件交付。改进方式是车制一系列尺寸衬套，起到保护零件螺纹的作用。经过改进装夹方法后，加工零件一次可以装夹十个零件，节省了大量的装夹时间，提高了工作效率，生产任务也能提前交付。

2. 大型筒段类零件的常用装夹方法

大型筒段类零件在车加工后容易产生变形，铣加工过程中，如果装夹方法不当就会无法保证产品精度及装配需求，还会出现压伤、工件偏移等问题，为了控制尺寸精度及避免上述问题，需要反复调整原点，人为干预过多容易出错。为了减少变形控制尺寸精度，常用的装夹方式是利用外箍或内撑工装，将零件校形的同时也起到了防振的作用，使加工更高效更准确。具体解决方法如下：

(1)按照工艺文件的要求，正确摆放工件的位置，注意产品的象限位置关系。

(2)方箱、工装、工件下表面不能有屑。

(3)压板需用直的，弯的不能用，且与工件之间不能有屑。

(4)方箱、压板需要均匀摆放。

(5)压板尽量避开窗口。

(6)压工件时，如果工件下方没有支撑必须用千斤顶起。

(7)注意密封槽压工件进必须在压板下垫铝片。

(8)拧紧压板时，要求对称，用力均匀的拧紧螺母，防止零件变形。

(9)注意力度大小，压紧时力度不能太大，防止压板压弯，而起不到作用。

(10)压板后面支撑的千斤顶需要和工件的位置同齐，不能短，也不能高。

(11)压工件的螺杆不能太短，不能只拧一两扣。

(12)螺杆不要用弯的，否则会使压工件的力量变小，容易造成加工中零件偏移。

(13)压工件时需压在工件的蒙皮上,不能压在无支撑的端框。

(14)如需倒压板,必须压上一个压板才能拆一个压板。

(15)拆压板时需要注意不要磕碰到工件。

3. 薄壁框环类零件的装夹方法

零件与夹具配合时,由于配合平面基准高底不平导致压板压零件时将空点压实,加工过后,零件回弹,造成零件变形。

有4种解决方法:

(1)打表压压板,在压压板时表针晃动,就用塞尺将零件定位面垫平,使压压板后百分表不再跳动。

(2)打表压压板,在压压板时发现表针晃动就可以不用压紧,只压实点。

经实践证明,每个零件压三个点即可确定零件不动。能解决由于定位面不平而造成的装夹变形。

(3)在加工较大框体的时候,通常会用八个压板来装夹工件,为了节省时间,采用长型半圆垫块来压置工件,这样的话只需四个压板就可以装夹工件,非常便捷高效。

(4)加工方框工件时,因其大部分接触点全是悬空的,加工时会严重振动,为了避免振动,千斤顶之类的工具为其增加相应的受力点,这样可以有效防止加工平面时的振动,保证工件尺寸及平面度。

4. 大型壳段装夹时象限方向找正方法

问题概述:产品加工工序到五坐标机床加工时,一般没有象限线标记,但在零件加工时有位置关系。由于壳段大部分结构都对称,不易分辨象限线,就会导致加工过程中出现象限错误等问题。

解决办法:将产品中大部分结构对称而未加工区域作为分辨象限线的关键部位。第一次加工时,把没有加工的部位放在$X-$、$Y-$方向,第二次加工时把没有加工的部位放在$X+$、$Y+$方向即可。

5. 大型筒段类零件防止振动的装夹方法

由于大型筒段体型比较高大，壁薄，筒段加工时，会因受力而振动，影响定位精度以及零件加工精度。为了防止零件的攒动及振动，通常采用上下定位，四周均力的装夹方案。如图 2-133 所示。

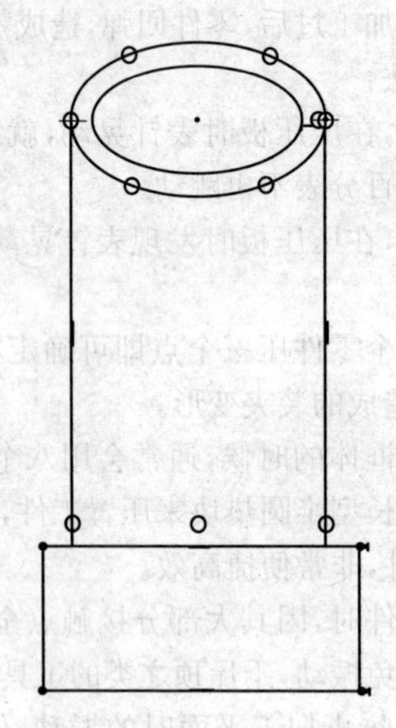

图 2-133 装夹方法示意图

6. 轨道类零件的装夹方法

轨道类零件由于其使用用途的特殊性，产品精度要求都较高，而且轨道类零件长度较大，加工过程中需要多个虎钳装夹，反复装夹铣基准。粗加工时，由于大余量的去除，工件容易变形，精铣六面时，必须加工出新的基准面。

在自然状态下如图 2-134 所示，如果按照图 2-135 的装夹方式，直接加工是错误的，因为直接加工出来的基准面，在夹紧时是平的，但松开装夹，随着工件的变形，刚加工出来的一面也会变形，无法做后续工序的基准面。按照图 2-136 装夹是正确的，在钳口，未接触面垫斜垫片，夹紧时不能让工件 2 次变形，铣后形面可以做基准面。

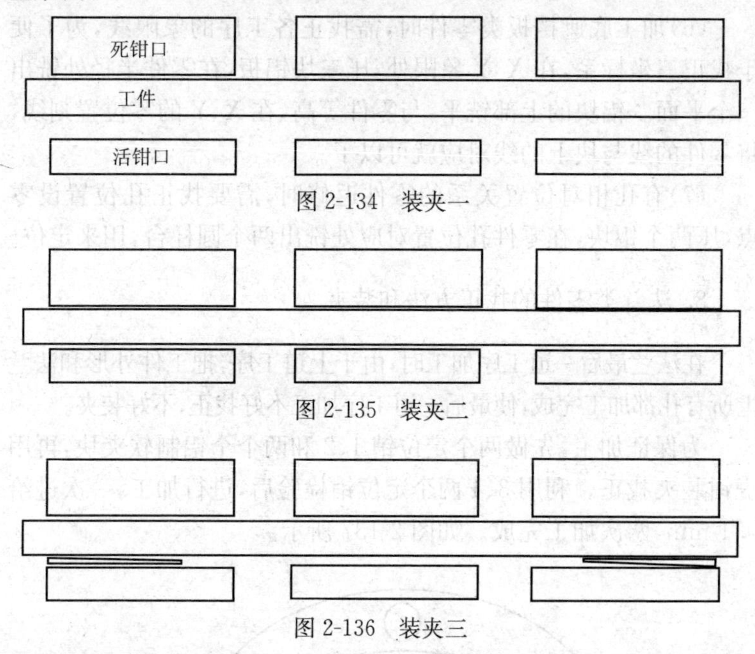

图 2-134　装夹一

图 2-135　装夹二

图 2-136　装夹三

7. 工件装夹定位关键点

在确定定位基准与夹紧方案时应注意下列几点：

(1)力求设计、工艺与编程计算的基准统一。

(2)尽量减少装夹次数，尽可能做到在一次定位后就能加工出全部待加工表面。

(3)避免采用占机人工调整方案。

(4)夹具要开畅，其定位、夹紧机构不能影响加工中的走刀(如产生碰撞)，碰到此类情况时，可采用用虎钳或加底板抽螺丝的方式装夹。

(5)用虎钳铣夹头时，将一长方体铝块的一边铣出圆弧，两端各留一小平面，铝块放于死钳口，活钳口处用另一个小铝块顶住零件装夹。采用这种三点式装夹就避免了零件表面不平整。加工时经常需要在钳口处放垫片找平零件。

(6)加工底遮挡板类零件时，需找正各工序的象限线，为了便于找正三坐标系，在 X，Y 象限处，压三块铝板，在零件半径处铣出三个平面。铝块的上部铣平，与零件等高，在 X，Y 的零位置刻线，将零件的线与块上的线对应就可以了。

(7)有孔相对位置关系的零件返修时，需要找正孔位置设零点，压两个铝块，在零件孔位置对应处铣出两个圆柱台，用来定位。

8. 法兰类零件的找正方法和装夹

在法兰最后一道工序加工时，由于上道工序，把工件外形和法兰上所有孔都加工完成，使最后一道工序加工不好找正，不好装夹。

为保证加工，先做两个定位销 1、2 和两个个铝制软夹块，再用虎钳装夹找正。利用 3、4 两个定位销检验后，进行加工，一次进给 0.4 mm，两次加工完成。如图 2-137 所示。

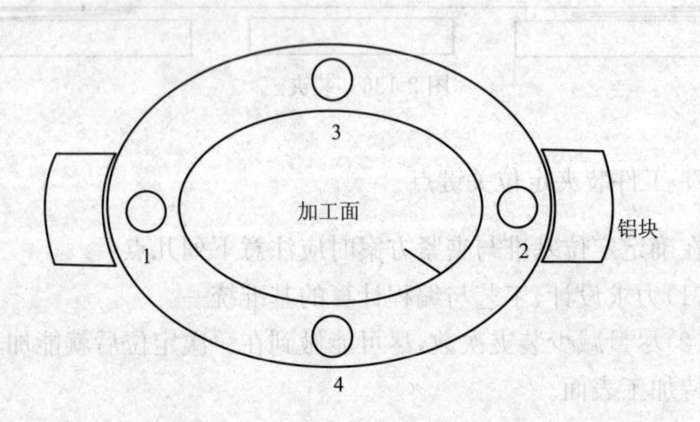

图 2-137　法兰类零件装夹方法

9. 中型筒段类零件在镗铣床上加工时对刀及装夹方法

(1)对刀方法

1)对 X 轴和 C 轴时确认 Y 是否在零件中心，每对完刀后都要采用复校的形式验证。

2)对完刀后，执行程序前，要找程序里的相关数值手动到达该位置，看此位置是否与工艺图纸要求加工的位置一直。

(2)装夹方法

1)如批量生产采用定心盘的方案，比较省时省力。利用现有条件自制快速卸零件的小工装，这样就减少了零件工装再次装夹、找正的时间。

2)单件生产可采用卷尺大概测量该零件的对称度，再进行精找正，可节省很多时间。

3)如果需要加工转动 B 轴保壁厚的零件，就要参考 B 轴的理论数值，但是还是要以实际工件的外表面为准。如找正 B 外面，Y 必须在 Y_0 上。

4)执行程序时，通过计算和改动机床 C 轴限速，来达到 C 轴和 X、Y、Z 轴的走刀量成正比，这样既提高了效率，又提高了质量。

5)加工过程中尽量采用充分冷却，这样既保护了刀具又降低了因切削热量而造成的零件变形。

10. 三角形类零件装夹方法

(1)外形铣削装夹方法

问题描述。铣外形工序：先加工底面 1、2，再加工斜面 3，加工尺寸如图 2-138 所示。在加工底面 1 时，因为是批生产，不能每件划线，所以采用试切的方法，即把零件装夹在半角夹具上。试切一刀，看表面两端尺寸余量是否相等，如果不相等，再重新装夹，加工中发现每次装夹都不一样，要试切多次。观察发现，压板压紧后，零件与定位块中间存在小间隙，如图 2-138 所示，零件在夹具斜面上产生小的滑动。

解决方法：如图 2-139 所示，在夹具上定位点的位置，加工两个偏心螺钉。将零件压死在定位点上。这样试切一刀后，尺寸差

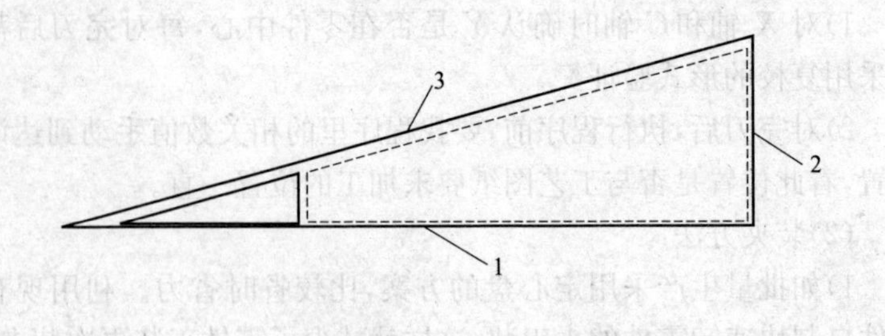

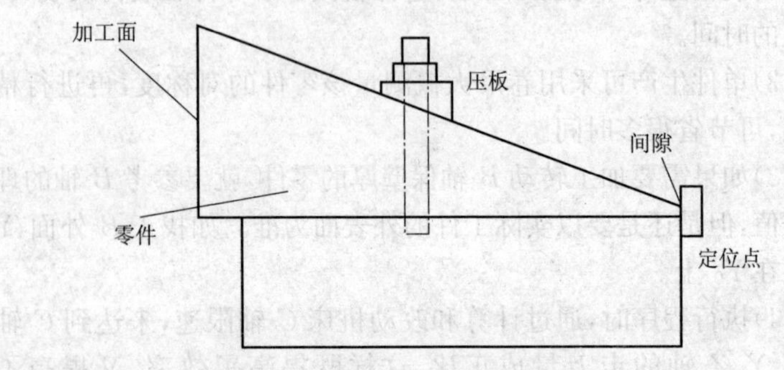

图 2-138　外形铣削改进前装夹方法

多少就在定位点与零件之间垫上多少塞尺，就这样只需试切一刀就好，大大提高了效率。

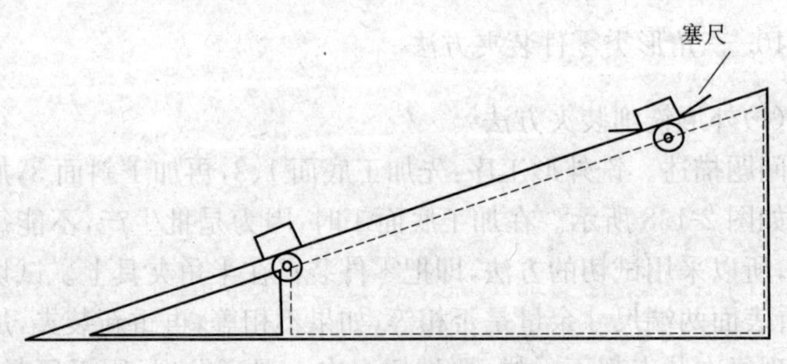

图 2-139　外形铣削改进后装夹方法

(2)开槽的装夹方法

问题概述：如图 2-140 所示是两个大平面，并且带角度，在斜面上开槽时用斜块垫在下面容易动，加工不稳定。

解决方法：设计了一套压块，由于两个压块带钩，能牢固的定在零件上，使压板不再滑动，确保长槽尺寸稳定，加工一致。

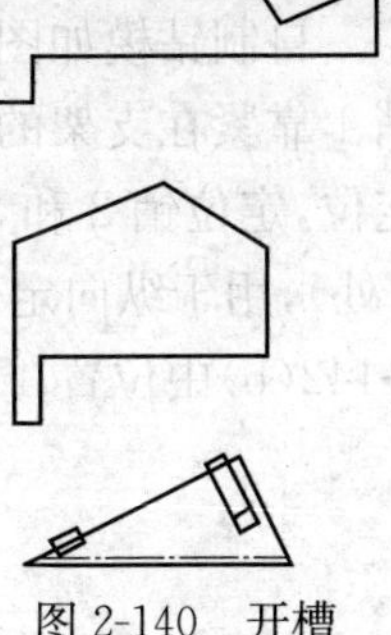

图 2-140　开槽装夹方法

(3)定位方法

问题概述：产品是三角形结构，在加工时采用加工一面，旋转工装，加工另一直角边，费时费力。

解决方法：采用立式铣加工，在半角工装钻出一个小孔，安上定位销，使零件的中心筋内侧牢固住，使零件不能位移。装夹后，可同时加工出三个面的尺寸，不用再转动工装，加工用时缩短了 3 倍时间，而且直角又保证了，如图 2-141 所示。

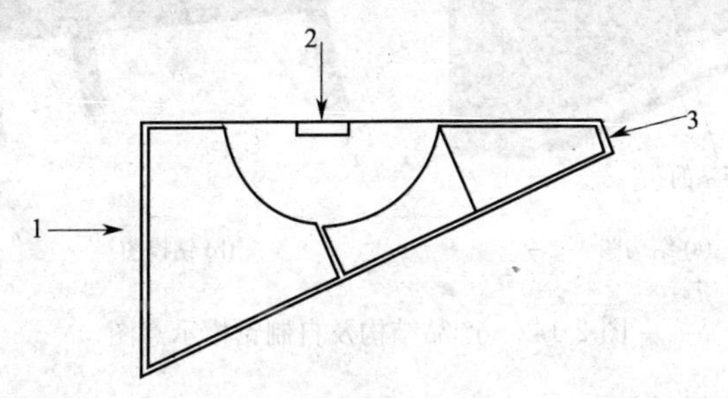

图 2-141　定位方法

11. 自制钻模，钻制螺栓盒侧壁上的孔

(1)问题概述

按图纸要求，需要加工螺栓盒侧壁上的一组 2-ϕ4.2 的通孔，孔距为 52±0.5、28±0.3，孔的位置如图 2-142(a)所示。由于这组孔位于零件侧壁上，如果在数控铣床上用中心钻点出孔的位置，则需要将零件卸下，翻转零件后再次进行装夹。多次装夹较为麻烦，且需要重新进行对刀和调试程序。因此，为更加快捷高效，决定由钳工自制钻模，进行定位打孔。

(2)解决办法

自制钻模如图 2-142(b)所示，用三个定位销进行定位，定位销 1 靠紧在支架的豁口处，(即图 2-142(a)中位置 1 处)，用于横向定位，定位销 2 和 3 靠紧在支架的外边沿处(即图 2-142(a)中位置 2 处)，用于纵向定位。然后在钻模上开两个 ϕ10 的导向孔(即图 2-142(b)中位置 4 处)用于钻制零件上 2-ϕ4.5 的通孔。

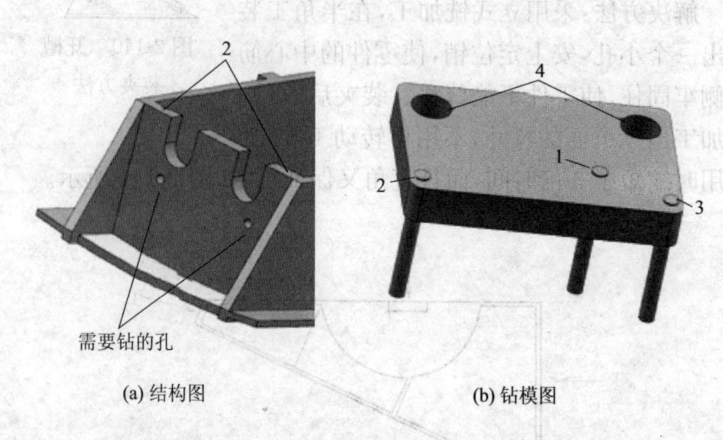

图 2-142　产品结构及自制钻模示意图

(3)取得效果

如果在三轴上点钻 2-ϕ4.2 孔的中心位置，需要多装夹一次零件，且需要重新进行对刀和调试程序，较为麻烦。在批生产时零件数量往往较大，为定位孔的中心位置而大量占用机床时间，也会延误后续其他零件的生产加工。用此自制钻模进行定位打孔，方便快捷，且还可以应用于其他相似零件的钻孔工序中，一模多用，经济高效。

12. 框环类零件在数控镗铣床上的找正方法

(1)发现问题：大部分框环零件直径较大，粗精加工后，圆轮廓变形，误差 1～3 mm 不等。严重影响产品的销孔。

(2)解决方法:产品找正时,一般采用四点定位象限对称找正法,即Ⅰ-Ⅲ,Ⅱ-Ⅳ象限对应点分别找正对称。采用该方法时,应以B0,B180,B90,B270,B360为顺序编制程序,不应采用G91,B90;M99的格式。因为该方法需关注的数值多,易出错。

(3)取得效果:降低出错率,单个找正时间缩减三分之一。

(4)注意事项:

1)找正时,打开机床单段程序执行开关。

2)加工封闭槽时,应以产品外圆最高点对刀,然后执行加工程序,以免铣得过深。产品变形超差时应及时向相关工艺员反应,确定加工方案。

3)针对薄壁环形零件的装夹问题,应使压板垫块与产品装压位置的高度差控制在0.5 mm以内,且适当增加装夹点。

13. 确保筒段侧壁尺寸及平面度的装夹方法

在加工侧壁时,因零件需要,要自行自制一些工装,如果不用自制工装,很难把零件的尺寸、平面度控制在公差之内。下面介绍一下工装,如图2-143所示。本工装是用剩余废料制作的,先把废料飞平齐头。然后把飞好的料放在方箱上,固定好,继续在料上开出10处深$4^{+0.1}$槽。这样零件侧壁在加工到某工序时,正好把零件扣在上面,使之保证平面度尺寸精度。

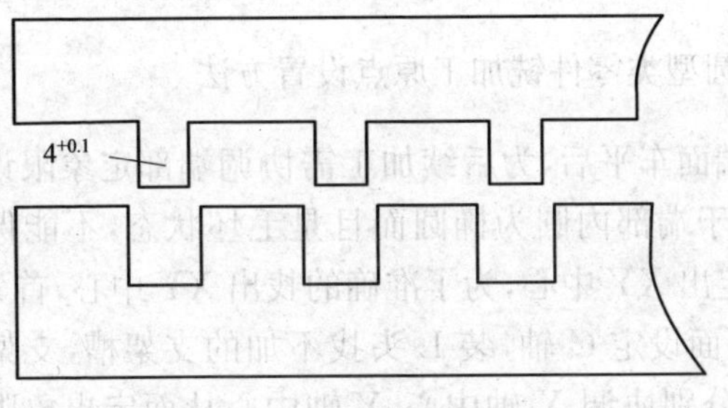

图2-143　装夹方法示意图

第七节　典型零件的原点设置及对刀方法

1. 大型筒段铣加工原点设置方法

(1)先将刀具参数中的数值清零,加工坐标系中的零点偏置数值清零。

(2)使用手动编程模式(MDI)依次输入数控指令。

T1D1:刀具直径及刀长地址信息(与程序的信息相对应);

TRAORI:五轴加工时,设定原点指令;

G54:加工时的工件坐标系(与程序的信息相对应);

GOAOCO:使 A 轴 C 轴回零位(如果 A 轴没在零位,造成对原点时的尺寸偏差);

(3)用对刀棒进行设定原点,一般筒段都是将机床的回转中心设定为工件的回转中心,也就是将产品的回转中心设为"X_0Y_0";

(4)复校原点:在手动编程模式(MDI)下,输入工件的半径值,用对刀棒检查工件的半径值是否正确(四个点),同时也复查加工原点是否在工件的回转中心处,也能校对出产品的变形量。

(5)Z 向原点的设定:在手动编程模式(MDI)下,输入 G0A90(A-90)使 A 轴与机床床面平行,进行 Z 向原点设定,设定完成后,将 Z 值坐标降低到 Z_0 位置进行复校,检查 Z_0 位置与加工原点是否重合,对刀时注意,将对刀棒和划针的直径计算在内。

2. 椭圆型类零件铣加工原点设置方法

工件端面车平后,为后续加工需协调端部定象限设定 XY 中心原点,由于端部内圆为椭圆而且是毛坯状态,不能保证椭圆中正。不能定出 XY 中心,为了准确的找出 XY 中心,首先拉直内形4处支架顶面设定 C 轴,装 L 头找不加的支架槽,支架槽都通过 XY 中心,分别协调 X 轴中心,Y 轴中心从而定出象限也保证了椭圆中心。

3. 中型筒段类零件原点设置方法

(1)问题概述

介绍一种在铣床上,根据孔找正筒段圆心的方法。因为互换性工装要求,加工顺序为先钻模制孔,再根据孔的位置找正筒段中心,铣一段外弧面。此连接孔与外弧面涉及铰链安装的精确性,所以如何根据六个孔,最接近地找出筒段的中心,再设置成原点,铣外圆弧面,达到孔与外圆弧面协调匹配非常重要。零件结构示意如图 2-144 所示。

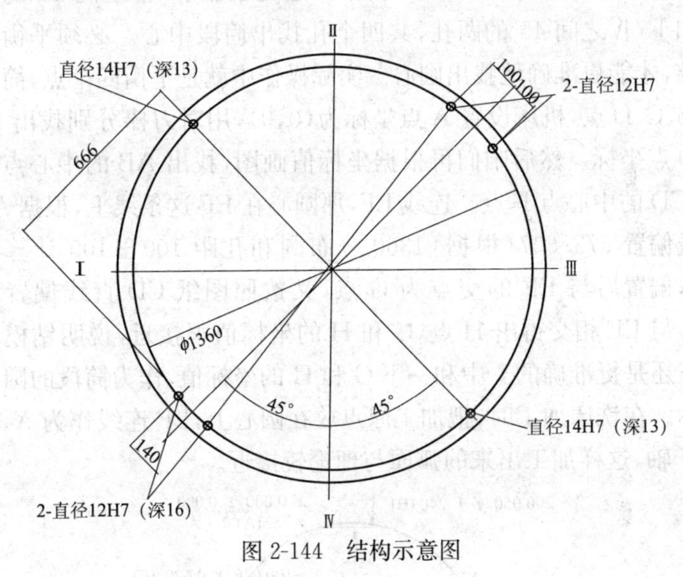

图 2-144　结构示意图

(2)解决方法

因为是六个孔,过定位中心,每两个孔就能找出一个筒段的中心来。所以如何找中心是个问题。

第一种简便方法,在铣床上,把Ⅰ/Ⅱ之间 45°的孔和把Ⅲ/Ⅳ之间 45°的孔拉直,放在 X 或 Y 轴上,打表取两孔的中心作为圆心点,铣外弧面。可是在用工装定位时,用的是Ⅱ/Ⅲ之间 45°的两孔和Ⅰ/Ⅳ之间 45°的两孔。由于存在零件变形,这种情况下加工的外弧面,距离Ⅱ/Ⅲ象限间的两孔距离不等,有点误差。所以想改变找正方法。

第二种方法，就是如何在铣床上根据Ⅱ/Ⅲ之间45°的两孔和Ⅰ/Ⅳ之间45°的两孔找出筒段中心。因为对称两孔的连线交点不是圆心。那能否就根据Ⅱ/Ⅲ之间45°的两孔拉直，再往垂直方向反推理论值就是圆心。那这个在理论上是可行的，但是基准太小(两个孔距离太短)，以小基准找大基准就相差较大。这样在实际找正中就不可取，所以此方法没有采用。

第三种方法，如图2-145所示。还是根据Ⅱ/Ⅲ之间45°的两孔和Ⅰ/Ⅳ之间45°的两孔，共四个孔找出筒段中心。必须平衡大基准，才能更准确地找出圆心。实际操作中就是平衡四个点，简称A、B、C、D点，机床设置A点坐标为(0,0)，用对刀棒分别找出B、C、D点坐标。然后咱们再根据坐标值画图，找出AB的中心点E点，CD的中心点F点。连线EF，那圆心在EF这条线上，根据AB连线偏置672.607(根据∮1360分布圆和孔距100＋100计算得出)，偏置后与EF的交点为G点，又按照图纸CD直线偏置了666，与EF相交得出H点，G和H的坐标值很接近，说明钻模和找正还是挺准确的。中和一下G和H的坐标值，作为筒段的圆心坐标。在铣床加工时，把加工原点放在圆心上，EF连线作为X轴或Y轴，这样加工出来的弧面与理论较接近。

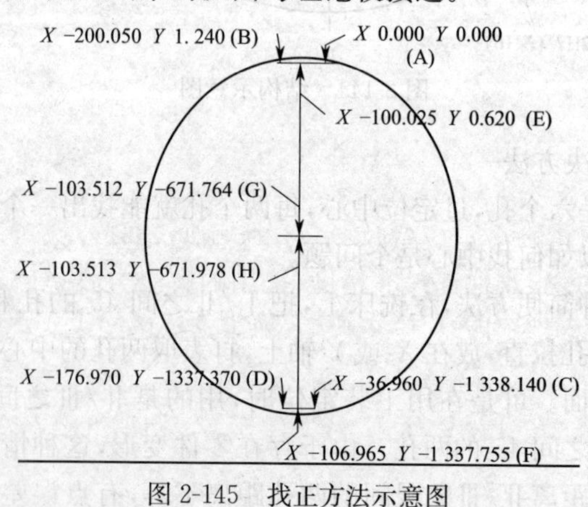

图2-145　找正方法示意图

根据第三种找正圆心、设置圆心的方法，最大程度地满足对接孔与外圆弧面的匹配。

4. 大型筒段类零件对刀方法

(1)按照工艺规程的要求，选取正确的刀具，包括直径R角。

(2)装夹刀具时，注意刀具伸出的长度，避免在加工过程中，与工件碰撞，另外刀具夹紧长度要适中，夹紧力度也要合适，避免加工中发生掉刀。

(3)夹紧刀具时，夹罐与刀柄内部保持干净，如有积屑，擦拭干净，防止在加工时掉刀。

(4)在手动编程模式下，使A轴旋转到A_0状态，及A轴与床面呈垂直状态。

(5)把对刀长的基准面擦拭干净。

(6)有对刀棒对刀长后，一定用机械坐标值进行计算。

(7)在机床刀长参数里输入正确的刀长值。

(8)用深度尺对刀具进行刀长测量，并与上一步数值进行比对，如果一致开始加工，不一致重复(4)～(8)步骤。

(9)一般情况下，程序员编写程序，都将程序编在产品的最终尺寸面上，在加工过程中，可以根据刀长数值，对加工尺寸进行复校，如果刀长值大于产品变形量，就要产生疑问，查出原因，再进行加工。

5. 薄壁锥形类零件密封槽加工对刀方法

如图2-146所示，在加工圆锥内斜面上4个宽6 ± 0.1深为$4_{-0.1}^{0}$的密封槽时，因为B轴转角，在上端面装对刀块对刀加工出的密封槽深度很难保证尺寸精度，采用的解决方式是启动程序加工到密封槽中部深度时，停止程序，把手动倍率调成一个便于计数的整数，然后按整数倍地逐渐增大深度进给，直到接触到槽底面停止，这样加工出的槽深完全满足精度要求。即保证了质量又减少了测量时和劳动强度，使效率提高了一倍。

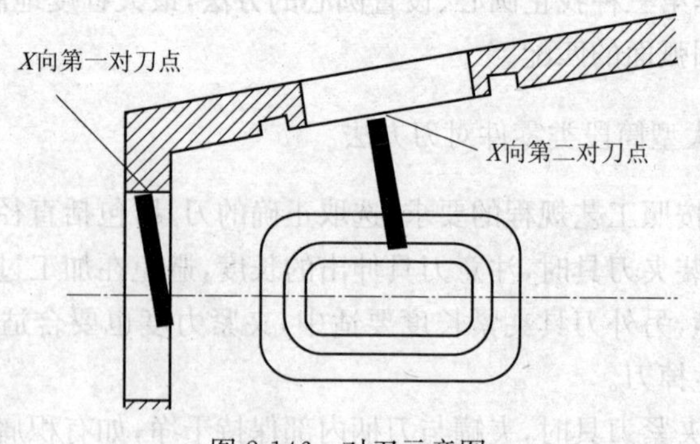

图 2-146　对刀示意图

6. 中型筒段类零件在 BOKO 机床上对刀方法

中型筒段类零件使用刀具多、程序多、换刀次数也多。有时因加工量或加工时间长致使刀具磨损但不能中途换刀，为了确保刀长正确，又不用退刀反复执行程序，对刀长就成为关键点。刀长是指主轴端面到刀具刀尖的距离，以前用已铣好的基准平面对刀长，此方法费时又费力。现在把工件半径 R 作为对刀基准，方法如下：1）输入零点偏置 X 轴为 $-R$，然后用对刀棒对刀。此时显示的数字减刀具半径即为刀长。2）检验刀长是否正确，测量主轴端面到 L 头主轴端面为 H。固定值用刀长减去 H 即为刀尖到 L 头主轴端面的距离。3）用深度卡尺测量，检验与理论是否一致，此方法简单准确。

7. 对刀点的确定原则，工件坐标系和编程坐标系的关联

（1）对刀点可以设在被加工零件上，但对刀点必须是基准位或已精加工过的部位，有时在第一道工序后对刀点被加工毁坏，会导致第二道工序和之后的对刀点无从查找，因此在第一道工序对刀时注意要在与定位基准有相对固定尺寸关系的地方设立一个相对对刀位置，这样可以根据它们之间的相对位置关系找回原对刀点。这个相对对刀位置通常设在机床工作台或夹具上。其选择原则如下：

1)找正容易。

2)编程方便。

3)对刀误差小。

4)加工时检查方便。

(2)工件坐标系的原点位置是由操作者自己设定的,它在工件装夹完毕后,通过对刀确定,它反映的是工件与机床零点之间的距离位置关系。工件坐标系一旦固定,一般不作改变。工件坐标系与编程坐标系两者必须统一,即在加工时,工件坐标系和编程坐标系是一致的。

第八节 常用数控铣削刀具

铣刀是用于铣削加工的、具有一个或多个刀齿的旋转刀具。工作时各刀齿依次间歇地切去工件的余量。铣刀主要用于在铣床上加工平面、台阶、沟槽、成形表面和切断工件等。铣刀是多齿刀具,每一个刀齿相当于一把刀,因此采用铣刀加工工件效率较高。铣刀属粗加工和半精加工刀具,其加工精度为IT8,IT9,工件表面粗糙度能达到$Ra1.6 \sim 6.3\ \mu m$。

1. 常用数控铣削刀具种类

(1)键槽铣刀(图 2-147)

图 2-147 键槽铣刀

键槽铣刀主要用于立式铣床上加工圆头封闭键及中心槽等。键槽铣刀可视为特殊的平底立铣刀,外形与立铣刀相似,刀具的直径范围为$\phi2 \sim \phi63$,柄部有直柄和莫氏锥柄两种形式。主要用于在立式铣床上加工圆头封闭键槽等,刀具齿数为 2 个,端面无顶尖孔,端面刀齿从外圆开至轴心,且螺旋角较小,增强了端面刀齿强度,加工键槽时,每次先沿轴向方向进给较小的量,此时端面刀齿上的切削刃为主切削刃，圆柱面上的切削刃为副切削刃。然后再沿径向进给，主副切削刃位置互换，这样反复多次，便可完成键槽的加工。由于该铣刀的磨损是在端面和靠近端面的外圆部分，所以修磨时只修磨端面切削刃，这样铣刀直径可保持不变，使加工键槽精度较高，铣刀寿命较长。形状不同，可分为圆柱形球头铣刀、圆锥形球头铣刀和圆锥形立铣刀加工中心三种形式。圆柱形球头铣刀和圆锥形机床电器球头铣刀，在这两种铣刀的圆柱面、圆锥面和球面上的切削刃均为主切削刃，铣削时不仅能沿铣刀轴向作进给运动，也能沿铣刀径向作进给运动，而且球头与工件接触往往为一点，这样，铣刀在数控铣床的控制下，就能加工出各种复杂的成型表面。圆锥形立铣刀的作用与立铣刀基本相同，只是该铣刀可以利用本身的圆锥体，方便地加工出模具型腔的出模角。但键槽铣刀不能加工平面，而普通立铣刀可以加工平面，键槽铣刀主要用于加工键槽与槽，键槽铣刀对铣键槽很好用。比如 6 mm 的立铣刀跟键槽铣刀 6 mm 比铣槽，立铣刀容易断刀，而键槽铣刀能一刀过。键槽铣刀的切削量要比普通立铣刀大。国家标准规定，直柄键槽铣刀直径 $d=2\sim22$ mm，锥柄键精铣刀直径 $d=14\sim50$ mm。键槽铣刀直径的偏差有 e8 和 d8 两种。键槽铣刀的圆周切削刃仅在靠近端面的一小段长度内发生磨损，重磨时，只需刃磨端面切削刃，因此重磨后铣刀直径不变。

(2)球头铣刀(图 2-148)

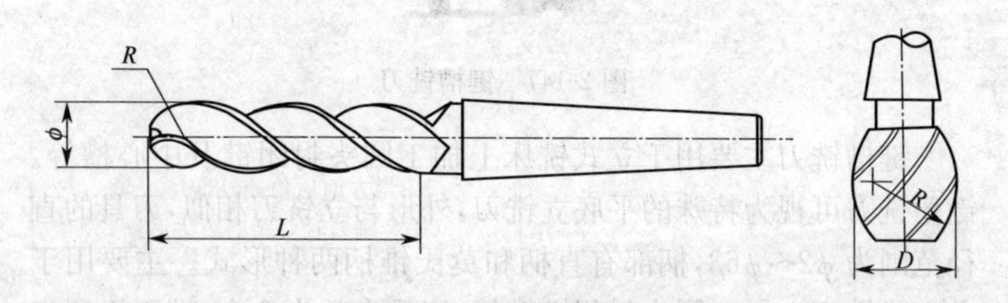

图 2-148　球头铣刀

球头刀底面不是平面，而是带有切削刃的球面，在铣削时不仅能沿刀具轴向做进给运动，而且也能沿刀具径向做进给运动，该刀与工件接触为点接触，是用于铣削各种曲面、圆弧沟槽的刀具。球头铣刀可以铣削模具钢、铸铁、碳素钢、合金钢、工具钢、一般铁材，属于立铣刀。球头铣刀可以在高温环境下正常作业。广泛用于各种曲面，圆弧沟槽加工。耐高温特性，维持切削性能的最高温度为450℃～550℃/500℃～600℃。

(3)平底立铣刀(图 2-149)

该类刀具应用广泛，但切削效率较低，主要用于平面轮廓的粗、精加工以及曲面零件的粗加工。其主切削刃分布在铣刀的圆柱面上，副切削刃分布在铣刀的端面上，且端面中心有顶尖孔，铣削时一般不能沿刀具轴向进给，只能沿刀具径向做进给运动。该刀具直径范围在 $\phi 2 \sim \phi 80$ mm，刀体形状有圆柱形和圆锥形，结构上可分为整体式和机夹式，当直径较小时为整体式，直径较大则为机夹式。立铣刀使用过程中常产生的问题，原因及解决方法见表 2-17。

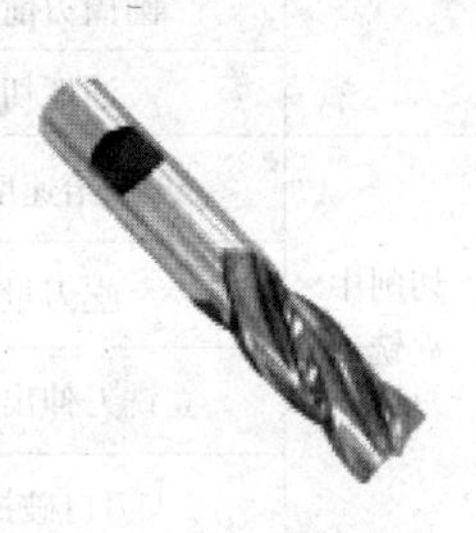

图 2-149　平底立铣刀

表 2-17　立铣刀使用过程中常产生的问题、原因及解决办法

问题	原因	解决办法
崩刃、卷刃及刃口破损	进给速度快	降低进给速度
	吃刀时切削速度快	降低吃刀速度
	机床、刀具、工装刚性不足	变换机床、刀具或改变切削参数
	刀具夹头夹紧力不足	夹紧刀具
	楔角过小	增大前后角，磨出刀棱 (用金刚石轻轻蹭磨刃尖后面)
	工件装卡刚性不足	增大装卡刚度
	立铣刀刚性不足	使用短刃型刀具，减小刀具伸出长度
	逆铣	考虑采用顺铣
	油性切削液	改变切削条件或采用干式切削

续上表

问题	原因	解决办法
磨损严重	切屑被卡住	改变每刃进给量,以改变切削的旋度,利用空气喷流使切屑沿容屑槽排出
	每刃进给量小	增大每刃进给量
	逆铣	考虑采用顺铣
	切削速度不当	改变切削速度
	圆周刃前角不当	适量修正前角
	油性切削液	改变切削条件或采用干式切削
切削中立铣刀折损	进给速度过快	降低进给速度
	吃刀量过大	减小吃刀量
	立铣刀伸出部分过长	缩短伸出量
	刃口破损严重	及时刃磨
刃口不锋利	刃口磨损严重	及时刃磨
	特殊被切削材料	改变圆周刃前角
切削中振动	切削速度进给速度不当	改变切削条件
	机床、刀具系统刚性不足	更换机床、刀夹或改变切削条件
	圆周刃后角过大	减小后角
	工件装卡刚性不足	增加刚性
阻屑	切削量过大	调整进给速度、吃刀量
	立铣刀容屑槽过小	使用刃数小的立铣刀,利用空气喷流排屑
被切削面表面粗糙度不好	进给速度过快	减小进给速度
	切削速度过低	增大切削速度
	切削刃磨损严重	及时刃磨
	切屑被卡住	减少吃刀量,利用空气喷流排屑
被切削面的垂直度不好(槽侧面倾斜)	进给速度过快	减小进给速度
	吃刀量过大	减小吃刀量
	立铣刀的伸出部分过长	减小伸出量

续上表

问题	原因	解决办法
精加工尺寸精度不好	切削参数过大	降低切削参数
	机床、刀具系统精度不好	校正机床、刀具系统精度
	机床、刀具系统刚性不足	更换机床、刀具系统或降低切削参数
	立铣刀刃数少	采用刃数多的立铣刀
被加工面有毛边	圆周后面磨损严重	及时刃磨刀具
	圆周后面的边界摩擦严重	及时刃磨刀具
	切削条件不当	调整切削条件
	圆周刃前角不当	适当修整前角

(4)环形铣刀

环形铣刀也叫 R 刀或牛鼻刀，刀具圆柱面与底面有过渡圆弧，工作方式与球头铣刀相似，结构上可分为整体式和机夹式，多用于平面零件的粗加工和半精加工。

(5)面铣刀(图 2-150)

图 2-150　面铣刀

面铣刀(也叫端铣刀)，用于立式铣床、端面铣床或龙门铣床，圆柱面上和圆周表面还有端面上都有切削刃，主切削刃分布在圆锥面上或圆柱面上，副切削刃分布在断面上。面铣刀多制成套式镶齿结构和刀片机夹可转位结构，刀齿材料为高速钢或硬质合金，刀体为 40Cr。其结构可分为硬质合金整体焊接式面铣刀、硬质合金机夹焊接式面铣刀、硬质合金可转位式面铣刀以及整体式面铣刀等形式，因可转位式面铣刀调节方便，易于更换，所以目前使用较为广泛。高速钢面铣刀按国家标准规定，直径 $d=80\sim250$ mm，螺旋角 $\beta=10°$，刀齿数 $Z=10\sim26$。硬质合金面铣刀与高速钢铣刀相比，铣削速度较高、加工表面质量也较好，并可加工带有硬皮和淬硬层的工件，故得到广泛应用。硬质合金面铣刀按刀片和刀齿的安装方式不同，可分为整体式、机夹—焊接式和可转位式三种。面铣刀主要用在立式铣床或卧式铣床上加工台阶面和平面，特别适合较大平面的加工，主偏角为 90°的面铣刀可铣底部较宽的台阶面。用面铣刀加工平面，同时参加切削的刀齿较多，又有副切削刃的修光作用，使加工表面粗糙度值小，因此可以用较大的切削用量，生产率较高，应用广泛。

面铣刀分为两类，第一类是镶齿式面铣刀，以钎焊方式将硬质合金刀片固定在刀齿上，然后把刀齿安装在铣刀刀体上；第二类是可转位机夹式铣刀，是将硬质合金刀片直接安装在铣刀刀体上，然后用螺钉固定。面铣刀可根据被加工对象的材料和切削条件来选择轴向前角和径向前角两个前角，方向即正、负或零。平面铣削方式一般分为以下几种。

1)普通面铣

面铣是最普遍的铣削工序，可以使用许多不同刀具进行。具有 45°主偏角的刀具最常用，但在某些工况下也使用圆刀片铣刀、方肩铣刀以及三面刃铣刀。45°主偏角的刀具是一般用途的首选，可在切削工件时减小长悬伸的振动，切削剪薄提高生产率。90°刀具适用于加工薄壁零件，用于装夹刚性差的零件，要求 90°角成形场合。圆刀片刀具为通用刀具，切削刃强度大，每个刀片具有多个切削刃，适用于耐热合金的加工，具有平缓的切削作用。

薄壁和变形部分的面铣，针对工件和夹具的稳定性考虑主要切削力的方向，当铣削轴向刚性差的零件时，使用 90°方肩铣刀，因为它将切削力的主要部分引至轴向。也可以使用轻型切削面铣刀，避免采用小于 0.5～2 mm 的轴向切深，以使轴向力最小,使用梳齿刀具可使切入的切削刃数量尽可能最少。使用锋利的正前角切削刃,可以减小切削力,适用于薄壁和变形部分的面铣。

使用面铣刀进行薄壁边缘铣应该将刀具放置在偏心位置,以在薄壁边缘上进行面铣工序。这样切削变得较平滑,切削力较均匀地沿薄壁传递,从而减小了振动危险,选择这些工序使用的刀具齿距,以保持总有一个刀片吃刀。使用尽量轻的刀片槽形(轻型代替中等载荷,或中等载荷代替重载)。选择较小的刀片和半径和较短的平行刃带,以降低薄壁零件中的振动风险。使用低切削参数,小切深和低的每齿进给量。这些应用场合包括在大型龙门铣床、大功率铣床或加工中心上对重型锻造或热轧材料毛坯、铸件和焊接结构进行粗铣。

2)大进给铣削

对于大进给铣削当使用具有小偏角的刀具或使用圆刀片刀具时,由于薄切屑效应,可以以极高的每齿进给量(高达 4 mm/z)进行面铣。虽然背吃刀量被限制在 2 mm 以内,但是极大的进给使他成为一种高生产效率铣削方法,所需刀具选用见表 2-18。

表 2-18　刀片类型及注意事项

刀片类型	注意事项
圆刀片刀具	当使用圆刀片刀具应用大进给铣削技术时,背吃刀量应该保持低(最大为 10%的刀片直径),否则会降低薄切削效应
小主偏角刀具	使用小主偏角可以显著减小最大切削厚度。允许使用极高的进给量,而不会使刀片过载

3)重载面铣

重载面铣需要去除大量的材料,同时产生高温和高切削力,面铣刀在全背吃刀量处主要切削刃承受重载,而背吃刀量接近零时,磨蚀性氧化皮对圆角有磨损。

当使用磁性工作台夹紧零件时,产生大量切削通常会停留在刀具周围。因此会导致中断或部分排屑，以及切屑再切削，这些会危害刀具寿命。为了避免这种情况，要保持加工范围内没有切屑。通过增加背吃刀量防止易损刀尖与腐蚀性表皮和氧化皮摩擦，将表面接触点移动到刀片上较坚固的主切削刃。

4)不等齿铣刀

有意按照不同尺寸设置面铣刀的切削刃。例如 6 刃铣刀的等分原本应当保持 60°的间距，而不等分方式则是将分割角度设置为 65°、56°、59°。之所以不等齿铣刀应用广泛，是因为在告诉切削时，由于主轴高转速旋转，刀具中若存在不平衡量，它所产生的离心力将对主轴轴承、机床部件等施加周期性载荷，从而引起振动，这将对主轴轴承、刀具寿命和加工质量造成不利影响。而不等齿距立铣刀是一种新型高性能切削刀具，它能有效地抑制颤振，提高被加工表面质量。

(6)圆柱铣刀(图 2-151)

图 2-151　圆柱铣刀

圆柱铣刀主要用于卧式铣床上加工平面，一般为整体式，材料多为高速钢，主切削刃分布在圆柱面上，无副切削刃。该铣刀有粗齿和细齿之分，粗齿刀具齿数较少，刀齿强度高，容穴空间大，重磨次数多，适用于粗加工；细齿齿数多，工作较平稳，适用于精加工，也可在刀体上镶焊硬质合金条，原著铣刀直径范围为 $\phi50\sim\phi100$。主要用于卧式铣床上加工宽度小于铣刀长度的狭长平面。

(7)成型铣刀(图 2-152)

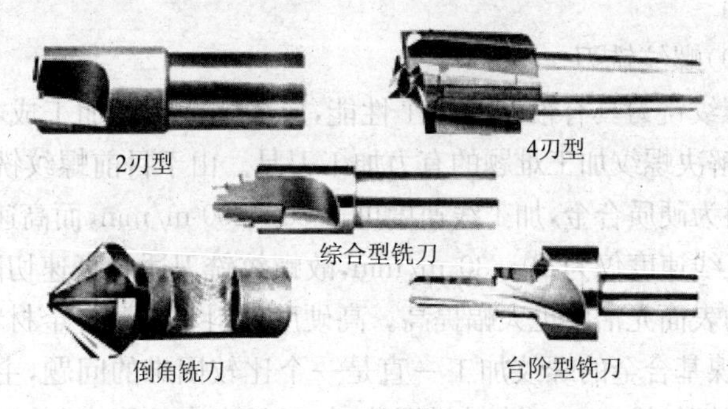

图 2-152　成型铣刀

切削刃廓形根据工件廓形设计的铣刀,称为成型铣刀。它和成型车刀一样,可以保证被加工工件的尺寸精度、形状一致和较高的生产率。成型铣刀在生产中应用比较广泛,尤其在涡轮机叶片加工中的应用更为普遍。成型铣刀按照它的齿背形式,可分为尖齿成型铣刀和铲齿成型铣刀两种,目前广泛应用于生产加工中,常见的成型铣刀已有通用标准,但大部分成型铣刀属于专用刀具,需自行设计。

成型铣刀一般是为特定形状的工件或加工内容专门设加工中心设计制造的,如渐开线齿面、燕尾槽和 T 形槽等。

(8)三面刃铣刀

三面刃铣刀的主切削刃分布在铣刀的圆柱面上,副切削刃分布在两端面上。从而改善了切削条件,提高了切削效率和减小了表面粗糙度。主要用于中等硬度、强度的金属材料的台阶面和槽形面的铣削加工,也可用于非金属材料的加工,超硬材料三面刃铣刀用于难切削材料的台阶面和槽形面的铣削加工。主要用于铣削定值尺寸的凹槽,也可铣削一般凹槽、台阶面、侧面。使用时将刀安装在卧铣的刀杆上,当然也可以安装在其他机床上。该刀具有三种齿形,分别为直齿、错齿还有镶齿。直齿用于铣削较浅定值尺寸凹槽,也可铣削一般槽、台阶面、侧面光洁加工,错齿用于加工较深的沟槽。该铣刀直径范围为 $\phi50 \sim \phi200$ mm，宽度为 4～40 mm。

（9）螺纹铣刀

螺纹铣刀具有很好的加工性能，成为降低螺纹加工成本、提高效率、解决螺纹加工难题的有力加工刀具。由于目前螺纹铣刀的制造材料为硬质合金，加工线速度可达 80～200 m/min，而高速钢丝锥的加工线速度仅为 10～30 m/min，故螺纹铣刀适合高速切削，加工螺纹的表面光洁度也大幅提高。高硬度材料和高温合金材料，如钛合金、镍基合金的螺纹加工一直是一个比较困难的问题，主要是因为高速钢丝锥加工上述材料螺纹时，刀具寿命较短，而采用硬质合金螺纹铣刀对硬材料螺纹加工则是效果比较理想的解决方案。可加工硬度为 HRC58～62。对高温合金材料的螺纹加工，螺纹铣刀同样显示出非常优异的加工性能和超乎预期的长寿命。对于相同螺距、不同直径的螺纹孔，采用丝锥加工需要多把刀具才能完成，但如采用螺纹铣刀加工，使用一把刀具即可。在丝锥磨损、加工螺纹尺寸小于公差后则无法继续使用，只能报废；而当螺纹铣刀磨损、加工螺纹孔尺寸小于公差时，可通过数控系统进行必要的刀具半径补偿调整后，就可继续加工出尺寸合格的螺纹。同样，为了获得高精度的螺纹孔，采用螺纹铣刀调整刀具半径的方法，比生产高精度丝锥要容易得多。对于小直径螺纹加工，特别是高硬度材料和高温材料的螺纹加工中，丝锥有时会折断，堵塞螺纹孔，甚至使零件报废；采用螺纹铣刀，由于刀具直径比加工的孔小，即使折断也不会堵塞螺纹孔，非常容易取出，不会导致零件报废；采用螺纹铣削，和丝锥相比，刀具切削力大幅降低，这一点对大直径螺纹加工时，尤为重要，解决了机床负荷太大，无法驱动丝锥正常加工的问题。

螺纹铣刀作为一种采用数控机床加工螺纹的刀具，成为一种目前广泛被采用的实用刀具类型。如图 2-153、图 2-154 所示。

数控铣刀的种类多种多样，随着数控行业的日益发展，数控铣刀的类型和应用条件和场合也必将发生变化，我们仍要继续对其动态进行关注和研究，这是很有现实意义的。

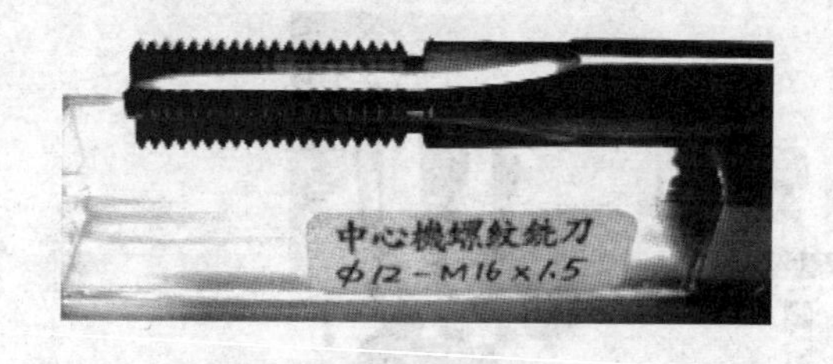

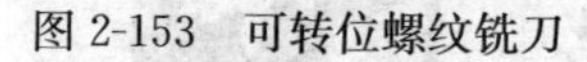

图 2-153　可转位螺纹铣刀　　　　图 2-154　螺纹铣刀

2. 各种刀具适合加工的产品结构

(1)铣削平面时,应选用不重磨硬质合金端铣刀、立铣刀或可转为面铣刀。一般采用二次进给,第一次应用端铣刀粗细,沿工件表面连续进给。选好每次进给的宽度和铣刀的直径,使接痕不影响精铣精度。因此,加工余量大且不均匀时,应用可转为密齿面铣刀。如图 2-155 所示。

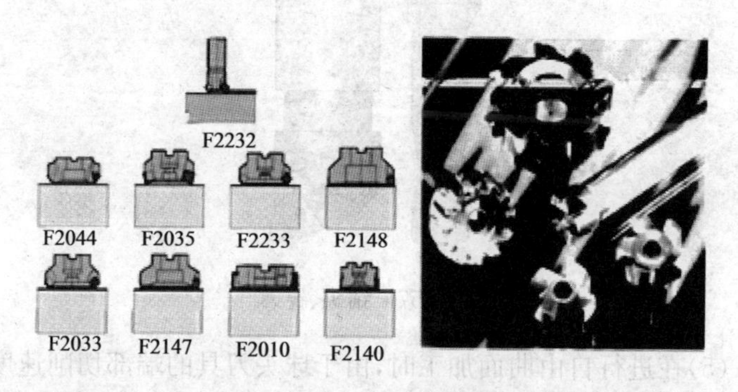

图 2-155　加工大平面铣刀

(2)加工凸台、凹槽、箱口时应选用高速钢立铣刀、镶硬质合金刀片的端铣刀和立铣刀。如图 2-156 所示。

(3)加工毛坯表面或粗加工孔时,可选取镶硬质合金刀片的玉米铣刀;对一些立体型面和变斜角轮廓外形的加工,常采用球头铣刀、环形铣刀、锥形铣刀和三面刃铣刀。

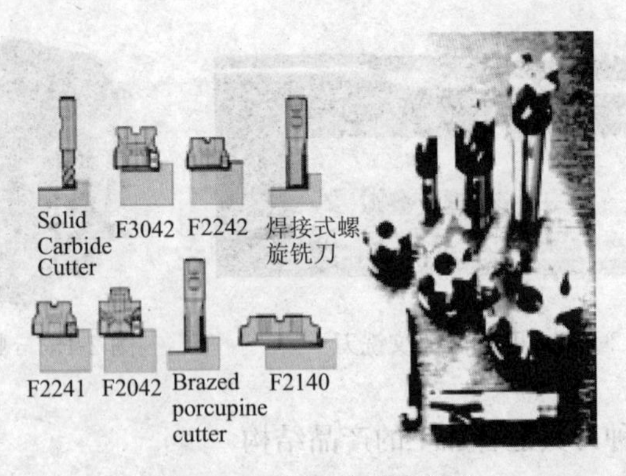

图 2-156　加工台阶面铣刀

(4)加工孔时应选用钻头、镗刀(图 2-157)等孔加工类刀具，最后加工致所需尺寸并保证孔的精度。

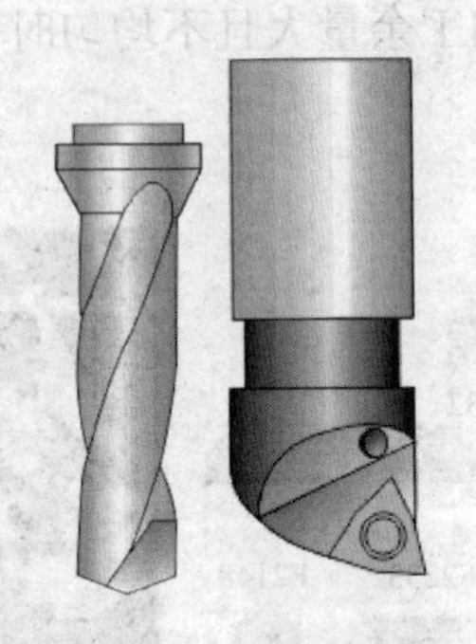

图 2-157　钻头、镗刀

(5)在进行自由曲面加工时，由于球头刀具的端部切削速度为零，因此，为保证加工精度，切削行距一般采用顶端密距，故球头常用于曲面的精加工。而平头刀具在表面加工质量和切削效率方面都优于球头刀，因此，只要在保证不过切的前提下，无论是曲面的粗加工还是精加工，都应优先选择平头刀。另外，刀具的耐用度和精度与刀具价格关系极大，必须引起注意的是，在大多数情况下，选择好的刀具虽然增加了刀具成本，但由此带来的加工质量和加工效率的提高，则可以使整个加工成本大大降低。粗加工用两刃铣刀，半精加工和精加工用四刃铣刀，如图 2-158 所示。

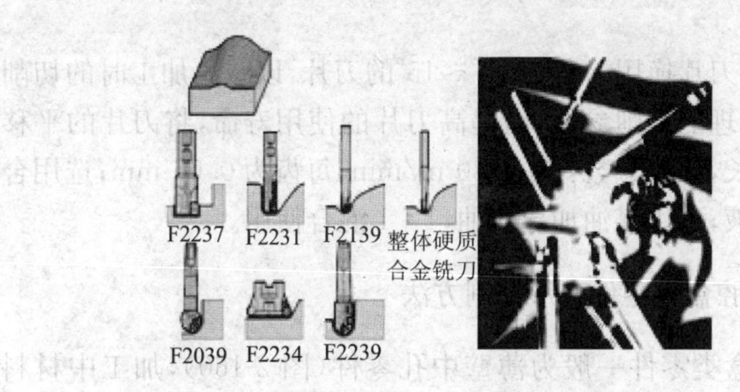

图 2-158　加工曲面类铣刀

(6)铣键槽时，为了保证槽的尺寸精度，一般用两刃键槽铣刀，如图 2-159 所示。

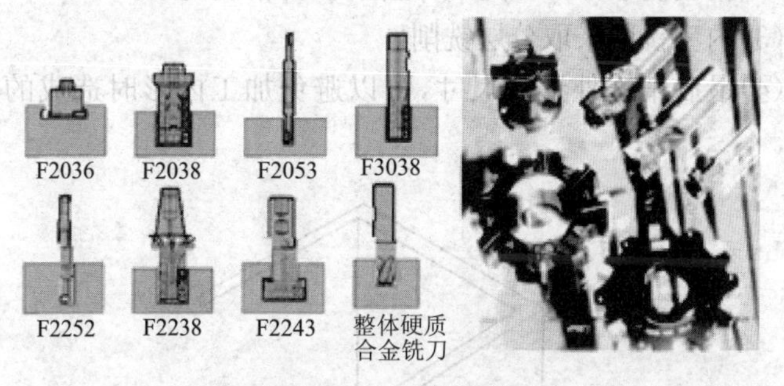

图 2-159　加工槽类铣刀

第九节　典型产品的变形控制方法

1. 端框类零件变形控制方法

端框类零件一般为铝合金薄壁件，加工过程中容易变形，加工倒角一致性差，零件精度不易控制。为了控制变形，常采用如下方法：

(1)降低切削速度，适当增大进给量以减小工件的振动，建议参数：$V_{切}=20$ m/min，每齿为 0.08 mm（根据不同机床适当调整）。

(2)将刀片换用前角为 10°～15°的刀片，以减小加工时的切削力；选用合理的切削参数，以提高刀片的使用寿命，将刀片的平移磨损期加长，建议参数：$V_{切}=30$ m/min，每齿为 0.06 mm；选用合理的切削液，可用煤油加导轨油，1∶1 混合使用。

2. 深腔盒类零件变形控制方法

深腔盒类零件一般为薄壁中孔零件（图 2-160），加工中材料去除量大，容易变形，尤其加工完外形再加工内形容易收口导致尺寸无法保证，通常采用如下控制变形方法来保证产品精度：

(1)铣外形时，单边各留 1 mm 余量。

(2)精铣内形分两步完成，先粗铣，再精铣内形。

(3)内型铣削采取分层铣削。

(4)最后精铣外形到尺寸，可以避免加工内形时造成的收口现象。

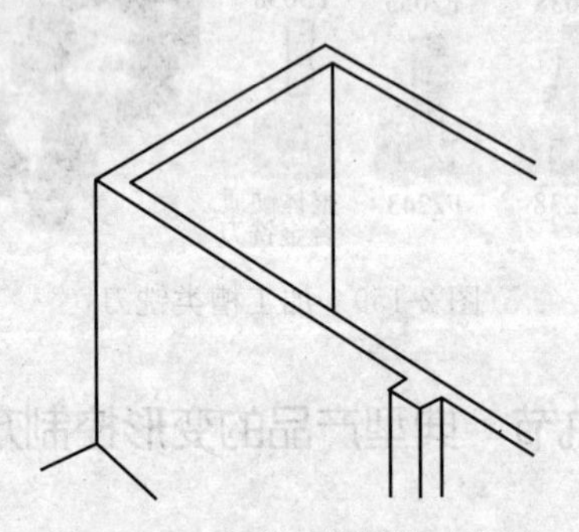

图 2-160 盒类零件结构示意图

3. 具有缺口或下陷框类零件变形控制方法

(1)找正

在半精加工和精加工的时候，因为存在加工变形，所以在加工端面的时候，底面需要找平，一般生产线上的金属垫块数量有限，不能任意调整厚度，所以可以拿来若干张废纸，工件平面高度差多少，就把纸对折多少，加工出来的新基准面，平面度可控制在0.1 mm左右（此垫纸找平方法适用于各种铝锂合金板的端面加工）。

(2)拆分程序

将原有程序分解为若干个小程序，用小程序单独加工单独测量。

(3)改变加工顺序

由原来的先铣缺口下陷后翻面加工，更改为先加工正面后翻面加工背面同时加工侧面下陷和缺口。

4. 减少加工变形对高精度尺寸结构的影响

金属筒段类零件为典型的弱刚性筒段，一般内外形均需要整体数控加工，且轴向长度大，内型结构刚性较差，壁薄。这类产品在机械加工中极易发生变形，进而导致某些重要尺寸超差。尤其是当存在公差在0.05 mm范围内的高精度尺寸时，变形问题更是导致尺寸超出的根本原因。通常采用的控制变形方法是产品内外形粗加工阶段最大程度地去除产品余量，后再进行热处理工序，以达到充分释放加工应力，控制零件变形的目的；为了最大程度地消除加工变形对高精度尺寸的影响，应该合理安排工序内容，尤其是合理安排热处理及高精度尺寸工序在整个工艺流程中的顺序，以消除变形对产品尺寸的影响。

5. 蜂窝型支架变形控制方法

问题概述：

如图2-161所示蜂窝型产品，壁薄变形大、刚性弱，在铣加工顶端花瓣形轮廓时，产品外形已成为椭圆形，故造成铣加工后剩余壁厚严重超差、效率低下。超差率100%。

解决方法：

通过自制环形专用夹具(图 2-162)的方法,对已产生变形的薄壁零件进行校正,使其圆度在装夹状态满足形位公差要求,从而保证其铣加工后壁厚达到设计要求。且由于安装夹具后刚性显著增强,振刀现象明显减小,效率大幅提高。

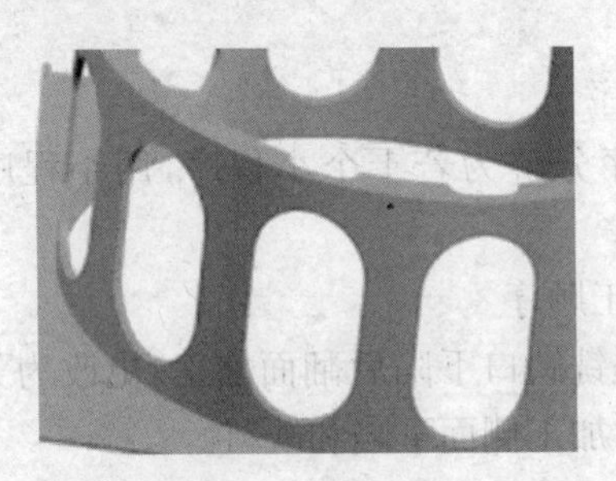

图 2-161　蜂窝型产品

图 2-162　专用夹具

6. 壁板类零件变形控制方法

在加工一些壁板的时候会遇到变形的问题,解决方法是不使用压板压零件,用压板顶住零件四周。先在端面飞出一个平面,再将工件翻转,然后把事先加工好的一面朝下放置,再加工另一平面,加工好后,再翻面加工。通过这种外顶式装夹、反复翻面的方法可以有效控制壁板类零件的变形。

7. 多腔槽零件变形控制方法

在零件上,不止一个腔槽。加工中若把腔槽一个个按顺序加工到尺寸,加工中造成切削力变形及残余应力变形,零件加工完后。零件无法达到精度要求,造成零件超差。解决方法如下:

方法一:若想节约走刀路径,对腔槽进行粗精铣加工,即将腔槽留余量,把其余的腔槽都粗加工完后,将腔槽进行统一精加工。

方法二:在腔槽间分层下刀交替加工。

第十节 其　他

1. 工序划分经验

(1)刀具集中分序法就是按所用刀具划分工序,用同一把刀具加工完零件上所有可以完成的部位,再用第二把刀、第三把完成它们可以完成的其他部位。这样可减少换刀次数,压缩空程时间,减少不必要的定位误差。

(2)以加工部位分序法。对于加工内容很多的零件,可按其结构特点将加工部分分成几个部分,如内形、外形、曲面或平面等。一般先加工平面、定位面,后加工孔;先加工简单的几何形状,再加工复杂的几何形状;先加工精度较低的部位,再加工精度要求较高的部位。

(3)以粗、精加工分序法。对于易发生加工变形的零件,由于粗加工后可能发生的变形而需要进行校形,故一般来说凡要进行粗、精加工的都要将工序分开。

综上所述,在划分工序时,一定要视零件的结构与工艺性,机床的功能,零件数控加工内容的多少,安装次数及本单位生产组织状况灵活掌握。另建议采用工序集中的原则还是采用工序分散的原则,要根据实际情况来确定,但一定力求合理。

2. 加工顺序的安排

加工顺序的安排应根据零件的结构和毛坯状况,以及定位夹紧的需要来考虑,重点是工件的刚性不被破坏。顺序一般应按下列原则进行:

(1)上道工序的加工不能影响下道工序的定位与夹紧,中间穿插有通用机床加工工序的也要综合考虑。

(2)先进行内形内腔加工工序，后进行外形加工工序。

(3)以相同定位、夹紧方式或同一把刀加工的工序最好连接进行，以减少重复定位次数，换刀次数与挪动压板次数。

(4)在同一次安装中进行的多道工序，应先安排对工件刚性破坏小的工序。

3. 钳工技术经验

(1)切向孔的钻制方法和注意事项

由于切向孔的中心在圆柱面上，需要使用钻模来确定钻孔位置。钻制过程中，先装夹零件，钻头开始切削时手感要轻，匀速进给，待钻头切削刃在零件外圆柱面切出定位面后，再均匀用力向下切削，期间加入冷却液，使钻头尖部冷却，运转速度为 1 000 r/s。感觉钻头将要钻通时，手感会突然变轻，这时要控制钻削进给力度，否则钻头在穿透孔壁之前失去控制，钻头将在出口处折断，导致整个零件报废，造成不必要的损失。此方式适用于各种类似零件切向孔的加工。

(2)小钻头的装夹方法

问题概述：加工零件中有的钻头需要 $\phi1$ 以下的小钻头加工。现有设备的台式钻床的钻夹头无法装夹。

解决方法：加工前用废弃的漆包线(即铜丝)取适当长度，将小钻头柄部密密的缠绕好，再去装夹缠好铜丝的钻头柄，即可安装牢固，且铜丝较软，能够随钻夹头的装夹力度方向自动找正钻头，钻制过程中不会使钻头摇摆，同轴度较好，保证加工精度。

(3)钛合金工件螺纹加工方法

问题概述：攻制钛合金螺纹时，由于工件材料偏硬，强度高，丝锥在攻制过程中易咬住丝锥，使丝锥难以旋转。

解决方法：实际加工中，将螺纹基孔加工成比标准孔径大 0.1 mm左右，不可过大。攻制过程材料对丝锥的摩擦力减少，磨损程度减轻。其次，攻螺纹前将丝锥的后刀面磨去一部分，也可减少丝锥对工件磨损的阻力，从而使攻制过程较容易操作。

(4)小钻头的使用技巧

问题概述:对于工作中批量较大的小孔加工,如 $\phi1\sim\phi1.6$ 左右小孔的钻制,一般钻头的长度偏长,钻制的过程中钻头易摆动,钻头在钻出工件前极易折断,造成零件的报废和钻头的过大消耗。

解决方法:实际加工过程中,在钻孔前,先将小钻头的切削部分1/3～1/4处人为切断,使得钻头长度变短,强度变大,再经过刃磨后,可延长钻头的使用寿命,减少零件的报废。如果工件材料较硬,比如高温合金材料,可将去除的钻头切削部分加大,均为原长度的1/3,使得钻头强度进一步增大,钻头不易折断,加工便利。

(5)攻丝技巧

问题概述:铝制零件通深孔螺纹的加工,加工中经常出现螺纹光洁度差、掉牙和塞规止端通过的现象。材料LF6等退火状态下的零件尤为严重。因为在深孔螺纹攻丝时,材料较软,铝屑不断,和丝锥挤在一起,将螺纹挤坏。

解决方法:将丝锥前刀面三处刃磨8°～10°的倾角,丝锥进入孔后,加工下来的铝屑在新磨出的倾角作用下,切割成螺旋短屑,同时形成向下的力,铝屑不断地掉到孔的下边。保持孔的里面无屑。

(6)定位销装配技巧

问题概述:在零件组件装配定位销子时,对定位销露出零件的部分都有尺寸要求,但是在压制的过程中很容易压过了。再往回压制,销钉孔就大了,造成销钉松动。

解决方法:加工一个内孔与销钉直径同样大小的铜套,高度与销钉露出零件的一致,将销钉放入铜套,在零件上把销钉压制到与铜套齐平即可。

(7)密封槽变形修复技巧

问题概述:有些软铝材料带密封槽的管嘴,在焊接到筒体上以后,因高温密封槽生产变形,在进入总装后检漏不合格。

解决方法:以往一般是采用刮研的方法,就是将变形部分去除。容易造成尺寸超差,又会掉下铝沫形成多余物。解决方法是根据不同尺寸的密封槽,制作出同样尺寸的钢制工装。采用静力挤压，将变形的部分挤压回变形前的状态。由于采取了无去除的方法，不用去除零件材料，可以保持原始的状态，不会造成尺寸上的超差，没有多余物的产生，保证安全，提高了质量和效率。

(8)舱体内钻铰孔方法

舱体内加强筋上的高精度孔，由于舱内空间小机床无法加工需要钳工钻孔，为了确保孔的精度，通常采用的方法是在钻模和筋面之间垫好垫卡，装夹卡兰固定钻模，从筋的两侧从小到大依次钻孔，然后用留余量的铰刀两侧铰孔，最后用精加工铰刀从一侧铰出成形孔。

(9)风钻攻丝

通常是利用产品上的的气孔作定位孔，通过自制钻套保证孔距尺寸及螺纹孔垂直精度，通过刃磨普通丝锥前端刃倾角减切削阻力，并采用风钻的夹头夹紧自制内四方套筒，并能在攻制螺纹后车丝锥后端自动分离。

(10)斜凸台上高精度孔的钻制方法

某些产品有斜凸台结构，凸台上有高精度孔，如同轴度、粗糙度等，为确保孔的精度，通常采用如下方法：

找正：凸台的找正是保证同轴度的关键一步，首先将零件装夹在工装上，将钻床锁定，先用锥形顶尖对凸台中的孔预找正，找正后卸下顶尖，装上杠杆表，对凸台找正调整时，调节整个夹具(零件不动)。

锪孔：找正后换上专用刀具，首先装上四齿锪钻，因为四齿相对定心更好，采用 40 r/min 的速度，手动进给，因四齿加工的光度较差，所以留部分加工余量，换上两齿锪钻采用 25 r/min 慢速手动进给，加工至零件最终尺寸。另外注意润滑。

修整抛光：由于加工过程产生加工振刀纹，加工完后用细布打磨，用拉丝布抛光。

(11)大型筒段打孔变形问题

由于大型筒段在加工中容易产生变形，导致钳工进行钻模打端面协调孔时，无法正常扣装在零件上，使打孔工序无法进行。解决方法是在零件上表面四个均布位置分别垫上四个等高垫块,垫块高度要大于钻模定位槽的深度。钻模直接放置在四个垫块上,用直角尺找齐四个象限线位置,再分别用卡尺测量四个象限线位置零件外圆与钻模外圆的距离,以保证对称度的要求。

(12)长梁类零件变形后的校正方法

问题概述:长梁类零件在铣加工后极易出现长度方向上的弯曲变形,如图 2-163 所示。

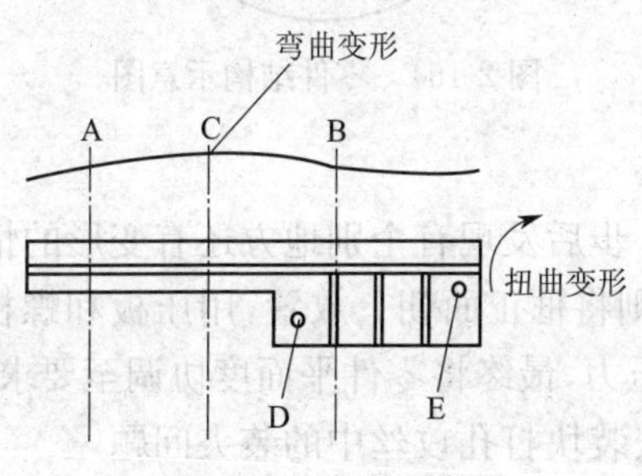

图 2-163　变形示意图

解决方法:

弯曲变形的解决方法:在 A 处与 B 处下面垫入垫块,在 C 处上方加上压块,通过适当的外力将梁强行压直,恢复成铣之前的直线度。

扭曲变形的解决方法:将梁的 D 点部分固定在虎钳上,利用活动扳手在 E 点施加一个与变形方向相反的力,来慢慢消除梁的扭曲变形。

(13)框类零件变形后的校正方法

问题概述:

有部分框在铣加工后框外沿会向上翘起,导致框底部平面度偏差达到 2 mm 以上。如图 2-164 所示。

解决办法:

1)将框底部朝上,外沿放在木质垫块上,用比内沿直径稍大点的圆形压板压在内沿圈上,通过拧动压板中间螺栓上的螺母将框

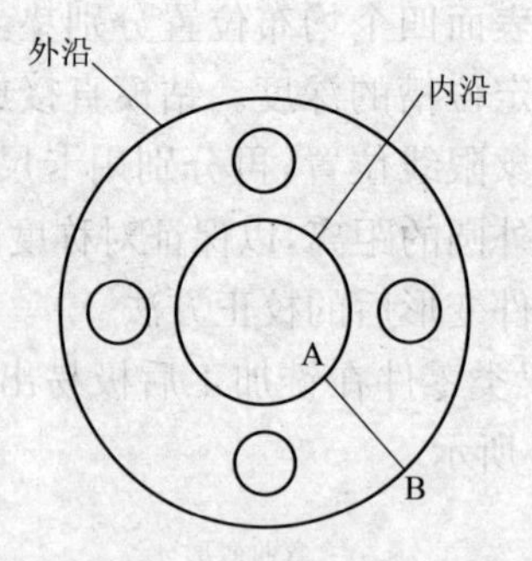

图 2-164　零件结构示意图

矫正。

2)完成第一步后发现有个别地方还有变形的情况，比如是 A-B 处还有变形，则将框正面朝上放置，用压板和螺栓将 A 点固定，在 B 点来施加压力，最终将零件平面度协调至要求范围内。

(14)反推安装块打孔攻丝中的装夹问题

问题概述：如图 2-165 所示，要在 A 平面上打孔攻螺纹，由于左边为斜面结构，直接装夹很难使 A 面处于水平位置，而且还会影响定位精度，使得加工难以进行。

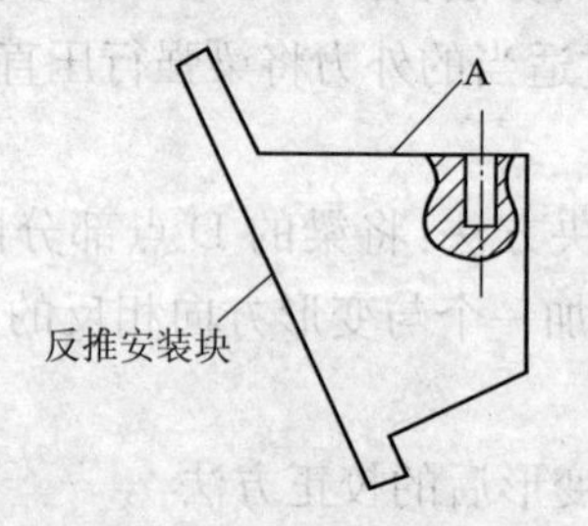

图 2-165　零件结构示意图

解决办法：设计出如图 2-166 所示胎膜，就能快速平稳地使零件在虎钳上较好的装夹、较精确的定位。零件的受力分布在图中已标注，牢固稳定的限位力结构，为后续打孔攻丝提供了可靠环境。

(15)圆弧面两沉孔的钻制方法

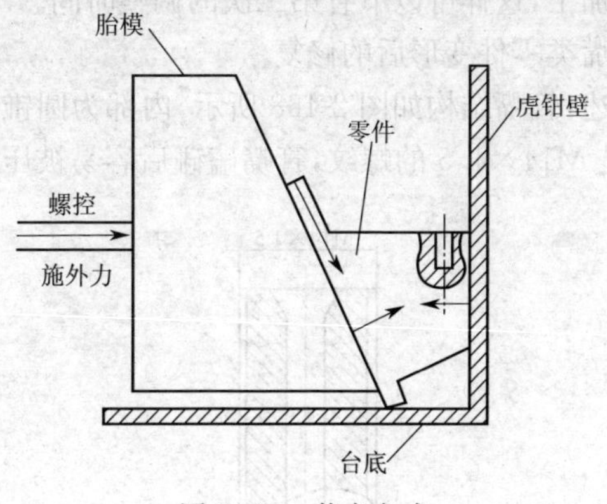

图 2-166　装夹方式

问题概述：如图 2-167 所示两沉孔并非在向心位置，而是关于向心线对称且平行于向心线。铣床加工中很难找到其加工基准，其次沉孔深度为 1.9～0.2，铣床也较难控制其尺寸保证要求。

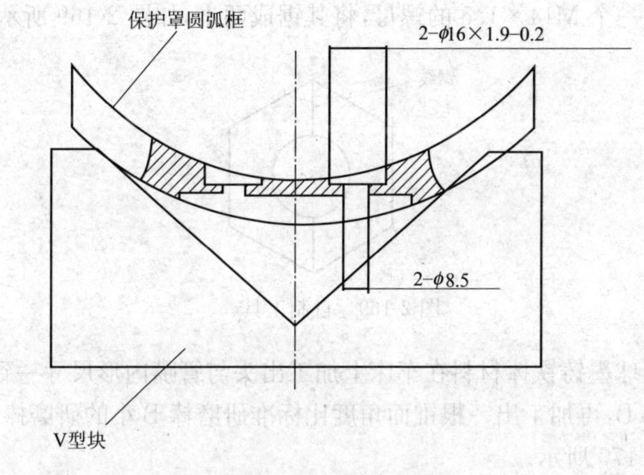

图 2-167　装夹方法

解决办法：将圆弧框的外圆弧部分放在 V 型块上，通过滑钻（ϕ16/ϕ8.5）定位。调整圆弧框位置，使得孔轴心线竖直向上。钻完第一个孔后，一起移动 V 型块和圆弧框，找到第二个孔的位置，再进行钻孔加工,这样可以节省第二次的调整时间。

(16)管嘴类零件变形后的修复

问题概述:管嘴结构如图 2-168 所示,内部为圆锥和圆柱的组合体,外部是 M14×1.5 的螺纹,管嘴磕碰后容易被压成椭圆形。

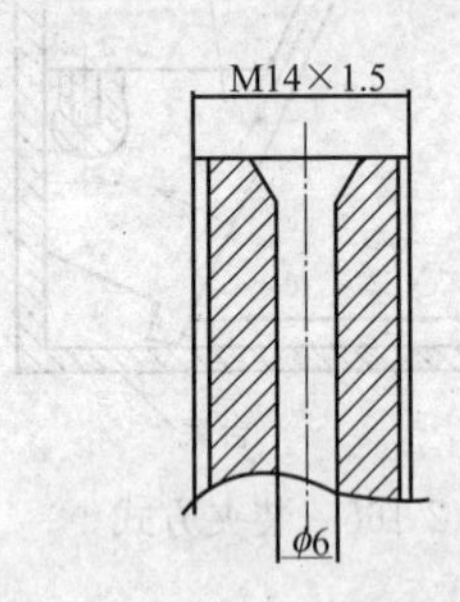

图 2-168　零件结构示意图

解决办法:

1)工具制作:

找一个 M14×1.5 的螺母,将其锯成两半,如图 2-169 所示。

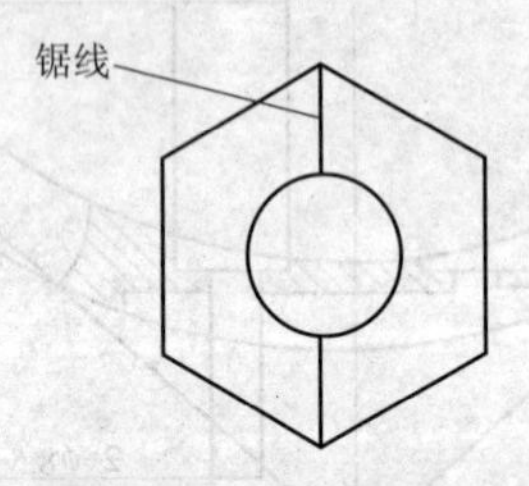

图 2-169　自制工具

用球墨铸铁棒材料在车床上加工出头与管嘴内形尺寸一致的研磨棒 B,再加工出一根锥面角度比标准研磨棒 B 小的研磨棒 A。如图 2-170 所示。

2)修复步骤:

① 用钻开的两半螺母与变形的管嘴配合,并压在其椭圆长轴位置。通过外力将管嘴压回原貌,如图 2-171 所示。

②用锥度小的研磨棒 A+研磨剂对管嘴内行进行粗研。

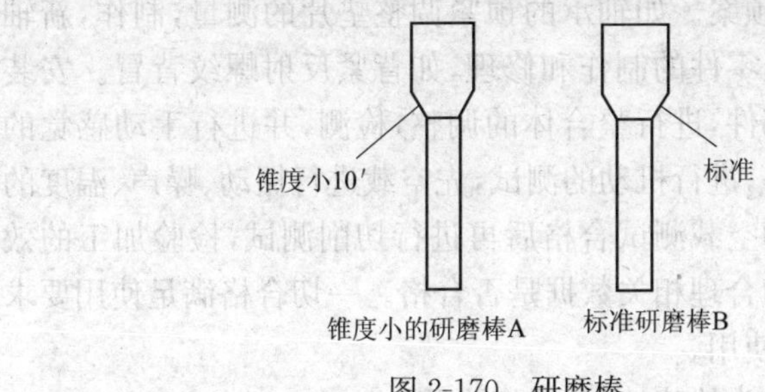

图 2-170　研磨棒

③用标准尺寸的研磨棒 B＋研磨剂对管嘴进行精磨，以达到复合要求的尺寸。

注：管嘴被螺母强挤压出原形后，内形会出现拉扯的痕迹，故需要研磨，研磨后的内形符合技术要求。

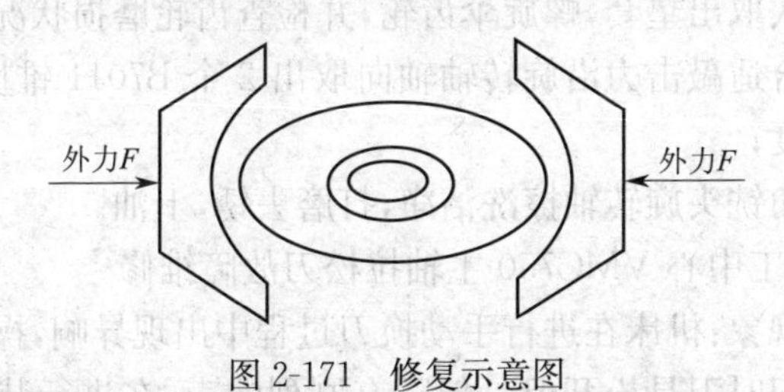

图 2-171　修复示意图

4. 机床维护

(1)检查机床主轴的关键点

1)主轴锥孔是否干净；

2)主轴锥孔是否有锈蚀或损伤；

3)刀柄锥度部分是否有损伤或磨损；

4)主轴锥孔在长期使用后是否磨损，精度是否下降。

(2)直角铣头的修复方法

小直角铣头出现故障，如振动大，噪声高，温度高，加工产品出现振纹等异常现象。判明故障产生的各项原因。特别针对小铣头，分解小角铣头，找出故障位置点。对故障位置点进行分析，验证，做出相关的预案。如轴承的预紧调整垫片的测量，制作，新轴承的采购和易损零件的制作和修理，如背紧反射螺纹背冒。安装铣头的相关零部件，进行整合体的调整，检测，并进行手动感觉的测试。手试合格，进行机动的测试，先空载进行振动、噪声、温度的相关测试。机动空载测试合格后再进行切削测试，检验加工的效果和验证机床的合理相关数据是否合格。一切合格满足使用要求后，交付使用者使用。

判明小角铣头故障，对其分解步骤。

1)拆下前端盖螺钉 6 个 M8×15，后端盖螺钉 4 个 M5×10；

2)将伞齿轮连接部没轴向取出；

3)夹持固定转轴，取下后端反向背紧螺钉 M35×1，将轴承 6007 取下；

4)依次取出垫套，螺旋伞齿轮，并检查齿轮磨损状况；

5)用合适敲击力沿旋转轴轴向取出 2 个 B7011 锥度轴承，发现磨损程度；

6)将角铣头旋转轴擦洗洁净，打磨去锈，上油。

(3)加工中心 VMC750 主轴拉松刀故障维修

故障现象：机床在进行手动换刀过程中出现异响，操作者在进行手动松刀时刀具松开但是伴随有剧烈响声，在进行装夹另一刀具时安装不上。

故障分析：对机床进行拉刀松刀操作发现气缸能够正常动作，而且气缸动作到位，机床也没有出现拉松刀不到位报警，此机床拉松刀机构属于纯气动结构，不存在像油气混合结构缺油造成的拉松刀故障。在对锥孔内夹爪的观察发现，进行拉松动作时气缸动作正常，而夹爪却无动作体现，可以判断故障存在于气缸到夹爪之间。首先将 Z 轴停在合适的位置将机床停电，将气缸拆下之后锁紧背面的螺母(简称背母)。背母下方是叠簧(对于刀具的拉紧全是靠叠簧拉紧的)。

在拆除叠簧背母和叠簧之后可以看到拉杆的上半部分，在正常情况下拆除叠簧之后拉杆靠重力下落(或是轻微用力敲击拉杆下落),即是刀具松开状态。经过敲击拉杆并没有动作,可以判断拉杆下端有故障。

拉杆是由两部分组成,如图 2-172 所示。两部分是靠螺纹来连接的,上部分要从主轴上方取出,下半部分要从锥孔取出,通过自制工具将锥孔内的夹爪固定住上下俩部分进行相对运动,既将拉杆上部分脱开。将拉杆下部分用铜棍用力敲下。通过对拉杆下部分观察发现下拉杆的光面(接触面)有划伤,反复多次对拉杆下部分安装主轴内部发面配合面特别紧,怀疑是接触面有伤造成的。

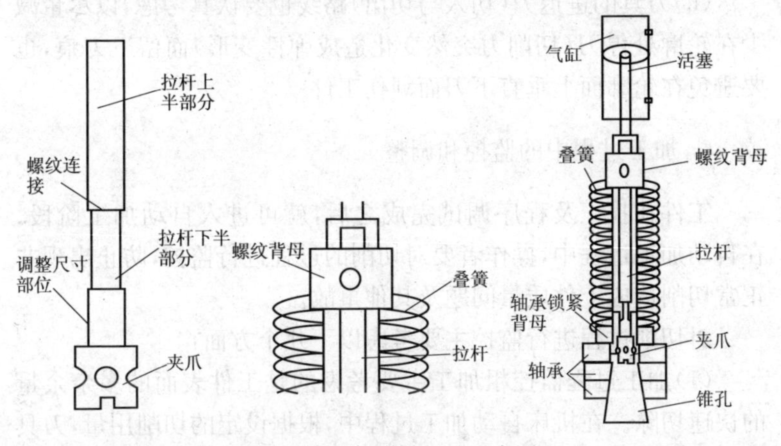

图 2-172　机床抻松刀示意图

经过和老师傅研究探讨,拉杆下部分的配合关系应该是可以自由上下动作的,将拉杆下部分接触面轴直径减少 0.01 mm,加工之后拉杆重新安装在主轴内,拉杆能够在无叠簧的状态下上下动作,比拆卸之前轻松很多,把叠簧背母和气缸安装完全后打开机床,进行刀具拉紧松开实验,通过观察锥孔中夹爪的动作正常。安装一把刀具,刀具可以夹紧,经过多次试验拉松刀一切正常。

5. 走刀路线的确定原则

走刀路线是指数控加工过程中刀具相对于被加工件的运动轨迹和方向。加工路线的合理选择是非常重要的,因为它与零件的加工精度和表面质量密切相关。在确定走刀路线时主要考虑下列几点：

(1)保证零件的加工精度要求。

(2)方便数值计算，减少编程工作量。

(3)寻求最短加工路线，减少空刀时间以提高加工效率。

(4)尽量减少程序段数。

(5)保证工件轮廓表面加工后的粗糙度的要求，最终轮廓应安排最后一次走刀连续加工出来。

(6)刀具的进退刀(切入与切出)路线也要认真考虑，以尽量减少在轮廓处停刀(切削力突然变化造成弹性变形)而留下刀痕，也要避免在轮廓面上垂直下刀而划伤工件。

6. 加工过程中的监控和调整

工件在找正及程序调试完成之后，就可进入自动加工阶段。在自动加工过程中，操作者要对切削的过程进行监控，防止出现非正常切削造成工件质量问题及其他事故。

对切削过程进行监控主要考虑以下几个方面：

(1)加工过程监控粗加工主要考虑的是工件表面的多余余量的快速切除。在机床自动加工过程中，根据设定的切削用量，刀具按预定的切削轨迹自动切削。此时操作者应注意通过切削负荷表观察自动加工过程中的切削负荷变化情况，根据刀具的承受力状况，调整切削用量，发挥机床的最大效率。

(2)切削过程中切削声音的监控在自动切削过程中，一般开始切削时，刀具切削工件的声音是稳定的、连续的、轻快的，此时机床的运动是平稳的。随着切削过程的进行，当工件上有硬质点或刀具磨损或刀具送夹等原因后，切削过程出现不稳定，不稳定的表现是切削声音发生变化，刀具与工件之间会出现相互撞击声，机床会出现振动。此时应及时调整切削用量及切削条件，当调整效果不明显时，应暂停机床，检查刀具及工件状况。

(3)精加工过程监控，主要是保证工件的加工尺寸和加工表面质量，切削速度较高，进给量较大。此时应着重注意积屑瘤对加工表面的影响，对于型腔加工，还应注意拐角处加工过切与让刀。对于上述问题的解决，一是要注意调整切削液的喷淋位置，让加工表面时刻处于最佳的冷却条件；二是要注意观察工件的已加工面质量，通过调整切削用量，尽可能避免质量的变化。如调整仍无明显效果，则应停机检察原程序编得是否合理。

特别注意的是，在暂停检查或停机检查时，要注意刀具的位置。如刀具在切削过程中停机，突然的主轴停转，会使工件表面产生刀痕。一般应在刀具离开切削状态时，考虑停机。

(4)刀具监控刀具的质量很大程度决定了工件的加工质量。在自动加工切削过程中，要通过声音监控、切削时间控制、切削过程中暂停检查、工件表面分析等方法判断刀具的正常磨损状况及非正常破损状况。要根据加工要求，对刀具及时处理，防止发生由刀具未及时处理而产生的加工质量问题。

7. 走刀路径划分经验

在数控加工中，刀具刀位点相对于工件运动的轨迹称为进给路线，也称走刀路线。它不但包括了工步的内容，而且也反映出工步的顺序。

工步顺序是指同一道工序中，各个表面加工的先后次序。它对零件的加工质量、加工效率和数控加工中的进给路线有直接影响，应根据零件的结构特点及工序的加工要求等合理安排。工步的划分与安排，一般可随走刀路线来进行，在确定走刀路线时，主要遵循以下几点原则：

(1)加工路线应保证被加工工件的精度和表面粗糙度。

(2)应使加工路线最短，以减少空行程时间，提高加工效率。

(3)尽量简化数学处理时的数值计算工作量，以简化编程工作。

(4)当某段进给路线重复使用时，为了简化编程，应使用子程序。

此外，确定加工路线时，还要考虑工件的形状与刚度、加工余量大小、机床与刀具的刚度等情况，确定是一次进给还是多次进给来完成加工，先完成对刚性破坏小的工步，后完成对刚性破坏大的工步，以免工件刚性不足影响加工精度等，以及设计刀具的切入与切出方向和在铣削加工中是采用顺铣还是逆铣等。

8. 加工余量的确定

加工余量的大小对工件的加工质量和生产效率有较大的影响。余量过大，会造成浪费工时，增加成本；余量过小，会造成废品。确定加工余量的基本原则是在保证加工质量的前提下，尽可能减小加工余量。确定加工余量的方法有三种：

(1)经验估计法。根据实践经验来估计和确定加工余量。为避免因余量不足而产生废品，所估余量一般偏大，仅用于单件小批生产。

(2)查表修正法。根据有关手册推荐的加工余量数据，结合本单位实际情况进行适当修正后使用。这种方法目前应用最广。查表时应注意表中的余量值为基本余量值，对称表面的加工余量是双边余量，非对称表面的余量是单边余量。

(3)分析计算法。根据一定的试验资料和计算公式，对影响加工余量的因素进行分析和综合计算来确定加工余量。目前，只在材料十分贵重，以及军工生产或少数大量生产的工厂中采用。

9. 顺铣和逆铣的选择

铣削有顺铣和逆铣两种方式，如图 2-173 所示。当工件表面无硬皮，机床进给机构无间隙时，应选用顺铣，按照顺铣安排进给路线。因为采用顺铣加工后，零件已加工表面质量好，刀齿磨损小。精铣时，应尽量采用顺铣。

当工件表面有硬皮，机床的进给机构有间隙时，应选用逆铣，按照逆铣安排进给路线。因为逆铣时，刀齿是从已加工表面切入，不会崩刀；机床进给机构的间隙不会引起振动和爬行。

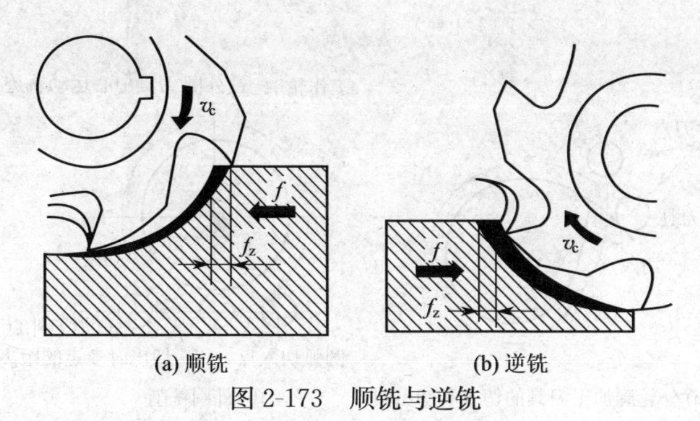

图 2-173　顺铣与逆铣

(1)铣削外轮廓的进给路线

1)铣削平面零件外轮廓时

一般采用立铣刀侧刃切削。刀具切入工件时应沿切削起始点的延伸线逐渐切入工件,保证零件曲线的平滑过渡。在切离工件时,也要沿着切削终点延伸线逐渐切离工件,如图 2-174(a)所示。

2)当用圆弧插补方式铣削外整圆时

如图 2-174(b)所示,要安排刀具从切向进入圆周铣削加工,当整圆加工完毕后,不要在切点处直接退刀,而应让刀具沿切线方向多运动一段距离,以免取消刀补时,刀具与工件表面相碰,造成工件报废。

(2)铣削内轮廓的进给路线

1)铣削封闭的内轮廓表面

若内轮廓曲线不允许外延(图 2-175(a)),刀具只能沿内轮廓曲线的法向切入、切出,此时刀具的切入、切出点应尽量选在内轮廓曲线两几何元素的交点处。当内部几何元素相切无交点时(图 2-175(b)),为防止刀补取消时在轮廓拐角处留下凹口,刀具切入、切出点应远离拐角。

2)当用圆弧插补铣削内圆弧时也要遵循从切向切入、切出的原则,最好安排从圆弧过渡到圆弧的加工路线(图 2-176)提高内孔表面的加工精度和质量。

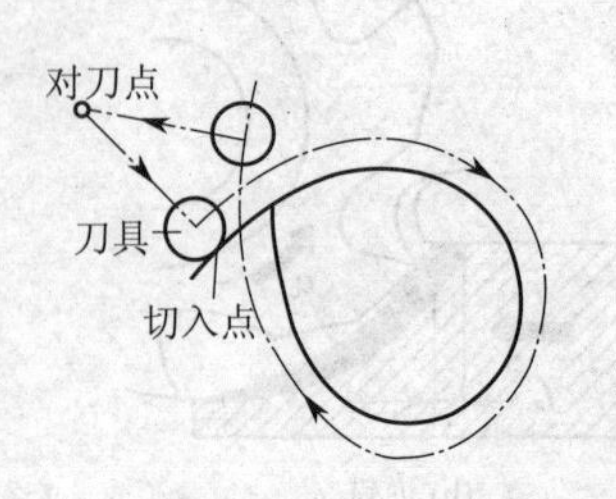

(a) 外轮廓加工刀具的切入和切出图

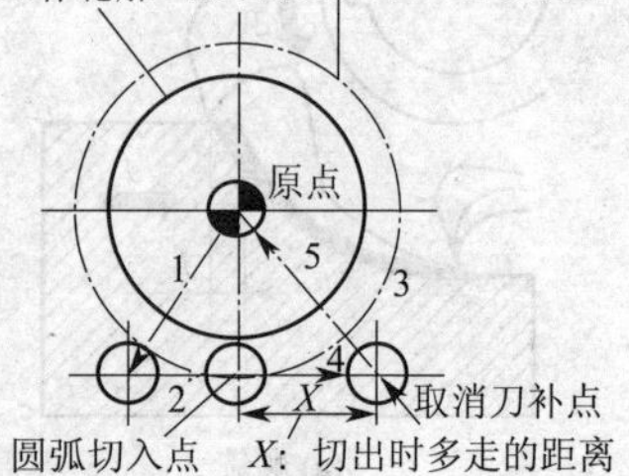

(b) 外圆铣削

图 2-174　铣削外轮廓的进给路线

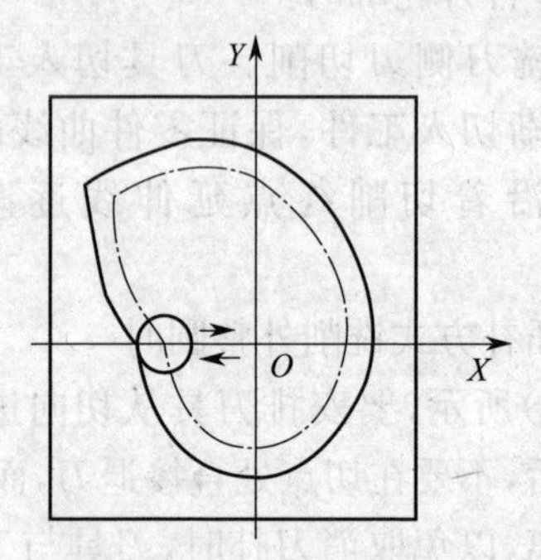

(a) 若内轮廓曲线不允许外延

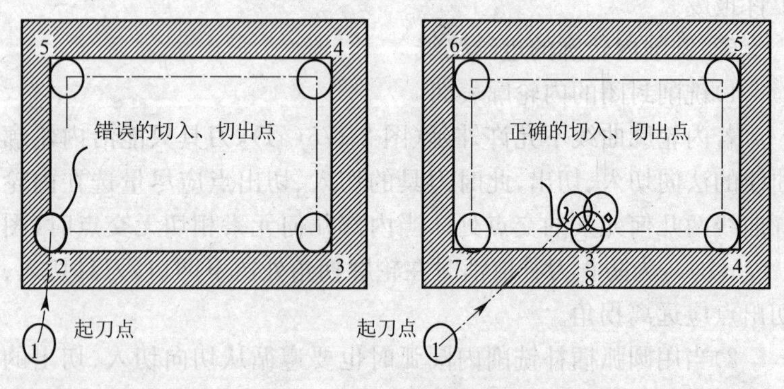

(b) 当内部几何元素相切无交点时

图 2-175　内轮廓加工刀具的切入和切出

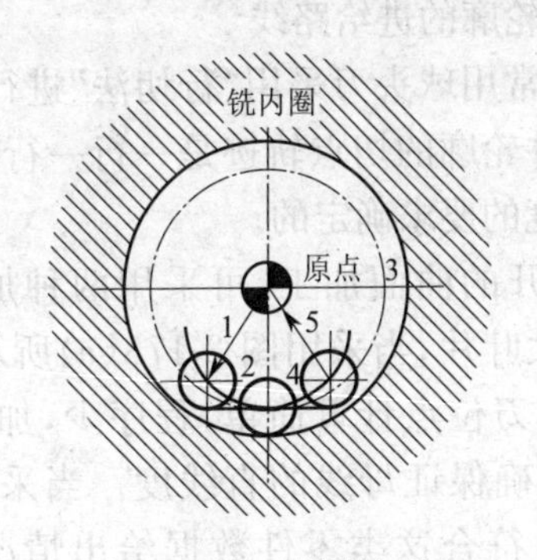

图 2-176　内圆铣削

(3)铣削内槽的进给路线

内槽是指以封闭曲线为边界的平底凹槽。一律用平底立铣刀加工,刀具圆角半径应符合内槽的图纸要求。如图 2-177 所示为加工内槽的三种进给路线。图 2-177(a)和图 2-177(b)分别为用行切法和环切法加工内槽。两种进给路线的共同点是都能切净内腔中的全部面积,不留死角,不伤轮廓,同时尽量减少重复进给的搭接量。不同点是行切法的进给路线比环切法短,但行切法将在每两次进给的起点与终点间留下残留面积,而达不到所要求的表面粗糙度;用环切法获得的表面粗糙度要好于行切法,但环切法需要逐次向外扩展轮廓线,刀位点计算稍微复杂一些。采用图 2-177(c)所示的进给路线,即先用行切法切去中间部分余量,最后用环切法环切一刀光整轮廓表面,既能使总的进给路线较短,又能获得较好的表面粗糙度。

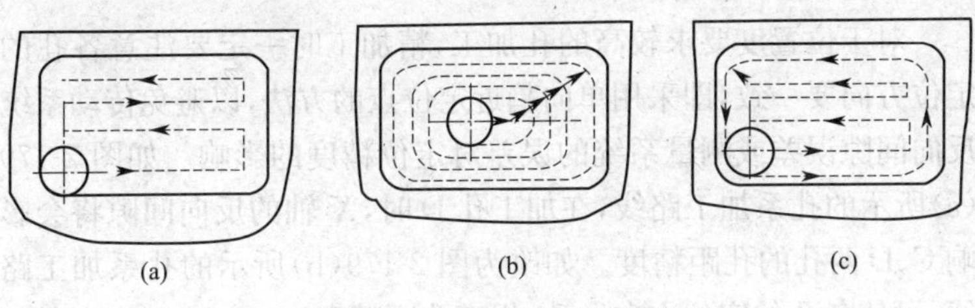

图 2-177　凹槽加工进给路线

(4)铣削曲面轮廓的进给路线

铣削曲面时,常用球头刀采用“行切法”进行加工。所谓行切法是指刀具与零件轮廓的切点轨迹是一行一行的,而行间的距离是按零件加工精度的要求确定的。

对于边界敞开的曲面加工,可采用两种加工路线,如图 2-178 所示发动机大叶片,当采用图 2-178(a)所示的加工方案时,每次沿直线加工,刀位点计算简单,程序少,加工过程符合直纹面的形成,可以准确保证母线的直线度。当采用图 2-178(b)所示的加工方案时,符合这类零件数据给出情况,便于加工后检验,叶形的准确度较高,但程序较多。由于曲面零件的边界是敞开的,没有其他表面限制,所以曲面边界可以延伸,球头刀应由边界外开始加工。

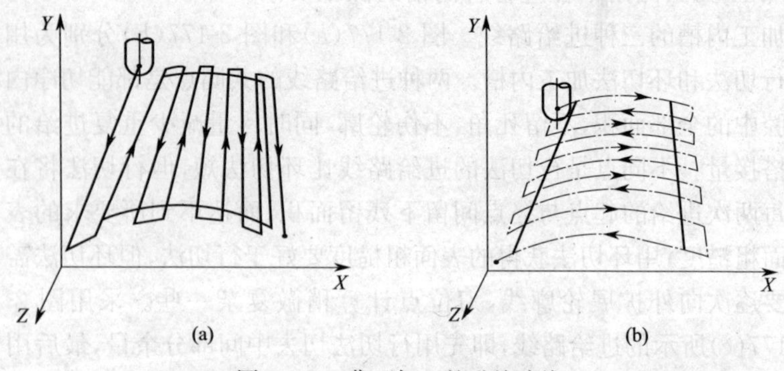

图 2-178　曲面加工的进给路线

(5)孔加工走刀路线

对于位置度要求较高的孔加工,精加工时一定要注意各孔的定位方向要一致,即采用单向趋近定位点的方法,以避免传动系统反向间隙误差或测量系统的误差对定位精度的影响。如图 2-179(a)所示的孔系加工路线,在加工孔 D 时,X 轴的反向间隙将会影响 C、D 两孔的孔距精度。如改为图 2-179(b)所示的孔系加工路线,可使各孔的定位方向一致,提高孔距精度。

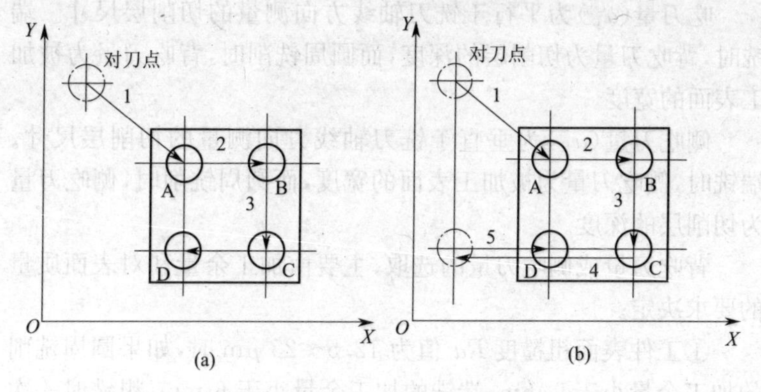

图 2-179　孔系加工方案比较

10. 切削用量的选择

(1)面、轮廓加工切削用量的选择

如图 2-180 所示，数控铣床的切削用量包括切削速度、进给速度、背吃刀量和侧吃刀量。从刀具耐用度出发，切削用量的选择方法是：先选取背吃刀量或侧吃刀量，其次确定进给速度，最后确定切削速度。

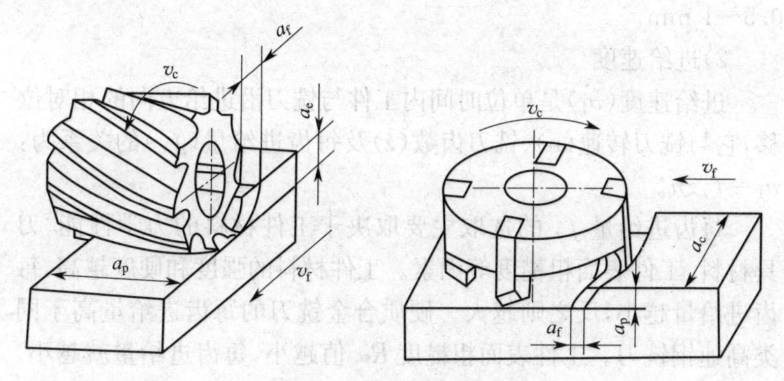

图 2-180　铣削切削用量

1）端铣背吃刀量（或周铣侧吃刀量）选择

吃刀量(a_p)为平行于铣刀轴线方向测量的切削层尺寸。端铣时,背吃刀量为切削层的深度,而圆周铣削时,背吃刀量为被加工表面的宽度。

侧吃刀量(a_e)为垂直于铣刀轴线方向测量的切削层尺寸。端铣时,侧吃刀量为被加工表面的宽度,而圆周铣削时,侧吃刀量为切削层的深度。

背吃刀量或侧吃刀量的选取,主要由加工余量和对表面质量的要求决定。

①工件表面粗糙度 Ra 值为 12.5~25 μm 时,如果圆周铣削的加工余量小于 5 mm,端铣的加工余量小于 6 mm,粗铣时一次进给就可以达到要求。但在余量较大,工艺系统刚性较差或机床动力不足时,可分两次进给完成。

②在工件表面粗糙度 Ra 值为 3.2~12.5 μm 时,可分粗铣和半精铣两步进行。粗铣时背吃刀量或侧吃刀量选取同①。粗铣后留 0.5~1 mm 余量,在半精铣时切除。

③在工件表面粗糙度 Ra 值为 0.8~3.2 μm 时,可分粗铣、半精铣、精铣三步进行。半精铣时背吃刀量或侧吃刀量取 1.5~2 mm;精铣时,圆周铣侧吃刀量取 0.3~0.5 mm,端铣背吃刀量取 0.5~1 mm。

2)进给速度

进给速度(v_f)是单位时间内工件与铣刀沿进给方向的相对位移,它与铣刀转速(n)、铣刀齿数(z)及每齿进给量(f_z)的关系为:$v_f = f_z zn$。

每齿进给量 f_z 的选取主要取决于工件材料的力学性能、刀具材料、工件表面粗糙度等因素。工件材料的强度和硬度越高,每齿进给量越小,反之则越大。硬质合金铣刀的每齿进给量高于同类高速钢铣刀。工件表面粗糙度 Ra 值越小,每齿进给量就越小。工件刚性差或刀具强度低时,应取小值。

3)切削速度

铣削的切削速度与刀具耐用度 T、每齿进给量 f_z、背吃刀量

a_p、侧吃刀量 a_e、铣刀齿数 Z 成反比，而与铣刀直径成正比。其原因是当 f_z、a_p、a_e、和 Z 增大时，刀刃负荷增加工作齿数也增多，使切削热增加，刀具磨损加快，从而限制了切削速度的提高。同时，刀具耐用度的提高使允许使用的切削速度降低。但加大铣刀直径 d 则可改善散热条件，因而提高切削速度。铣削的切削速度可参考相关的切削手册。

(2)孔加工切削用量的选择

孔加工为定尺寸加工，切削用量的选择应在机床允许的范围之内选择，查阅手册并结合经验确定。

1)孔加工时的主轴转速 n(r/min)，根据选定的切削速度 v_c(m/min)和加工直径或刀具直径计算。

2)孔加工工作进给速度 f，根据选择的进给量和主轴转速按式(2-1)计算进给速度。

$$f=v_c\times n \tag{2-1}$$

3)攻螺纹时进给量的选择决定于螺纹的导程，由于使用了带有浮动功能的攻螺纹夹头，攻螺纹时工作进给速度 v_f(mm/min)可略小于理论计算值，即：$v_f\leqslant Pn$(P 为导程)。

在确定工作进给速度时，要注意一些特殊情况。例如，在高速进给的轮廓加工中，由于工艺系统的惯性在拐角处易产生"超程"和"过切"现象，如图 2-181 所示。因此，在拐角处应选择变化的进给速度，接近拐角时减速，过了拐角后加速。

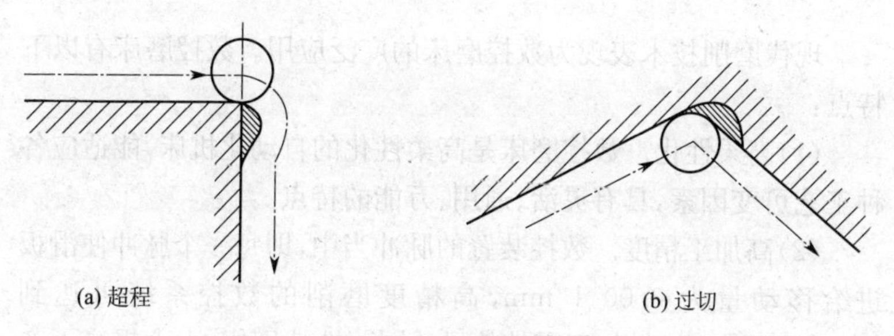

图 2-181　超程和过切

第三章 数控磨削工艺

第一节 常用数控磨削的系统及特点

随着机械制造业的发展，现代世界各国磨削加工发展趋势主要表现在以下方面：(1)提高磨床的加工精度。高精度的磨床能超精密磨削和镜面磨削，加工的圆度逐步到达 0.1 μm。CNC 数控磨床进给分辨率达到 0.000 1 mm。加工精度达到 IT0。(2)提高磨削效率。高速磨削、强力磨削、宽砂轮磨削、多片砂轮磨削等高效率磨削方式不断投入生产，特别是磨削加工的高速化，大大提高劳动生产率。(3)提高磨削自动化程度。各种自动化装置在磨床上应用，主要是磨床砂轮自动平衡装置、砂轮快速更换装置、磨削指示仪、砂轮自动探头、自动测量装置和恒速磨削系统等。CNC 数控磨床的广泛应用，特别是适应性磨削的应用，如几何量适应性控制，恒压力磨削的先进技术以及磨削效应的适应性控制，使磨削加工能获得最佳的磨削效果。(4)砂轮及砂轮制造技术的现代化。(5)干磨削法的推广。

1. 数控磨削

现代磨削技术表现为数控磨床的广泛应用。数控磨床有以下特点：

(1)高柔性化。数控磨床是高柔性化的自动化机床，能适应各种工艺可变因素，具有灵活、通用、万能的特点。

(2)高加工精度。数控装置的脉冲当中，即每一个脉冲使滑板进给移动量为 0.00 1 mm，高精度磨削的数控系统可达到 0.000 1 mm。一批加工零件的尺寸同一性特别好，大大提高了产品的品质。

(3)成形磨削。数控磨削特别适合成形磨削。数控各轴的受控轨迹运动,其若干运动过程可以由一个调节器同时监控的多轴运动,形成曲线磨削轨迹,可磨削复杂成形面。

(4)高效率。具有高的劳动生产率,并可缩短生产周期。

(5)数字化。数控的特点是工件所需的一切控制信息均是以数字形式表达。与手控磨床相比,其加工精度与操作技巧无关。

(6)数控磨削具有多样性、广泛性,包括内磨、外磨、平面、螺纹、花键、工具、曲轴、光学曲线磨等。数控技术的广泛应用,推动着精密制造的进一步全球化。

2. 高精度、超精密磨削

高精度磨削中,使工件表面粗糙度值低于 $Ra0.2\ \mu m$ 的磨削称为低表面粗糙度磨削。低表面粗糙度磨削的三大要素是:机床、砂轮、磨削工艺。

低表面粗糙度磨削分为三个级别:加工低表面粗糙度值为 $Ra0.2 \sim 0.1\ \mu m$的磨削称为精密磨削;加工低表面粗糙度值为 $Ra0.05 \sim 0.025\ \mu m$的磨削称为超精密磨削;加工低表面粗糙度值低于 $Ra0.01\ \mu m$ 的磨削称为镜面磨削。超精密磨削和镜面磨削都是先进的磨削工艺,是现代磨削的高端技术。

(1)高精度磨削对万能外圆磨床的要求

1)高的磨床几何精度。主要是主轴的回转精度、磨床直线运动精度、部件之间的位置定位精度等精度要求。

2)横向进给机构的传动精度。能够保证微量进给的精确性,以满足低粗糙度值磨削砂轮与工件间磨削压力。

3)工作台低速运动的稳定性。低粗糙度磨削工艺中,要求工作台在 10 mm/min 低速运动修整砂轮微刃时无爬行现象。

4)磨床液压系统的稳定性。要求液压泵的脉动小;工作台换向平稳;液压系统各部件的振动小。

(2)精密磨削的特点

精密磨削代替研磨。是现代精密制造工艺的趋势,具有以下特点：

1)经过精密磨削的表面可获得较高的加工精度和较低的表面粗糙度值。以内、外圆表面为例，其圆度和同轴度均可达到0.3 μm以下，特别是可以达到高精度的位置公差要求，这是研磨的方法难以达到的。

2)精密磨削与研磨相比较，具有较高的劳动生产率。

3)精密磨削的加工范围很广，其代替研磨是现代精密制造的发展趋势。

4)精密磨削是先进的磨削工艺。磨削时，砂轮和工件之间保持一定的压力。它是利用砂轮等高微刃对工件表面进行极微量的磨削和强烈的摩擦、抛光作用，从而获得低表面粗糙度值，同时它是低应力磨削。

(3)超精密磨削的磨削原理

1)砂轮的微刃性。经过精油修整的砂轮圆周表面具有无数极细微的微刃，砂轮微刃具有一定的刻划、切削作用。砂轮表面的微刃性是超精密磨削的最基本条件，微刃的齿距约6 μm左右。

2)微刃的等高性。即使微刃尖点都处于砂轮表面同一圆周面上进行磨削。

3)超精密磨削经过较长时间的光磨，砂轮和工件之间保持着一定的磨削压力，在微刃的强烈摩擦抛光作用下，把工件表面碾平，达到极低的表面粗糙度；

4)较小的磨削应力。

(4)超精密磨削时，砂轮圆周速度的选择

超精密磨削取用较普通磨削低的砂轮圆周速度，$v_s=19$ m/s。较低的砂轮圆周速度可防止超精密磨削工件表面烧伤和工艺系统的振动，以达到微刃的强烈摩擦抛光作用下的低应力磨削效果。

(5)超精密磨削时，工件圆周速度的选择

超精密磨削时，工件圆周速度对工件表面粗糙度无显著影响。但当工件圆周速度过低时，易烧伤工件表面和产生螺旋痕迹；过高时则易产生振动，工件表面产生振动波纹痕迹。工件圆周速度为 v_w＝10～15 m/min。

(6)超精密磨削时，背吃刀量的选择和控制

超精密磨削的背吃刀量与普通磨削不同：(1)超精密磨削的背吃刀量极小，ap＜0.001 mm；(2)超精密磨削的背吃刀量是理论背吃刀量，即是砂轮与工件间维持一定的磨削压力，经过微刃刻划切削和较长时间的微刃的强烈摩擦抛光作用，达到工件的实际背吃刀量。磨削时使用磨削指示仪控制砂轮与工件间的磨削压力。

(7)超精密磨削时，如何防止工件表面产生划痕

工件表面划痕有两种：一种是精密磨削不当所残留的表面痕迹；另一种是超精密磨削时，切削液中的磨粒碎片划伤加工表面。因此，对精密磨削的工艺要求是表面粗糙度达到 Ra0.1 μm；同时注意净化切削液，防止磨削时切削液中的磨粒划伤工件表面。残留划痕点很少，也应更换切削液。

(8)超精密磨削时，工件表面产生直波形误差的原因

在高精度磨床上磨削外圆，产生直波形误差的原因分析如下：

1)砂轮平衡不好，使砂轮对工件的振幅增大。因此要重新平衡砂轮，以消除直波形误差。

2)砂轮架电动机振动。

3)砂轮法兰盘锥孔与砂轮主轴配合不良，磨削时引起砂轮跳动。

4)工件中心孔与顶尖接触不良。

5)工件顶得过紧或过松，引起工件振动。

3. 高速磨削

高速磨削是先进磨削工艺，磨削加工的高速化也是磨削工艺发展的方向之一。

(1)高速磨削的特点

砂轮圆周速度 v_s≥45 m/s 的磨削称为高速磨削。高速磨削的特点是：1)提高劳动生产率 30％～100％；2)增加砂轮寿命约四

倍；3）提高加工精度和减小表面粗糙度值；4）须增大机床电动机功率，并对磨床刚度、砂轮强度、冷却装置及安全防护方面有特殊要求。

(2)高速磨削的原理

高速磨削的原理是按磨屑厚度理论公式可知，提高砂轮圆周速度 v_s，可以减小磨屑厚度 a。这是由于砂轮圆周速度提高后，砂轮表面在单位时间内参加磨削的磨粒数增多，每颗磨粒的磨屑厚度减小，从而减小磨削力，有利于减低表面粗糙度，延长砂轮寿命；同时可增大背吃刀量，获得高劳动生产率。

(3)高速磨削对机床的要求

高速磨削对机床有下列要求：1）砂轮主轴电动机功率相应增大 75%～100%；2）提高主轴轴承刚度，油膜轴承间隙增大至 0.03～0.05 mm；3）主轴轴承采用黏度较小的主轴油；4）提供足够压力、流量的切削液；5）有严格的安全防护装置及必要的吸雾装置；6）机床具有高的刚度及良好的抗振性。

4. 深切缓进磨削

深切缓进磨削又称强力磨削，是先进的磨削工艺。深切缓进磨削是采用较大的背吃刀量的高效成形磨削。

(1)深切缓进磨削的原理

深切缓进磨削按平面磨削磨屑厚度理论公式可知，缓进给时工件的纵向速度 $v_w = 30 \sim 150$ mm/min，极小；背吃刀量 $ap =$ 10 mm左右，极大。故深切缓进磨削的磨屑厚度减小。

(2)深切缓进磨削的特点

深切缓进磨削具有高的磨削效率，生产率可提高 20 倍；适合成形磨削耐热合金等难加工材料，以磨代铣，加工飞机发动机、汽轮机叶片根部，减少成形铣刀费用，降低生产成本；砂轮有较高寿命，砂轮工作形面保持性好；较高的加工精度及低的表面粗糙度，磨削耐热合金不易产生磨削裂纹；可实现成形磨削的自动化控制；强力磨削使用专用机床，对机床结构及砂轮都有特殊要求。

(3)深切缓进磨削对机床的要求

深切缓进磨削对机床有以下要求:1)机床具有高的刚度和功率;2)主轴可无级调速;3)工作台低速进给平稳,且有快速返程装置;4)能提供足够压力、流量的切削液,并有排屑和切削液过滤器;5)具有金刚石滚轮砂轮修整器。

5. 恒压力磨削

恒压力磨削又称控制力磨削,即磨削时砂轮以一定的背向力压向工件,自动完成粗磨、精磨及无火花磨削循环。

(1)恒压力磨削原理

恒压力磨削的原理是控制力磨削。使用液压装置使砂轮架推进与工件接触,控制磨削压力 446～574 N 之间;并自动完成粗磨、精密、无火花磨削循环。砂轮架横向位置由定位挡块控制。

(2)恒压力磨削的特点

恒压力磨削的特点是:1)能可靠地达到规定的加工精度和表面质量;2)自动完成磨削循环,提高磨削效率;3)防止砂轮超负荷工作,操作安全;4)机床结构紧凑;5)可按最佳磨削参数,控制砂轮对工件的磨削压力,进行适应性磨削;6)须采用静压或滚柱导轨,以保证稳定的磨削压力。

6. 砂轮及砂轮制造技术的现代化

磨削的三要素是机床、砂轮和磨削工艺。因此,砂轮制造技术的发展是至关重要的。不同品种的普通磨具和超硬磨料磨具的发展促进了磨削技术的不断发展和优化。普通磨料如单晶刚玉、微晶刚玉等,超硬磨料尤其是人造金刚石、立方氮化硼磨料磨具等的推广应用,提高了磨削的精度和劳动生产率。

(1)超硬磨料人造金刚石的性能、特点及应用

人造金刚石是在高温高压条件下,借助合金触媒的作用,由石墨转化成的碳的同素异晶体。为立方晶格,硬度达 10 000 HV,是最硬的材料。各种人造金刚石有不同的特点,晶体呈针状或等积

面，晶面粗糙，切削刃锋利，磨削力及磨削热小，热导率大。用于磨削硬质合金、玻璃、陶瓷、石材、宝石、地砖和铁族材料。金刚石的热稳定性差，磨削稳定在600 ℃～700 ℃以上时，其碳原子易扩散到铁族金属内，造成化学磨损。

(2)超硬磨料立方氮化硼(CBN)的性能、特点及应用。

立方氮化硼是用六方氮化硼为原料，以适当触媒挤在超高压超高温条件下合成。为立方晶格，硬度仅次于金刚石，为8 000～9 000 HV耐热温度为1 400 ℃～1 500 ℃，对铁族金属有化学惰性，适合加工硬而韧的钢料，如不锈钢、高速钢、钛合金、模具钢、高温合金等。

第二节　常难加工材料磨削特点及方法

CBN(立方氮化硼)砂轮在小孔和难加工材料内孔磨削加工中的应用。

1. CBN砂轮概述

立方氮化硼(CBN)是一种具有很高的硬度和切削性能的新型磨料。与其他磨料的砂轮相比，CBN砂轮在磨削加工中的优势见表3-1。

表3-1　CBN砂轮的优点

	优点	原因分析
CBN砂轮在磨削加工中的优点	高耐用度	CBN砂轮的耐用度比刚玉砂轮高几十倍至几百倍，比金刚石砂轮高2～5倍，在长时间使用中能保持良好的切削性能，不需经常修整
	高生产率	CBN砂轮可以采用大的磨削用量，磨削加工行程次数少，砂轮修整时间少
	加工精度高	CBN磨料的磨削性能稳定，耐磨性高。磨粒的磨损及脱落比其他磨料砂轮少，砂轮能够保持成形精度。同时CBN砂轮磨削时的磨削力和磨削温度较低
	单位消耗量少	CBN磨料的耐磨性高，在磨削钢料时单位消耗量比刚玉类或碳化硅少几十倍至几百倍，比人造金刚石少20倍
	磨削表面质量好	CBN砂轮磨削性能好，磨削温度低，工件表面不产生裂纹和烧伤，残余应力较刚玉砂轮或金刚石砂轮磨削加工低，因此工件有良好的表面质量、高的耐磨性和物理机械性能

CBN 磨料有较高的耐热性，与铁元素的化学亲和力小。因此，CBN 砂轮适于工具钢、模具钢、高合金钢、不锈钢、耐热钢、钛合金、镍基合金等难加工材料的精密磨削。

CBN 砂轮不仅可以提高生产效率，而且可以提高加工精度和表面质量，改善工件表面应力状态，提高产品使用寿命，具有显著的经济效益和社会效益。CBN 砂轮在各国得到广泛应用。从一般磨削到强力磨削，再到高速磨削，CBN 砂轮均取得了很好的应用效果。

2. CBN 砂轮磨削小直径内孔

内孔磨削相对于平面磨削和外圆磨削，由于其恶劣的加工条件，存在着许多困难。而小直径内孔磨削又因砂轮和砂轮杆的直径很小，磨削加工困难更大。小直径精密内孔的磨削普遍存在磨削效率低磨削质量差砂轮消耗快、修整频繁等问题。小直径内孔的磨削问题见表 3-2。

表 3-2　小直径内孔的磨削问题

	问题	原因分析
小直径内孔磨削问题	表面质量差	磨削线速度低。普通内圆磨床主轴转速满足不了小直径内孔磨削所需的磨削线速度。由于速度低，致使磨削效率低，表面质量差
	工件易发热和烧伤	砂轮接触弧长，速度低时每一磨粒单位时间内参与切削的次数少，磨粒易磨钝、阻力大
	表面质量差	磨削时冷却条件差，排屑困难，砂轮易堵塞，影响磨削效率与表面质量
	磨削精度低	砂轮杆直径小，且悬伸长、刚性差，易弯曲变形和振动，磨削时容易产生锥度和尺寸不稳定，对加工精度和表面粗糙度都不利，同时限制了磨削用量的提高，影响生产效率

磨削淬火钢（HRC55-60）$\phi 3 \sim \phi 6$ 小孔时，若采用刚玉砂轮，由于孔直径小，砂轮也非常小，修整不了几次砂轮就会报废，一个砂轮加工不了几个孔。由于经常修整砂轮，加工时需要经常对刀，

效率非常低,质量难以保证。采用CBN砂轮后,砂轮损耗非常小,不用修整砂轮,对刀一次就能完成多个孔加工,生产效率非常高,质量也得到了保证。采用CBN砂轮后,加工精度、表面质量都得到了提高。采用CBN砂轮加工过淬火钢9CrSi、Cr12MoV、T10A、GCr15及高速钢W6Mo5Cr4V2Al、W18Cr4V,取得了良好的加工效果。

3. CBN砂轮磨削不锈钢材料内孔

不锈钢在磨削加工中存在的问题见表3-3。

表3-3　不锈钢的磨削问题

	问题	原因分析
不锈钢磨削问题	磨削温度高	不锈钢韧性大、热强度高,砂轮磨粒具有较大的负前角,磨削力大,挤压、摩擦剧烈,磨削温度可达1 000 ℃~1 500 ℃
	易发生磨削变形	不锈钢线膨胀系数大,在磨削热的作用下易产生变形,尤其是薄壁和细长类零件
	工件易烧伤、硬化	不锈钢导热系数小,磨削时的高温不易导出,工件表面易产生烧伤、退火等现象。由于磨削过程中产生严重的挤压变形,导致工件表面产生加工硬化
	砂轮失效	高温高压下,磨屑易黏附砂轮,堵塞磨粒间空隙,使砂轮失去磨削能力
	磨削精度低	不锈钢大多不能被磁化,平面磨时只能靠机械夹具来夹持工件,易产生装夹变形和尺寸超差

CBN磨粒的硬度很高,热稳定性好,化学惰性高,在1 300 ℃~1 500 ℃不会发生氧化,磨粒的切削刃不易磨钝,产生的磨削热也少,适合磨削各种不锈钢。

用刚玉砂轮加工不锈钢内孔时,由于砂轮磨粒脱落,加工完用光面塞规测量时,磨粒不能完全清理干净,不锈钢零件的硬度较低,造成零件内孔划伤,表面粗糙度下降。采用CBN砂轮,磨粒基本不会脱落,用光面塞规测量时,不会造成零件内孔划伤。用CBN砂轮采用适当的切削参数,比较容易达到表面粗糙度$Ra0.8$。

目前采用 CBN 砂轮磨削加工过的不锈钢材料内孔有：2Cr13、9Cr18、1Cr17Ti、1Cr18Ni9Ti、0Cr21Ni5Ti、0Cr17Ni4Cu4Nb 等，均取得了良好的加工效果。

4. CBN 砂轮磨削钛合金内孔

钛合金在磨削加工中存在的问题见表 3-4。

表 3-4　钛合金磨削问题

	问题	原因分析
钛合金磨削问题	磨削力大	相同条件下，磨削钛合金的径向分力比 45 号钢大近 5 倍，切向分力大近 1 倍
	磨削温度高	钛合金磨削时划擦现象严重，产生强烈的摩擦，急剧的弹性、塑形变形和大量的热量，致使磨削区域的温度很高。钛合金导热系数小，磨削时的高温不易导出
	砂轮失效	钛合金的化学活性大，由于磨削过程中的高温高压，钛合金与磨粒之间易发生化学作用，工件表层组织易发生镶边，从而加速了砂轮的磨损
	磨削生产率低	磨削钛合金时砂轮易变钝失效，磨削比很低。在保证所需零件加工精度的条件下，很难获得较高的生产率
	表面质量难保证	磨削钛合金过程中，工件表面易产生有害的残余拉应力，降低零件的疲劳强度，表层组织发生相变，表面粗糙度较大

由于钛合金的磨削温度高，再加上钛合金的化学活性大，工件表层很容易发生相变，而且容易产生有害的残余应力，从而降低零件的疲劳强度。因此在选择钛合金的磨削用量时最先要考虑的是降低磨削温度。磨削速度对磨削温度的影响最大，所以磨削钛合金时的速度不宜太高。采用 CBN 砂轮磨削钛合金的效果最好。CBN 砂轮磨削钛合金的磨削比很高，且工件表层残余应力几乎都为压应力。

5. CBN 砂轮磨削高温合金内孔

高温合金在磨削加工的问题见表 3-5。

表 3-5 高温合金磨削问题

	问题	原因分析
高温合金磨削问题	磨削力大	高温合金的高温强度高，磨削高温合金时磨削力比磨削普通材料时大得多
	磨削温度高	由于磨削力大，切屑难以切离，砂轮与工件产生剧烈的摩擦，产生大量的磨削热。高温合金导热系数小，磨削热不能及时传出，造成切削区域的磨削温度很高
	砂轮易磨损	高温合金在高温时硬度高，加工硬化严重，易导致砂轮钝化。高温合金的黏附性很强，磨屑易黏附在砂轮表面，堵塞磨粒间的气孔，使砂轮的磨削能力降低，造成砂轮磨损严重。砂轮的磨损增大了砂轮与工件间的接触面积，使散热条件变差
	磨削质量难保证	由于磨削温度高，极易造成加工表面烧伤，磨后工件表面呈有害的拉应力，磨削表面质量和精度不易保证

磨削高温合金 GH1131ϕ12H7 孔时，采用单晶刚玉砂轮、微晶刚玉砂轮基本加工不动，机床进给 0.1 mm，而实际切削不到 0.01 mm，磨削后工件表面粗糙为 Ra3.2。后采用粒度为 B151 的直径为 ϕ10 的 CBN 砂轮杆磨削，机床进给 0.1 mm，实际磨削 0.07～0.08 mm，磨削效益大大提高。磨削后工件表面粗糙度达到 Ra0.8，精度达到 7 级。CBN 砂轮在磨削高温合金时效果较好。在用 CBN 砂轮磨削高温合金时要有充足的切削液，以便带走较多的磨削热，冲洗工件和砂轮表面。目前采用 CBN 砂轮磨削加工过 GH4169、GH1131 等高温合金材料，选择合理的磨削参数，解决了加工难题，取得了良好的加工效果。

6. 砂轮杆的选择

由于 CBN 砂轮一般不用修磨，所以装入砂轮杆后跳动值应≤0.02，可采用如图 3-1 所示的砂轮杆。

7. 总结

选用了瑞士戴米特(DIAMETAL)的 CBN 砂轮，并针对该砂轮直径小、强度低的问题改进了砂轮杆的结构，解决了生产加工中

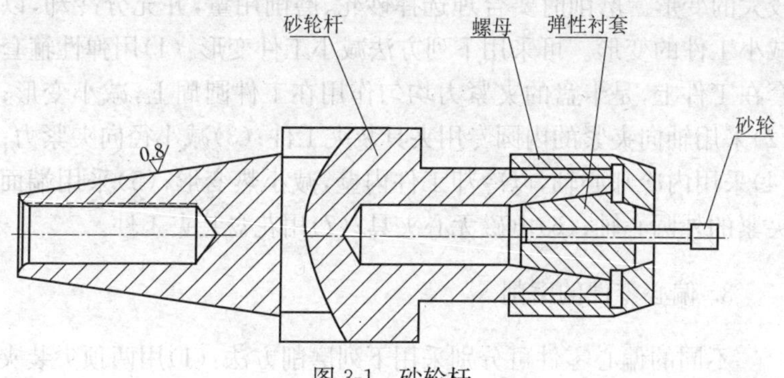

图 3-1　砂轮杆

小直径内孔的磨削难题。并通过生产应用和经验总结，使 CBN 砂轮在难加工材料内孔的磨削加工方面得到广泛应用，有效地提高了产品加工效率，保证了产品的质量，取得了良好的应用效果。在实际生产中，通过 CBN 砂轮的应用，目前小直径内孔和难加工材料内孔的磨削难题已得到有效地解决或改善，获得了较高的生产效益。

第三节　难加工零件的磨削工艺

1. 薄片零件的磨削

薄片零件的刚度低，在磨削时易产生翘曲变形。磨削时要合理选择砂轮、磨削用量，合理装夹工件，并充分冷却，以减小工件的受力变形和热变形。可采用下列方法减小工件变形：(1)采用硬度较软的砂轮，并使砂轮保持锋利；(2)减小背吃刀量；(3)使用充足的切削液以改善冷却条件；(4)减小磨前工件基准的平面度误差；(5)橡胶垫片磨削法；(6)涂白蜡法；(7)垫纸法；(8)低熔点材料黏结法；(9)减小电磁吸盘的吸力；(10)用角铁式夹具装夹工件，改变夹紧力的方向，减小工件夹紧变形。

2. 薄壁零件的磨削

薄壁套的刚度低，在磨削力、夹紧力、磨削热的作用下会产生较大的变形。磨削时要合理选择砂轮、磨削用量,并充分冷却,以减小工件的变形。可采用下列方法减小工件变形:(1)用弹性箍套套在工件上,是卡盘的夹紧力均匀作用在工件圆周上,减小变形;(2)采用轴向夹紧的内圆专用夹具装夹工件;(3)减小径向夹紧力;(4)采用内冷却心轴,以冷却工件内壁,减小热变形;(5)采用端面夹紧的外圆心轴;(6)电磁无心夹具;(7)用花盘装夹工件。

3. 偏心零件的磨削

不同的偏心零件可分别采用下列磨削方法:(1)用两顶尖装夹磨削偏心轴;(2)用专用夹具装夹磨削偏心零件;(3)用偏心卡盘装夹磨偏心零件;(4)用花盘装夹磨偏心零件;(5)用四爪单动卡盘装夹磨偏心零件;(6)用曲轴磨床磨曲轴。

4. 细长轴的磨削

细长轴的刚度较低,在磨削力的作用下,工件会产生弯曲变形和振动,使工件产生形状误差(如腰鼓形)、多角形振痕和径向圆跳动等缺陷。减小工件变形的方法是:(1)消除工件残余应力。工件在磨削前,应增加校直和消除应力的热处理工序,避免磨削时由于内应力而使工件弯曲;(2)合理选择砂轮;(3)合理修整砂轮;(4)减小尾座顶尖的顶紧力;(5)减小背吃刀量;(6)使中心孔有良好接触;(7)选择使用中心架;(8)充分冷却润滑;(9)减小砂轮宽度;(10)工件磨削完毕后应吊直存放。

5. 螺纹磨削工艺

螺纹磨削的特点:

(1)加工的范围广泛。包括各种传动螺纹、切削刀具和螺纹滚压工具、量规及量仪、紧固螺纹、专门用途螺纹等五大类。如丝杠、滚珠丝杠、蜗杆、丝锥、滚刀、螺纹量规、千分丝杠、高强度螺栓等。

(2)螺纹磨削属于成形磨削。专门使用螺纹磨削以其螺距传动链的传动精度满足螺纹精度要求。

(3)螺纹磨削可以获得较高的加工精度和低的表面粗糙度值。

螺纹磨削加工误差分析:1)螺距局部性误差:螺距局部性误差是由于材料局部缺陷和其他一些偶然因素所致。它只是出现在螺纹表面局部,没有任何规律。如机床丝杠局部磨损,工作台导轨磨损,工作台对刀机构中滑座导轨的间隙过大等都会造成局部误差。2)螺纹周期性误差:螺纹周期性误差主要由于机床螺距传动链中各元件如丝杠、主轴、齿轮等的周期性误差所致。周期性误差按一定规律变化。3)螺距渐进性误差:产生螺距渐进性误差的原因有两个:其一是机床丝杠的渐进性误差;其二是磨削热的影响。渐进性误差呈直线状。工件的热变形以及机床丝杠的热变形是产生渐进性误差的主要原因。采用等温磨削可减小渐进性误差。

6. 无心磨削工艺

无心磨削的四种典型磨削方法:

(1)切入式无心磨削。采用宽砂轮切入磨削各种带有轴头的圆柱表面。磨削轮宽度大于圆柱面长度,工件轴向定位,采用机械手装卸。

(2)切入式台阶轴无心磨削。用台阶形的磨削轮磨削各台阶轴的圆柱表面,也可以用多片砂轮代替台阶形砂轮。砂轮宽度与各圆柱长度相对应,砂轮由靠模修整器修整。

(3)切入式成形面无心磨削。砂轮由靠模砂轮修整器修整成形。加工球面、圆锥、圆柱等几何要素。导轨应选择适当的部位与工件接触。工件的形面精度由磨削轮形面保证。

(4)切入式十字轴无心磨削。由两个布置在十字轴两端的磨削轮同时磨削圆柱面,两磨削轮位置距离与十字轴相对应。砂轮由专用修整器修整,使砂轮切入磨削所获得尺寸相等。工件的支承在两边,轴向定心要避免磨削时发生干涉现象。磨削使用上下料机构。

第四节　各种类型工件的加工工艺方法

1. 无心磨自制托盘

(1)存在问题

某顶杆，直径为 $\phi 2_{-0.02}^{-0.01}$，在利用无心磨加工外圆时，工件在用拨棍拨出导板同时，很容易掉入机床缝隙，而且容易产生危险。

(2)要因分析

工件直径为 $\phi 2$，太小，已接近机床加工极限；由于冷却液的黏附性，不易将工件拨出。

(3)改善对策及实施

自制一个铝制托盘，固定在导板出口处(用螺钉固定)并将机床出口处的缝隙盖住，工件在拨出机床时，直接掉入托盘，这样就解决此问题。

(4)改善效果

使此类直径过小的导杆类产品顺利实施加工；提高操作者加工安全性，可控性；提高了产品加工效率。

2. 磨床 S30 修整器过渡套

(1)存在问题

用原配 S30 磨床修整器修整磨床外圆砂轮，其磨削力较弱，加工工件外圆时有振动，并且光洁度较差。

(2)要因分析

更换后的外圆砂轮与原配修整器不匹配。原配修整器上的金刚笔为排式，修整的砂轮太细。

(3)改善对策及实施

将原配排式金刚笔更换为点式金刚笔；自制过渡套，将点式金刚笔固定在机床修整器上；过渡套外圆与修整器锥孔为锥度配合，内孔与点式金刚笔配合固定。如图 3-2 所示。

(4)改善效果

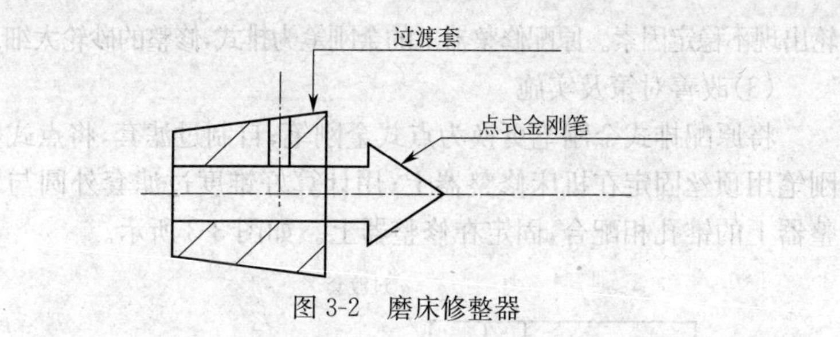

图 3-2　磨床修整器

将排式更改为点式，解决外圆砂轮修整过细问题；提高光洁度，提高生产质量；提高生产效率。

3. 无心磨床自制接盘

(1)存在问题

产品名称：导杆直径 $\phi 2(^{-0.01}_{-0.03})$加工方法：无心磨加工，由于此工件直径为 $\phi 2$，已达到无心磨加工最小尺寸的极限。

(2)要因分析

加工过程中，由于冷却液的黏滞性，在将工件用拨棍拨出时，一不小心特别容易掉进机床缝隙。

(3)改善对策及实施

为解决此问题，本人自制一个铝制接盘，固定在产品出口处，在产品工件被拨出时，直接掉入接盘，问题解决。

(4)无形效果

解决细小导杆类产品易掉入机床缝隙的问题；提高了加工的安全性；提高了工作者的操作性保证产品生产顺利完成。

4. 半自动磨床 S30 修整器过滤套

(1)存在问题

用原配 S30 磨床修整器修整外圆砂轮时，其修整力较弱，加工工件外圆时有振动，并且光洁度较差。

(2)要因分析

现有的外圆砂轮与原厂砂轮型号不一致，用原厂修整器修整有砂轮出现不稳定因素。原配修整器上的金刚笔为排式,修整的砂轮太细。

(3)改善对策及实施

将原配排式金刚笔更换为点式金刚笔;自制过滤套,将点式金刚笔用顶丝固定在机床修整器上;用计算好锥度过滤套外圆与修整器上的锥孔相配合,固定在修整器上。如图 3-3 所示。

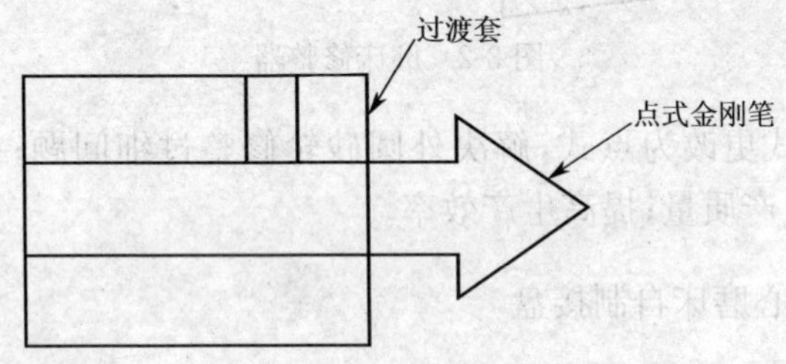

图 3-3　磨床修整器

(4)无形效果

将排式更改为点式,解决外圆砂轮修整过细问题;提高工件直线度,光洁度,提高了生产质量,提高加工生产效率。

5. 盲孔磨削方法

(1)存在问题

传统盲孔连续走刀磨削过程中,内孔砂轮由于受到连续撞击磨损不一致,导致内孔砂轮直线度破坏,甚至破损,加工出来的盲孔直线度超差,一般是孔口大,里孔小的现象,加工困难,效率低下。

(2)要因分析

盲孔没有退刀槽,内孔砂轮在磨削过程中,前端受损严重,后端较轻,前后不一致,直线度超差,如图 3-4 所示。

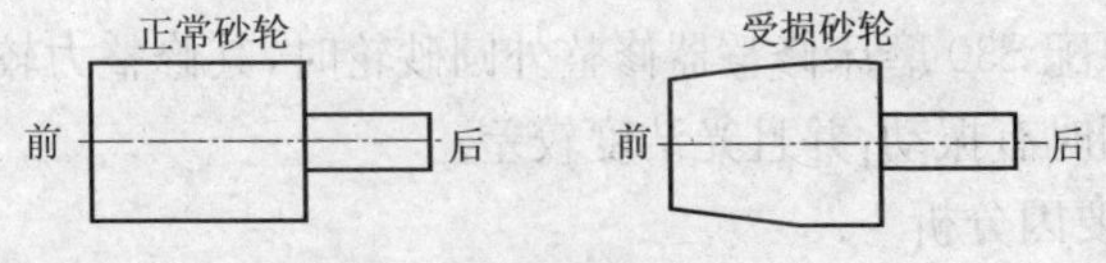

图 3-4　砂轮受损前后对比图

(3)改善对策及实施

改变加工方法，传统走刀磨削与切磨相结合；先用切磨方式，将内孔砂轮移至工件内孔底端，进行切磨，将工件余量去除，留有0.05～0.1 mm余量；再用连续走刀磨削，磨削至切磨尺寸相一致即可；修整砂轮，保持良好直线度，将工件加工至合格尺寸。

(4)无形效果

降低砂轮磨损程度，保持良好直线度，保证工件质量；提高加工效率，提高了3～5倍；砂轮不宜破裂，保证加工安全。

第五节　各种类型工件的装夹方法

介绍磨加工的基本装卡方式，能更好的为工艺人员提供准确的工艺装卡方案及加工流程，为质量精细化工作打下良好基础，同时为前后工序的配合提供了可参考信息。

1. 两顶装卡(最常用的装卡方法)

两顶装卡适用于轴类零件且两端留有顶尖孔，否则无法磨削。图3-5中左侧有一个卡箍，床头主轴旋转带动卡箍旋转从而带动工件旋转。加工中零件从右向左看逆时针旋转，砂轮旋向相反。零件转速由零件直径而定，一般为100～150 r/min，砂轮转速由机床而定。

图3-5　两顶装卡

注意事项：两顶加工必须要留有顶尖孔，有些零件不允许打顶尖孔可以预留工艺堵头，待磨削加工后再去除；顶尖孔大小一般为 $\phi 1$ mm～$\phi 1.5$ mm。

2. 三爪装卡

说明：三爪装卡适用于回转型壳类零件，如图 3-6 所示，不需要顶尖孔，零件一般为中空结构。加工中一次装卡可以实现外圆内孔同时加工，可以较好的保证零件的行为公差要求。但加工前一般需要找正零件的断面和内孔或外圆，没有两顶装卡方便。

图 3-6　三爪装卡

注意事项：如果零件壁厚太薄，这样装卡会造成零件变形，所以需要设计合适胎具来配合加工，加工前准备时间较长，成本略有提高。

3. 磁台吸附

此种装卡方法是适用于零件的平面（端面）加工，如图 3-7 所示，零件被平台吸附在工作台上，上方的砂轮来回往复运动进行磨削。零件形状受限制，只能加工形状较规则的零件，对于那些形状复杂的零件同样需要设计专用工装来保证磨削的正常进行。

图 3-7 磁台吸附装卡

注意事项:此种装卡方法最大的局限性就是它无法吸附非磁性零件,所以在设计零件加工路线时需要注意这一点。

第六节 涡轮泵转子的磨削加工技术

1. 问题概述

涡轮转子的加工精度和形位公差要求很高,其外圆 ϕ60、ϕ52.5、ϕ50、ϕ42、ϕ36 的公差值分别是 0.011 mm、0.005 mm、0.011 mm、0.005 mm、0.009 mm,同轴度是 0.01 mm。此工件还有一个关键工序就是花键磨削,其中有两处渐开线花键和一处矩形花键,同轴度也是 0.01 mm。在进行精加工时,工件的各形位公差误差值必须控制在 0.002 mm 以内才能满足工艺要求。根据工艺要求和以上数据分析,利用车间现有设备,外圆由高精度半自动万能磨床加工,花键由数控磨齿机加工完成。

涡轮转子的结构如图 3-8 所示。

此工件长度约 1 m,外圆尺寸和形位公差要求严格。它是由高温镍基合金 G4169 整体锻件加工而成。进行到磨削加工时,已

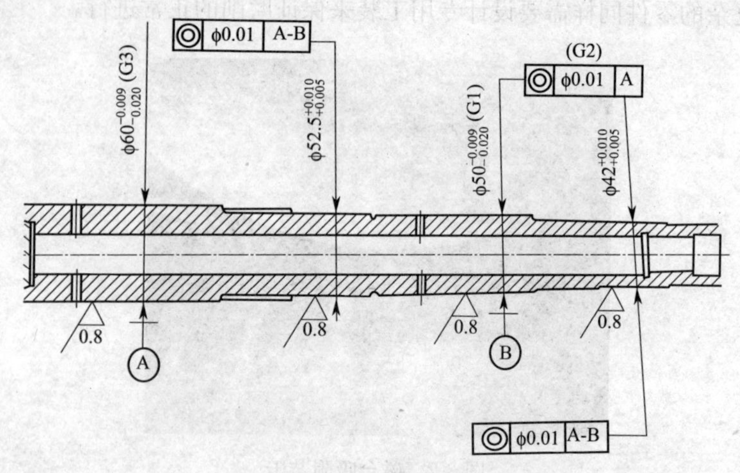

图 3-8　涡轮转子

经进行了 30 多道工序，周期较长。

2. 外圆加工

(1)准备阶段

1)外圆加工是以工件中心孔为基准，在高精度半自动万能磨床上进行的。加工前，磨床需要预热 0.5～1 h，机床过凉和过热都会影响其加工性能。

2)检查水箱冷却液是否充足，防止缺水引起工件烧伤、超差。

3)运行砂轮，转速约为 1 300 r/min，检查机床各项功能是否正常，确认完好后方可进行。

4)检查工件中心孔。中心孔在外圆磨削中占重要地位，它的好坏直接影响加工质量。

为保证外圆磨削质量，防止废品产生，中心孔应满足以下要求：①60 度中心孔，圆度较好且带保护锥。②中心孔锥面粗糙值较小，不能有毛刺、划伤、磕碰伤等缺陷，必要时需修研。③中心孔角度准确，两端中心孔应在同一轴线上，否则会使中心孔与顶尖接触不良，容易使中心孔磨损和变形，从而影响工件圆度误差和同轴度误差。④此工件大而重，中心孔也应较大，二者相匹配。中心孔中小圆柱孔应足够深。

5)装夹工件时，以中心孔为基准，尾座的预紧力不宜过大或过小。检查卡箍(图 3-9)是否已夹紧，防止松动。用杠杆百分表检查各个外圆，端面跳动控制在 0.01 mm 以内。

图 3-9　卡箍位置示意图

(2)加工阶段

以上内容全部合格，开始进行磨削加工。

1)粗加工

利用工件粗磨进行机床调整。工件安装好后，先测量一下余量状况，可以采用横向磨削法，在工件的两端各磨一刀。根据磨削两端外圆时横向进给手轮刻度盘的读数值和两端外径差值，即可判断工件轴线与工作台纵向进给运动方向是否平行。如果有差值而不平行，可按上述方法对工作台进行调整，再试磨两端外圆，再测量，再调整，直到两端刻度盘读数相同和值相同为止，这样工作台基本就调整好了。同时要注意为半精加工留取 0.03～0.05 mm的余量。

注：为提高调整工作台效率和准确度，可以磨床床身尾部放置一个百分表，把表的侧头触在工作台侧面，如图 3-10 所示。

图 3-10　磨床床身尾部的百分表

2)半精加工

采用连续走刀磨削,校正粗磨直线度。将砂轮从工件左端连续移动到右端,进刀量 0.01～0.015 mm,测量外圆两端尺寸,如有差值继续调整工作台。最终工件外圆两端尺寸误差值控制在 0～0.001 mm。同时要注意为精加工留取 0.01～0.015 mm 余量。

3)精加工

①调整好心态,注意力一定要集中,手要稳,进刀准。

②走刀磨削,第一次进刀 0.005 mm,测量外圆余量情况,可分 2～3 次进给,进刀量可取 0.002～0.005 mm。最后磨削至尺寸要求。

3. 花键加工

(1)准备阶段

花键加工是在数控磨齿机进行的。此工序准备事宜与外圆相似,不再赘述。不同之处在于:砂轮转速 8 000 r/min,冷却液金属加工油 macron 万安 400m-22,砂轮材料铬刚玉。修整器-金刚石滚轮有两种:修整矩形花键 YK7332A- 85- 303 方头金刚石滚轮(图 3-11)和修整渐开线花键 YH7332A- 60- 302a 圆头金刚石滚轮(图 3-12)。

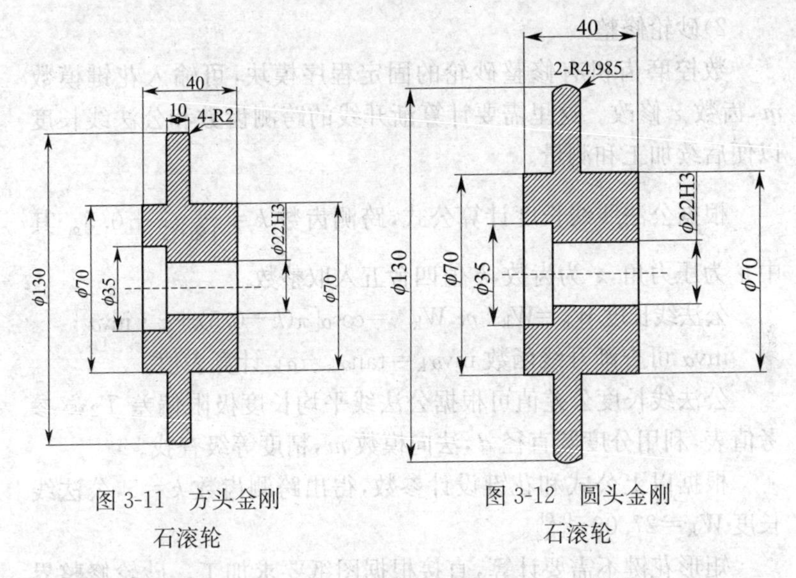

图 3-11　方头金刚石滚轮

图 3-12　圆头金刚石滚轮

1)装夹、找正

装夹时,尾座的预紧力不能过大也不能过小,要适中。采用双螺钉顶紧的方式进行卡箍(图 3-13),防止工件左右晃动。用百分表找正各个基准外圆,达到工艺要求方可加工。

图 3-13　卡箍方式:双螺钉顶紧

2)砂轮修整

数控磨齿机有修整砂轮的固定程序模块,可输入花键模数 m,齿数 z 修改。这里需要计算渐开线的跨测齿数和公法线长度以便后续加工和测量。

根据公法线线长度计算公式,跨测齿数 $k=\frac{\alpha}{180^\circ}z+0.5$。其中 α 为压力角,z 为齿数,k 值四舍五入取整数。

公法线长度 $W_k=W_k{}^* m, W_k{}^*=\cos\alpha[\pi(k-0.5)+z\cdot \text{inv}\alpha]$

$\text{inv}\alpha$ 可查渐开线函数 $\text{inv}\alpha_k=\tan\alpha_k-\alpha_k$ 计算表值。

公法线长度公差值可根据公法线平均长度极限偏差 T_2w 参考值表,利用分度圆直径 d,法向模数 m,精度等级查找。

根据以上公式和花键设计参数,得出跨测齿数 $k=5$,公法线长度 $W_k=27.09_{-0.12}^{-0.08}$。

矩形花键不需要计算,直接根据图纸要求加工。砂轮修整界面如图 3-14 所示。

图 3-14　砂轮修整界面

3)对刀(图 3-15)

在机床手动模式下,手摇手轮进给砂轮,将修整好的砂轮对准花键外齿,尽量与花键相齿合。砂轮退出 0.02mm,用手轻轻转动工件,分别读取两齿侧面与砂轮两侧面的间隙值,如果两边间隙值不一样,将砂轮往间隙大的一方移动,以上反复几次,直到将砂轮调整到两齿中间为止,误差控制在 0.01mm 之内。

此操作十分关键,可防止砂轮将花键齿磨偏。

图 3-15 对刀

(2)加工阶段

砂轮转速 8 000 r/min,磨削倍率 30%,进给量 0.01~0.02 mm。程序界面如图 3-16 所示。

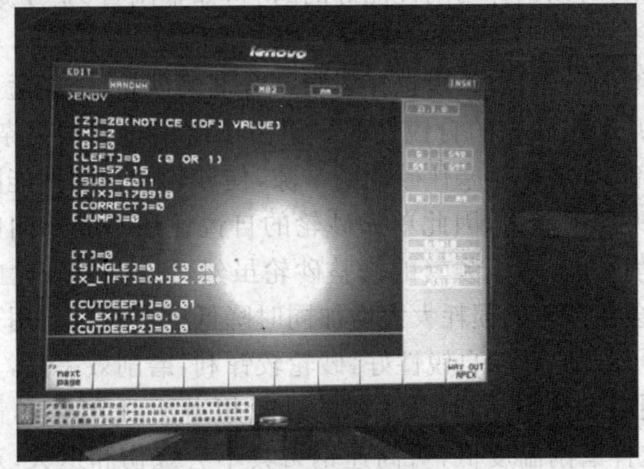

图 3-16 程序界面图

测量工具公法线千分尺，跨测齿数 5，测量长度 $27.09_{-0.12}^{-0.08}$。

此阶段注意点：在同时进行花键侧齿和底径圆磨削时，由于两者余量不一样，砂轮侧面与外圆磨损也不一样，一般是外圆磨损多。在这种情况下，需要微调砂轮修整参数，将砂轮侧面修整量增大 0.005～0.01 mm，使砂轮侧面少参与磨削，外圆多参与磨削，以达到花键侧齿与底径同时进入尺寸公差之内的目的。

第七节　不等分间隙斜槽砂轮

在冷加工中，磨削加工是提高被加工工件的加工精度和表面光洁度的重要手段。磨削不但可以加工各类未淬火钢，铸铁和有色金属，而且可以加工硬度很高的材料，如淬火钢，各种切削刀具和硬质合金等。在刀具、量具的加工中，磨削加工占其中很大的比例。对于刀具，尤其是定型尺寸的刀具，它的各个型面及角度，都需要磨削，而量具要求耐磨损和变形小，经过热处理后的硬度都在 HRC60 以上，则更需要磨削加工来保证尺寸和精度要求。因此，如何提高磨削生产率和磨削的表面加工质量就显得相当重要。提高磨削生产率的途径有很多：可以考虑提高磨削用量；可以选择切削性能好的磨料，如金刚石、立方氮化硼、单晶刚玉、铬刚玉等砂轮，在满足加工光洁度的前提下，尽量选用粗粒度的砂轮，也可以选择树脂结合剂的砂轮，选择适当的砂轮硬度并利用砂轮的自锐性等。但由于磨削过程很复杂，磨粒和结合剂、磨屑等会塞住砂轮的空隙，使砂轮的切削性能降低或完全丧失切削能力，因此单靠砂轮的自锐性还不能长期保持砂轮的切削性能，对于频繁的修整砂轮虽然可以保持砂轮的锋利但这样会使砂轮的损耗大大增加同时降低生产效率。用开槽的砂轮进行磨削，砂轮自锐性好，砂轮较锋利，磨削效率高，光洁度好，磨削时发热小，同时开了槽的砂轮相当于一个风扇，散热条件好，这样磨削温度低，对高速钢刀具不会烧伤和退火，对硬质合金刀具不会产生裂纹。

1. 将砂轮切割出不等分的间隙斜槽提高磨削效率的原理

在砂轮上开出不等分的间隙槽来磨削超硬材料，利用了砂轮的断续切削原理，可以有效地克服被加工零件的表面磨糊、烧伤及表面光洁度下降等现象。这一点应用到大的平面磨床上就显得更为突出。在大的砂轮上开出不等分的间隙槽，可以在磨削平面时一次横向吃刀量 4～5 mm，而被加工零件不被烧伤，如果采用普通的砂轮磨削，一次横向吃刀量 4～5 mm 是不可能的。用于大尺寸的高精度的大平面磨削效果更为显著。

在磨削过程中，砂轮的间隙槽可以容纳切屑，砂轮相对于工件的接触面小，排屑与冷却情况好，砂轮不易堵塞；并且可以将切削液和空气带入磨削区域，以降低磨削温度，减少被加工零件的发热变形，减少烧伤和裂纹。在大进刀量磨削时还可以避免造成被加工零件的退火，即造成零件硬度的降低。

2. 将砂轮切割出不等分间隙斜槽的过程及适用范围

在对砂轮切割出间隙槽时存在一些问题，由于砂轮是加工其他材料的特殊工具，尤其是磨削难加工材料的砂轮，对砂轮本身的硬度有严格的要求，因此对砂轮的切削比较困难。

切割砂轮时具体的操作过程：

常采用金刚砂切削砂轮，用金刚砂与黄土泥按比例进行混合，用无齿锯进行切削，在切削过程中，随着无齿锯的切削进给，不断地添入金刚砂与黄土泥的混合物，主要是其中的金刚砂起到切削作用。对于薄、小砂轮的开槽，一般用废锯条和废切割砂轮，用手工进行操作就可以了。

对砂轮开出间隙槽特别适用于易变形的工件、易退火的工件和有色金属件的磨削。薄板类零件容易变形，像 2Cr13 等在磨削过程中容易被烧伤，造成退火变形，利用开出间隙槽的砂轮能有效地解决其变形和退火问题。对于使用超硬材料（如

W6Mo5Cr4V2Al，淬火后其硬度可以达到 HRC66～69）的刀具，像铲齿三面刃铣刀，铲车刀等，其型面后角需要铲磨出 K 值，当在铲磨床铲磨超硬材料的刀具后角时，使用普通砂轮进行磨削，磨几个工件，就要对砂轮修复，而采用开出间隙槽的砂轮进行磨削，能够大大地减少修整砂轮的次数，采用开出间隙槽的砂轮进行磨削时，在磨削过程中利用了砂轮的间断切削原理，充分利用砂轮的自锐性，能够很好地消除被加工工件的烧伤和退火问题，有效地提高磨削生产率，并保证被磨削零件的表面质量。我们知道，在磨削过程中，砂轮的硬度选择要合理。选择使用的砂轮与被加工的材料相关。对于高硬度的砂轮来磨削工件时，开出间隙槽更适用于难加工材料的超精加工。将砂轮开出间隙槽也很适用于铲磨普通丝锥和跳齿丝锥的后角。开槽砂轮在刃磨硬质合金刀具时效果更好，因为硬质合金很硬，磨粒容易钝化，刃磨效率低，磨削温度很高，有时砂轮和刀具接触区发红，而硬质合金很脆，导热系数又小，所以容易因各点温度不同，产生内应力造成裂纹，用开槽砂轮解决这些问题效果很好。

砂轮开槽的形式有多种，一般常用的是矩形槽，槽数在 4～18 条之间，砂轮硬度高，自锐性差，磨削面积大，光洁度要求高时，槽数开得多些，反之，少一些。一般开 8 个槽，槽深为 10～12 mm，槽宽 4～5 mm。槽本身要带角度（即开成斜槽），但相邻槽间距不应相等。以避免周期冲击引起共振，相对的槽最好在同一直线上，这样砂轮的平衡较好，有利于保证产品的质量和表面光洁度。槽间距不应相等，相对槽最好在同一直线上。

为了保证砂轮的安全使用，对于直径在 150 mm 以上的砂轮，最好在开槽后进行空转 5～10 min，空转线速度为 35 m/s，进行观察，未发现异常情况后，方可进行使用。对于直径小于 150 mm 的砂轮，可将砂轮用木棒轻敲，听其声音，清脆的即可直接进行使用。开槽示意图如图 3-17 所示，槽间距不应相等，相对槽最好在同一直线上。

实物照片如图 3-18、图 3-19 所示。

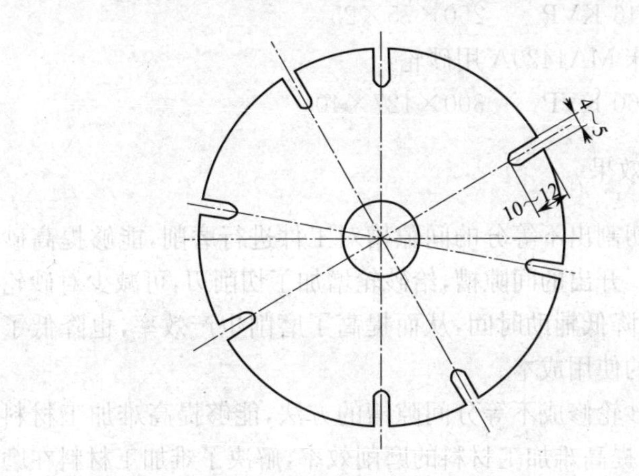

图 3-17　砂轮开槽示意图(单位:mm)

图 3-18　实物照片一　　　　图 3-19　实物照片二

曾对如下砂轮进行开槽:

铲磨用砂轮:

PA80KVP　　100×20×8

WA80KVP　　100×20×10

万能工具磨床 3A64 用砂轮:

PA60KVP　　125×32×10

WA60KVP　　125×32×10

平面磨床 M7120A 用砂轮:

PA46 KVP　　250×75×25

万能磨床 MA1420A 用砂轮：

PA60 KVP　　300×127×40

3. 使用效果

将砂轮切割出不等分的间隙槽对工件进行磨削，能够提高砂轮的自锐性。开出的间隙槽，给砂轮增加了切削刃，可减少对砂轮的修正次数，降低辅助时间，从而提高了磨削生产效率，也降低了原来对砂轮的使用成本。

通过将砂轮修成不等分间隙槽的方法，能够提高难加工材料的切削性能，提高难加工材料的磨削效率，解决了难加工材料在磨削过程中存在的一些实际问题，为难加工材料的磨削积累了一定的经验。在今后的工作中，我们还将开展此类难加工材料的切削研究活动。

参 考 文 献

[1]郑文虎．刀具材料和刀具的选用[M]．北京:国防工业出版社，2012.

[2]胡国强，王小忠，蔡崧．车工加工工艺经验实例[M]．北京:国防工业出版社，2010.

[3]上海市金属切削技术协会．金属切削手册[M]．第2版．上海:上海科学技术出版社，1984.

[4]郑文虎．机械加工现场遇到问题怎么办[M]．北京:机械工业出版社，2001.

[5]詹明荣．铣工现场操作技能[M]．北京:国防工业出版社，2008.

[6]孙德茂．数控机床铣削加工直接编程技术[M]．北京:机械工业出版社，2005.

[7]郑文虎．机械加工现场实用经验[M]．北京:国防工业出版社，2009.

[8]郑文虎．难切削材料加工技术[M]．北京:国防工业出版社，2008.

[9]胡保全，牛晋川．先进复合材料[M]．北京:国防工业出版社，2006.

[10]宋国旸，姚进．基于UG的数控车削加工编程技术及应用[J]．机械，2007(5).

[11]洪如瑾．UGNX CAD快速入门指导[M]．北京:清华大学出版社，2003.

[12]高航，张耀满，王世杰．基于UG的CAD/CAM技术[M]．北京:清华大学出版社，2005.

[13]机械设计手册编委会．机械设计手册第三卷(3版)[M]．北京:机械工业出版社，2004.